软件入门与提高丛书

3ds Max 2013 中文版入门与提高

相世强　李绍勇　编　著

清华大学出版社
北　京

内 容 简 介

本书是根据使用 3ds Max 软件制作三维动画、模型和效果图的特点，同时结合众多设计人员的制作经验来编写的。

书中首先介绍了 3ds Max 2013 的基本操作，包括熟悉工作环境，变换对象操作，熟悉坐标系统等，接着详细讲解了创建基础三维模型，创建建筑场景模型，使用编辑修改器建模，二维图形建模，复合对象建模，网格建模，多边形建模，面片建模，NURBS 建模，使用材质编辑器，设置材质与贴图，使用灯光与摄像机，设置环境与效果，粒子系统与空间扭曲，渲染与输出场景，创建动画，以及高级动画技术等知识，内容全面，讲解透彻。

本书附带光盘教学的效果如同老师亲自授课一样，技术实用、讲解清晰、界面美观。本书不仅可以作为三维动画制作和效果图制作初、中级读者的学习用书，也可以作为大中专院校相关专业及三维设计培训班的教材使用。

图书在版编目(CIP)数据

3ds Max 2013 中文版入门与提高/相世强，李绍勇编著. --北京：清华大学出版社，2013
(软件入门与提高丛书)
ISBN 978-7-302-33468-2

Ⅰ．①3… Ⅱ．①相… ②李… Ⅲ．①三维动画软件 Ⅳ．①TP391.41

中国版本图书馆 CIP 数据核字(2013)第 188279 号

责任编辑：张彦青
装帧设计：刘孝琼
责任校对：李玉萍
责任印制：何 芊

出版发行：清华大学出版社
　　　　网　　　址：http://www.tup.com.cn, http://www.wqbook.com
　　　　地　　　址：北京清华大学学研大厦 A 座　　　邮　　编：100084
　　　　社 总 机：010-62770175　　　　　　　　　　邮　　购：010-62786544
　　　　投稿与读者服务：010-62776969, c-service@tup.tsinghua.edu.cn
　　　　质 量 反 馈：010-62772015, zhiliang@tup.tsinghua.edu.cn
　　　　课 件 下 载：http://www.tup.com.cn, 010-62791865
印 装 者：清华大学印刷厂
经　　销：全国新华书店
开　　本：185mm×260mm　　　印　张：32.5　　　字　数：788 千字
　　　　（附 DVD1 张）
版　　次：2013 年 10 月第 1 版　　　　　　印　次：2013 年 10 月第 1 次印刷
印　　数：1～3500
定　　价：62.00 元

产品编号：050088-01

前　　言

1. 3ds Max 2013 中文版简介

3ds Max 是 Autodesk 出品的一款著名 3D 动画软件。3ds Max 是世界上应用最广泛的三维建模、动画、渲染软件，广泛应用于游戏开发、角色动画、电影电视视觉效果和设计行业等领域。当前最新版本为 Autodesk 3ds Max 2013。

2. 本书内容介绍

本书以循序渐进的方式，全面介绍了 3ds Max 2013 中文版的基本操作和功能，详细讲解了各种工具的使用，全面解析了三维建模、三维动画的创建技巧。实例丰富，步骤清晰，与实践结合非常密切。具体内容如下。

第 1 章介绍 3ds Max 2013 的应用范围、功能、基本概念，以及 3ds Max 2013 对系统软硬件的要求和安装方法。

第 2 章介绍 3ds Max 2013 软件的工作界面以及部分常用工具的使用方法，其中包括文件的打开与保存、物体的创建、动作的位移、组的使用、物体的复制和视图的控制及调整等内容。

第 3 章介绍如何在 3ds Max 2013 中使用【几何体】面板及【图形】面板中的工具进行基础建模，使读者对基础建模有一个了解，并且掌握基础建模的方法，为深入学习 3ds Max 2013 打下扎实的基础。

第 4 章介绍复合对象的创建与编辑，主要讲解了【布尔】和【放样】两种建模方法。

第 5 章对 3ds Max 2013 中编辑修改器的使用和相关概念进行了讲解，重点介绍了常用编辑修改器的使用方法。

第 6 章介绍 3ds Max 2013 的材质与贴图，在三维空间里要真实表现现实中的实物，除了要有精细的建模外，还要能够准确地模拟现实中实物的特征，如颜色、纹理、透明度、反光等。材质正是用于模拟对象的表面特征的，材质编辑器能使用更为丰富的材质来模拟不同的物理特征，这样在渲染中才可以看到效果。

第 7 章介绍灯光的用途和类型，以及灯光与摄影机的创建。在现实生活中，光是不可缺少的，它可以让我们时刻感觉到生命和色彩的存在；在 3ds Max 中，照明不像现实生活中那么简单，它需要调整灯光的角度和参数。

第 8 章将对网格建模、多边形建模、面片栅格和 NURBS 建模进行一些简单的介绍。

第 9 章主要介绍了环境和环境效果、大气装置辅助对象。在环境效果中介绍了大气效果，其中包括火焰效果、雾效果、体积雾效果和体积光效果，这些效果只有场景被渲染后才能够看到。

第 10 章将介绍视频后期处理和粒子系统。视频后期处理是 3ds Max 2013 中的一个强大的编辑、合成与特效处理工具。使用视频后期处理可以将包括目前的场景图像和滤镜在内的各个要素结合起来，从而生成一个综合结果。

第 11 章介绍了关于动画的概念和创建动画的一般过程，以及创建动画所需要的基本工具。

第 12 章将对层次链接及空间扭曲工具进行介绍，希望通过对本章的学习，用户可以对层次链接及空间扭曲有一个简单的认识，并能掌握其基本应用。

第 13 章将介绍渲染与特效，主要对渲染、渲染特效以及高级照明进行讲解。

第 14 章为综合练习篇，主要分为三个部分：常用三维文字的制作、景观区售货厅的制作，以及客厅效果的制作。通过制作本章中的案例，可以很好地掌握和巩固前面学习的内容。

3. 本书的特色

➢ 内容全面。几乎覆盖了 3ds Max 2013 中文版的所有选项和命令。

➢ 语言通俗易懂，讲解清晰，前后呼应。以最小的篇幅、最易读懂的语言来讲述每一项功能和每一个实例。

➢ 实例丰富，技术含量高，与实践紧密结合。每一个实例都倾注了笔者多年的实践经验，每一个功能都经过技术认证。

➢ 版面美观，图例清晰，并具有针对性。每一个图例都经过笔者精心策划和编辑。只要仔细阅读本书，就会发现从中能够学到很多实用的知识和技巧。

这本书的出版可以说凝结了许多人的心血、凝聚了许多人的汗水和思想。在这里衷心感谢在本书出版过程中给予笔者帮助并付出辛勤劳动的出版社的老师们。

本书主要由于海宝、刘蒙蒙、徐文秀、吕晓梦、孟智青、李茹、周立超、李少勇、赵鹏达、张林、王雄健、李向瑞编写，同时参与编写的还有张恺、荣立峰、胡恒、王玉、刘峥、张云、贾玉印、刘杰、罗冰、陈月娟、陈月霞、刘希林、黄健、黄永生、田冰、徐昊，北方电脑学校的温振宁、黄荣芹、刘德生、宋明、刘景君，德州职业技术学院的王强、牟艳霞、张锋、相世强、徐伟伟、王海峰，在此一并表示感谢。

4. 本书约定

本书以 Windows XP 作为操作平台来介绍，不涉及在苹果机上的使用方法。但基本功能和操作，苹果机与 XP 相同。为便于阅读理解，本书作如下约定。

➢ 本书中出现的中文菜单和命令将用"【】"括起来，以区分其他中文信息。

➢ 用"+"号连接的两个或三个键，表示组合键，在操作时表示同时按下这两个或三个键。例如，Ctrl+V 是指在按下 Ctrl 键的同时，按下 V 字母键；Ctrl+Alt+F10 是指在按下 Ctrl 键和 Alt 键的同时，按下功能键 F10。

> 在没有特殊指定时，单击、双击和拖动是指用鼠标左键单击、双击和拖动；右击是指用鼠标右键单击。
> 在没有特殊指定时，3ds Max 就是指 3ds Max 2013 中文版。

编　者

目　　录

第1章

3ds Max 2013 入门

　　3ds Max 是 Autodesk 出品的一款著名的三维动画软件，是 3d Studio 的升级版本。3ds Max 是世界上应用最广泛的三维建模、动画、渲染软件，广泛应用于游戏开发、角色动画、电影电视视觉效果和设计行业等领域，本章将介绍 3ds Max 2013 的应用领域以及如何安装、启动、退出、卸载 3ds Max。

本章重点：

- ➥ 3ds Max 2013 的应用
- ➥ 3ds Max 2013 相关的基本概念
- ➥ 3ds Max 2013 的安装、启动、退出与卸载
- ➥ 3ds Max 2013 新增功能

1.1 3ds Max 2013 的应用

3ds Max 的应用领域非常广泛，不论是刚刚接触 3ds Max 的新手，还是制作视觉效果的高手，在面对挑战性创作要求时，3ds Max 都给予了强大的技术支持。

1.1.1 应用于影视特效制作领域

3ds Max 2013 比其他专业三维软件有更多的建模、纹理制作、动画制作和渲染解决方案，3ds Max 2013 提供了高度创新而又灵活的工具，可以帮助相关设计人员去制作电影电视的特技效果。

1.1.2 应用于游戏开发领域

3ds Max 广泛应用于游戏的开发、创建和编辑。它具有易用性和工作动画的可配置性，为适应快速工作方式提供了很大的灵活性，能帮助设计师根据不同的引擎和目标平台的要求进行个性化设置，从而加快工作的流程，例如，在游戏中一些画面有的是纯动画的，也有实拍和动画结合的。在表现一些实拍无法完成的画面效果时，就要用到动画和实拍画面结合。如游戏用的一些动态特效就是采用 3D 动画完成的，现在我们所看到的游戏场景，从制作的角度看，几乎都或多或少地用到了动画。图 1-1 所示为某游戏场景。

图 1-1 游戏场景

1.1.3 应用于视觉效果图设计行业

3ds Max 2013 提供了高级的动画和渲染能力，能充分满足相关专业的苛刻要求。并将最强的视觉效果引擎与完美的动画工具合二为一，能够胜任诸如机械装配动画、壮观辉煌的建筑效果图等多种任务的高要求。

1.1.4 广告(企业动画)

用动画的形式制作电视广告，是目前很受厂商喜爱的一种商品促销手法。它的特点是画面生动活泼，多次重播观众也不觉得厌烦；既有轻松、夸张的娱乐效果，又可以灵活地表现商品的特点。使用三维动画制作广告更能突出商品的特色而吸引观众，以产生购买欲，达到推广商品的目的，因此，目前使用此种方式制作广告的厂商最多。

1.1.5 影视动画

近年来电视动画影集产量惊人，如各类型的公益动画片、教育动画片、电视动画片以及用于商业用途的电影动画等，例如《蓝精灵》、《冰川时代》等。图 1-2 所示为《冰川时代》剧照。

图 1-2 《冰川时代》剧照

1.1.6 建筑装饰

建筑的结构和装潢需要通过三维动画的设计进行展示。使用三维动画工具绘制的效果更精确，更令人满意。

对于建筑物内部结构，利用三维效果的表现形式可以一目了然。并且可以在施工前按照图纸将实际地形与三维建筑模型相结合，以观看竣工后的效果。

同样，在建筑漫游动画应用中，人们能够在一个虚拟的三维环境中，用动态交互的方式对未来的建筑或城区进行身临其境的全方位的审视：可以从任意角度、距离和精细程度观察场景；可以选择并自由切换多种运动模式，如行走、驾驶、飞翔等，并可以自由控制浏览的路线。而且，在漫游过程中，还可以实现多种设计方案、多种环境效果的实时切换比较。它能够给用户带来强烈、逼真的感官冲击，使其获得身临其境的体验。图 1-3 所示为某三维建筑动画。

图 1-3 三维建筑动画

1.1.7 机械制造及工业设计

CAD 辅助设计在当前已经被广泛地应用在机械制造业中，不光是 CAD，3ds Max 也逐渐成为产品造型设计中最有效的技术手段，并且它也可以极大地拓展设计师的思维空间。同时在产品和工艺开发中，可以在生产线建立之前模拟其实际工作情况，检查实际的生产线运行情况，以免造成巨大损失。利用三维动画可以模拟观察产品运行情况，如图 1-4 所示。

图 1-4 三维动画在机械制造业中的应用

1.1.8 医疗卫生

三维动画可以形象地演示人体内部组织的细微结构的变化，为学术交流和教学演示带来了极大的便利。它还可以将细微的手术放大到屏幕上，便于进行观察学习。

1.1.9 军事科技及教育

三维技术最早应用于飞行员的飞行模拟训练中，它除了可以模拟现实中飞行员要遇到的恶劣环境外，同时也可以用于模拟飞行员在空中格斗以及投弹训练、爆炸碎片轨迹研究等，如图 1-5 所示。

图 1-5　三维技术用于军事科技

1.1.10　生物化学工程

生物化学领域较早地引入了三维技术，用于研究生物分子之间的结构组成。复杂的分子结构无法靠想象来研究，而三维模型可以给出精确的分子构成，分子的组合方式可以利用计算机进行计算，从而大大简化了研究工作。

1.2　3ds Max 2013 相关的基本概念

熟悉 3D 制作的人都知道，与其他的 3D 程序相比，在建模、渲染和动画等许多方面，3ds Max 2013 提供了全新的制作方法。通过使用该软件可以很容易地制作出大部分对象，并把它们放入经过渲染的类似真实的场景中，从而创造出美丽的 3D 世界。但是和学习其他软件一样，要想熟练灵活地应用 3ds Max 2013，应该从相关的基本概念入手。

1.2.1　3ds Max 2013 中的对象

在 3ds Max 中经常会用到"对象"这一术语。"对象"是一个含义广泛的概念，它不仅指在 3ds Max 中创建的任何几何物体，还包括场景中的摄影机、灯光，以及作用于几何体的编辑修改器。在 3ds Max 中，可以被选中并进行编辑修改等操作的物体都被称为对象。

1. 参数化对象

3ds Max 2013 是一个面向对象设计的庞大程序，它所定义的大多数对象都可以视为参数化对象。参数化对象是通过一组参数设置而并非通过对其形状的描述来定义的对象。对参数化对象来说，通常可以通过修改参数来改变对象的形态，如图 1-6 所示。

2. 次对象

次对象是相对于对象而言的，它类似于组成对象这个整体的各个部件。3ds max 中的对象都是通过点、线、面等次对象组合表示的，而且还可以通过对这些次对象进行编辑操作来实现各种建模工作。因此，次对象是一个非常重要的概念，对次对象进行操作是 3ds Max 的一大特点。次对象的选择如图 1-7 所示。

3. 对象属性

3ds Max 中的所有对象都对应一定的属性，例如对象的名称、参数、次对象等种类，这些都是描述对象特征的重要信息。在 3ds Max 2013 中，专门为对象的属性提供了【对象属性】对话框，如图 1-8 所示。

【对象属性】对话框具非常强大的功能，在该对话框中不仅可以显示和重新设置对象的基本属性，而且该对话框还提供了用来控制对象渲染效果和动画效果的多个选项。

图 1-6 对象的参数

图 1-7 次对象的选择

图 1-8 【对象属性】对话框

1.2.2 3ds Max 2013 的材质与贴图

由 3ds Max 2013 生成的对象最初只是单色的几何体，它们没有表面纹理，也没有颜色和亮度。在这种情况下，3ds Max 2013 提供了用于处理对象表面的材质和贴图功能，使用它们可以使制作的对象更加富有真实感。

材质是指定给对象表面的一组特殊的数据，只有在渲染时它才能真正地表现出来，它综合了对象表面的颜色、纹理、亮度和透明度等参数，只有为对象设置材质后，才能使其更接近现实生活中的形象。制作的对象是否有最佳效果，多半取决于材质的优劣。

用于材质的贴图实质上是一种以电子格式保存的图片，它既可以通过扫描产生，也可以通过其他的绘图软件产生，使用贴图功能类似于对选择的对象进行包装，可以选择周围世界中的一切图像作为贴图资料。把贴图用于已经设置好的材质，只需很少的时间就可以得到完全仿真的表现效果。贴图功能的出现大大地增强了对象的表面处理能力。但是要注意，只有在给对象赋予了基本材质后，才能对其进行贴图处理，如图 1-9 所示。

图 1-9 材质贴图效果

1.2.3 3ds Max 2013 的动画

动画的制作和现实生活中拍摄电影的过程在原理上是相同的，首先制作许多分离的图像，这些图像显示的是对象在特定的运动中的各种姿势及相应的周围环境，然后快速地播放这些图像，使其看起来是顺畅的动作，这就是动画制作的基本原理，如图 1-10 所示。

图 1-10 动画的基本制作示例

1.3 3ds Max 2013 的安装、启动、退出与卸载

下面将介绍 3ds Max 2013 的软硬件要求和安装步骤。

1.3.1 3ds Max 2013 配置要求

下面将介绍 3ds Max 2013 的配置要求。

1. 32 位版本

支持 32 位版本的操作系统包括：Windows 7 Professional 操作系统或 Windows XP Professional 操作系统(SP3 或更高版本)。

一般动画和渲染(通常少于 1000 个对象或 100 000 个多边形)：

- Intel 奔腾 4 处理器(主频 1.4 GHz)或相同规格的 AMD 处理器(采用 SSE2 技术)；
- 2 GB 内存(推荐 4 GB)；
- 2 GB 交换空间(推荐 4GB)；
- 3 GB 可用硬盘空间；
- 支持 Direct3D 10 技术、Direct3D 9 或 OpenGL 的显卡；
- 512 MB 或更大的显存(推荐 1GB 或更高)；
- 配有驱动程序的三键鼠标；
- DVD 光驱；
- 支持 Web 下载和 Subscription-aware 访问的互联网连接。

2. 64 位版本

支持 64 位版本的操作系统包括：Windows 7 Professional X64 或 Windows XP Professional X64 版本(SP3 或更高版本)。

一般动画和渲染(通常少于 1000 个对象或 100 000 个多边形)：

- 采用 SSE2 技术的 Intel 64 或 AMD 64 处理器；
- 4 GB 内存(推荐 8 GB)；

- 4 GB 交换空间(推荐 8 GB);
- 3 GB 可用硬盘空间;
- 支持 Direct3D 10、Direct3D 9 或 OpenGL 的显卡;
- 512 MB 或更大的显卡内存(推荐 1 GB 或更高);
- 配有驱动程序的三键鼠标;
- DVD 光驱;
- 支持 Web 下载和 Subscription-aware 访问的互联网连接。

大型场景和复杂数据集(通常大于 1000 个对象或 100 000 个多边形):

- 采用 SSE2 技术的 Intel 64 或 AMD 64 处理器;
- 8 GB 内存;
- 8 GB 交换空间;
- 3 GB 可用硬盘空间;
- 支持 Direct3D 10、Direct3D 9 或 OpenGL 的显卡;
- 1 GB 或更大的显卡内存;
- 配有驱动程序的三键鼠标;
- DVD 光驱;
- 支持 Web 下载和 Subscription-aware 访问的互联网连接。

针对 Macintosh 计算机用户:

用户可以将 Autodesk 3ds Max 2013 和 3ds Max Design 2013 软件安装在 Mac 电脑的一个 Windows 分区中。系统必须使用 Boot Camp 应用程序管理双操作系统配置,并符合最低系统要求。

- 基于 Intel 的 Mac Pro 或 MacBook Pro 计算机;
- Mac OS X 10.5.x 操作系统或更高版本;
- Boot Camp V 2.0 或更高版本;
- 内存最小 2 GB(对于 32 位 Windows 操作系统建议使用 4 GB 内存,对于 64 位 Windows 操作系统建议使用 8 GB 或更大内存);
- Apple 操作系统分区至少保留 20 GB 可用磁盘空间,Windows 操作系统分区至少保留 20 GB 可用磁盘空间;
- 基于 Parallels Desktop 的 Mac 虚拟化。

Autodesk 3ds Max 2013 和 3ds Max Design 2013 能够通过 Parallels Desktop for Mac 软件在 Mac 上运行,无须直接启动到 Windows 操作系统,因此用户能够轻松地在两个平台之间切换。系统必须满足以下要求:

- 采用 Intel 酷睿™ 2 双核、Intel 酷睿 i3、Intel 酷睿 i5、Intel 酷睿 i7 或 Intel 至强处理器的 Mac 计算机;
- Mac OS X 10.5.x 操作系统或更高版本;
- Mac OS X Lion 10.7 以上版本和 Mac OS X Snow Leopard 10.6.3 或更高版本;
- Mac OS X Leopard 10.5.8 或更高版本的 Parallels Desktop 7 for Mac;
- 内存最小 4 GB(对于 32 位 Windows 操作系统建议使用 6 GB 系统内存,对于 64

位 Windows 操作系统建议使用 8 GB 或更大内存);

● 磁盘空间最小 40 GB(建议 100 GB)。

1.3.2　3ds Max 2013 的安装

在学习 3ds Max 2013 之前,首先要了解软件的安装、启动与退出,这样才能更好地学习。本节将介绍 3ds Max 2013 的安装、启动与退出。

3ds Max 2013 的安装方法非常简单,其具体操作步骤如下。

步骤01　首先将安装光盘插入到光驱中,打开【我的电脑】,找到 3ds Max 2013 的安装系统,双击 Setup.exe,即可弹出如图 1-11 所示的界面。

步骤02　弹出【安装初始化】对话框后,在弹出的对话框中单击【安装】按钮,如图 1-12 所示。

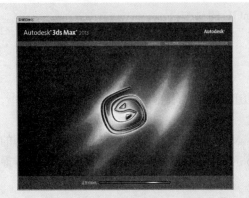
图 1-11　安装初始化

图 1-12　单击【安装】按钮

步骤03　在弹出的对话框中选中右下角的【我接受】单选按钮,如图 1-13 所示,然后单击【下一步】按钮。

步骤04　在弹出的对话框中选中【我有我的产品密码】单选按钮,然后输入序列号和产品密钥,如图 1-14 所示,输入完成之后单击【下一步】按钮。

图 1-13　选中【我接受】单选按钮

图 1-14　输入相关信息

提示：上面所介绍的 3ds Max 2013 的安装是在 Windows 7 系统上进行的，如果在 XP 系统上安装，将不支持中文。

步骤 05　再在弹出的对话框中指定安装的路径，在此使用默认安装路径，单击【安装】按钮，即可弹出如图 1-15 所示的安装进度对话框。

步骤 06　安装完成之后会弹出如图 1-16 所示的对话框，单击【完成】按钮即可。

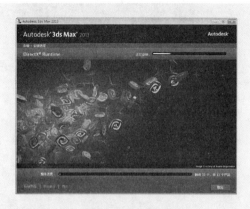

图 1-15　安装进度

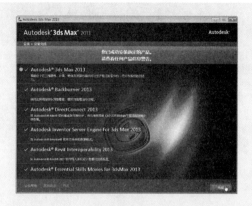

图 1-16　单击【完成】按钮

1.3.3　启动与退出 3ds Max 2013

安装完软件后，首先要学习如何启动和退出该软件，其具体操作步骤如下。

步骤 01　选择【开始】【所有程序】| Autodesk|Autodesk 3ds Max 2013 32-bit|Languages|Autodesk 3ds Max 2013 32-bit-Simplified Chinese 命令，如图 1-17 所示。

步骤 02　执行该命令后，即可启动 3ds Max 2013，如图 1-18 所示。

步骤 03　同样，退出 3ds Max 2013 的方法也非常简单，在 3ds Max 2013 窗口右上角单击【关闭】按钮 ✕ 即可，如图 1-19 所示。

图 1-17　选择 Autodesk 3ds Max 2013 32-bit-Simplified Chinese 命令

提示：除了上述方法外，用户还可以双击桌面上的 3ds Max 快捷方式图标，或选择该图标，然后右击，在弹出的快捷菜单中选择【打开】命令。

步骤 04　除了该方法之外，用户还可以单击【文件】按钮 ◉，在弹出的下拉菜单中选择【退出 3ds Max】命令，如图 1-20 所示。

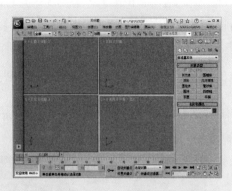

图 1-18　启动 3ds Max 2013

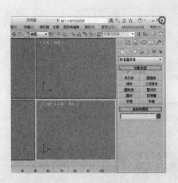

图 1-19　单击【关闭】按钮

图 1-20　选择【退出 3ds Max】命令

1.3.4　3ds Max 2013 的卸载

卸载 3ds Max 2013 的方式有两种，一种方法是通过控制面板将 3ds Max 2013 进行卸载，另外一种方法是通过 360 软件管家将其卸载，本节将就如何卸载 3ds Max 2013 进行简单介绍。

1. 使用控制面板卸载 3ds Max 2013

步骤01　选择【开始】|【控制面板】命令，如图 1-21 所示。

步骤02　在弹出的对话框中单击【卸载程序】按钮，如图 1-22 所示。

步骤03　单击该按钮后，即可弹出【程序和功能】对话框，在该对话框中选择 Autodesk 3ds Max 2013 32-bit 选项，单击【卸载/更改】按钮，如图 1-23 所示。

图 1-21　选择【控制面板】命令

步骤 04　单击该按钮后，在随后弹出的对话框中单击【卸载】按钮，如图 1-24 所示。

图 1-22　单击【卸载程序】按钮　　图 1-23　单击【卸载/更改】按钮　　图 1-24　单击【卸载】按钮

步骤 05　单击该按钮后，再在弹出的对话框中单击【卸载】按钮，如图 1-25 所示。

步骤 06　单击该按钮后，即可弹出【正在卸载】对话框，在该对话框中将会显示卸载
进度，如图 1-26 所示，卸载完成后，在弹出的对话框中单击【完成】按钮即可。

2. 使用 360 卸载 3ds Max 2013

步骤 01　选择【开始】|【所有程序】|【360 安全中心】|【360 安全卫士】|【360 软
件管家】命令，如图 1-27 所示。

图 1-25　单击【卸载】按钮　　　　图 1-26　卸载进度　　图 1-27　选择【360 软件管家】命令

步骤 02　在弹出的对话框中单击【软件卸载】按钮，如图 1-28 所示。

步骤 03　执行该操作后，即可弹出卸载软件界面，在【软件名称】列表框中选择
Autodesk 3ds Max 2013 32-bit 选项，单击【卸载】按钮，如图 1-29 所示。

步骤 04　单击该按钮后，在弹出的对话框中单击【卸载】按钮，如图 1-30 所示。

图 1-28　单击【软件卸载】按钮　　图 1-29　单击【卸载】按钮　　图 1-30　单击【卸载】按钮

步骤 05　单击该按钮后，再在弹出的对话框中单击【卸载】按钮，如图 1-31 所示。

步骤 06　单击该按钮后，即可弹出【正在卸载】对话框，在该对话框中将会显示卸载进度，如图 1-32 所示，卸载完成后，在弹出的对话框中单击【完成】按钮即可。

图 1-31　单击【卸载】按钮

图 1-32　卸载进度

1.4　3ds Max 2013 新增功能

3ds Max 2013 较之前版本增加了一些新的功能，本节将简单介绍 3ds Max 2013 的新增功能。

1. Adobe After Effects 互操作性

如果用户正在使用 Adobe After Effects 软件，用户会发现 Autodesk 3ds Max 2013 能够与该软件实现互操作性，从而为 2D/3D 数据交换提供了更高的标准。新的媒体同步功能提供了对摄像机、光照、空对象、平面对象/固体、镜头、镜头分层、混合模式、不透明度与效果的双向转换支持，用户可以更加高效地进行迭代，减少重复工作，更加快速地完成项目。

2. 渲染通道系统和 Photoshop 互操作性

由于 Autodesk 3ds Max 2013 中增加了全新的渲染通道系统，用户可以为 Autodesk Smoke 2013 软件、Adobe After Effects、Adobe Photoshop 软件或某些其他图像制作应用程序更加高效地创建渲染元素。状态记录器支持用户捕获、编辑与保存当前的状态，同时一个视觉界面显示合成与渲染图元如何关联来创建最终的结果。用户可以从单个文件快速设置和执行多个渲染通道；所有通道都可以被单独修订，无须重新渲染整个场景，以此来提高工作效率。

3. Active Shade 交互式 iray 渲染

借助面向 NVIDIA iray 渲染器的全新 ActiveShade 支持，体验通过交互式的创意流程来完成渲染。ActiveShade 提供了一个随着摄像机、照明、材质和几何体的变化而不断更新的交互式渲染会话，支持用户更加高效地迭代。通过缩短反馈循环，用户能够更加高效地完善场景，更快、更轻松地获得想要的效果。

4. 板岩合成编辑器

使用新增的板岩合成编辑器，可以直接在 Autodesk 3ds Max 2013 中执行简单的合成操作。基于原理图节点的界面可以轻松地将渲染的图层和通道关联起来，并将它们与合成节点(如混合和颜色校正)组成起来；然后可将得到的复合体发送到 Adobe After Effects 或 Adobe Photoshop 供进一步优化。

5. Nitrous 视口性能和质量

Nitrous 加速图形核心在 Autodesk 3ds Max 2013 和 3ds Max Design 2013 中有多处增强特性。用户将发现其对大场景的交互性有了提高，以及对基于图像的照明、景深和加速粒子流显示的新支持。此外，通过改进大型场景中的阴影支持以及面向内部场景的工作流程，Nitrous 功能得到了扩展。

6. 增强了与 AutoCAD 和 Revit 的互操作性

同时使用 Autodesk 3ds Max 2013 和 Autodesk Revit Architecture 2013 软件的设施现在可以进行效率更高的数据交换。Revit 文件(.RVT)现在可直接导入 3ds Max 2013，因此用户可以选择从 Revit 文件加载的首选数据视图。面向 AutoCAD 2013 文件的导入器中还新增了对灯光、日光系统和曝光控制的支持，也就是说，用户可以根据需要将 Revit、CAD 文件导入到 3ds Max 2013 中，如图 1-33 所示。

7. Direct Connect 支持

新增对 Autodesk Direct Connect 系列转换器的支持后，可以与使用以下优秀 CAD 软件的工程师交换行业设计数据：AutoCAD、Autodesk Inventor 软件、Autodesk Alias 软件、Dassault Systemes Solid Works and CATIA 系统、PTC Pro/ENGINEER、Siemens PLM Software NX、JT™和其他某些应用程序。

支持众多的文件格式；其中某些格式必须安装相应的 CAD 产品才能使用。数据作为原生实体对象导入，可根据需要以交互方式重新细分。3ds Max 2013 用户现在可以完善数据，直到获得他们所需的渲染图精度为止。

8. MassFX 增强特性

Autodesk 3ds Max 2013 和 3ds Max Design 2013 提供了一个集成度更高、更精确的动态工具集，以及广泛的 MassFX 统一仿真解算器系统的增强特性和新增特性。

9. 选项卡式布局

借助 Autodesk 3ds Max 2013，可以轻松地创建和切换一些视口布局配置，如图 1-34 所示，从而可以高效地访问特定任务所需的视图。布局中既包含三维视口，也包含扩展视口。选择另一个布局只需点击相应图标或按相应热键即可。用户可以通过保存和加载预设来和其他艺术家和设计师共享自定义的视图选项卡。

10. 可定制工作空间

用户可以通过选择默认工作空间或定制工作空间，按个人工作方式调整 3ds Max

2013。每个工作空间都包含针对菜单、工具栏、条状界面和视口选项卡预设的个人设置；此外，选择一个新的工作空间便可以自动执行 MAXScript。这可以帮助用户更轻松地根据自己的偏好或手头任务来配置工作空间；例如，用户可以配置一个工作空间用于建模，并配置另一个工作空间用于动画制作。

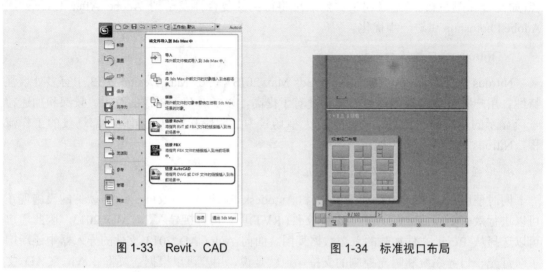

<table>
<tr><td>图 1-33　Revit、CAD</td><td>图 1-34　标准视口布局</td></tr>
</table>

11. 跟踪视图重定时

通过 Autodesk 3ds Max 2013，用户可以重定时部分动画以提高或降低其速度。重定时是通过更改现有动画曲线的切线来实现的；进行重定时的部分中不要求包含关键帧，并且生成的高质量曲线中不包含额外的关键帧。

12. HumanIK 与 CAT 的互操作性

用户只需一步操作，便可将 3ds Max CAT(角色动画工具包)的双足角色转化为与 Autodesk Maya 2013 件和 Autodesk Motion Builder 2013 软件所使用的 Autodesk HumanIK 解算器相兼容的角色。这些可移动的角色支持用户在软件包之间转移现有的角色结构、定义和动画，从而充分利用特定的功能集。在 Maya 或 Motion Builder 中创建的动画变更还可以更新回 Autodesk 3ds Max 的原始 CAT 角色中，从而实现一个往返的工作流程。

第2章

掌握工作环境及文件操作

打开 3ds Max 2013 软件后，可以看到该软件的操作界面，复杂却又有条不紊，用户可以很容易地找到需要的命令，使其在进行创作时更加方便。作为一个 3ds Max 初级用户，首先熟悉软件的操作界面是非常有必要的，熟悉之后才能对其运用自如，更方便、快捷、准确地进行操作。

本章主要讲解有关 3ds Max 工作环境中各个区域以及部分常用工具的使用方法，其中包括文件的打开与保存，物体的创建、选择，动作的位移，组的使用，物体的复制和视图的控制及调整等内容。

本章重点：

- ➜ 了解屏幕的布局
- ➜ 文件操作
- ➜ 场景中物体的创建
- ➜ 选择对象
- ➜ 使用组
- ➜ 移动、旋转和缩放物体
- ➜ 坐标系统
- ➜ 复制物体
- ➜ 使用【阵列】工具
- ➜ 使用【对齐】工具
- ➜ 【捕捉】工具的使用和设置
- ➜ 渲染场景

2.1 了解屏幕的布局

熟悉了 3ds Max 的布局，才能更熟练地进行操作，从而提高工作效率。本节将对 3ds Max 2013 的各项设置布局进行讲解，其操作界面如图 2-1 所示。

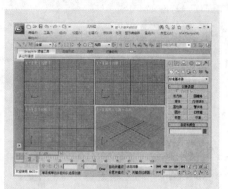

图 2-1 3ds Max 2013 的操作界面

2.1.1 菜单栏

菜单栏位于 3ds Max 2013 界面的最上端，其排列与标准的 Windows 软件中的菜单栏有着相似之处。其中包括【文件】、【编辑】、【工具】、【组】、【视图】、【创建】、【修改器】、【动画】、【图形编辑器】、【渲染】、【自定义】、MAXScript 和【帮助】13 个项目，如图 2-2 所示。

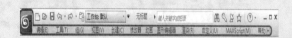

图 2-2 3ds Max 2013 的菜单栏

> **提示**：如果菜单栏中的命令后面有 "…"，则表示选择该命令会打开相应的对话框，如图 2-3 所示；如果在命令后面有小箭头，则表示该命令项目包含有子菜单，如图 2-4 所示。

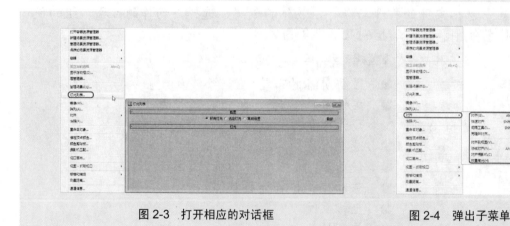

图 2-3 打开相应的对话框　　　　　图 2-4 弹出子菜单

下面对菜单栏中的每个项目分别进行介绍。

【文件】：提供文件操作的基本命令，如【打开】、【保存】等。

【编辑】：提供对物体进行编辑的基本工具，如【撤销】、【重做】等。

【工具】：提供多种工具，与菜单栏下方的工具栏基本相同。

【组】：用于控制成组对象。

【视图】：用于控制视图以及对象的显示情况。

【创建】：提供了与【创建】命令面板中相同的创建选项，同时也方便了操作。

【修改器】：用于对场景对象进行编辑修改，与面板右侧的【修改】命令面板相同。

【动画】：用于控制场景元素的动画创建，可以使用户快速便捷地进行工作。

【图形编辑器】：可以访问用于管理场景及其层次和动画的图表子窗口。

【渲染】：用于控制渲染着色、视频合成、环境设置等。

【自定义】：提供了多个让用户自行定义的设置选项，使用户能够依照自己的喜好进行设置。

MAX Script：提供了用户编辑脚本程序的各种选项。

【帮助】：提供了用户所需要的参考以及软件的版本信息等内容。

2.1.2 工具栏

工具栏位于菜单栏的下方，由若干个工具按钮组成，包括主工具栏和标签工具栏两部分。其中有【移动】工具、【着色】工具等，还有一些是菜单中的快捷键按钮，可以直接打开某些控制窗口，如材质编辑器、轨迹控制器等，如图 2-5 所示。

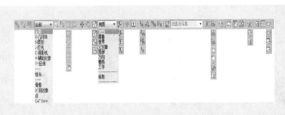

图 2-5 工具栏

提示：在 1024×768 分辨率下工具栏中的按钮不能全部显示出来，将鼠标光标移至工具栏上，光标会变为"小手"形状，这时对工具栏进行拖动可以将其余的按钮显示出来。命令按钮的图标很形象，用过几次就能记住它们。将鼠标光标在工具按钮上停留几秒钟后，会出现当前按钮的文字提示，有助于了解该按钮的用途。

另外，还有一些工具在工具栏中没有显示，它们会以浮动工具栏的形式显示。在菜单栏中选择【自定义】|【显示 UI】|【显示浮动工具栏】命令，将显示【轴约束】、【层】、【捕捉】等浮动工具栏，如图 2-6 所示。

图 2-6 浮动工具栏

2.1.3 动画时间控制区

动画时间控制区位于状态行与视图控制区之间，它们用于对动画时间的控制。通过动画时间控制区可以开启动画制作模式，可以随时对当前的动画场景设置关键帧，并且完成的动画可在处于激活状态的视图中进行实时播放，如图 2-7 所示。

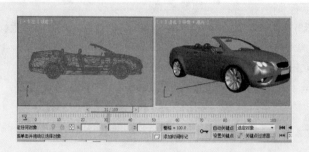

图 2-7 动画时间控制区

2.1.4 命令面板

命令面板由【创建】、【修改】、【层次】、【运动】、【显示】和【工具】6 部分构成，这 6 个面板可以分别完成不同的工作，如图 2-8 所示。命令面板区包括了大多数的造型和动画命令，可以进行大量的参数设置。它们分别用于【建立所有对象】、【修改加工对象】、【连接设置和反向运动设置】、【运动变化控制】、【显示控制】和【应用程序选择】。

图 2-8 命令面板

2.1.5 视图区

视图区在 3ds Max 操作界面中占据主要面积，是进行三维创作的主要工作区域。一般分为【顶】视图、【前】视图、【左】视图和【透视】视图 4 个工作窗口，通过这 4 个不同的工作窗口可以从不同的角度去观察、创建造型，如图 2-9 所示。

> **提示**：选择【自定义】|【视口配置】命令，在其子菜单中可以对视图区进行设置，通过它可以设置自己喜欢的视图。

图 2-9　视图区

2.1.6　状态行与提示行

状态行位于视图左下方和动画控制区之间，主要分为【当前状态】行和【提示信息】行两部分，用来显示当前状态及选择锁定方式，如图 2-10 所示。

图 2-10　状态行

【当前状态】：显示当前选择对象的数目和类型。如果是同一类型的对象，它可以显示出对象的类别。

【提示信息】：针对当前选择的工具和程序，提示下一步的操作指导。图 2-10 所示的提示信息为"单击或单击并拖动以选择对象"。

【当前坐标】：显示的是当前光标的世界坐标值或变换操作时的数值。当鼠标不操作物体，只在视图上移动时，它会显示光标当前的世界坐标值；如果使用变换工具，将根据工具、轴向的不同而显示不同的信息。例如，使用移动工具时，它是根据当前的坐标系统显示位置的数值；使用旋转工具时，显示当前活动轴上的旋转角度；使用缩放工具时，显示当前缩放轴上的缩放比例，如图 2-11 所示。

图 2-11　当前坐标

【栅格尺寸】：显示当前栅格中一个方格的边长尺寸，它的值会随视图显示的缩放而变化。例如，放大显示时，栅格尺寸会缩小，因为总的栅格数是不变的。

【MAXScript 脚本袖珍监听器】：分为粉色和白色两个窗格，粉色窗格是宏记录窗格，用于显示最后记录的信息；白色窗格是脚本编写窗格，用于显示最后编写的脚本命令，3ds Max 会自动执行直接输入到白色窗格中的脚本命令。

【时间标签】：这是一个非常快捷的方式，能通过文字符号指定特定的帧标记，使你能够迅速跳到想去的帧。未设定时它是个空白框，当用单击或右击此处时，会弹出一个菜单，包含【添加标记】和【编辑标记】两个选项。选择【添加标记】选项可以将当前帧加入到标签中，并打开【添加时间标记】对话框，如图 2-12 所示。

【添加时间标记】对话框中各选项的功能如下。

- 【时间】：显示标记指定的当前帧。
- 【名称】：在此文本框中可以输入一个文字串，即标签名称，它将与当前的帧号一起显示。
- 【相对于】：指定其他的标记，当前标记将保持与该标记的相对偏移。例如，在第 10 帧指定一个时间标记，在第 30 帧指定第二个标记，将第一个标记指定【相对于】到第二个标记。这样，如果第一个标记移至第 30 帧，则第二个标记自动移动到第 50 帧，以保持两个标记间隔为 20 帧。这个相对关系是一种单方面的偏移，系统不允许建立循环的从属关系，如果第二个标记的位置发生变化，第一个标记不会受到影响。
- 【锁定时间】：勾选此复选框可以将标签锁定到一个特殊的帧上。

【编辑时间标记】对话框中的各选项与【添加时间标记】对话框中的选项相同，这里不再介绍。如图 2-13 所示为【编辑时间标记】对话框。

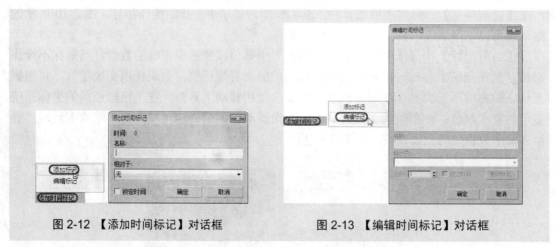

图 2-12 【添加时间标记】对话框   图 2-13 【编辑时间标记】对话框

2.1.7 视图控制区

视图控制区位于视图右下角，其中的控制按钮可以控制视图区各个视图的显示状态，例如，视图的缩放、旋转、移动等。另外，视图控制区中的各个按钮会因所用视图的不同而呈现不同状态。

1. 用视图控制工具按钮控制调整视图

在 3ds Max 2013 操作界面的右下角有 8 个按钮图标，它们是当前激活视图的控制工具，实施各种视图显示的变化，根据视图种类的不同，相应的控制工具也会有所不同，如图 2-14 所示。

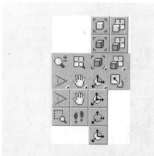

图 2-14　当前激活视图的控制工具

【缩放】按钮：在任意视图中按住鼠标左键并上下拖动可以拉近或推远视景。

【缩放所有视图】按钮：按住后上下拖动，同时在其他所有标准视图内进行缩放显示。

【最大化显示对象】按钮：将所有物体以最大化的方式显示在当前激活视图中。

【最大化显示】按钮：将所选择的物体以最大化的方式显示在当前激活视图中。

【所有视图最大化显示对象】按钮：将所有视图以最大化的方式显示在全部标准视图中。

【所有对象最大化显示】按钮：将所选择的物体以最大化的方式显示在全部标准视图中。

【视野】按钮：用于透视图中，按住鼠标左键并上下拖动，可以改变透视图的视野值。

【缩放区域】按钮：在视图中框取局部区域，将它放大显示，快捷键为 Ctrl+W。在【透视】视图中没有这个命令，如果想使用它的话，可以先将【透视】视图切换为【用户】视图，进行区域放大后再切换回到【透视】视图。

【平移视图】按钮：按住后四处拖动，可以进行平移观察，配合 Ctrl 键可以加速平移，快捷键为 Ctrl+P。

【穿行】按钮：启动穿行导航，产生类似于在 3D 游戏场景中漫游的效果。

【环绕子对象】按钮：应用于【透视】视图和【用户】视图，以视图中的景物为视觉中心进行旋转。

【环绕】按钮：与上一个工具功能相同，只是以当前选择的对象为视觉中心进行旋转。

【选定的环绕】按钮：与上一个工具功能相同，只是以当前选择的次对象为视觉中心进行旋转。

【最大化适口】按钮：将当前激活视图切换为全屏显示，快捷键为 Alt+W。

2. 视图的布局转换

在默认状态下，3ds Max 2013 使用 3 个正交视图和一个透视图来显示场景中的物体，如图 2-15 所示。

在 3ds Max 2013 中共提供了 14 种视图配置方案，用户可以根据需要来任意配置各个视图。选择【视图】|【视口配置】命令或右击视图控制区，在弹出的【视口配置】对话框中切换到【布局】选项卡，选择一个布局后单击【确定】按钮，如图 2-16 所示。

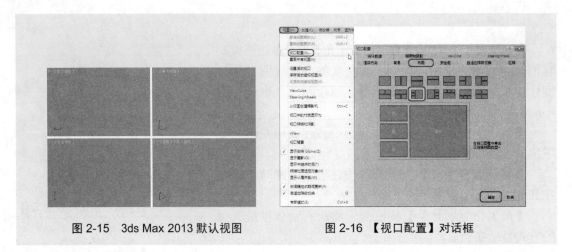

| 图 2-15　3ds Max 2013 默认视图 | 图 2-16　【视口配置】对话框 |

在 3ds Max 中视图类型除了默认的【顶】视图、【前】视图、【左】视图和【透视】视图外，还有【用户】视图、【摄影机】视图、【后】视图等 10 种视图类型并各有其快捷键，如图 2-17 所示。

3. 视图显示模式的控制

在系统默认设置下，【顶】、【前】和【左】3 个正交视图采用【线框】显示模式，【透视】视图则采用【平滑+高光】的显示模式。【平滑】模式显示效果逼真，但刷新速度慢；【线框】模式只能显示物体的线框轮廓，但刷新速度快，可以加快计算机的处理速度，特别是当处理大型、复杂的效果图时，应尽量使用【线框】模式；只有当需要观看最终效果时，才将【高光】模式打开。

此外，3ds Max 2013 还提供了其他几种视图显示模式。右击视图左上端的视图名称，在弹出的快捷菜单中选择【其他视觉样式】命令，在其子菜单中提供了 5 种显示模式，如图 2-18 所示。

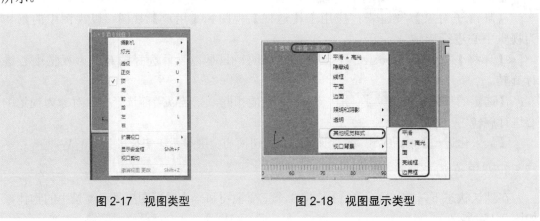

| 图 2-17　视图类型 | 图 2-18　视图显示类型 |

2.1.8　定制工具栏

在菜单栏中选择【自定义】|【自定义用户界面】命令，在打开的【自定义用户界面】

对话框中可以在【工具栏】选项卡中编辑现有工具栏或创建自定义工具栏。可以在现有工具栏中添加、移除和编辑按钮，或也可以删除整个工具栏。也可以使用 3ds Max 命令或脚本命令创建自定义工具栏。

步骤 01　在【自定义用户界面】对话框中单击【新建】按钮，如图 2-19 所示，弹出【新建工具栏】对话框，如图 2-20 所示。

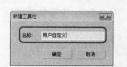

图 2-19　自定义用户界面　　　　　　　图 2-20　新建工具栏

步骤 02　输入新工具栏名称，单击【确定】按钮(新工具栏作为小浮动框出现)。

步骤 03　使用以下三种方法其中的任意一种添加命令到工具栏。

在【自定义用户界面】对话框的【操作】列表框中将命令拖到工具栏中。如果命令具有指定的默认图标(显示在动作列表中命令的旁边)，那么在工具栏上该图标会显示为按钮。如果命令没有指定图标，那么在工具栏上命令的名字会作为按钮出现。

要复制现有的按钮，使用 Ctrl+拖动操作，将任意工具栏上的按钮拖到工具栏中。

要移动现有的按钮，使用 Alt+拖动操作，将任意工具栏上的按钮拖到工具栏中。

单击【自定义用户界面】对话框中的【重置】按钮，可以使设置还原为默认。

2.1.9　改变视图的颜色

在菜单栏中选择【自定义】|【自定义用户界面】命令，在弹出的对话框中切换到【颜色】选项卡，如图 2-21 所示。

在【元素】下的选项框中，选择【视口背景】项目，单击【颜色】按钮，在弹出的【颜色选择器】中，设置颜色的 RGB 值，最后单击【立即应用颜色】按钮，此时视图中的颜色就会改变了，如图 2-22 所示。

【元素】：用于选择需要设置颜色的项目。

【方案】：允许选择自定义的颜色设置或者系统默认的颜色设置；选择系统默认的颜色设置后，下面的选项将不能够选择。

【颜色】：单击后，会弹出颜色选择器，可以为当前的界面元素指定颜色。

【重置】：恢复当前界面元素的颜色为默认设置。

【强度】：设置可选颜色的亮度级别。

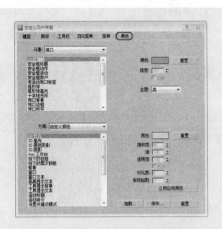

| 图 2-21　【颜色】选项卡 | 图 2-22　设置视图颜色 |

【反转】：将灰度值反转。

【饱和度】：设置颜色的饱和度。

【值】：设置图标颜色的明度值。

【透明度】：设置激活和没激活的图标的透明度。

【立即应用颜色】：将当前的设置应用到视图中。

【加载】：调用已经保存的颜色设置。

【保存】：以.clr格式保存当前颜色的设置。

【重设定】：将当前项目组内全部的设置恢复为默认设置。

2.1.10　设置界面颜色

在菜单栏中选择【自定义】|【加载自定义用户界面方案】命令，如图 2-23 所示，在弹出的对话框中根据历史记录打开 UI 文件夹，如图 2-24 所示。

图 2-23　加载自定义用户界面方案　　　　图 2-24　打开 UI 文件夹

3ds Max 2013 提供了 5 种界面，用户可以根据自己的喜好设置界面的颜色，如图 2-25 所示。

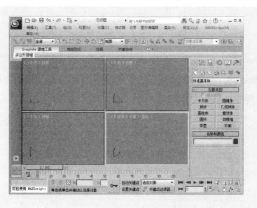

图 2-25 设置个性界面颜色

2.1.11 设置快捷键

在菜单栏中选择【自定义】|【自定义用户界面】命令，在弹出的【自定义用户界面】对话框中，切换到【键盘】选项卡，在左边的列表框中选择要设置快捷键的命令，然后在【热键】文本框中输入快捷键字母，单击【制定】按钮后设置成功，【指定到】文本框中显示的是已经使用该快捷键的命令，以防止用户设置重复，单击【移除】按钮可以移除已设置的快捷键，如图 2-26 所示。

图 2-26 设置快捷键

2.1.12 键盘快捷键切换覆盖命令

3ds Max 2013 增加了一个新的功能——键盘快捷键切换覆盖，使用【键盘快捷键覆盖切换】命令 ▣ 可以在只使用【主用户界面】快捷键和同时使用主快捷键和组(如编辑/可编辑网格、轨迹视图、NURBS 等等)快捷键之间进行切换。当【键盘快捷键覆盖切换】关闭时，只识别【主用户界面】快捷键。启用【键盘快捷键覆盖切换】时，可以同时识别主UI 快捷键和功能区域快捷键；然而，如果指定给功能的快捷键与指定给主 UI 的快捷键之间存在冲突，则启用【键盘快捷键覆盖切换】时，以功能快捷键为先。

2.2 文件操作

如果要使用 3ds Max 创建模型，那么文件的打开与保存是最基本的操作，下面我们将简单地介绍怎样打开文件和保存文件。

2.2.1 打开文件

在菜单栏中单击【文件】按钮，在弹出的下拉菜单中选择【打开】命令，打开场景文件(.max 格式)。

> **提示：** 3ds Max 文件包含场景的全部信息，如果一个场景使用了当前 3ds Max 软件不具备的特殊模块，那么打开该文件时，这些信息将会丢失。

打开文件的具体操作步骤如下。

步骤01 启动 3ds Max 2013 软件，在菜单栏中单击【文件】按钮，在弹出的下拉菜单中选择命令，如图 2-27 所示。弹出【打开文件】对话框，如图 2-28 所示。

步骤02 选择目标文件后，单击【打开】按钮，打开文件。

> **提示：** 如果要打开前几次编辑操作的文件，可以选择【文件】|【打开最近】命令，在弹出的子菜单中最多有 9 个文件，上面有该文件的文件名称、存储路径及格式等信息，直接选择其中的文件名称，即可打开相应的场景文件，如图 2-29 所示。

图 2-27　选择【打开】命令　　图 2-28　【打开文件】对话框　　图 2-29　【打开最近】菜单

2.2.2 保存文件

【保存】命令与【另存为】命令都用于对场景文件的保存，但它们在使用和存储方式上有着不同之处。

选择【保存】命令，则将当前场景进行快速保存，覆盖旧的同名文件，这种保存方法没有提示。如果是一个新建的场景文件，在第一次使用【保存】命令时与使用【另存为】命令效果相同，都会弹出【文件另存为】对话框，须选择保存路径并对文件命名。

提示： 当使用【保存】命令进行保存时，所有场景信息也将一并保存，例如，视图划分设置、视图缩放比例、捕捉和栅格设置等。另外，通过【首选项设置】控制面板，也可以设置自动备份保存功能。

在使用【另存为】命令对场景文件进行存储时，系统将以一个新的文件名称来存储当前场景，原来的场景文件不会改变。具体操作步骤如下。

步骤01 单击【文件】按钮🎬，在弹出的下拉列表中选择【另存为】命令，弹出【文件另存为】对话框。

步骤02 在【文件名】文本框中输入新的文件名称，并选择保存路径，如图 2-30 所示。

图 2-30 【文件另存为】对话框

步骤03 单击【保存】按钮，即可对场景文件进行保存。

提示： 在【文件另存为】对话框的右下方有一个 ⁺ 按钮，该按钮为递增按钮，如果直接单击 ⁺ 按钮，文件名会以"01"、"02"、"03"等序号自动命名，然后分别进行存储。

2.2.3 合并文件

在 3ds Max 中经常需要把其他场景中的一个对象加入到当前场景中，这称之为合并文件。

在菜单栏中单击【文件】按钮🎬，在弹出的下拉菜单中选择【导入】|【合并】命令，在弹出的【合并文件】对话框中选择要合并的场景文件，单击【打开】按钮，如图 2-31 所示。然后在弹出的【合并】对话框中选择要合并的对象，单击【确定】按钮完成合并，如图 2-32 所示。

提示： 在列表中可以按住 Ctrl 键选择多个对象，也可以按住 Alt 键从选择集中减去对象。

图 2-31 【合并文件】对话框

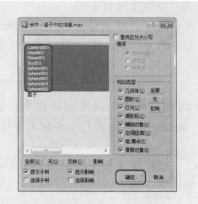
图 2-32 【合并】对话框

2.2.4 导入与导出文件

要在 3ds Max 中打开非 MAX 类型的文件(如 DWG 格式等)，则需要用到【导入】命令；要把 3ds Max 中的场景保存为非 MAX 类型的文件(如 3DS 格式等)，则需要用到【导出】命令。它们的操作与打开和保存文件的操作十分类似，如图 2-33 所示。

图 2-33 选择【导入】或【导出】命令

在 3ds Max 中，可以导入的文件格式有 3DS、PRJ、AI、DEM、XML、DWG、DXF、FBX、HTR、IGE、IGS、IGES、IPT、IAM、LS、VW、LP、MTL、OBJ、SHP、STL、TRC、WRL、WRZ、XML 等。

在 3ds Max 中可以导出的文件格式有 3DS、AI、ASE、ATR、BLK、DF、DWF、DWG、DXF、FBX、HTR、IGS、LAY、LP、M3G、MTL、OBJ、STL、VW、W3D、WRL 等。

2.3 场景中物体的创建

在 3ds Max 2013 中创建一个简单的三维物体可以有多种方式，下面就以最常用的命令面板方式创建一个半径为 60 的茶壶对象。

步骤01 在【顶视图】中单击，激活该视图。

步骤02 选择【创建】 ✳ |【几何体】 ◯ |【标准基本体】|【茶壶】工具。

步骤03 在【顶】视图中按住鼠标左键并拖曳出茶壶模型，然后释放鼠标左键，完成茶壶的创建，效果如图 2-34 所示。

步骤04 单击【修改】按钮 ⬚，切换到【修改】命令面板，在【参数】卷展栏中将【半径】设置为 50，【分段】设置为 10，并勾选【平滑】复选框，如图 2-35 所示。

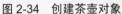

图 2-34 创建茶壶对象

图 2-35 修改茶壶对象的参数

3ds max 提供了多种三维模型创建工具。对于基础模型，可以通过【创建】命令面板直接建立标准的几何体和几何图形，包括【标准几何体】、【特殊几何体】、【二维图形】、【灯光】、【摄影机】、【辅助物体】、【空间扭曲物体】和【特殊系统】等。对于复杂的几何体，可以通过【放样】造型、【面片】造型、【曲面】造型、【粒子系统】等特殊造型方法以及【修改】命令面板对物体进行加工后完成创建。

2.4　选择对象

选择对象是 3ds Max 的基本操作。如果想对场景中的对象进行操作、编辑，首先就要选择该对象。为了应对在选择对象时出现的多种情况，方便用户操作，3ds Max 2013 提供了多种选择对象的方法。

2.4.1　单击选择

单击选择对象就是先选择工具栏中的【选择对象】工具，然后通过在视图中单击相应的物体来选择对象。一次单击只可以选择一个对象或一组对象。按住 Ctrl 键的同时单击物体就可以连续加入或减去多个对象。具体操作步骤如下。

步骤01　使用【圆锥体】工具和【茶壶】工具在一个任意视图中分别创建一个球体和一个茶壶。

步骤02　选择工具栏中的【选择对象】工具，激活【选择对象】工具。

步骤03　将鼠标指针移至【前】视图中的球体上，当指针变为"十"字形状后单击，圆锥体就会被选择，如图 2-36 所示。如果想再选择茶壶对象，可以按住 Ctrl 键并使用选择圆锥体的方法选择茶壶，这样圆锥体与茶壶就会同时被选择了，如图 2-37 所示。

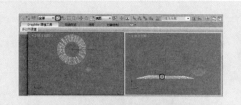

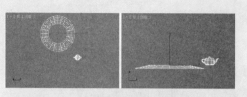

图 2-36 选择球体对象   图 2-37 按住 Ctrl 键选择茶壶

提示： 被选择的物体，在以【线框】方式显示的视图中以白色框架显示；在以【平滑+高光】方式显示的视图中，周围将显示一个白色的框架。不管被选择对象是什么形状，这种白色的框架都以长方形的形式出现。

2.4.2 按名称选择

在【选择】工具中有一个非常好用的工具，使用它可以快捷、准确地选择对象，它就是【按名称选择】工具，该工具可以通过选择对象的名称来选择相应的对象，所以该工具要求对象的名称具有唯一性，通常用于复杂场景中对象的选择。

在工具栏中选择【按名称选择】工具，会弹出【从场景选择】对话框。在【从场景选择】对话框中选择【圆锥体】和【茶壶】，然后单击【确定】按钮，则圆锥体和茶壶对象被选择了，如图 2-38 所示。

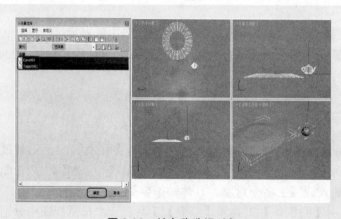

图 2-38 按名称选择对象

2.4.3 工具选择

用户可以通过工具栏中的【选择】工具来选择对象，【选择】工具包括【单选】工具和【组合选择】工具等。

【单选】工具只有【选择对象】工具。【组合选择】工具包括【选择并移动】工具、【选择并旋转】工具、【选择并均匀缩放】工具、【选择并链接】工具和【断开当前选择链接】工具等。

2.4.4　区域选择

　　3ds Max 2013 提供了 5 种区域选择工具。框选对象时选择区域的方式【包括矩形选择区域】工具▣、【圆形选择区域】工具◉、【围栏选择区域】工具◪、【套索选择区域】工具▨和【绘制选择区域】工具◧。其中【围栏选择区域】工具◪可以创建不规则选区。使用【围栏选择区域】工具配合范围选择工具可以非常方便地将要选择的对象从复杂的场景中选取出来，如图 2-39 所示。

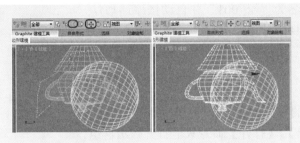

图 2-39　使用【围栏选择区域】工具选择对象

2.4.5　范围选择

　　范围选择有两种方式：一种是【窗口】范围选择方式；另一种是【交叉】范围选择方式。通过 3ds Max 状态栏中的▣按钮可以进行两种选择方式的切换。如果▣按钮处于激活状态，则选择场景中的对象时，只要选择对象的局部，这个对象就会被选择，如图 2-40 所示。

　　如果▣按钮处于关闭状态，则选择场景中的对象时，只有对象被全部框选，这个对象才能被选择，仅部分被框选，则不会被选择，如图 2-41 所示。

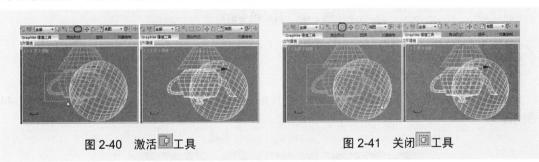

图 2-40　激活▣工具　　　　　　　　　　　图 2-41　关闭▣工具

2.5　使　用　组

　　在多次对众多的对象进行同一编辑修改时，每一次都要一个一个地选择这些对象是很麻烦的。下面为读者介绍一种方便、快捷的方法，将多个对象成组。

　　组，顾名思义就是由多个对象组成的集合。成组以后不会对原对象做任何修改，但对组的编辑会影响组中的每一个对象。成组以后，只要单击组内的任意一个对象，整个组都会被选择，如果想单独对组内对象进行操作，必须先将组暂时打开。组存在的意义就是使用户同时对多个对象进行同样的操作成为可能。

2.5.1 建立组

在场景中选择两个或两个以上的对象，在菜单栏中选择【组】|【成组】命令，在弹出的【组】对话框中输入组的名称(默认组名为"组 001"并自动按序递加)，单击【确定】按钮即可，如图 2-42 所示。

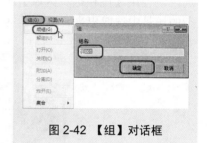

图 2-42 【组】对话框

2.5.2 打开组

如果要对组内的单个对象进行编辑，则需将组打开。每执行一次【组】|【打开】命令只能打开一级群组。

选择【组】|【打开】命令，这时群组的外框会变成粉红色，可以对其中的对象进行单独修改。移动其中的对象，则粉红色边框会随之变动，表示该对象所在的组正处于打开状态，如图 2-43 所示。

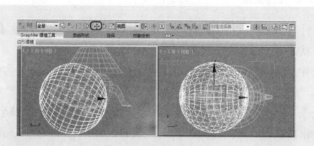

图 2-43 移动组中的对象

2.5.3 关闭组

选择【组】|【关闭】命令，将暂时打开的组关闭，可以返回到初始状态，如图 2-44 所示。

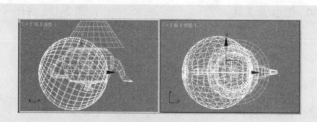

图 2-44 关闭组后的效果

2.5.4 集合组

先选择一个将要加入的对象(或一个组)，再选择【组】|【附加】命令，单击要加入的任何对象，就可以把该对象加入到群组中去。

2.5.5 解组

选择【组】|【解组】命令，只将所选择组的最上一级打散。

2.5.6 炸开组

选择【组】|【炸开】命令，将所选择组的所有层级一同打散，不再包含任何的组。

2.5.7 分离组

选择【组】|【分离】命令，将组中个别对象分离出组。

2.6 移动、旋转和缩放物体

在 3ds Max 中对物体进行编辑修改，最常用到的就是物体的移动、旋转和缩放。移动、旋转和缩放物体有 3 种方法。

第一种是直接在主工具栏中选择相应的工具，例如【选择并移动】工具、【选择并旋转】工具或【选择并均匀缩放】工具，然后在视图区中用鼠标拖曳，也可以在工具按钮上右击，调出【旋转变换输入】对话框，在该对话框中可以直接输入数值进行精确的操作，如图 2-45 所示。

图 2-45 【旋转变换输入】对话框

第二种是通过选择【编辑】|【变换输入】命令，在打开的【变换】文本框中对对象进行精确的移动、旋转、缩放操作。

第三种是通过状态行输入坐标值，这是一种方便快捷的精确调整方法，如图 2-46 所示。

图 2-46 中的 按钮为相对坐标按钮，单击该按钮可以完成相对坐标与绝对坐标的转换，如图 2-47 所示。

图 2-46 状态行   图 2-47 坐标转换

2.7　坐　标　系　统

如果要灵活地对对象进行移动、旋转、缩放，就要正确地选择坐标系统。在 3ds Max 2013 中提供了 9 种坐标系统可供选择，如图 2-48 所示。

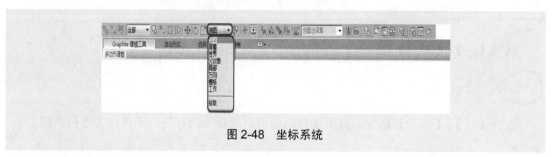

图 2-48　坐标系统

各坐标系统的功能说明如下。

【视图】坐标系统：这是默认的坐标系统，也是使用最普遍的坐标系统，实际上它是【世界】坐标系统与【屏幕】坐标系统的结合。在【正】视图中(例如【顶】、【前】、【左】等视图)使用【屏幕】坐标系统，在【透视】视图中使用【世界】坐标系统。

【屏幕】坐标系统：在所有视图中都使用同样的坐标轴向，即 X 轴为水平方向，Y 轴为垂直方向，Z 轴为景深方向，这正是一般人所习惯的坐标轴向，它把计算机屏幕作为 X、Y 轴向，计算机内部延伸作为 Z 轴向。

【世界】坐标系统：在 3ds Max 中，从前方看 X 轴为水平方向，Z 轴为垂直方向，Y 轴为景深方向。

【父对象】坐标系统：使用选择物体的父物体的自身坐标系统，这样可以使子物体保持与父物体之间的依附关系，在父物体所在的轴向上发生改变。

【局部】坐标系统：使用物体自身的坐标轴作为坐标系统。物体自身轴向可以通过 【层次】命令面板中【轴】|【仅影响轴】内的命令进行调节。

【万向】坐标系统：万向用于在视图中使用 Euler XYZ 控制器的物体的交互式旋转。应用它可以使 XYZ 轨迹与轴的方向形成一一对应关系。其他的坐标系统会保持正交关系，而且每一次旋转都会影响其他坐标轴的旋转，但万向节旋转模式则不会产生这种效果。

【栅格】坐标系统：以栅格物体的自身坐标轴作为坐标系统，栅格物体主要用来辅助制作。

【拾取】坐标系统：选择屏幕中的任意一个对象，它的自身坐标系统将作为当前坐标系统，这是一种非常有用的坐标系统。例如，我们要将一个球体沿一块倾斜的木板滑下，就可以拾取木板的坐标系统作为球体移动的坐标依据。

2.8 复 制 物 体

在制作一些大型场景的过程中，有时会用到大量相同的物体，这就需要对一个物体进行复制，在 3ds Max 中复制物体的方法有许多种，下面进行详细讲解。

2.8.1 最基本的复制方法

选择所要复制的一个或多个物体，在菜单栏中选择【编辑】|【克隆】命令，打开【克隆选项】对话框，选择对象的复制方式，如图 2-49 所示。

如果按住 Shift 键，使用【移动】工具拖动物体也可对物体进行复制，但这种方法比使用【克隆】命令多一项【副本数】设置，如图 2-50 所示。

图 2-49 执行【克隆】命令　　　　图 2-50 【副本数】设置

【克隆选项】对话框中各选项的功能说明如下。

【对象】：确定复制的方式。

【复制】：将当前对象在原位置复制一份，快捷键为 Ctrl+V。

【实例】：复制物体与原物体相互关联，改变一个物体时另一个物体也会发生同样的改变。

【参考】：以原始物体为模板，产生单向的关联复制品，改变原始物体时参考物体同时会发生改变，但改变参考物体时不会影响原始物体。

【副本数】：指定复制的个数并且按照指定的坐标轴向进行等距离复制。

2.8.2 镜像复制

使用镜像复制可以方便地制作出物体的反射效果。在如图 2-51 所示的场景中，使用【镜像】命令在一个茶壶对象的对面复制出了另一个相同的茶壶。

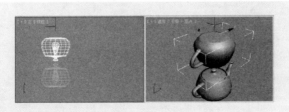

图 2-51 使用镜像复制

【镜像】工具可以把一个或多个对象沿着指定的坐标轴镜像到另一个方向，同时也可以产生具备多种特性的复制对象。选择要进行镜像复制的对象，选择【工具】|【镜像】命令(或者在工具栏中选择【镜像】工具)，可以打开【镜像：世界 坐标】对话框，如图 2-52 所示。

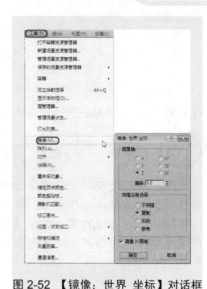

【镜像：世界 坐标】对话框中各选项的功能说明如下。

【镜像轴】：提供了 6 种对称轴用于镜像，每当进行选择时，视图中的选择对象就会显示出镜像效果。

【偏移】：指定镜像对象与原对象之间的距离，距离值是通过两个对象的轴心点来计算的。

【克隆当前选择】：确定是否复制以及复制的方式。

图 2-52 【镜像：世界 坐标】对话框

【不克隆】：只镜像对象，不进行复制。

【复制】：复制一个新的镜像对象。

【实例】：复制一个新的镜像对象并指定为关联属性，这样改变复制对象将对原始对象也产生作用。

【参考】：复制一个新的镜像对象，并指定为参考属性。

【镜像 IK 限制】：勾选该复选框可以连同几何体一起对 IK 约束进行镜像。IK 所使用的末端效应器不受镜像工具的影响，所以想要镜像完整的 IK 层级，需要先在【运动】命令面板下的【IK 控制参数】卷展栏中删除末端效应器，镜像完成之后再在相同的面板中建立新的末端效应器。

2.9 使用【阵列】工具

【阵列】工具可以大量有序地复制对象，它可以控制产生一维、二维、三维的阵列复制。如图 2-53 所示为使用【阵列】工具制作的分子模型。

选择要进行阵列复制的对象，选择【工具】|【阵列】命令(或者在工具栏中选择【阵列】工具)，可以打开【阵列】对话框，如图 2-54 所示。【阵列】对话框中各项功能如下。

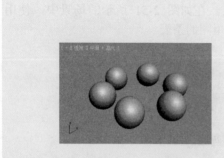

图 2-53 分子模型

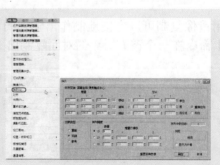

图 2-54 【阵列】对话框

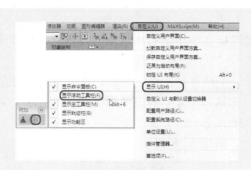

提示：如果 ⦂⦂ 图标在工具栏中没有显示，可以在【自定义】|【显示 UI】|【显示浮动工具栏】|【附加】栏中选择。如图 2-55 所示。

图 2-55 选择 ⦂⦂ 图标

【阵列变换】：用来设置在 1D 阵列中 3 种类型阵列的变量值，包括位置、角度和比例。左侧为增量计算方式，要求设置增值数量；右侧为总计计算方式，要求设置最后的总数量。如果想在 X 轴方向上创建间隔为 10 个单位一行的对象，就可以在【增量】选项组下面的【移动】前面的 X 文本框中输入 10。如果想在 X 轴方向上创建总长度为 10 的一串对象，那么就可以在【总计】选项组下面的【移动】后面的 X 文本框中输入 10。

【移动】：分别设置 3 个轴向上的偏移值。

【旋转】：分别设置沿 3 个轴向旋转的角度值。

【缩放】：分别设置在 3 个轴向上缩放的百分比例。

【重新定向】：在【世界】坐标系统下旋转复制原对象时，同时也对新产生的对象沿其自身的坐标系统进行旋转定向，使其在旋转轨迹上总保持相同的角度，否则所有的复制对象都与原对象保持相同的方向。

【均匀】：勾选该复选框后，在【增量】选项组下面的【缩放】前面的文本框中只有 X 轴允许输入参数，这样可以锁定对象的比例，使对象只发生体积的变化，而不产生变形。

【对象类型】：设置产生的阵列复制对象的属性。

【复制】：标准复制属性。

【实例】：产生关联复制对象，与原对象息息相关。

【参考】：产生参考复制对象。

【阵列维度】：增加另外两个维度的阵列设置，这两个维度依次对前一个维度产生作用。

1D：设置第一次阵列产生的对象总数。

2D：设置第二次阵列产生的对象总数，右侧 X、Y、Z 用来设置新的偏移值。

3D：设置第三次阵列产生的对象总数，右侧 X、Y、Z 用来设置新的偏移值。

【阵列中的总数】：设置最后阵列结果产生的对象总数目，即 1D、2D、3D 三个【数量】值的乘积。

【重置所有参数】：将所有参数还原为默认设置。

2.10   使用【对齐】工具

【对齐】工具就是通过移动操作使物体自动与其他对象对齐，所以它在物体之间并没有建立什么特殊关系。

在【前】视图中创建一个球体和一个圆柱体，选择球体，在工具栏中选择【对齐】工具，然后在视图中选择圆柱体对象，打开【对齐当前选择】对话框，并使球体在圆柱体的中心位置对齐，如图 2-56 所示。

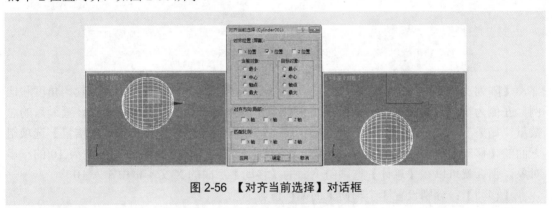

图 2-56 【对齐当前选择】对话框

【对齐当前选择】对话框中各选项的功能说明如下。(Cylinder001 不是对话框中的一部分)

【对齐位置(屏幕)】：根据当前的参考坐标系来确定对齐方式。

【X/Y/Z 位置】：指定位置对齐依据的轴向，可以单方向对齐，也可以多方向对齐。

【当前对象】/【目标对象】：分别用于当前对象与目标对象对齐的设置。

【最小】：以对象表面最靠近另一对象选择点的方式进行对齐。

【中心】：以对象中心点与另一对象的选择点进行对齐。

【轴点】：以对象的重心点与另一对象的选择点进行对齐。

【最大】：以对象表面最远离另一对象选择点的方式进行对齐。

【对齐方向(局部)】：方向的对齐是根据对象自身坐标系完成的，3 个轴向可以任意选择。

【匹配比例】：将目标对象的缩放比例沿指定的坐标轴施加到当前对象上。要求目标对象已经进行了缩放修改，系统会记录缩放的比例，将比例值应用到当前对象上。

2.11   【捕捉】工具的使用和设置

3ds Max 为我们提供了更加精确地创建和放置对象的工具——【捕捉】工具。那么什么是捕捉呢？捕捉就是根据栅格和物体的特点放置光标的一种工具，使用捕捉可以将光标精确地放置到你想要放的地方。下面就来介绍 3ds Max 的【捕捉】工具。

2.11.1 栅格与捕捉设置

只要在工具栏中 按钮中的任一按钮上右击，就可以调出设置对话框，如图 2-57 所示。

【栅格和捕捉设置】对话框中含有【捕捉】、【选项】、【主栅格】、【用户栅格】4 个选项卡。

(1) 依据造型方式可将捕捉类型分成 Standard (标准)类型和 NURBS 捕捉类型，其中各类型选项的功能说明如下。

图 2-57 【栅格和捕捉设置】对话框

Standard(标准)类型(见图 2-57)。

【顶点】：捕捉网格物体或可编辑网格物体的顶点。

【边/线段】：捕捉物体边界上的点。

【面】：捕捉某一面正面的点，背面无法进行捕捉。

【垂足】：在视图中绘制曲线的时候，捕捉与上一次垂直的点。

【轴心】：捕捉物体的轴心点。

【栅格点】：捕捉栅格的交点。

【端点】：捕捉样条曲线或物体边界的端点。

【中点】：捕捉样条曲线或物体边界的中点。

【中心面】：捕捉三维面的中心。

【切点】：捕捉样条曲线上相切的点。

【边界框】：捕捉物体边界框的八个角。

【栅格线】：捕捉栅格线上的点。

NURBS 捕捉类型(见图 2-58)。

这里主要用于 NURBS 类型物体的捕捉，NURBS 是一种曲面建模系统，对于它的捕捉类型，主要在这里进行设置，如图 2-58 所示。

CV：捕捉 NURBS 曲线或曲面的 CV 次物体。

【曲线中心】：捕捉 NURBS 曲线的中心点。

【曲线切线】：捕捉 NURBS 曲线相切的切点。

【曲线端点】：捕捉 NURBS 曲线的端点。

【曲面法线】：捕捉 NURBS 曲面法线的点。

【点】：捕捉 NURBS 次物体的点。

【曲线法线】：捕捉 NURBS 曲线法线的点。

【曲线边】：捕捉 NURBS 曲线的边界。

【曲面中心】：捕捉 NURBS 曲面的中心点。

【曲面边】：捕捉 NURBS 曲面的边界。

(2)【选项】选项卡用来设置捕捉的强度、范围和颜色等项目，如图 2-59 所示。

图 2-58　NURBS 捕捉类型

图 2-59　【选项】选项卡

【选项】选项卡中各选项功能说明如下。

【显示】：控制在捕捉时是否显示指示光标。

【大小】：设置捕捉光标的尺寸大小。

【捕捉半径】：设置捕捉光标的捕捉范围，值越大越灵敏。

【角度】：用来设置旋转时递增的角度。

【百分比】：用来设置缩放时递增的百分比例。

【使用轴约束】：将选择的物体沿着指定的坐标轴向移动。

(3)【主栅格】选项卡是用来控制主栅格特性的，如图 2-60 所示。【主栅格】选项卡各选项的功能说明如下。

【栅格间距】：设置主栅格两根线之间的间距，以内部单位计算。

【每 N 条栅格线有一条主线】：栅格线有粗细之分，和坐标纸一样，在这里设置每两根粗线之间有多少个细线格。

【透视视图栅格范围】：设置【透视】视图中粗线格中所包含的细线格数量。

【禁止低于栅格间距的栅格细分】：勾选该复选框时，在对视图放大或缩小时，栅格不会自动细分。取消勾选时，在对视图放大或缩小时，栅格会自动细分。

【禁止透视视图栅格调整大小】：勾选该复选框时，在对【透视】视图放大或缩小时，栅格数保持不变。取消勾选时，栅格会根据【透视】视图的变化而变化。

【活动视口】：改变栅格设置时，仅对激活的视图进行更新。

【所有视口】：改变栅格设置时，所有视图都会更新栅格显示。

(4)【用户栅格】选项卡用于控制用户创建的辅助栅格对象，【用户栅格】选项卡如图 2-61 所示，其各选项的功能说明如下。

【创建栅格时将其激活】：勾选此复选框就可以在创建栅格物体的同时将其激活。

【世界空间】：设定物体创建时自动与世界空间坐标系统对齐。

【对象空间】：设定物体创建时自动与物体空间坐标系统对齐。

图 2-60 【主栅格】选项卡

图 2-61 【用户栅格】选项卡

2.11.2 空间捕捉

3ds Max 为我们提供了三种空间捕捉的类型(2D、2.5D 和 3D)。使用空间捕捉可以精确创建和移动对象。当使用 2D 或 2.5D 捕捉创建对象时,只能捕捉到直接位于绘图平面上的节点和边。当用空间捕捉移动对象的时候,被移动的对象是移动到当前栅格上还是相对于初始位置按捕捉增量移动,这是由捕捉的方式来决定的。

例如,只选择【栅格点】选项捕捉移动对象时,对象将相对于初始位置按设置的捕捉增量移动;如果将【栅格点】和【顶点】选项都选择后再捕捉移动对象时,对象将移动到当前栅格上或者场景中的对象的点上。

2.11.3 角度捕捉

角度捕捉主要是用于精确地旋转物体和视图,可以在【栅格和捕捉设置】对话框中进行设置,其中的【选项】选项卡中的【角度】参数用于设置旋转时递增的角度,系统默认值为 5°。

在不打开角度捕捉的情况下,我们在视图中旋转物体,系统会以 0.5°作为旋转时递增的角度。而在大多数情况下,我们在视图中旋转物体,系统旋转的度数为 30°、45°、60°、90°或 180°等整数,打开角度捕捉为精确旋转物体提供了方便。

2.11.4 百分比捕捉

在不打开百分比捕捉的情况下,进行缩放或挤压物体时,将以默认的 1%的比例进行变化。如果打开百分比捕捉,将以系统默认的 10%的比例进行变化。当然也可以进入【栅格和捕捉设置】对话框中,利用【选项】选项卡内的【百分比】参数进行变化比例的设置。

2.12 渲 染 场 景

3ds Max 的渲染场景可以分成两部分:初始化渲染和控制渲染内容。通常这两部分共同作用生成一幅图像。3ds Max 有几种方法来初始化渲染工作,可将图像绘制到屏幕上,

还提供几种通过渲染类型精确控制渲染内容的方法。

3ds Max 可以通过选择【渲染】|【渲染】命令开始渲染，或者是单击与渲染相关的两个按钮之一：【渲染场景】按钮 、【快速渲染】按钮 。

【渲染场景】按钮 ：单击该按钮可以打开【渲染场景】对话框，进行渲染参数的设置。

【快速渲染】按钮 ：使用快速渲染可以按照【渲染场景】对话框中设置好的参数对当前激活的视图进行渲染，执行起来比较方便。

当按 F9 键时，可以按照上一次的渲染设置进行渲染，它不去理会当前激活的是哪一个视图，这对场景测试来说是一个非常方便的渲染方法。

第**3**章

基 础 建 模

在三维动画的制作中，三维模型是最重要的一部分。在三维动画领域中，要求制作者能够利用手中的工具制作出适合的高品质三维模型。三维模型可以使用【基本几何体】、【扩展几何体】工具等来创建，但很多复杂的三维模型都是通过 2D 样条加工生成的。本章将介绍如何在 3ds Max 2013 中使用【几何体】面板及【图形】面板中的工具进行基础建模，使读者对基础建模有所了解，并掌握基础建模的方法，为深入学习 3ds Max 2013 打下扎实的基础。

本章重点：

➥ 标准基本体

➥ 扩展基本体

➥ 二维对象的创建

➥ 应用【编辑样条线】修改器

3.1　标准基本体

在【创建】命令面板中选择相应的工具，再在任意视图中按住鼠标左键并进行拖动，即可创建出相应的标准基本体，操作非常简单，这是学习 3ds Max 的基础，一定要掌握。

使用【标准基本体】工具可以创建如图 3-1 所示的物体。

【长方体】：用于建立长方体造型。

【球体】：用于建立球体造型。

【圆柱体】：用于建立圆柱体造型。

【圆环】：用于建立圆环造型。

【茶壶】：用于建立茶壶造型。

【圆锥体】：用于建立圆锥体造型。

【几何球体】：用于建立简单的几何形的球面。

【管状体】：用于建立管状对象造型。

【四棱锥】：用于建立金字塔形造型。

【平面】：用于建立无厚度的平面形状。

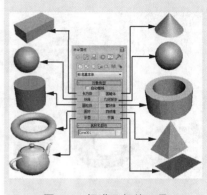

图 3-1　标准几何体工具

3.1.1　创建长方体

【长方体】工具可以用来制作正六面体或矩形，如图 3-2 所示。其中，长、宽、高的参数用来控制长方体的形状，如果只输入其中的两个数值，则产生矩形平面。片段的划分可以产生栅格长方体，多用于修改加工的原型物体，如波浪平面、山脉地形等。

步骤01　选择【创建】|【几何体】|【标准基本体】|【长方体】工具，在【顶】视图中按住鼠标左键并拖动鼠标，创建出长方体的长宽之后释放鼠标左键。

步骤02　移动鼠标并观察其他 3 个视图，创建出长方体的高。

步骤03　单击，完成制作。

提示：配合 Ctrl 键可以建立底面为正方形的长方体。在【创建方法】卷展栏中选择【长方体】选项，可以直接创建长方体模型。

当完成对象的创建后，可以在命令面板中对其参数进行修改，其参数面板如图 3-2 所示。在【参数】卷展栏中各项参数功能如下。

【长度/宽度/高度】：确定三边的长度。

【长度分段/宽度分段/高度分段】：控制长、宽、高三边的片段划分数。

【生成贴图坐标】：勾选该复选框时会自动指定贴图坐标。

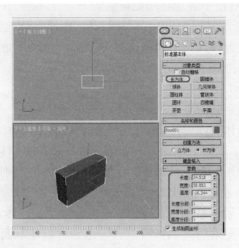

图 3-2　创建长方体

　　【真实世界贴图大小】：勾选此复选框，贴图大小将由绝对尺寸决定，与对象的相对尺寸无关；若取消勾选，则贴图大小符合创建对象的尺寸。

3.1.2　创建球体

　　【球体】工具可以用来创建球体，通过参数修改可以制作局部球体(包括半球体)，如图 3-3 所示。

　　步骤01　选择【创建】 ✳ |【几何体】 ◎ |【标准基本体】|【球体】工具，在视图中按住鼠标左键并拖动鼠标，创建球体。

　　步骤02　释放鼠标左键，完成球体的创建。

　　步骤03　修改参数，可以制作不同的球体。

　　半球体的参数面板如图 3-4 所示。

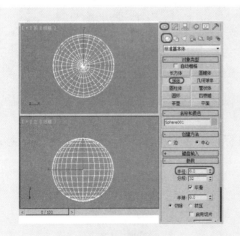

图 3-3　创建球体

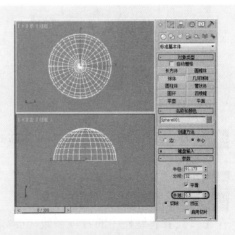

图 3-4　设置【半球】参数为 0.5

(1) 【创建方法】卷展栏中各选项功能说明如下。

【边】：在视图中拖动创建球体时，光标移动的距离是球的直径。

【中心】：以中心放射方式拉出球体模型(默认)，光标移动的距离是球体的半径。

(2) 【参数】卷展栏中各项参数功能如下。

【半径】：设置半径大小。

【分段】：设置表面划分的段数。值越高，表面越光滑，造型也越复杂。

【平滑】：是否对球体表面进行自动光滑处理(默认为开启)。

【半球】：值在 0~1 可调，默认为 0，表示建立完整的球体；增加数值，球体被逐渐减去；值为 0.5 时，制作出半球体，如图 3-4 所示。值为 1 时，什么都没有了。

【切除】/【挤压】：在进行半球参数调整时，这两个选项发挥作用，主要用来确定球体被削除后，原来的网格划分数也随之削除或者仍保留部分球体。

【启用切片】：设置是否开启切片设置，勾选它可以在下面的设置中调节球体局部切片的大小。

【轴心在底部】：在建立球体时，球体重心默认设置在球体的正中央，勾选此复选框会将重心设置在球体的底部；还可以在制作台球时把它们一个个准确地建立在桌面上。

3.1.3 创建圆柱体

选择【创建】 ※ |【几何体】 ○ |【标准基本体】|【圆柱体】工具来制作圆柱体，如图 3-5 所示。通过修改参数可以制作出棱柱体、局部圆柱等，如图 3-6 所示。

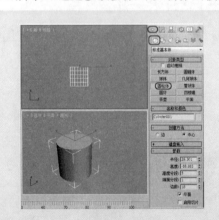
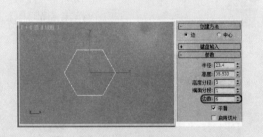

图 3-5　创建圆柱体　　　　　　　图 3-6　设置圆柱体参数

步骤01　在视图中按住鼠标左键并拖动鼠标，创建底面圆形，释放鼠标左键，移动鼠标确定柱体的高度。

步骤02　单击，完成柱体的制作。

步骤03　调节参数改变柱体类型。

在【参数】卷展栏中的各项参数功能如下。

【半径】：底面和顶面的半径。

【高度】：确定柱体的高度。

【高度分段】：确定柱体在高度上的分段数。如果要弯曲柱体，高的分段数可以产生光滑的弯曲效果。

【端面分段】：确定在两端面上沿半径的片段划分数。

【边数】：确定圆周上的片段划分数(即棱柱的边数)，如图 3-6 所示。边数越多越光滑。

【平滑】：是否在建立柱体的同时进行表面自动光滑处理，对圆柱体而言应将它打开，对棱柱体而言要将它关闭。

【启用切片】：设置是否开启切片设置，勾选它可以在下面的设置中调节柱体局部切片的大小。

【切片起始位置/切片结束位置】：控制沿柱体自身 Z 轴切片的度数。

【生成贴图坐标】：勾选此复选框时自动指定贴图坐标。

【真实世界贴图大小】：勾选此复选框，贴图大小将由绝对尺寸决定，与对象的相对尺寸无关；若不勾选，则贴图大小符合创建对象的尺寸。

> 提示：当【启用切片】复选框被勾选时，【切片起始位置/切片结束位置】选项才可以使用。

3.1.4 创建圆环

【圆环】工具可以用来制作立体的圆环圈，截面为正多边形，通过对正多边形边数、光滑度以及旋转等的控制来产生不同的圆环效果，还可以制作局部的一段圆环，如图 3-7 所示。

步骤01 选择【创建】 ⚹ |【几何体】 ○ |【标准基本体】|【圆环】工具，在视图中按住左键并拖动鼠标，创建一级圆环。

步骤02 释放左键并移动鼠标，创建二级圆环，单击，完成圆环的制作，如图 3-8 所示。

图 3-7 圆环

图 3-8 创建一级和二级圆环

(3) 调节参数改变圆环形状。

圆环的【参数】卷展栏如图 3-9 所示，其各项参数功能说明如下。

【半径 1】：设置圆环中心与截面正多边形的中心距离。

【半径2】：设置截面正多边形的内径。

【旋转】：设置每一片段截面沿圆环轴旋转的角度，如果进行扭曲设置或以不光滑表面着色，可以看到它的效果。

【扭曲】：设置每个截面扭曲的度数，产生扭曲的表面。

【分段】：确定圆周上片段划分的数目。值越大，得到的圆形越光滑，较少的值可以制作几何棱环，如台球桌上的三角框。

【边数】：设置圆环截面的光滑度，边数越大越光滑。

【平滑】：设置光滑属性。

【全部】：对整个表面进行光滑处理。

【侧面】：光滑相邻面的边界。

【无】：不进行光滑处理。

【分段】：光滑每个独立的片段。

图 3-9 圆环的【参数】卷展栏

【启用切片】：是否进行切片设置，勾选它可以进行切片从和切片到设置，制作局部圆环。

【切片起始位置/切片结束位置】：分别设置切片两端切除的幅度。

【生成贴图坐标】：勾选它可自动指定贴图坐标。

3.1.5 创建圆锥体

【圆锥体】工具可以用来制作圆锥、圆台、棱锥和棱台，以及创建它们的局部模型(其中包括圆柱、棱柱体，但使用【圆柱体】工具更方便)，也包括【四棱锥体】和【三棱柱体】工具，如图 3-10 所示。这是一个制作能力比较强大的建模工具。

步骤 01 选择【创建】 |【几何体】 |【标准基本体】|【圆锥体】工具，在【顶】视图中按住鼠标左键并拖动鼠标，创建出圆锥体的一级半径。

步骤 02 按住左键并拖动鼠标，创建圆锥体的高。

步骤 03 按住鼠标左键并向圆锥体的内侧或外侧移动鼠标，创建圆锥体的二级半径。

步骤 04 单击，完成圆锥体的创建，如图 3-11 所示。

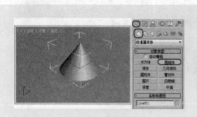

图 3-10 圆锥体

图 3-11 创建圆锥体的过程

【圆锥体】工具的【参数】卷展栏如图 3-12 所示，各项参数的功能说明如下。

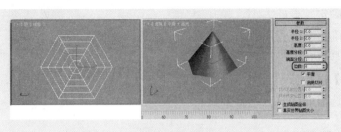

图 3-12　圆锥体的【参数】卷展栏

【半径 1/半径 2】：分别设置锥体两个端面(顶面的底面)的半径。如果两个值都不为0，则产生圆台或棱台体；如果有一个值为 0，则产生锥体；如果两值相等，则产生柱体。

【高度】：确定锥体的高度。

【高度分段】：设置锥体高度上的划分段数。

【端面分段】：设置两端平面沿半径辐射的片段划分数。

【边数】：设置端面圆周上的片段划分数。值越高，锥体越光滑，对棱锥来说，边数决定它属于几棱锥，如图 3-12 所示。

【平滑】：是否进行表面光滑处理。勾选它产生圆锥、圆台；关闭它产生棱锥、棱台。

【启用切片】：是否进行局部切片处理，制作不完整的锥体。

【切片起始位置/切片结束位置】：分别设置切片局部的起始和终止幅度。

【生成贴图坐标】：是否自动指定贴图坐标。

【真实世界贴图大小】：勾选此复选框，贴图大小将由绝对尺寸决定，与对象的相对尺寸无关；若取消勾选，则贴图大小符合创建对象的尺寸。

3.1.6　创建茶壶

茶壶因其复杂弯曲的表面特别适合材质的测试以及渲染效果的评比，可以说是计算机图形学中的经典模型。用【茶壶】工具可以建立一只标准的茶壶造型，或者是它的一部分(如壶盖、壶嘴等)，如图 3-13 所示。

茶壶的【参数】卷展栏如图 3-14 所示，各项参数的功能说明如下。

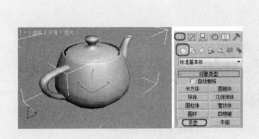

图 3-13　创建茶壶

图 3-14　茶壶的【参数】卷展栏

【半径】：确定茶壶的大小。

【分段】：确定茶壶表面的划分精度，值越高，表面越细腻。

【平滑】：是否自动进行表面光滑处理。

【茶壶部件】：设置茶壶各部分的取舍，分为【壶体】、【壶把】、【壶嘴】和【壶盖】四部分，勾选前面的复选框则会显示相应的部件。

3.1.7　创建几何球体

建立以三角面拼接成的球体或半球体，如图 3-15 所示。它不像球体那样可以控制切片局部的大小，几何球体的长处在于：在点面数一致的情况下，几何球体比球体更光滑；它是由三角面拼接组成的，在进行面的分离操作时(如爆炸)，可以分解成三角面或标准四面体、八面体等，无秩序而易混乱。

几何球体的【参数】卷展栏及【创建方法】卷展栏如图 3-16 所示。

图 3-15　几何球体　　　　　　　　　图 3-16　几何球体设置

(1)【创建方法】卷展栏各选项功能如下。

【直径】：在视图中拖动创建几何球体时，光标移动的距离是球的直径。

【中心】：以中心放射方式拉出几何球体模型(默认)，光标移动的距离是球体的半径。

(2)【参数】卷展栏各选项功能如下。

【半径】：确定几何球体的半径大小。

【分段】：设置球体表面的划分复杂度，值越大，三角面越多，球体也越光滑。

【基点面类型】：确定由哪种规则的多面体组合成球体，包括【四面体】、【八面体】和【二十面体】，如图 3-17 所示。

图 3-17　不同规则的多面体组成的几何球体

【平滑】：是否进行表面光滑处理。

【半球】：是否制作半球体。

【轴心在底部】：设置球体的中心点位置在球体底部，该选项对半球体不产生作用。

3.1.8 创建管状体

【管状体】工具用来建立各种空心管状物体，包括圆管、棱管以及局部圆管，如图 3-18 所示。

图 3-18 管状体

步骤 01 选择【创建】|【几何体】|【标准基本体】|【管状体】工具，在视图中按住鼠标左键并拖动鼠标，拖曳出一个圆形线圈。

步骤 02 释放鼠标左键并移动鼠标，确定圆环的大小，按住鼠标左键并移动鼠标，确定圆管的高度。

步骤 03 单击，完成圆管的制作。

管状体的【参数】卷展栏如图 3-19 所示。其各项参数说明如下。

【半径 1/半径 2】：分别确定圆管的内径和外径大小。

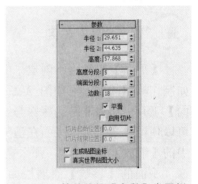

图 3-19 管状体的【参数】卷展栏

【高度】：确定圆管的高度。

【高度分段】：确定圆管高度上的片段划分数。

【端面分段】：确定上下底面沿半径轴的分段数目。

【边数】：设置圆周上边数的多少。值越大，圆管越光滑。对圆管来说，【边数】值决定它是几棱管。

【平滑】：是否对圆管的表面进行光滑处理。

【启用切片】：是否进行局部圆管切片。

【切片起始位置/切片结束位置】：分别限制切片局部的幅度。

【生成贴图坐标】：是否自动指定贴图坐标。

【真实世界贴图大小】：勾选此复选框，贴图大小将由绝对尺寸决定，与对象的相对尺寸无关；若取消勾选，则贴图大小符合创建对象的尺寸。

3.1.9 创建四棱锥

【四棱锥】工具可以用于创建类似于金字塔形状的四棱锥模型，如图 3-20 所示。

四棱锥的【参数】卷展栏如图 3-21 所示，其各项参数功能说明如下。

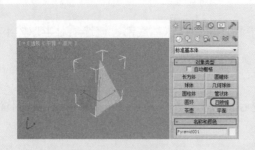

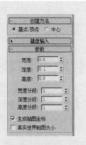

图 3-20　四棱锥　　　　　　　　　图 3-21　四棱锥的【参数】卷展栏

【宽度/深度/高度】：分别确定底面矩形的长、宽，以及锥体的高。

【宽度/深度/高度分段】：确定三个轴向片段的划分数。

提示：在制作底面矩形时，配合 Ctrl 键可以建立底面为正方形的四棱锥。

3.1.10　创建平面

【平面】工具用于创建平面，然后再通过编辑修改器进行设置制作出其他的效果，例如制作崎岖的地形，如图 3-22 所示。与使用【长方体】工具创建平面物体相比较，【平面】工具更显得非常的特殊与实用。首先是使用【平面】工具制作的对象没有厚度，其次可以使用参数来控制平面在渲染时的大小，如果将【参数】卷展栏的【渲染倍增】选项组中的【缩放】设置为 2，那么在渲染中平面的长宽分别被放大了 2 倍输出。

平面的【参数】卷展栏如图 3-23 所示。

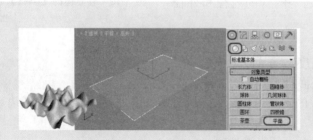

图 3-22　【平面】工具及其应用　　　　　图 3-23　平面【参数】卷展栏

(1)【创建方法】卷展栏各选项功能如下。

【矩形】：以边界方式创建长方形的平面对象。

【正方形】：以中心放射方式拉出正方形的平面对象。

(2)【参数】卷展栏各参数功能如下。

【长/宽】：确定长和宽两个边的长度。

【长度分段/宽度分段】：控制长和宽两个边上的片段划分数。

【渲染倍增】：设置渲染效果缩放值。

【缩放】：设置将当前平面在渲染过程中缩放的倍数。

【密度】：设置平面在渲染过程中的精细程度的倍数，值越大，平面将越精细。

3.2 扩展基本体

扩展基本体包括切角长方体、切角圆柱体、胶囊等形体，它们比标准基本体复杂，边缘圆润，参数也较多。

下面对一些常用的工具进行简单的介绍。

3.2.1 创建切角长方体

在现实生活中，物体的边缘普遍是圆滑的，即有倒角和圆角，于是 3ds Max 2013 提供了【切角长方体】工具，创建的模型效果如图 3-24 所示。参数与长方体类似，如图 3-25 所示。其中【圆角】控制倒角大小，【圆角分段】控制倒角段数。

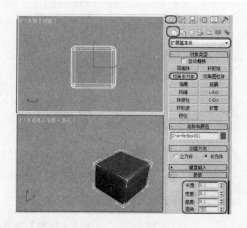

图 3-24　创建切角长方体

图 3-25　切角长方体【参数】卷展栏

> **提示：** 如果想使切角长方体的倒角部分变得光滑，可以勾选【参数】卷展栏下方的【平滑】复选框。

3.2.2 创建切角圆柱体

类似的还有【切角圆柱体】工具，创建的模型效果如图 3-26 所示。参数设置如图 3-27 所示。与圆柱体相似，它也有切片等参数，同时还多出了控制倒角的【圆角】和【圆角分段】参数。

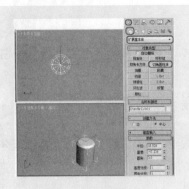

图 3-26　创建切角圆柱体　　　　　　图 3-27　切角圆柱体【参数】卷展栏

3.2.3　创建异面体

异面体是用基础数学原则定义的扩展几何体，利用它可以创建四面体、八面体、十二面体，以及两种星形。图 3-28 所示为创建十二面体的效果。

无论是哪种异面体都有 P 值和 Q 值，如图 3-29 所示。即使同一种异面体，将不同的 P 值和 Q 值相搭配，也会产生出不同形状的异面体，如图 3-30 所示。

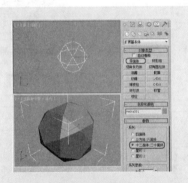

图 3-28　创建十二面体的效果　　　　　图 3-29　异面体【参数】卷展栏

图 3-30　不同 P、Q 值的十二面体

3.3　二维对象的创建

2D 图形的创建是通过【创建图形】命令面板下的选项来实现的，选择【创建】 ※|【图形】 ◯命令，打开【创建图形】命令面板，如图 3-31 所示。

大多数的曲线类型都有共同的设置参数，如图 3-32 所示。

图 3-31 【创建图形】命令面板

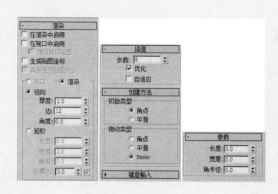

图 3-32 图形的参数设置

各项参数的功能说明如下。

【在渲染中启用】：勾选此复选框，可以在视图中显示渲染网格的厚度。

【在视口中启用】：可以与【在渲染中启用】复选框一起勾选，它可以控制以视图设置参数在场景中显示网格(该选项对渲染不产生影响)。

【使用视口设置】：控制图形按视图设置进行显示。

【生成贴图坐标】：对曲线指定贴图坐标。

【视口】：基于视图中的显示来调节参数(该选项对渲染不产生影响)。当【在视口中启用】和【使用视口设置】复选框被勾选时，该选项可以被选择。

【渲染】：基于渲染器来调节参数，当【渲染】单选按钮被选中时，图形可以根据【厚度】参数值来渲染图形。

【厚度】：设置曲线渲染时的粗细大小。

【边】：控制被渲染的线条由多少个边的圆形作为截面。

【角度】：调节横截面的旋转角度。

【插值】：用来设置曲线的光滑程度。

【步数】：设置两顶点之间由多少个直线片段构成曲线。值越高，曲线越光滑。

【优化】：自动检查曲线上多余的【步数】片段。

【自适应】：自动设置【步数】值，以产生光滑的曲线，对直线来说，【步数】将设置为 0。

【键盘输入】：使用键盘方式建立图形，只要输入所需要的坐标值、角度值以及参数值即可，不同的工具会有不同的参数输入方式。

另外，除了【文本】、【截面】和【星形】工具之外，其他的创建工具都有一个【创建方法】卷展栏，该卷展栏中的参数需要在创建对象之前选择，这些参数一般用来确定是以边缘作为起点创建对象，还是以中心作为起点创建对象。只有【弧】工具的两种创建方式与其他对象有所不同。

3.3.1 创建线

【线】工具可以绘制任何形状的封闭或开放型曲线(包括直线)，如图 3-33 所示。

步骤01 选择【创建】　|【图形】　|【样条线】|【线】工具，在视图中单击以确定线条的第一个节点。

步骤02 移动光标到达想要结束线段的位置，单击再创建一个节点，然后右击结束直线段的创建。

提示：在绘制线条时，当线条的终点与第一个节点重合时，系统会提示是否闭合线条，如图 3-34 所示，单击【是】按钮即可创建一个封闭的图形；单击【否】按钮，则继续创建线条。在创建线条时，通过按住鼠标左键拖动，可以创建曲线。

【线】工具拥有自己的参数设置，如图 3-35 所示。这些参数需要在创建线条之前选择。【线】中的【创建方法】卷展栏中各选项的功能说明如下。

【初始类型】：按住鼠标左键拖曳出的曲线类型包括【角点】和【平滑】两种，可以绘制出直线和曲线。

【拖动类型】：设置按住左键并拖动鼠标时引出的曲线类型，包括【角点】、【平滑】和 Bezier 3 种，贝赛尔(Bezier)曲线是最优秀的曲度调节工具，通过两个滑块来调节曲线的弯曲程序。

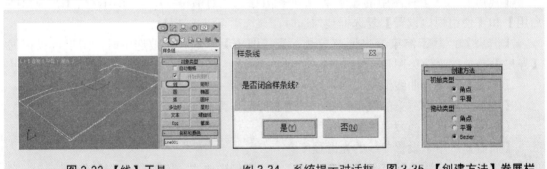

图 3-33 【线】工具　　图 3-34 系统提示对话框　图 3-35 【创建方法】卷展栏

3.3.2 创建圆

【圆】工具用来建立圆形，如图 3-36 所示。

选择【创建】　|【图形】　|【样条线】|【圆】工具，然后在场景中按住鼠标左键并拖动创建圆形。在【参数】卷展栏中只有一个【半径】参数可以设置，如图 3-37 所示。

【半径】：设置圆形的半径大小。

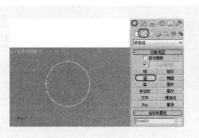

| 图 3-36　【圆】工具 | 图 3-37　圆【参数】卷展栏 |

3.3.3　创建弧

【弧】工具用来制作圆弧曲线和扇形，如图 3-38 所示。

步骤 01　选择【创建】 ✣ |【图形】 ❑ |【样条线】|【弧】工具，在视图中按住鼠标左键并拖动，拖出一条直线。

步骤 02　到达一定的位置后释放鼠标左键，移动并单击确定圆弧的大小。当完成对象的创建之后，可以在命令面板中对其参数进行修改。图 3-39 和图 3-40 所示分别为【创建方法】卷展栏和【参数】卷展栏。

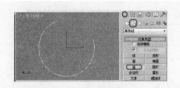

| 图 3-38　【弧】工具 | 图 3-39　【创建方法】卷展栏 | 图 3-40　弧【参数】卷展栏 |

【弧】工具各选项的功能说明如下。

1. 【创建方法】卷展栏

【端点-端点-中央】：这种建立方式是先引出一条直线，以直线的两端点作为弧的两端点，然后移动鼠标确定弧长，如图 3-41 所示。

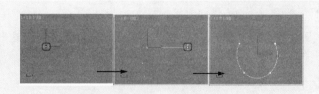

图 3-41　【端点-端点-中央】方式创建弧

【中间-端点-端点】：这种建立方式是先引出一条直线，作为圆弧的半径，然后移动鼠标确定弧长，这种建立方式对于建立扇形非常方便，如图 3-42 所示。

2. 【参数】卷展栏

【半径】：设置圆弧的半径大小。

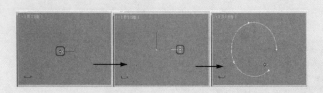

图 3-42 【中间-端点-端点】方式创建弧

【从/到】：设置弧起点和终点的角度。

【饼形切片】：勾选此复选框时，将建立封闭的扇形。

【反转】：将弧线方向反转。

3.3.4 创建多边形

【多边形】工具可以制作任意边数的正多边形，还可以产生圆角多边形，如图 3-43 所示。

选择【创建】 |【图形】 |【样条线】|【多边形】工具，然后在视图中按住左键并拖动鼠标创建多边形。在【参数】卷展栏中可以对多边形的半径、边数等参数进行设置，如图 3-44 所示。

【半径】：设置多边形的半径大小。

【内接/外接】：确定以外切圆半径还是内切圆半径作为多边形的半径。

【边数】：设置多边形的边数。

【角半径】：制作带圆角的多边形，设置圆角的半径大小。

【圆形】：设置多边形为圆形。

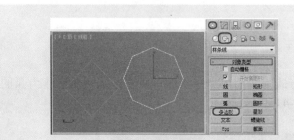

图 3-43 【多边形】工具   图 3-44 多边形【参数】卷展栏

3.3.5 创建文本

【文本】工具可以直接产生文字图形，在中文 Windows 平台下可以直接产生各种字体的中文字形，字形的内容、大小、间距都可以调整，在完成了动画制作后，仍可以修改文字的内容。

选择【创建】 |【图形】 |【样条线】|【文本】工具，然后在【参数】卷展栏中的【文本】文本框中输入文本，在视图中单击即可创建文本图形，如图 3-45 所示。在【参数】卷展栏中可以对文本的字体、字号、间距以及文本的内容进行修改，如图 3-46 所示。

【大小】：设置文字的大小尺寸。

【字间距】：设置文字之间的间隔距离。

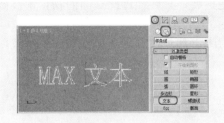

图 3-45 【文本】工具

图 3-46 文本【参数】卷展栏

【行间距】：设置文字行与行之间的距离。

【文本】：用来输入文本文字。

【更新】：设置修改参数后，视图是否立刻进行更新显示。遇到大量文字处理时，为了加快显示速度，可以勾选【手动更新】复选框，手动更新视图。

3.3.6 创建截面

【截面】工具可以通过截取三维造型的截面而获得二维图形，如图 3-47 所示。使用此工具建立一个平面，可以对其进行移动、旋转和缩放操作，当它穿过一个三维造型时，会显示出截获的截面，在命令面板中单击【创建图形】按钮，可以将这个截面制作成一个新的样条曲线。

下面来制作一个"灯笼"的截面图形，操作步骤如下。

步骤01 打开随书附带光盘中的"CDROM\Scene\Cha03\灯笼.max"场景文件。

步骤02 选择【创建】 |【图形】 |【样条线】|【截面】工具，在【前】视图中按住左键并拖动鼠标，创建一个截面对象，如图 3-48 所示。

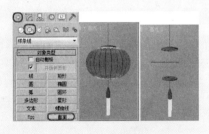

图 3-47 【截面】工具

图 3-48 创建一个截面对象

步骤03 在【截面参数】卷展栏中单击【创建图形】按钮，创建一个"灯笼"的截面。

【截面参数】卷展栏如图 3-49 所示，各参数功能说明如下。

【创建图形】：单击该按钮会弹出一个名字指定框，确定名称后单击【确定】按钮，即可产生一个截面图形，如果此时没有截面，该按钮将不可用。

【移动截面时】：在移动截面的同时更新视图。

【选择截面时】：只有选择截面时才进行视图更新。

【手动】：通过单击【更新截面】按钮进行手动更新视图。

【无限】：截面所在的平面无界限地扩展，只要经过此截面的物体都被截取，与视图显示的截面尺寸无关。

【截面边界】：以截面所在的边界为限，凡是接触到其边界的造型都被截取，否则不会受到影响。

【禁用】：关闭截面的截取功能。

【截面大小】卷展栏如图 3-50 所示。其【长度/宽度】参数选项用于设置截面平面的长/宽尺寸。

图 3-49 【截面参数】卷展栏　　　　图 3-50 【截面大小】卷展栏

3.3.7 创建矩形

【矩形】工具是经常使用的一个工具，可以用它来创建矩形，如图 3-51 所示。

创建矩形与创建圆形的方法基本上一样，都是通过拖动鼠标来创建。在矩形【参数】卷展栏中包含 3 个常用参数，如图 3-52 所示。

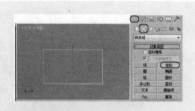
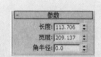

图 3-51 【矩形】工具　　　　图 3-52 矩形【参数】卷展栏

【长度/宽度】：设置矩形长/宽值。

【角半径】：设置矩形的四角是直角还是有弧度的圆角。

 提示：配合 Ctrl 键可以创建正方形。

3.3.8 创建椭圆

【椭圆】工具可以用来绘制椭圆形，如图 3-53 所示。

同圆形的创建方法相同，只是椭圆形使用【长度】和【宽度】两个参数来控制椭圆形的大小和形状，其【参数】卷展栏如图 3-54 所示。

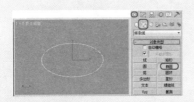 

图 3-53 【椭圆】工具　　　　　图 3-54 椭圆【参数】卷展栏

3.3.9 创建圆环

【圆环】工具可以用来制作同心的圆环，如图 3-55 所示。创建圆环的操作步骤如下。

步骤01 选择【创建】 |【图形】 |【样条线】|【圆环】工具，在视图中按住鼠标并拖动，拖曳出一个圆形。

步骤02 释放鼠标左键并移动鼠标，向内或向外再拖曳出一个圆形，单击以完成圆环的创建。

圆环有两个半径参数(半径 1 和半径 2)，分别对两个圆形的半径进行设置，如图 3-56 所示。

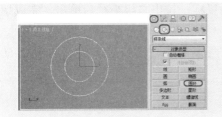 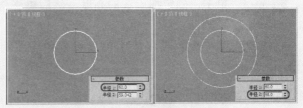

图 3-55 【圆环】工具　　　　　图 3-56 设置两个半径

3.3.10 创建星形

【星形】工具可以建立多角星形，尖角可以钝化为圆角，制作齿轮图案；尖角的方向可以扭曲，产生倒刺状锯齿；参数的变换可以产生许多奇特的图案。因为它是可以渲染的，所以即使交叉，也可以用作一些特殊的图案花纹，如图 3-57 所示。

创建星形的操作步骤如下。

步骤01 选择【创建】 |【图形】 |【样条线】|【星形】工具，在视图中按住鼠标左键并拖动，拖曳出一级半径。

步骤02 释放鼠标左键并移动鼠标，拖曳出二级半径，单击以完成星形的创建。

星形【参数】卷展栏如图 3-58 所示，其参数的功能说明如下。

【半径 1/半径 2】：分别设置星形的内径和外径。

【点】：设置星形的尖角个数。

【扭曲】：设置尖角的扭曲度。

【圆角半径 1/圆角半径 2】：分别设置尖角的内外倒角圆半径。

图 3-57　【星形】工具　　　　　　　　　图 3-58　星形【参数】卷展栏

3.3.11　创建螺旋线

【螺旋线】工具用来制作平面或空间的螺旋线，常用于完成弹簧、线轴等造型，或用来制作运动路径，如图 3-59 所示。

创建螺旋线的操作步骤如下。

步骤01　选择【创建】|【图形】|【样条线】|【螺旋线】工具，在【顶】视图中按住鼠标左键并拖动，拖出一级半径。

步骤02　释放鼠标左键并移动鼠标，拖曳出螺旋线的高度。

步骤03　单击，确定螺旋线的高度，然后再移动鼠标，拉出二级半径后单击，完成螺旋线的创建。

在螺旋线【参数】卷展栏中可以设置螺旋线的两个半径、圈数等参数，如图 3-60 所示。

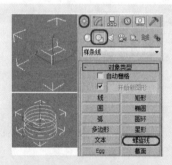

图 3-59　【螺旋线】工具　　　　　　　　图 3-60　螺旋线【参数】卷展栏

【半径 1/半径 2】：设置螺旋线的内径和外径。

【高度】：设置螺旋线的高度，此值为 0 时，产生一个平面螺旋线，如图 3-61 所示。

【圈数】：设置螺旋线旋转的圈数。

【偏移】：设置在螺旋高度上，螺旋圈数的偏向强度。

【顺时针/逆时针】：分别设置两种不同的旋转方向。

图 3-61　高度为 0 时的效果

3.4 应用【编辑样条线】修改器

使用【图形】工具直接创建的二维图形不能够直接生成三维物体，需要对它们进行编辑修改才可转换为三维物体。在对二维图形进行编辑修改时，通常会选择【编辑样条线】修改器，它为我们提供了对顶点、分段、样条线三个次级物体级别的编辑修改，如图 3-62 所示。

在对使用【线】工具绘制的图形进行编辑修改时，不必为其指定【编辑样条线】修改器。因为它包含了对顶点、分段、样条线三个次级物体级别的编辑修改等，与【编辑样条线】修改器的参数和命令相同。不同的是，它还保留了【渲染】、【插值】等基本参数项的设置，如图 3-63 所示。

下面将分别对【编辑样条线】修改器的三个次级物体级别的编辑修改进行讲解。

图 3-62 【编辑样条线】修改器

图 3-63 【线】工具的编辑修改器

3.4.1 修改【顶点】选择集

在对二维图形进行编辑修改时，最基本、最常用的就是对【顶点】选择集的修改。通常会对图形进行添加点、移动点、断开点和连接点等操作，以调整到我们所需的形状。

下面通过对矩形指定【编辑样条线】修改器来学习【顶点】选择集的修改方法以及常用修改命令。

步骤01 选择【创建】|【图形】|【样条线】|【椭圆】工具，在【前】视图中创建矩形。

步骤02 切换到【修改】命令面板，在【修改器列表】中选择【编辑样条线】修改器，在修改器堆栈中定义当前选择集为【顶点】。

步骤03 在【几何体】卷展栏中单击【优化】按钮，然后在矩形的线段的适当位置上单击，为矩形添加节点，如图 3-64 所示。

步骤04 设置完节点后单击【优化】按钮，或直接在视图中右击，关闭【优化】按钮。使用【移动】工具，在节点处右击，在弹出的快捷菜单中选择相应的命令，然后对节点进行调整，如图 3-65 所示。

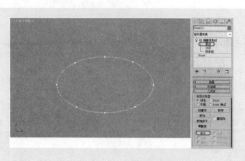

图 3-64　为矩形添加节点

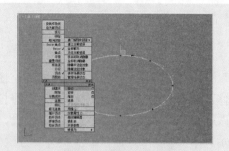

图 3-65　节点类型

将节点设置为 Bezier 类型后，在节点上有两个控制手柄。当在选择的节点上右击时，在弹出的快捷菜单中的【工具 1】区内可以看到点的 5 种类型：【Bezier 角点】、Bezier、【角点】、【平滑】以及【重置切线】，如图 3-65 所示。其中被勾选的类型是当前选择的节点的类型。

【Bezier 角点】：这是一种比较常用的节点类型，通过分别对它的两个控制手柄进行调节，可以灵活地控制曲线的曲率。

Bezier：通过调整节点的控制手柄来改变曲线的曲率，以达到修改样条曲线的目的，它没有【Bezier 角点】调节起来灵活。

【角点】：使各点之间的【步数】按线性、均匀方式分布，也就是直线连接。

【平滑】：该属性决定了经过该节点的曲线为平滑曲线。

【重置切线】：在可编辑样条线【顶点】层级时，可以使用标准方法选择一个或多个顶点并移动它们。如果顶点属于 Bezier 或【Bezier 角点】类型，还可以移动和旋转控制柄，从而影响在顶点连接的任何线段的形状。还可以使用切线复制/粘贴操作在顶点之间复制和粘贴控制柄，同样也可以使用【重置切线】重置控制柄或在不同类型之间进行切换。

> 提示：在对一些二维图形进行编辑修改时，最好将一些直角处的点类型改为【角点】类型，这有助于提高模型的稳定性。

在对二维图形进行编辑修改时，除了【优化】命令外，还有以下的一些命令常被用到。

【连接】：连接两个断开的点。

【断开】：使闭合图形变为开放图形。通过【断开】使点断开，先选中一个节点后单击【断开】按钮，此时单击并移动该点，会看到线条被断开。

【插入】：该命令的功能与【优化】相似，都是加点命令，只是【优化】是在保持原图形不变的基础上增加节点，而【插入】是一边加点一边改变原图形的形状。

【设为首顶点】：第一个节点用来标明一个二维图形的起点，在放样设置中各个截面图形的第一个节点决定【表皮】的形成方式，此功能就是使选中的点成为第一个节点。

【焊接】：此功能可以将两个断点合并为一个节点。

【删除】：删除节点。

【锁定控制柄】：该选项只对 Bezier 节点和【Bezier 角点】节点生效。选择该选项，当选择多个节点时，移动其中一个节点的控制手柄，其他节点的控制手柄也相应变动。在节点的类型为【Bezier 角点】时，选择【相似】时，只有同一侧的手柄变动；选择【全部】时，移动一侧的手柄时，所有选中节点两个的手柄都跟着变动。

3.4.2 修改【分段】选择集

【分段】是连接两个节点之间的边线，当对线段进行变换操作时，就相当于在对两端的点进行变换操作。下面对【分段】常用的命令进行介绍。

【断开】：将选择的线段打断，类似点的打断。

【优化】：与【顶点】选择集中的【优化】功能相同。

【拆分】：通过在选择的线段上加点，将选择的线段分成若干条线段，通过在其后面的文本框中输入要加入节点的数值，然后单击该按钮，即可将选择的线段细分为若干条线段。

【分离】：将当前选择的线段分离。

3.4.3 修改【样条线】选择集

【样条线】级别是二维图形中另一个功能强大的次级物体修改级别，相连接的线段即为一条样条曲线。在样条线级别中，【轮廓】与【布尔运算】的设置最为常用，尤其是在建筑效果图的制作当中。

步骤01 选择【创建】 |【图形】 |【线】工具，在场景中绘制墙体的截面图形，如图 3-66 所示。

步骤02 将选择集定义为【样条线】，在场景中选择绘制的样条线。

步骤03 在【几何体】卷展栏中单击【轮廓】按钮，在场景中按住鼠标左键拖曳出轮廓，如图 3-67 所示。

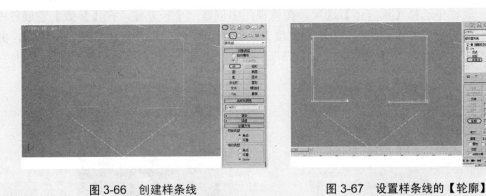

图 3-66 创建样条线　　　　图 3-67 设置样条线的【轮廓】

步骤04 通常制作出样条线的截面后会通过【挤出】修改器挤出截面的高度，这里就不详细介绍了。

3.5 上机练习

3.5.1 户外休闲椅

户外休闲椅造型主要出现在一些公园或者风景区等公共场所中。在室外建筑效果图中，经常要表现一些公共场所，在此我们将介绍怎样制作一个户外休闲椅，其效果如图 3-68 所示。

步骤01 启动 3ds Max 2013 软件，新建一个空白场景，选择【创建】 ⚹ |【图形】 ✑ |【样条线】工具，在【对象类型】卷展栏中选择【线】工具，激活【左】视图，在该视图中创建一个如图 3-69 所示的轮廓，并将其命名为【支架 01】。

图 3-68 效果图

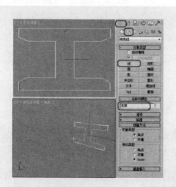

图 3-69 创建线

步骤02 切换至【修改】命令面板 ☑，在【修改器列表】中选择【挤出】修改器，在【参数】卷展栏中将【数量】设置为 2032，如图 3-70 所示。

步骤03 激活【左】视图，选择【创建】 ⚹ |【几何体】 ◎ 工具，在【对象类型】卷展栏中选择【长方体】选项，在该视图中创建一个长方体，在【参数】卷展栏中将【长度】设置为 1270、【宽度】设置为 2030、【高度】设置为-71800，并将其重命名为【横杠】，如图 3-71 所示。

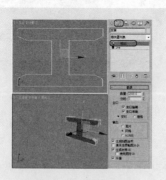

图 3-70 添加修改器

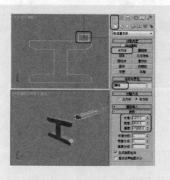

图 3-71 创建长方体

步骤 04　在工具栏中选择【选择并移动】工具，在除【透视】视图外的其他三个视图中调整【横枨】的位置，效果如图 3-72 所示。

步骤 05　调整完成后，在视图中选择【支架 01】对象，激活【顶】视图，使用【选择并移动】工具，按住 Shift 键的同时向右进行拖曳，至【横枨】中间位置处释放鼠标左键，打开【克隆选项】对话框，在【对象】区域下选中【复制】单选按钮，将【副本数】设置为 2，如图 3-73 所示。

步骤 06　设置完成后单击【确定】按钮，即可沿 X 轴进行复制，完成后的效果如图 3-74 所示。

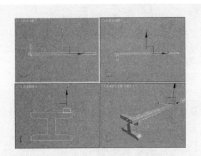

图 3-72　完成后的效果

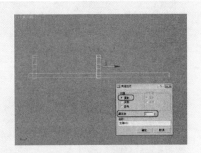

图 3-73　【克隆选项】对话框

步骤 07　激活【顶】视图，在场景中选择"横枨"对象，按住 Shift 键的同时沿 Y 轴向上拖曳，打开【克隆选项】对话框，在【对象】区域下选中【复制】单选按钮，将【副本数】设置为 1，如图 3-75 所示。

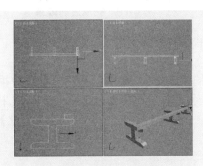

图 3-74　复制后的效果

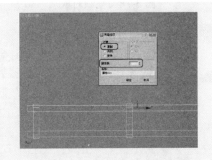

图 3-75　【克隆选项】对话框

步骤 08　设置完成后单击【确定】按钮，即可将其进行复制，完成后的效果如图 3-76 所示。

步骤 09　激活【左】视图，选择【创建】|【几何体】工具，在【对象类型】卷展栏中选择【长方体】工具，在该视图中创建一个长方体，在【参数】卷展栏中将【长度】设置为 1270，【宽度】设置为 12700，【高度】设置为-1524，并将其重命名为"横木"，如图 3-77 所示。

步骤 10　在场景中选择【横木】对象，在视图中将其调整至合适的位置，激活【顶】视图，在【顶】视图中按住 Shift 键的同时沿 X 轴拖曳，至合适的位置后释放鼠标左键，在弹出的对话框中将【副本数】设置为 35，如图 3-78 所示。

步骤 11　设置完成后单击【确定】按钮，即可对其进行复制，完成后的效果如图 3-79 所示。

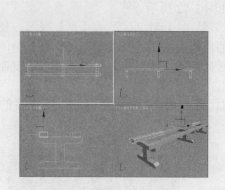

图 3-76 完成后的效果

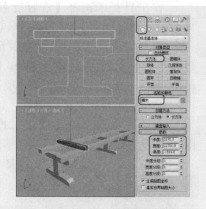

图 3-77 创建长方体

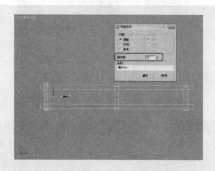

图 3-78 复制对象

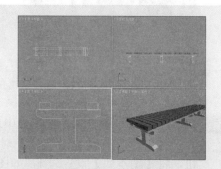

图 3-79 完成后的效果

步骤 12 在场景中选择所有的对象,在菜单栏中选择【组】|【成组】命令,在弹出的对话框中为其重命名为【休闲椅】,如图 3-80 所示。

步骤 13 确认【休闲椅】对象处于被选择的状态下,切换至【修改】命令面板,在【修改器列表】中选择【UVW 贴图】修改器,在【参数】卷展栏中选择【长方体】选项,将【长度】设置为 12834、【宽度】设置为 73352、【高度】设置为 10226,如图 3-81 所示。

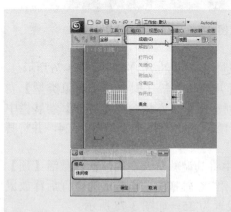

图 3-80 成组

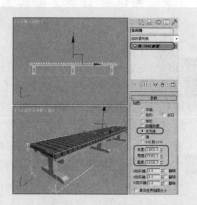

图 3-81 添加修改器

步骤 14 按 M 键，打开【材质编辑器-休闲椅】对话框，选择一个空白材质球，将其重命名为【休闲椅】，在【明暗器基本参数】卷展栏中将类型设置为 Blinn，将【Blinn 基本参数】卷展栏下的【高光级别】设置为 29，【光泽度】设置为 20，如图 3-82 所示。

步骤 15 展开【贴图】卷展栏，单击【漫反射颜色】右侧的 None 按钮，在弹出的对话框中选择【位图】选项，单击【打开】按钮，在弹出的对话框中选择随书附带光盘中的"CDROM\Map\木 13.jpg"文件，如图 3-83 所示。

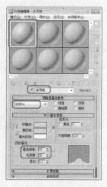
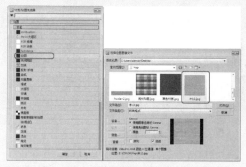

图 3-82 【材质编辑器-休闲椅】对话框　　　图 3-83 【选择位图图像文件】对话框

步骤 16 单击【确定】按钮，即可为材质球赋予材质，在该对话框中单击【将材质指定给选定对象】按钮，然后单击【在适口中显示标准贴图】按钮，即可为场景中的对象赋予材质，如图 3-84 所示。

步骤 17 将其对话框关闭，选择【创建】|【几何体】工具，在【对象类型】卷展栏中创建一个长方体，在【顶】视图中创建一个长方体，并将其重命名为【地面】，在【参数】卷展栏中将【长度】设置为 286105，【宽度】设置为 357000，将【高度】设置为 0，并将其颜色设置为白色，如图 3-85 所示。

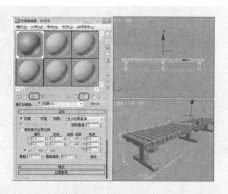
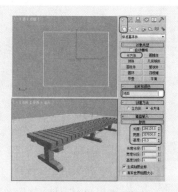

图 3-84 赋予材质　　　　　　　　　图 3-85 创建长方体

步骤 18 使用【选择并移动】工具将其调整至合适的位置，选择【创建】|【摄影机】|【目标】工具，在【顶】视图中创建一个摄影机，在【参数】卷展栏中

将【镜头】设置为 30mm，并调整其位置，如图 3-86 所示。

步骤19 选择【创建】 ◆ |【灯光】 ◆ |【标准】工具，在【对象类型】卷展栏中选择
【目标聚光灯】工具，在场景中创建一个聚光灯，在【常规参数】卷展栏中勾选
【启用】复选框，将类型设置为【光线跟踪阴影】，展开【聚光灯参数】卷展栏，
在【光维】区域下勾选【泛光化】复选框，其他均为默认设置，如图 3-87 所示。

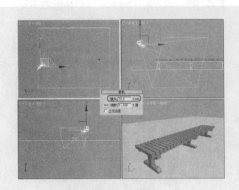

图 3-86　创建摄影机

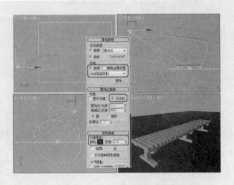

图 3-87　创建聚光灯(一)

步骤20 创建完成后，再次创建一个聚光灯，在此不设置聚光灯的【阴影】及【光
维】，在【强度/颜色/衰减】卷展栏中将【倍增】设置为 0.4，如图 3-88 所示。

步骤21 选择【创建】 ◆ |【灯光】 ◆ |【标准】工具，在【对象类型】卷展栏中选择
【泛光灯】工具，在场景中创建一个泛光灯，并将其【强度/颜色/衰减】卷展栏
中的【倍增】设置为 0.2，如图 3-89 所示。

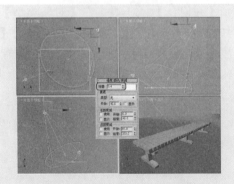

图 3-88　创建聚光灯(二)

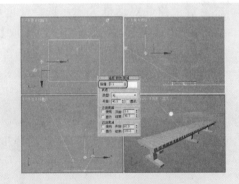

图 3-89　创建泛光灯(一)

步骤22 使用同样的方法创建一个泛光灯，并将其【强度/颜色/衰减】卷展栏中的
【倍增】设置为 0.4，如图 3-90 所示。

步骤23 至此户外休闲椅就制作完成了，按 8 键，在弹出的对话框中将背景颜色设置
为白色，如图 3-91 所示。

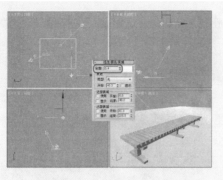

图 3-90 创建泛光灯(二)

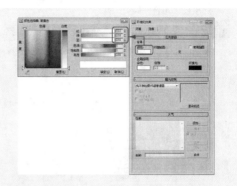

图 3-91 【环境和效果】对话框

(24) 保存场景，按 F9 键对【摄影机】视图进行渲染。

3.5.2 草坪灯

本例将介绍草坪灯的制作方法，效果如图 3-92 所示；草坪灯在小区环境、办公休闲区和公共绿化中经常用到，掌握草坪灯的制作有很重要的作用。

步骤01 选择【创建】| 【几何体】| 【标准基本体】|【圆柱体】工具，在【顶】视图中创建一个圆柱体，设置【半径】为 90、【高度】为 450 和【高度分段】为 1，并将其命名为"灯座"，如图 3-93 所示。

步骤02 在工具栏中单击【材质编辑器】按钮，打开【材质编辑器】对话框，选择一个新的材质球并将其命名为【金属】，在【明暗器基本参数】卷展栏中将阴影模式定义为【(M)金属】，如图 3-94 所示。

图 3-92 草坪灯效果

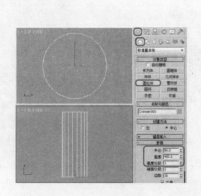

图 3-93 创建圆柱体

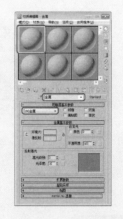

图 3-94 命名材质球

步骤03 在【金属基本参数】卷展栏中，勾选【自发光】选项组下的【颜色】复选框，并将颜色设置为【黑色】；单击【环境光】左侧的按钮，解除与【漫反射】的锁定，将【环境光】颜色的 RGB 值设置为 5、5、5，【漫反射】颜色的 RGB 值设置为 159、159、159，将【高光级别】设置为 98，【光泽度】设置为

80，如图 3-95 所示。

步骤04 确认选择绘制的圆柱体，然后单击【将材质指定给选定对象】按钮，为圆柱体指定材质，如图 3-96 所示。

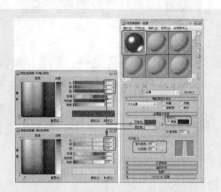

图 3-95 设置材质球参数

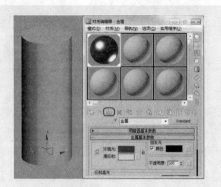

图 3-96 指定材质

步骤05 关闭【材质编辑器】对话框，在工具栏中单击【捕捉开关】按钮，按住鼠标左键向下拖动，单击【捕捉开关】按钮并打开捕捉功能(快捷键为 S 键)，然后在按钮处右击，弹出【栅格和捕捉设置】对话框，在【捕捉】选项卡下，只勾选【顶点】、【端点】和【中点】复选框，如图 3-97 所示。

步骤06 选择【创建】|【几何体】|【标准基本体】|【圆柱体】工具，首先在【顶】视图中使用捕捉工具捕捉【灯座】圆柱体的中心，然后创建一个圆柱体，设置【半径】为 140、【高度】为 10 和【高度分段】为 1，并将其命名为"灯头边-下"，如图 3-98 所示。

图 3-97 设置捕捉选项

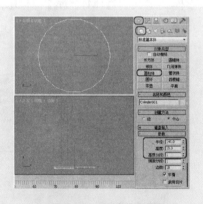

图 3-98 创建圆柱体

步骤07 右击完成圆柱体的创建，然后选择【选择并移动】工具，在【前】视图中将其沿 Y 轴移动至【灯座】对象的顶端，如图 3-99 所示。然后按 M 键打开【材质编辑器】对话框，将【金属】材质指定给【灯头边-下】对象。

步骤08 继续选择【灯头边-下】对象，然后按住 Shift 键向上拖动至合适的位置，弹出【克隆选项】对话框，选择【复制】选项，将【副本数】设置为 1，【名称】为"灯头边-上"，设置完成后单击【确定】按钮，如图 3-100 所示。

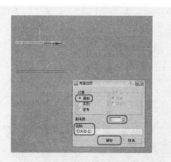

图 3-99　移动对象　　　　　　　　　　　图 3-100　复制图形

步骤 09 选择【创建】 | 【图形】 | 【圆】工具，首先在【顶】视图中使用捕捉工具捕捉【灯座】圆柱体的中心，然后创建一个【半径】为 140 的圆形，并将其命名为"灯头护栏 01"，如图 3-101 所示。

步骤 10 选择绘制的圆形，然后单击 按钮切换至【修改】命令面板，单击【修改器列表】下拉按钮，选择【编辑样条线】修改器，如图 3-102 所示。

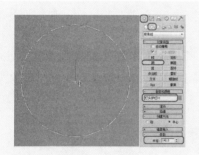

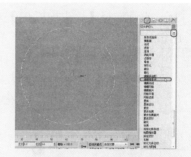

图 3-101　绘制圆形　　　　　　　　　图 3-102　选择【编辑样条线】修改器

步骤 11 在【选择】卷展栏下，单击【样条线】按钮 ，然后选择场景中的图形，如图 3-103 所示。

步骤 12 选择图形后，在【几何体】卷展栏下，单击【轮廓】按钮，并将值设置为 10，如图 3-104 所示。

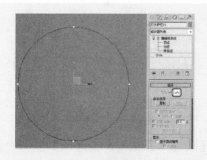

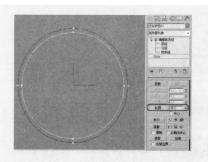

图 3-103　选择样条线　　　　　　　　　图 3-104　设置【轮廓】值

步骤13　在【编辑器列表】中选择【挤出】修改器，然后在【参数】卷展栏中将【数量】设置为 8，如图 3-105 所示。然后按 M 键打开【材质编辑器】对话框，为其指定【金属】材质。

步骤14　在【前视图】中选择【灯头护栏 01】对象调整其位置，如图 3-106 所示。

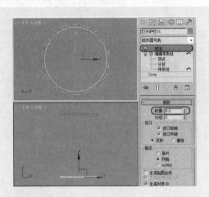

图 3-105　设置【挤出】参数　　　　　　　　图 3-106　调整对象的位置

步骤15　继续选择【灯头护栏 01】对象然后按住 Shift 键对其进行复制，效果如图 3-107 所示。

步骤16　选择【创建】 ╬ |【几何体】 ◎ |【圆柱体】工具，使用相同的方法在【顶】视图中，创建一个【半径】为 100、【高度】为 10 和【高度分段】为 1 的圆柱体，并将其命名为"灯头顶罩"，如图 3-108 所示。

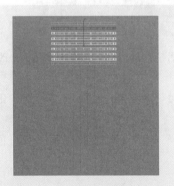

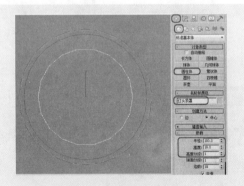

图 3-107　复制的对象　　　　　　　　　图 3-108　制作圆柱体

步骤17　在【前】视图中绘制圆柱体，然后调整其位置，如图 3-109 所示，然后为其指定【金属】材质。

步骤18　继续选择【灯头顶罩】对象，然后沿 Y 轴向下复制一个，并调整其位置，如图 3-110 所示。

步骤19　选择【创建】 ╬ |【几何体】 ◎ |【圆柱体】工具，在【顶】视图中创建一个【半径】为 8、【高度】为 156 和【高度分段】为 1 的圆柱体，将它命名为"灯头套柱 001"，如图 3-111 所示，然后为其指定【金属】材质。

图 3-109　调整对象位置　　　　　图 3-110　复制并调整对象位置

步骤20 在工具栏中单击【角度捕捉切换】按钮，打开角度捕捉，然后在按钮处右击，弹出【栅格和捕捉设置】对话框，将【角度】设置为 45.0，如图 3-112 所示。

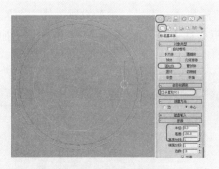

图 3-111　制作圆柱体　　　　　　图 3-112　设置【角度】值

步骤21 在菜单栏中单击【选择并旋转】按钮，然后在工具栏中单击【使用轴点中心】按钮，然后按住按钮向下拖动，在下拉列表中选择【使用变换坐标中心】选项，如图 3-113 所示。

步骤22 在菜单栏中将【参考坐标系】设置为【拾取】，如图 3-114 所示。

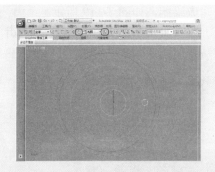

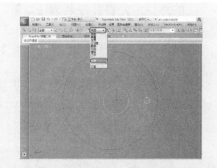

图 3-113　选择【使用变换坐标中心】选项　　　图 3-114　设置【参考坐标系】

步骤23 设置完成后在【顶】视图中单击【灯座】对象，将【参考坐标系】设置为【灯座】，如图 3-115 所示。

步骤24 按住 Shift 键沿 Z 轴进行旋转复制，旋转至 90°时松开 Shift 键，弹出【克隆选项】对话框，设置【副本数】为 3，如图 3-116 所示。

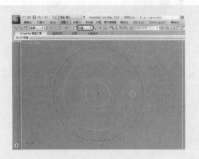

图 3-115　参考坐标系

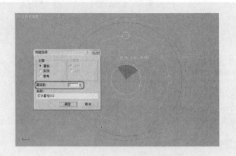

图 3-116　旋转复制对象

步骤25 设置完成后单击【确定】按钮，效果如图 3-117 所示。

步骤26 单击【选择并移动】按钮，然后将【参考坐标系】设置为【视图】，【使用变换坐标中心】设置为【使用轴点中心】；在【前】视图中选择刚刚制作的四个圆柱体，调整其位置，如图 3-118 所示。

图 3-117　图像效果

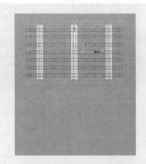

图 3-118　调整位置

步骤27 选择【创建】|【图形】|【线】工具，首先在【前】视图中绘制一条封闭的路径，并将其命名为【灯】，右击完成绘制，如图 3-119 所示。

步骤28 选择绘制的路径，然后单击按钮切换至【修改】命令面板，单击【修改器列表】下拉按钮，选择【车削】修改器，如图 3-120 所示。

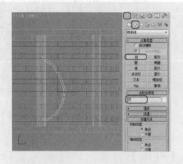

图 3-119　绘制路径

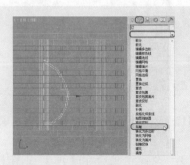

图 3-120　选择【车削】修改器

步骤 29 在【参数】卷展栏中，在【方向】区域下选择 Y 轴，在【对齐】区域下选择【最小】选项，如图 3-121 所示。

步骤 30 继续选择对象【灯】，单击【材质编辑器】按钮，打开【材质编辑器】对话框，选择一个新的材质球并将其命名为【灯】，在【明暗器基本参数】卷展栏中，将阴影模式设置为【(A)各向异性】，然后单击【背景】按钮，如图 3-122 所示。

步骤 31 在【各向异性基本参数】卷展栏下，将【环境光】、【漫反射】和【高光反射】均设置为【白色】，【自发光】区域下【颜色】设置为 100，【不透明度】为 90，【反射高光】选项组下，【高光级别】设置为 191，【光泽度】为 55，【各向异性】为 50，如图 3-123 所示。

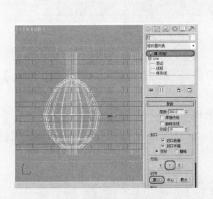

图 3-121 【车削】修改器

图 3-122 命名材质球

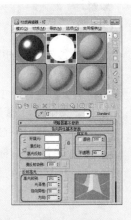

图 3-123 设置材质参数

步骤 32 在【贴图】卷展栏中将【反射】设置为 30，然后单击右侧的 None 按钮，弹出【材质/贴图浏览器】对话框，选择【位图】选项，如图 3-124 所示。

步骤 33 单击【确定】按钮，弹出【选择位图图像文件】对话框，选择随书附带光盘中的"CDROM\Map\不透明贴图 001.JPG"文件，然后单击【打开】按钮，如图 3-125 所示。

图 3-124 选择【贴图】选项

图 3-125 选择素材文件

步骤 34 单击【将材质指定给选定对象】按钮，将材质指定给场景中的"灯"，

3ds Max 2013 中文版入门与提高

如图 3-126 所示。

步骤 35 关闭【材质编辑器】对话框，选择【创建】 ※ |【摄影机】 📷 |【目标】工具，在【顶】视图中按住鼠标左键并进行拖动，创建一个摄影机，如图 3-127 所示。

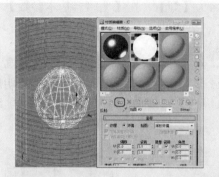

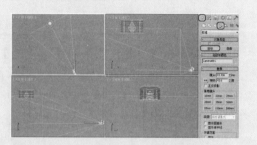

图 3-126 指定材质　　　　　　　　　图 3-127 创建摄影机

步骤 36 调整摄影机的位置，在右下角的视图中按 C 键可以切换至【摄影机】视图，如图 3-128 所示。

步骤 37 按 Shift+C 快捷键隐藏场景中的摄影机，选择【创建】 ※ |【灯光】 💡 |【标准】|【目标聚光灯】工具，在【顶】视图中按住鼠标左键进行拖动，创建一个目标聚光灯，如图 3-129 所示。

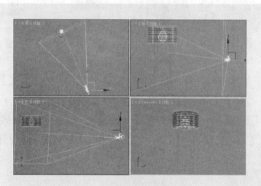

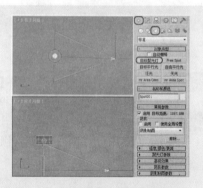

图 3-128 调整摄影机位置　　　　　　图 3-129 创建目标聚光灯(一)

步骤 38 调整灯光在场景中的位置，继续选择创建的目标聚光灯，在【修改】命令面板中的【常规参数】卷展栏中，勾选【阴影】区域下的【启用】复选框；在【强度/颜色/衰减】卷展栏中将【倍增】设置为 0.6，将灯光颜色 RGB 值设置为 255、242、206；在【聚光灯参数】卷展栏中勾选【泛光化】复选框，并将其命名为"Spot001"，如图 3-130 所示。

步骤 39 再创建一盏目标聚光灯，调整其位置并设置参数，不启用【阴影】，设置【倍增】为 0.3，灯光颜色 RGB 值为 161、210、255，勾选【泛光化】复选框，并将其命名为"Spot001"，如图 3-131 所示。

步骤 40 创建第三盏目标聚光灯，调整其位置并设置参数，不启用【阴影】，设置【倍增】为 0.3，灯光颜色 RGB 值为 255、242、206，取消勾选【泛光化】复选框，并将其命名为"Spot003"，如图 3-132 所示。

步骤41 选择【创建】 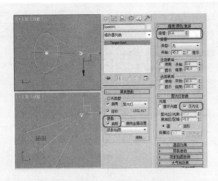 |【几何体】 ○ |【平面】工具，在【顶】视图中创建一个平面，选择创建的平面，在【修改】命令面板中将其命名为【地面】，将【长度】和【宽度】分别设置为 1570、1560，【长度分段】和【宽度分段】均设置为 1，调整其在场景中的位置，如图 3-133 所示。

图 3-130　设置灯光参数　　　　　　图 3-131　创建目标聚光灯(二)

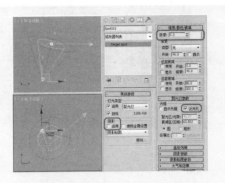

图 3-130　设置灯光参数　　　　　　图 3-131　创建目标聚光灯(二)

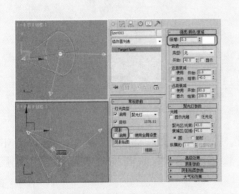
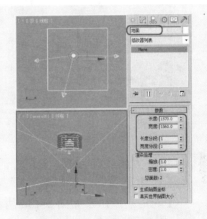

图 3-132　创建目标聚光灯(三)　　　　图 3-133　设置平面参数

步骤42 按 M 键打开【材质编辑器】对话框，选择一个新的材质球，将其命名为"地面"，在【Blinn 基本参数】卷展栏下，将【环境光】、【漫反射】的颜色设置为白色，然后单击【将材质指定给选定对象】按钮 ，将其指定给创建的平面【地面】，如图 3-134 所示。

步骤43 按 C 键切换至【摄影机】视图，然后按 F10 键，弹出【渲染设置】对话框，选择【公用】选项卡，在【公用参数】卷展栏中，将【要渲染的区域】设置为【裁剪】，然后调整裁剪框的大小，如图 3-135 所示，添加裁剪框后只渲染划定区域内的对象。

步骤44 设置完成后，按 F9 键进行渲染，预览场景效果，如图 3-136 所示。

步骤45 发现地面灰暗影响场景效果，然后通过调整灯光改善场景效果，选择【创建】 |【灯光】 |【标准】|【泛光】工具，在【顶】视图中单击，创建一盏泛光灯并调整其在场景中的位置，在【修改】命令面板中将【倍增】设置为 0.9，颜

色为白色，然后在【常规参数】卷展栏中，单击【排除】按钮，如图 3-137 所示。

图 3-134　设置材质

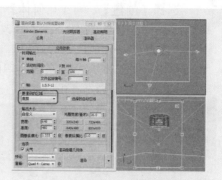

图 3-135　调整裁剪框

图 3-136　场景效果

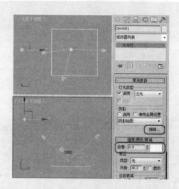

图 3-137　设置灯光参数

步骤46　弹出【排除/包含】对话框，选中【包含】单选按钮，在左侧列表中选择【地面】选项，然后单击 >> 按钮，将其添加至右侧的列表中，设置完成后单击【确定】按钮，如图 3-138 所示。

步骤47　选择场景中目标聚光灯"Spot002"，在【修改】命令面板中单击【排除】按钮，弹出【排除/包含】对话框，选中【排除】单选按钮，在左侧列表中选择【地面】，然后单击 >> 按钮，将其添加至右侧的列表中，设置完成后单击【确定】按钮，如图 3-139 所示。

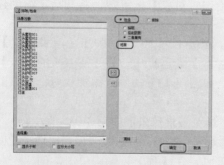

图 3-138　【排除/包含】对话框

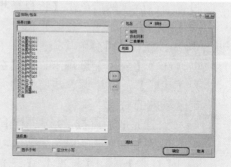

图 3-139　【排除/包含】对话框

步骤48　使用相同的方法，为目标聚光灯排除【地面】，如图 3-140 所示。

步骤49　灯光调整完成后，按 C 键切换至【摄影机】视图，然后按 F9 键进行渲染，效果如图 3-141 所示。

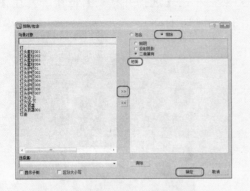

图 3-140　【排除/包含】对话框　　　　　　图 3-141　场景渲染效果

3.5.3　健身器械

本例将介绍健身器械的制作，其效果如图 3-142 所示。随着人们生活质量的提高，健身器械越来越多地出现在众多的居民住宅区中。在本节中我们将介绍健身器械的制作方法。

通过本例的学习，让读者了解健身器械的制作方法，同时通过学习掌握一些基本工具的应用技巧以及物体组合的思路。

步骤01　运行 3ds Max 2013 软件，在菜单栏中选择【自定义】|【单位设置】命令，如图 3-143 所示。

步骤02　在弹出的【单位设置】对话框中，选中【显示单位比例】区域下的【公制】单选按钮，并将其设为【厘米】，设置完成后，单击【确定】按钮，如图 3-144 所示。

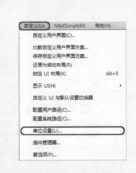

图 3-142　健身器械效果　　　图 3-143　选择【单位设置】命令　　　图 3-144　设置系统单位

步骤03　选择【创建】 |【图形】 |【矩形】工具，在【左】视图中创建一个【长

度】、【宽度】、【角半径】为 1.8cm、4.5cm、0.834cm 的矩形，并将该矩形重新命名为"滚筒横板 01"，如图 3-145 所示。

步骤04 切换至【层次】命令面板，在【调整轴】卷展栏中，单击【移动/旋转/缩放】选项组下的【仅影响轴】按钮，然后单击【选择并移动】按钮，并在【左】视图沿 Y 轴向下方调整轴心点，如图 3-146 所示。

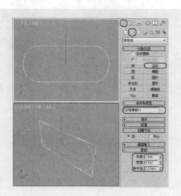
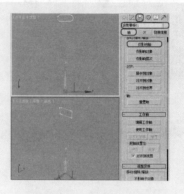

图 3-145　创建矩形　　　　　　　　　　　图 3-146　调整轴心点

步骤05 切换至【修改】命令面板，在【修改器列表】中选择【挤出】修改器，在【参数】卷展栏中将【数量】设置为 180cm，如图 3-147 所示。

步骤06 在菜单栏中选择【工具】|【阵列】命令，如图 3-148 所示。

步骤07 在弹出的【阵列】对话框中将【增量】区域下的【旋转】横栏中的 Z 轴设置为 20，将【阵列维度】选项组下的【数量】的 1D 设置为 18，最后单击【确定】按钮，进行阵列复制，如图 3-149 所示。

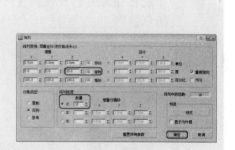

图 3-147　添加【挤出】修改器　　图 3-148　选择【阵列】命令　　图 3-149　进行阵列复制

步骤08 阵列完成后的效果如图 3-150 所示。

步骤09 在【左】视图中选择位于底端的三个矩形对象，并按 Delete 键将其删除，如图 3-151 所示。

步骤10 将场景中的所有"滚筒横板"对象选中，如图 3-152 所示。

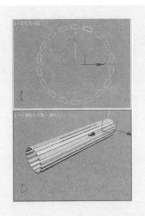

图 3-150　阵列复制后的效果

图 3-151　删除位于底端的三个矩形

步骤 11　选择对象后，再单击工具栏中的【材质编辑器】按钮，选择一个新的材质球，并将当前材质重新命名为"滚筒主材质"，如图 3-153 所示。

步骤 12　在【Blinn 基本参数】卷展栏中单击【环境光】右侧的按钮将其解锁，并将【环境光】的 R、G、B 值设置为 24、16、78，如图 3-154 所示。

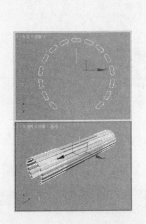

图 3-152　选中所有"滚筒横板"
对象

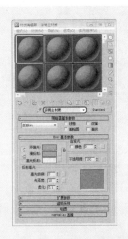

图 3-153　【打开】材质编辑器
对话框

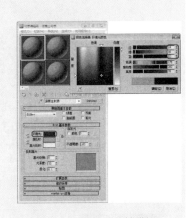

图 3-154　设置"滚筒横板"
材质(一)

步骤 13　在【Blinn 基本参数】卷展栏中将【漫反射】的 R、G、B 值设置为 92、144、248，如图 3-155 所示。

步骤 14　将【反射高光】区域下的【高光级别】和【光泽度】分别设置为 66、25，完成设置后单击【将材质指定给选定对象】按钮，将材质指定给阵列复制后的"滚筒横板"，如图 3-156 所示。

步骤 15　选择【创建】|【图形】|【圆】工具，在【左】视图中沿【滚筒横板】的内边缘创建一个【半径】为 20cm 的圆形，并将其重新命名为"滚筒支架圆01"，如图 3-157 所示。

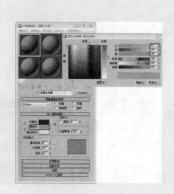

图 3-155　设置"滚筒横板"材质(二)

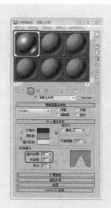

图 3-156　设置"滚筒横板"材质(三)

步骤 16　切换至【修改】命令面板，在【修改器列表】中选择【编辑样条线】修改器，如图 3-158 所示。

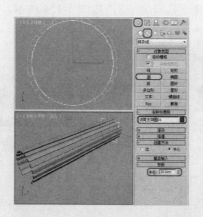

图 3-157　创建【滚筒支架圆 01】

图 3-158　选择【编辑样条线】修改器

步骤 17　将当前选择集定义为【样条线】，然后在【几何体】卷展栏中单击【轮廓】按钮，并将内轮廓设置为 1cm，如图 3-159 所示。

步骤 18　在【修改器列表】中选择【挤出】修改器，在【参数】卷展栏中将【数量】设置为 8cm，并在 From 视图中将其移动至"滚筒横板"的左侧，如图 3-160 所示。

步骤 19　按 M 键，打开【材质编辑器】对话框，并将【滚筒主材质】赋予当前对象，其效果如图 3-161 所示。

步骤 20　单击工具栏中的【选择并移动】按钮，然后在【顶】视图中将"滚筒支架圆 01"复制成 3 个，完成后的效果如图 3-162 所示。

步骤 21　选择"滚筒支架圆 01"对象，按 Ctrl+V 快捷键，对其进行复制，并将新复制的对象重新命名为"滚筒支架左"，然后在修改器堆栈中删除【挤出】修改器，并将当前选择集定义为【顶点】，单击【几何体】卷展栏中的【优化】按钮，在【左】视图中位于【滚筒横板】底端开口处添加两个节点，然后将当前选择集定义为【分段】，并将添加两个节点的线段删除，效果如图 3-163 所示。

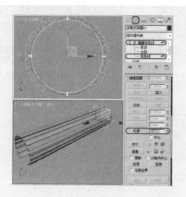
图 3-159 设置【滚筒支架圆 01】对象的内轮廓

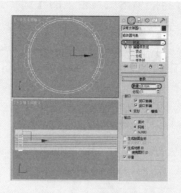
图 3-160 添加修改器并调整位置

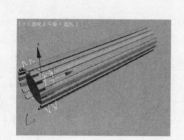
图 3-161 指定材质效果

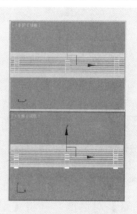
图 3-162 复制【滚筒支架圆 01】

步骤 22 继续将当前选择集定义为【样条线】修改器，在视图中选择样条曲线，在【几何体】卷展栏中将【轮廓】值设置为-3.3，如图 3-164 所示。

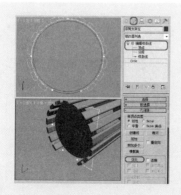
图 3-163 创建并编辑"滚筒支架左"对象

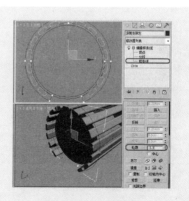
图 3-164 设置轮廓

步骤 23 关闭当前选择集，在【修改器列表】中选择【挤出】修改器，在【参数】卷展栏中将【数量】值设置为 1cm，如图 3-165 所示。

步骤 24 单击工具栏中的【选择并移动】按钮 ✛，在【前】视图中选择"滚筒支架左"对象并进行复制，将新复制的对象重新命名为"滚筒支架右"并将其移动至"滚筒横板"的右侧，最后按 M 键，打开【材质编辑器】对话框，并将【滚筒主材质】赋予当前对象，如图 3-166 所示。

 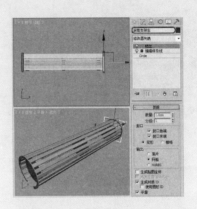

图 3-165　设置挤出　　　　　　图 3-166　复制并调整其位置

步骤 25 选择【创建】 ✳ |【几何体】 ◯ |【圆柱体】工具，在【顶】视图中创建一个半径、高度和高度分段分别为 2cm、27cm 和 1 的圆柱体，将它命名为"滚筒结构架竖 01"，单击工具栏中的【选择并移动】按钮 ✛，并在【左】视图中将该对象沿 Y 轴移动至如图 3-167 所示的位置处。最后按 M 键，打开【材质编辑器】对话框，并将【滚筒主材质】赋予当前对象。

步骤 26 选择"滚筒支架圆 01"对象，按 Ctrl+V 快捷键，对其进行复制，为了便于后面要进行的布尔运算，可将新复制的对象重新命名一个容易识别的名称"0000000"，然后在修改器堆栈中打开【编辑样条线】修改器，将当前选择集定义为【样条线】，选择位于内侧的样条线，并将其删除，其效果如图 3-168 所示。

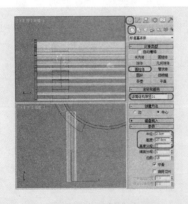 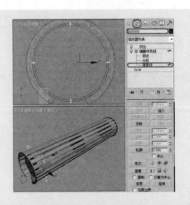

图 3-167　创建【滚筒结构架竖 01】对象　　图 3-168　复制布尔运算图形并删除内侧样条曲线

步骤 27 选择【滚筒结构架竖 01】对象，选择【创建】※|【几何体】◎|【复合对象】|【布尔】工具，然后在【拾取布尔】参数卷展栏中单击【拾取操作对象 B】按钮，按 H 键，在打开的【拾取对象】对话框中选择前面新复制的"0000000"对象，最后单击【拾取】按钮，将其进行删除，如图 3-169 所示。

步骤 28 完成后的效果如图 3-170 所示。

图 3-169　进行布尔运算

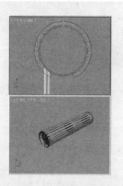

图 3-170　布尔运算后的效果

步骤 29 在【左】视图中选择"滚筒结构架竖 01"对象，单击工具栏中的【镜像】工具㎖，然后在打开的【镜像：屏幕 坐标】对话框中，确定【镜像轴】区域下的 X 轴处于选中状态，然后选中【克隆当前选择】区域下的【复制】单选按钮，最后调整【偏移】微调框的参数值，如图 3-171 所示。

步骤 30 完成后的效果如图 3-172 所示。

图 3-171　设置镜像参数

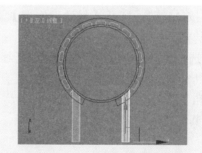

图 3-172　镜像复制对象

步骤 31 选择两个"滚筒结构架竖"对象，然后依照图 3-173 进行复制。

步骤 32 选择【创建】※|【几何体】◎|【圆柱体】工具，在【前】视图中创建一个半径为 2.2cm、高度为 90.0cm 的圆柱体，在场景中调整其位置，并将其命名为"滚筒结构架 01"，如图 3-174 所示。

步骤 33 创建完成后，再次选择"滚筒结构架"，将其进行复制，其效果如图 3-175 所示。

步骤 34 选择【创建】※|【几何体】◎|【圆柱体】工具，在【左】视图中再次创建"滚筒结构架"，将其半径设置为 3cm，高度设置为 190cm，并在视图中调整其位置，如图 3-176 所示。

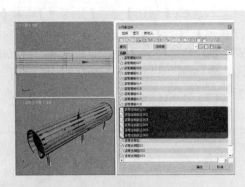

图 3-173 选择镜像复制对象

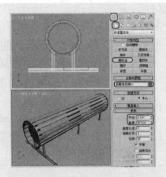

图 3-174 创建滚筒结构架

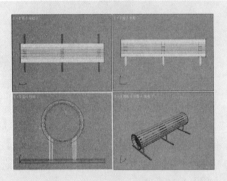

图 3-175 复制滚筒结构架

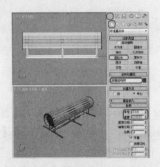

图 3-176 创建"滚筒结构架"

步骤35 按 M 键，打开【材质编辑器】对话框，并将【滚筒主材质】赋予当前对象。其效果如图 3-177 所示。

步骤36 选择【创建】 |【图形】 |【线】工具，在【左】视图中绘制一条线段，并将其重新命名为"滚筒扶手 01"，然后在【渲染】卷展栏中勾选【在渲染中启用】和【在视口中启用】复选框，并将【厚度】设置为 3cm，如图 3-178 所示。

步骤37 其创建后的效果如图 3-179 所示。

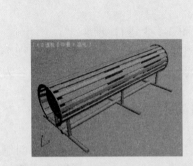

图 3-177 为"滚筒结构架"指定材质

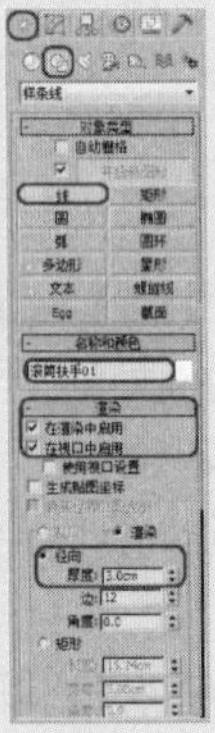

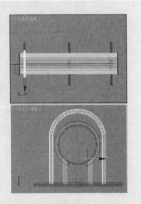

图 3-178 创建线并设置其参数

图 3-179 创建"滚筒扶手"

步骤38 在视图中选择"滚筒扶手 01",打开【材质编辑器】对话框,选择一个新的材质球,并将当前材质重新命名为"滚筒扶手",如图 3-180 所示。

步骤39 在【Blinn 基本参数】卷展栏中单击【环境光】左侧的█按钮,将其解锁,并将【环境光】的 RGB 值设置为 56、55、18,如图 3-181 所示。

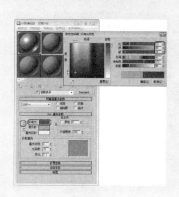

图 3-180 【材质编辑器】对话框　　图 3-181 设置【环境光】

步骤40 在【Blinn 基本参数】卷展栏中将【漫反射】的 RGB 值设置为 219、218、103,如图 3-182 所示。

步骤41 将【反射高光】区域下的【高光级别】和【光泽度】分别设置为 50、46,完成设置后单击【将材质指定给选定对象】按钮█,将材质指定给"滚筒扶手"对象,如图 3-183 所示。

步骤42 指定材质后的效果如图 3-184 所示。

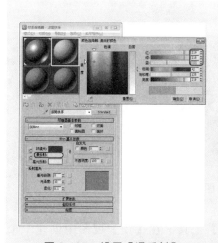

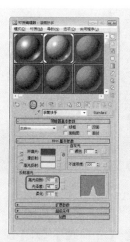

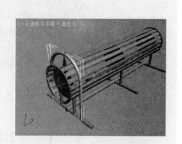

图 3-182 设置【漫反射】　　图 3-183 指定材质　　图 3-184 指定材质效果

步骤43 在视图中选择"滚筒扶手 01",单击工具栏中的【选择并移动】按钮█,并在【顶】视图中依照图 3-185 所示进行复制。

步骤44 选择【创建】 ※ |【几何体】 ○ 工具，在【顶】视图中创建一个半径、高度和高度分段分别为 5cm、90cm 和 5 的圆柱体，将它命名为"器械支架 01"，如图 3-186 所示。

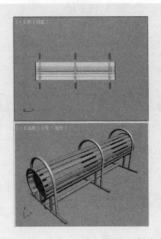
图 3-185 复制"滚筒扶手"对象

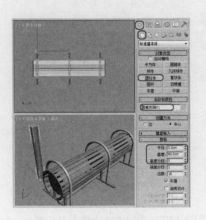
图 3-186 创建"器械支架 01"

步骤45 创建完成后，在场景中调整其位置，如图 3-187 所示。

步骤46 按 M 键，打开【材质编辑器】对话框，并将第一个材质样本球中的【滚筒主材质】赋予当前对象，如图 3-188 所示。

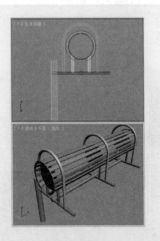
图 3-187 调整"器械支架 01"位置

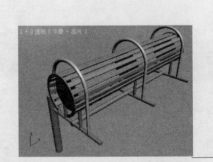
图 3-188 指定材质

步骤47 选择【创建】 ※ |【几何体】 ○ |【球体】工具，在【顶】视图中创建一个【半径】为 5cm 的圆球，并在【参数】卷展栏中将【半球】设置为 0.435，将其命名为"器械支架饰球 01"，最后在【左】视图中调整该对象至"器械支架 01"对象的上方，如图 3-189 所示。

步骤48 在视图中选择"器械支架饰球 01"，打开【材质编辑器】对话框，选择一个新的材质球，在【明暗器基本参数】卷展栏中将阴影模式定义为【(M)金属】，如图 3-190 所示。

步骤49 在【金属基本参数】卷展栏中将锁定的【环境光】和【漫反射】的 R、G、B 值设置为 228、83、83，如图 3-191 所示。

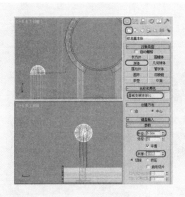

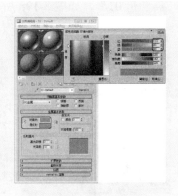

图 3-189　创建"器械支架饰球 01"　　图 3-190　设置材质　　图 3-191　设置材质参数(一)

步骤50 勾选【自发光】区域下的【颜色】复选框，并将色块的 R、G、B 值设置为 5、5、5，如图 3-192 所示。

步骤51 将【反射高光】区域下的【高光级别】和【光泽度】分别设置为 65、63，如图 3-193 所示。

步骤52 完成设置后单击【将材质指定给选定对象】按钮，将材质指定给"器械支架饰球 01"对象，如图 3-194 所示。

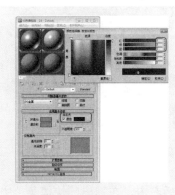
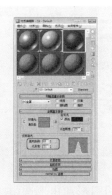
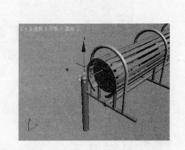

图 3-192　设置材质参数(二)　　图 3-193　设置材质参数(三)　　图 3-194　指定材质

步骤53 选择【创建】|【几何体】|【圆柱体】工具，在【顶】视图中创建一个【半径】、【高度】和【高度分段】分别为 6cm、10cm 和 1 的圆柱体，将其命名为"器械脚-套管01"，如图 3-195 所示。

步骤 54 创建后，在场景中调整其位置，如图 3-196 所示。

步骤 55 最后按 M 键，打开【材质编辑器】对话框，并将上面设置的第三个材质样本球中的材质赋予当前对象，如图 3-197 所示。

步骤 56 选择【创建】|【图形】|【矩形】工具，在【顶】视图中绘制一个【长度】、【宽度】分别为 20.0cm、22.0cm 的矩形，并将其重新命名为"器械脚-底垫 01"，如图 3-198 所示。

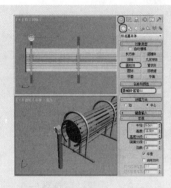
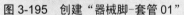
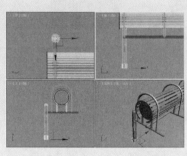

图 3-195　创建"器械脚-套管 01"　　　图 3-196　调整位置　　　图 3-197　指定材质

步骤 57 在矩形的四个边角处创建四个圆形，在视图中调整其位置，并将其重新命名为"器械脚-底垫 01"，效果如图 3-199 所示。

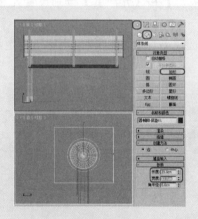
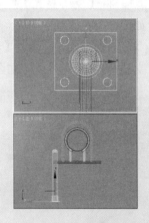

图 3-198　创建"器械脚-底垫 01"　　　　　图 3-199　创建"器械脚-底垫 01"

步骤 58 在场景中将刚刚绘制的圆形和矩形选中，然后右击，在弹出的快捷菜单中选择【转换为】|【转换为可编辑样条线】命令，如图 3-200 所示。

步骤 59 在【顶】视图选择矩形，切换至【修改】命令面板中，在【几何体】卷展栏中单击【附加多个】按钮，如图 3-201 所示。

步骤 60 在弹出的【附加多个】对话框中，按住 Ctrl 键选择如图 3-202 所示的对象，然后单击【附加】按钮。

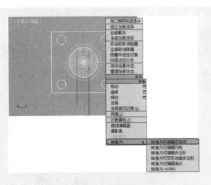

图 3-200 选择【转换为可编辑样条线】命令

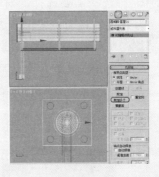

图 3-201 单击【附加多个】按钮

步骤61 附加完成后，切换至【修改】命令面板，在【修改器列表】中选择【挤出】修改器，在【参数】卷展栏中将【数量】设置为 2cm，并按 M 键，打开【材质编辑器】对话框，并将上面设置的第三个材质样本球中的材质赋予当前对象，如图 3-203 所示。

图 3-202 选择附加的对象

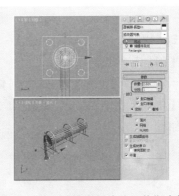

图 3-203 添加【挤出】修改器并指定材质

步骤62 选择"器械脚-套管 01"和"器械脚-底垫 01"并将其进行成组，最后按照图 3-204 所示对其进行复制。

步骤63 按 H 键，在弹出的【从场景选择】对话框中，选择如图 3-205 所示的对象。

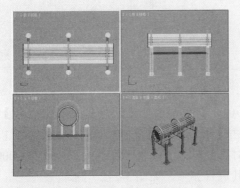

图 3-204 成组并复制对象

图 3-205 选择对象

步骤64　选择需要选择的对象后，在场景中右击，在弹出的快捷菜单中选择【转换为】|【转换为可编辑多边形】命令，如图 3-206 所示。

步骤65　选择"滚筒支架圆 01"对象，切换到【修改】命令面板，在【编辑几何体】卷展栏中单击【附加】右侧的【附加列表】按钮，如图 3-207 所示。

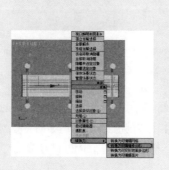

图 3-206　选择【转换为可编辑多边形】命令

图 3-207　单击【附加列表】按钮

步骤66　在弹出的【附加列表】对话框中，选择如图 3-208 所示的对象，然后单击【附加】按钮即可。

步骤67　选择【创建】|【几何体】|【圆柱体】工具，在【左】视图中创建一个【半径】为 18.0cm、高度为 210.0cm 的圆柱体，并将其命名为"0000000"，如图 3-209 所示。

图 3-208　选择附加对象

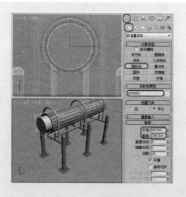

图 3-209　创建圆柱体

步骤68　在视图中调整圆柱体的位置，如图 3-210 所示。

步骤69　在场景中选择"滚筒支架圆 01"对象，选择【创建】|【几何体】|【复合对象】|【布尔】工具，然后单击【拾取操作对象 B】按钮，如图 3-211 所示。

步骤70　按 H 键，在打开的【拾取对象】对话框中选择前面新复制的"0000000"对象，最后单击【拾取】按钮，将其进行删除，如图 3-212 所示。

步骤71　布尔运算后的效果如图 3-213 所示。

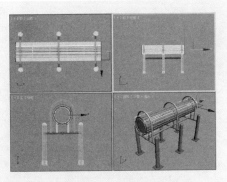

图 3-210　调整圆柱体位置

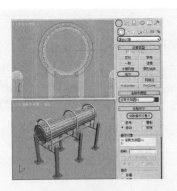

图 3-211　进行布尔运算

步骤72　选择【创建】 |【几何体】 |【长方体】工具，在【顶】视图创建一个【长度】、【宽度】和【高度】分别为 940.756cm、1228.555cm 和 1.0cm 的长方体，如图 3-214 所示。

图 3-212　选择对象

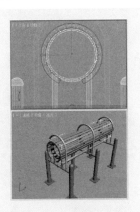

图 3-213　布尔运算后的效果

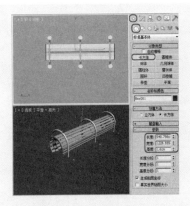

图 3-214　创建长方体

步骤73　创建完成后在场景中调整其位置，并将其颜色设为白色，如图 3-215 所示。

步骤74　依照图 3-216 所示在场景中创建摄影机与灯光，详细步骤在此就不再讲述，读者可以参考随书附带光盘 "CDROM\Scenes\Cha03\健身器械.max" 文件。

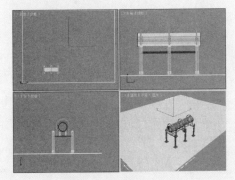

图 3-215　调整位置

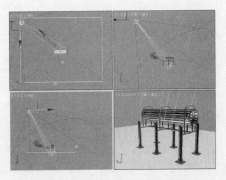

图 3-216　创建灯光与摄影机

第4章

对象编辑

本章主要对【复合对象】中的【布尔】和【放样】两种建模方法进行详细介绍，并对这两种方法的基础内容简单介绍。

本章重点：

➥ 复合对象类型

➥ 创建放样对象

4.1　复合对象类型

选择【创建】 ▣ |【几何体】 ◎ |【复合对象】工具，就可以打开【复合对象】面板。

复合对象是将两个以上的物体通过特定的合成方式结合为一个物体。对于合并的过程不仅可以反复调节，还可以表现为动画方式，使一些高难度的造型和动画制作成为可能，【复合对象】面板如图 4-1 所示。

其中包括以下工具。

图 4-1　【复合对象】面板

【变形】工具：变形是一种与 2D 动画中的中间动画类似的动画技术。【变形】对象可以合并两个或多个对象，方法是插补第一个对象的顶点，使其与另外一个对象的顶点位置相符。

【散布】工具：散布是复合对象的一种形式，将所选的源对象散布为阵列，或散布到分布对象的表面。

【一致】工具：将某个对象(称为包裹器)的顶点投影至另一个对象(称为包裹对象)的表面。

【连接】工具：通过对象表面的"洞"连接两个或多个对象。

【水滴网格】工具：通过几何体或粒子创建一组球体，还可以将球体连接起来，就好像这些球体是由柔软的液态物质构成的一样。

【图形合并】工具：创建包含网格对象和一个或多个图形的复合对象。这些图形嵌入在网格中(将更改边与面的模式)，或从网格中消失。

【地形】工具：通过轮廓线数据生成地形对象。

【网格化】工具：以每帧为基准将程序对象转化为网格对象，这样可以应用修改器，如弯曲或 UVW 贴图。它可用于任何类型的对象，但主要为使用粒子系统而设计。

ProBoolean 工具：布尔对象通过对两个或多个其他对象执行布尔运算将它们组合起来。ProBoolean 将大量功能添加到传统的 3ds Max 布尔对象中，如每次使用不同的布尔运算、立刻组合多个对象的能力。ProBoolean 还可以自动将布尔结果细分为四边形面，这有助于网格平滑和涡轮平滑。

ProCutter 工具：主要目的是分裂或细分体积。ProCutter 运算结果尤其适合在动态模拟中使用。

上面是针对每个命令的介绍，这些不会经常被用到，因此这里就不具体介绍了。在下面的章节中会对常用的【布尔】和【放样】工具进行详细的介绍。

4.1.1　使用布尔对象建模

布尔运算类似于传统的雕刻建模技术，因此布尔运算建模是许多建模者常用、也非常喜欢使用的技术。通过使用基本几何体，可以快速、容易地创建任何非有机体的对象。

在数学中，"布尔"意味着两个集合之间的比较；而在 3ds Max 中，布尔是两个几何体次对象集之间的比较。布尔运算是根据两个已有对象定义一个新的对象。

在 3ds Max 中根据两个已经存在的对象创建一个布尔组合对象来完成布尔运算。

两个存在的对象称为运算对象，进行布尔运算模式的具体操作步骤如下。

步骤01　新建一个 Max 空白场景，在顶视图中绘制两个圆锥形，并适当调整其位置，如图 4-2 所示。

步骤02　选择最先创建的圆锥体，选择【创建】 ⊙｜【几何体】 ◎｜【复合对象】工具，展开【对象类型】卷展栏，在该卷展栏中选择【布尔】工具，在【命令面板】中展开【参数】卷展栏，在【操作】选项组中选中【差集 A-B】单选按钮，然后展开【拾取布尔】卷展栏，在该卷展栏中单击【拾取操作对象 B】按钮，在场景中单击另外一个圆锥体，如图 4-3 所示。完成后的效果如图 4-4 所示。

图 4-2　绘制对象

图 4-3　选择对象

图 4-4　完成后的效果

布尔运算是对两个以上的物体进行并集、差集、交集和切割运算，而得到新的物体形状。下面将通过上面创建的物体介绍 4 种运算的作用。

1. 并集运算

并集：将两个造型合并，相交的部分被删除，成为一个新物体，与【结合】命令相似，但造型结构已发生变化，产生的造型复杂度相对较低。

下面我们将介绍使用并集运算的具体操作步骤。

步骤01　新建一个空白场景，在【顶】视图中绘制两个相交的对象，如图 4-5 所示。

步骤02　选择绘制的圆锥形，选择【创建】 ⊙｜【几何体】 ◎｜【复合对象】工具，展开【对象类型】卷展栏，在该卷展栏中选择【布尔】工具，在命令面板中展开【参数】卷展栏。在【操作】选项组中选中【并集】单选按钮，然后展开【拾取布尔】卷展栏，在该卷展栏中单击【拾取操作对象 B】按钮，在场景中任意视图中选择绘制的圆，完成后的效果如图 4-6 所示。

2. 交集运算

交集：将两个造型相交的部分保留，不相交的部分删除。

步骤01　确认球体和圆锥体在没有被施加布尔运算的状态下选择圆锥体。

步骤02　选择【创建】 ⊙｜【几何体】 ◎｜【复合对象】工具，在【对象类型】卷展栏中选择【布尔】工具，在命令面板中展开【参数】卷展栏，在【操作】选项组中选择【交集】选项，然后再在【拾取布尔】卷展栏中选择【拾取操作对象 B】按钮，然后在场景中单击球体，完成后的效果如图 4-7 所示。

 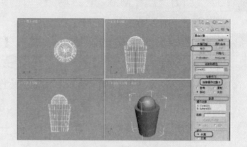

图 4-5　绘制对象　　　　　　　　　图 4-6　完成后的效果(一)

3. 差集运算

差集：将两个造型进行相减处理，得到一种切割后的造型。这种方式对两个物体相减的顺序有要求，会得到两种不同的结果，其中，【差集(A-B)】是默认的一种运算方式，如图 4-5 所示。【差集(B-A)】可以得到如图 4-8 所示的效果。

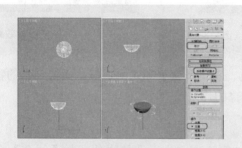 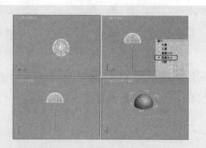

图 4-7　完成后的效果(二)　　　　　图 4-8　差集运算效果

4. 切割运算

切割：切割布尔运算方式共有 4 种，包括【优化】、【分割】、【移除内部】和【移除外部】，如图 4-9 所示。

【优化】：在操作对象 B 与操作对象 A 面的相交之处，在操作对象 A 上添加新的顶点和边。3ds Max 将采用操作对象 B 相交区域内的面来优化操作对象 A 的结果几何体。由相交部分所切割的面被细分为新的面。可以使用此选项来细化包含文本的长方体，以便为对象指定单独的材质 ID。

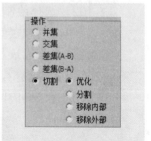

图 4-9　【切割】运算子选项

【分割】：类似于【细化】编辑修改器，不过此种剪切还沿着操作对象 B 剪切操作对象 A 的边界添加第二组顶点和边或两组顶点和边。此选项产生属于同一个网格的两个元素。可使用【分割】沿着另一个对象的边界将一个对象分为两个部分。

【移除内部】：删除位于操作对象 B 内部的操作对象 A 的所有面。此选项可以修改和删除位于操作对象 B 相交区域内部的操作对象 A 的面。它类似于差集操作，不同的是 3ds Max 不添加来自操作对象 B 的面。可以使用【移除内部】从几何体中删除特定区域。

【移除外部】：删除位于操作对象 B 外部的操作对象 A 的所有面。此选项可以修改和删除位于操作对象 B 相交区域外部的操作对象 A 的面。它类似于交集操作，不同的是 3ds Max 不添加来自操作对象 B 的面。可以使用【移除外部】从几何体中删除特定区域。

5．其他选项

除了上面介绍的几种运算方式之外，在【布尔】命令下还有以下参数设置。

【名称和颜色】卷展栏：主要是对布尔运算后的物体进行命名及设置颜色。

【拾取布尔】卷展栏：选择操作对象 B 时，根据在【拾取布尔】卷展栏中为布尔对象所提供的几种选择方式，如图 4-10 所示。操作对象 B 可以指定为【参考】、【移动】(对象本身)、【复制】或【实例】。

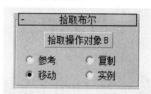

图 4-10　【拾取布尔】卷展栏

【拾取操作对象 B】：此按钮用于选择布尔操作中的第二个对象。

【参考】：将原始物体的参考复制品作为运算物体 B，以后改变原始物体时，也会同时改变布尔物体中的运算物体 B，但改变运算物体 B 时，不会改变原始物体。

【复制】：将原始物体复制一个作为运算物体 B，不破坏原始物体。

【移动】：将原始物体直接作为运算物体 B，它本身将不存在。

【实例】：将原始物体的关联复制品作为运算物体 B，以后对两者之一进行修改时都会影响另一个物体。

【操作对象】选项组：显示出当前的操作对象的名称。

● 【名称】：显示运算物体的名称，允许进行名称修改。

● 【提取操作对象】按钮：此按钮只有在【修改】命令面板中才有效，它将当前指定的运算物体重新提取到场景中，作为一个新的可用物体，包括【实例】和【复制】两种方式，这样进入了布尔运算的物体仍可以被释放回场景中。

【显示/更新】卷展栏：这里控制的是显示效果，不影响布尔运算，如图 4-11 所示。

● 【结果】：选中该单选按钮时，只显示最后的运算结果。

● 【操作对象】：选中该单选按钮时，显示所有的运算物体。

● 【结果+隐藏的操作对象】：选中该单选按钮时，在实体着色的视图内以线框方式显示出隐藏的运算物体，主要用于动态布尔运算的编辑操作，如图 4-12 所示。

● 【始终】：更改操作对象(包括实例化或引用的操作对象 B 的原始对象)时立即更新布尔对象。

● 【渲染时】：仅当渲染场景或单击【更新】按钮时才更新布尔对象。如果选中此单选按钮，则视口中并不始终显示当前的几何体，但在必要时可以强制更新。

● 【手动】：仅当单击【更新】按钮时才更新布尔对象。如果选中此单选按钮，则在视口和渲染输出中并不始终显示当前的几何体，但在必要时可以强制更新。

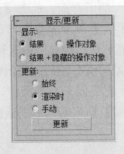

图 4-11 【显示/更新】卷展栏

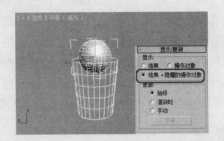

图 4-12 【结果+隐藏的操作对象】效果

● 【更新】：更新布尔对象。如果选中【始终】单选按钮，则【更新】按钮不可用。

4.1.2 使用布尔的注意事项

经过布尔运算后的对象点面分布特别混乱，出错的概率会越来越高，这是由于经布尔运算后的对象会增加很多面片，而这些面是由若干个点相互连接构成的，这样一个新增加的点就会与相邻的点连接，这种连接具有一定的随机性。随着布尔运算次数的增加，对象结构变得越来越混乱。这就要求布尔运算的对象最好有多个分段数，这样可以大大减少布尔运算出错的概率。

经过布尔运算之后的对象最好在编辑修改器堆栈中选择右击弹出的快捷菜单中的【塌陷到】或者【塌陷全部】命令，对布尔运算结果进行塌陷，这在进行多次布尔运算时显得尤为重要。在进行布尔运算时，两个布尔运算的对象应该充分相交。

4.2 创建放样对象

【放样】与布尔运算是一样的，都属于合成对象的一种建模工具，放样的原理就是在一条指定的路径上排列截面，从而形成对象表面，如图 4-13 所示。

放样对象由两个因素组成，即放样路径和放样图形，选择【创建】 |【几何体】 |【复合对象】|【放样】工具，一般默认情况下是处于未激活的状态下，只有在场景中选择需要放样的二维图形时该选项才会被激活，如图 4-14 所示。

图 4-13 放样模型及其路径图

图 4-14 【对象类型】卷展栏

4.2.1 使用【获取路径】和【获取图形】按钮

【获取路径】按钮和【获取图形】按钮在【创建方法】卷展栏中，如图 4-15 示。

图 4-15 【创建方法】卷展栏

【获取路径】按钮：将路径指定给选定图形或更改当前指定的路径。

【获取图形】按钮：将图形指定给选定路径或更改当前指定图形。

【移动】：选择的路径或截面不产生复制品，这意味选择后的模型在场景中不独立存在，其他路径或截面无法再使用。

【复制】：选择的路径或截面产生原型的一个复制品。

【实例】：选择的路径或截面产生原型的一个关联复制品，关联复制品与原型间相关联，即对原型修改时，关联复制品也会改变。

【获取路径】按钮和【获取图形】按钮的使用方法基本相同。

下面介绍两个按钮的释放方法。

步骤 01　新建一个空白的场景，在【顶】视图中绘制一个星形和一个相同大小的圆，然后再在【前】视图中绘制一条路径，如图 4-16 所示。

步骤 02　选择绘制的路径，选择【创建】 ▨ |【几何体】 ⊙ |【复合对象】|【放样】工具，在命令面板中展开【创建方法】卷展栏，在该卷展栏中单击【获取图形】按钮，在【顶】视图中单击绘制的圆，如图 4-17 所示。

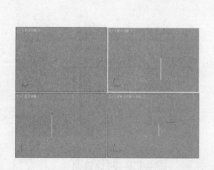

图 4-16　创建对象

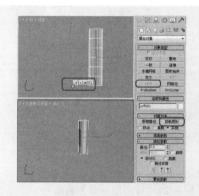

图 4-17　选择对象

步骤 03　在【路径参数】卷展栏中将【路径】设置为 5，然后在【创建方法】卷展栏中单击【获取图形】按钮，在场景中单击绘制的圆，如图 4-18 所示。

步骤 04　将【路径】参数设置为 6，单击【获取图形】按钮，在场景中单击绘制的星形，如图 4-19 所示。

步骤 05　使用同样的方法，然后分别在将【路径】设置为 94 时获取星形图形，【路径】设置为 95 时获取圆，完成后的效果如图 4-20 所示。

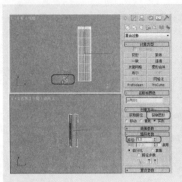

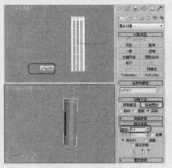

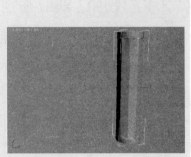

图 4-18　选择对象　　　　　图 4-19　选择星形　　　　　图 4-20　完成后的效果

4.2.2　控制曲面参数

下面对【曲面参数】卷展栏进行简单的讲解。

【曲面参数】卷展栏如图 4-21 所示。

【平滑长度】：沿着路径的长度提供平滑曲面。当路径曲线或路径上的图形更改大小时，这类平滑非常有用。默认设置为启用。

【平滑宽度】：围绕横截面图形的边界提供平滑曲面。当图形更改顶点数或更改外形时，这类平滑非常有用。默认设置为启用。

勾选与取消勾选【平滑长度】和【平滑宽度】复制框的效果对比如图 4-22 所示。

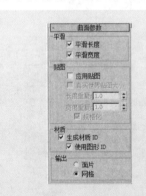

图 4-21　【曲面参数】卷展栏　　　　　图 4-22　对比效果

【应用贴图】：启用和禁用放样贴图坐标。必须勾选【应用贴图】复选框才能访问其余的项目。

【真实世界贴图大小】：控制应用于该对象的纹理贴图材质所使用的缩放方法。

【长度重复】：设置沿着路径的长度重复贴图的次数。贴图的底部放置在路径的第一个顶点处。

【宽度重复】：设置围绕横截面图形的边界重复贴图的次数。贴图的左边缘将与每个图形的第一个顶点对齐。

【规格化】：决定沿着路径长度和图形宽度路径顶点间距如何影响贴图。勾选该复选框后，将忽略顶点，沿着路径长度并围绕图形平均应用贴图坐标和重复值。如果取消勾选该复选框，主要路径划分和图形顶点间距将影响贴图坐标间距，将按照路径划分间距或图形顶点间距成比例应用贴图坐标和重复值。图 4-23 所示为【规格化】前后的对比效果。

【生成材质 ID】：是否在放样期间生成材质 ID。

【使用图形 ID】：使用样条线材质 ID 来定义材质 ID 的选择。

【面片】：放样过程可以生成面片对象。

【网格】：放样过程可以生成网格对象。如图 4-24 所示，上方为【面片】显示，下方为【网格】显示。

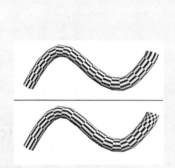
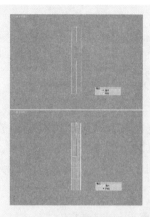

图 4-23　【规格化】应用在放样前后的效果　　图 4-24　【面片】和【网格】显示

4.2.3　改变路径参数

【路径参数】卷展栏可以控制沿着放样对象路径在不同间隔期间的多个图形位置，如图 4-25 所示。

【路径】：设置截面图形在路径上的位置。图 4-26 所示为在多个路径位置插入不同的图形。

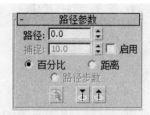
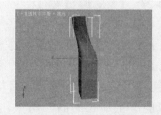

图 4-25　【路径参数】卷展栏　　　　图 4-26　设置【路径】完成不同的效果

【捕捉】：用于设置沿着路径图形之间的恒定距离，该捕捉值依赖于所选择的测量方法。更改测量方法也会更改捕捉值以保持捕捉间距不变。

【启用】：当勾选【启用】复选框时，【捕捉】处于启用状态。默认设置为禁用状态。

提示：如果【捕捉】处于启用状态，该值将变为上一个捕捉的增量。该路径值依赖于所选择的测量方法，更改测量方法将导致路径值的改变。

【百分比】：将路径级别表示为路径总长度的百分比。

【距离】：将路径级别表示为路径第一个顶点的绝对距离。

【路径步数】：将图形置于路径步数和顶点上，而不是作为沿着路径的一个百分比或距离。

【拾取图形】按钮 ：用来选取截面，使该截面成为作用截面，以便选取截面或更新截面。

【上一个图形】按钮 ：转换到上一个截面图形。

【下一个图形】按钮 ：转换到下一个截面图形。

4.2.4 设置蒙皮参数

【蒙皮参数】卷展栏可以调整放样对象网格的复杂性，还可以通过控制面数来优化网格，如图 4-27 所示。

【封口】选项组：控制放样物体的两端是否封闭。图 4-28 所示为放样后的两端没有封口。

图 4-27　【蒙皮参数】卷展栏　　　　　图 4-28　取消勾选封口效果

- 【封口始端】：控制路径的开始处是否封闭。
- 【封口末端】：控制路径的终点处是否封闭。
- 【变形】：按照创建变形目标所需的可预见且可重复的模式排列封口面。变形封口能产生细长的面，与采用栅格封口创建的面一样，这些面也不进行渲染或变形。
- 【栅格】：在图形边界处修剪的矩形栅格中排列封口面。此方法将产生一个由大小均等的面构成的表面，这些面可以被其他修改器很容易地变形。

【选项】选项组：用来控制放样的基本参数。

- 【图形步数】：设置截面图形的顶点之间的步数。
- 【路径步数】：设置路径图形的顶点之间的步数。
- 【优化图形】：是否对图形表面进行优化处理，这样将会自动制定光滑的程度，而不去理会步幅的数值。
- 【优化路径】：是否对路径进行优化处理，这样将会自动制订路径的平滑程度。默认为关闭状态。
- 【自适应路径步数】：如果启用该选项，则分析放样并调整路径分段的数目，以生成最佳蒙皮。主分段将沿路径出现在路径顶点、图形位置和变形曲线顶点处。如果禁用该选项，则主分段将沿路径只出现在路径顶点处。默认设置为启用状态。
- 【轮廓】：如果启用该选项，截面图形在放样时会自动更正自身角度，以垂直路径得到正常的造型。否则它会保持初始角度不变，得到的造型会有缺陷。
- 【倾斜】：如果启用该选项，截面图形在放样时会依据路径在 Z 轴上的角度改变而进行倾斜，使它总与切点保持垂直状态。
- 【恒定横截面】：如果启用该选项，则在路径上角的位置缩放横截面，以保持路径宽度一致。如果禁用该选项，则横截面保持其原来的局部尺寸，从而在路径上角的位置产生收缩。
- 【线性插值】：控制放样对象是否使用线性或曲线插值。
- 【翻转法线】：如果启用该选项，则将法线翻转 180°。可以使用此选项来修正内部外翻的对象。默认设置为禁用状态。
- 【四边形的边】：如果启用该选项，边数相同的截面之间用四边形的面缝合，不相同的截面之间依旧用三角形的面连接。
- 【变换降级】：如果启用该选项，在对放样物体的图形或路径调整的过程中不显示放样物体。
  【显示】选项组：控制放样造型在视图中的显示情况。
- 【蒙皮】：如果启用该选项，则使用任意着色层在所有视图中显示放样的蒙皮，并忽略【明暗处理视图中的蒙皮】设置。如果禁用该选项，则只显示放样子对象。默认设置为启用状态。
- 【明暗处理视图中的蒙皮】：如果启用该选项，则忽略【蒙皮】设置，在着色视图中显示放样的蒙皮。

4.2.5　变形窗口界面

放样对象之所以在三维建模中占有如此重要的位置，不仅仅在于它可以将二维图形转换为三维模型，更重要的是还可以通过【修改】命令面板的【变形】卷展栏中的选项进一步修改对象的轮廓，从而产生更为理想的模型。

【变形】卷展栏如图 4-29 所示。在其中包括【缩放】变形、【扭曲】变形、【倾斜】变形、【倒角】变形和【拟合】变形 5 种变形方式。单击其中的某个按钮即可弹出相应的对话框，图 4-30 所示为单击【缩放】按钮弹出的【缩放变形(X)】对话框。

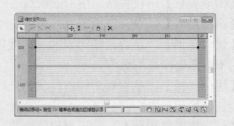

图 4-29　【变形】卷展栏　　　　　图 4-30　【缩放变形(X)】对话框

4.2.6　应用缩放变形

使用【缩放】变形可以沿着放样对象的 X 轴及 Y 轴方向，使其剖面发生变化。

下面介绍如何对放样的图形进行缩放，其具体操作步骤如下。

步骤 01　按 Ctrl+O 组合键，在弹出的对话框中选择随书附带光盘中的"CDROM\Scenes\Cha04\花篮.max"文件，如图 4-31 所示。

步骤 02　选择放样的对象(篮沿)，切换至【修改】命令面板，在【变形】卷展栏中单击【缩放】按钮，如图 4-32 所示。

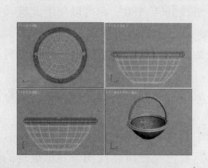

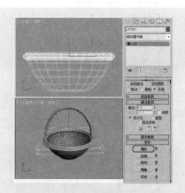

图 4-31　打开素材　　　　　　图 4-32　选择缩放对象

步骤 03　执行该操作后，即可打开【缩放变形】对话框，如图 4-33 所示。

步骤 04　在该对话框中选择最左侧的控制点，在底部的文本框中输入 70，按 Enter 键确认，如图 4-34 所示。

图 4-33　【缩放变形】对话框　　　图 4-34　调整数值(一)

步骤 05　使用同样的方法调整右侧的控制点，将数值调整为 70，调整完成后，将该对话框关闭，如图 4-35 所示。

步骤 06　完成图形的缩放变形，按 F9 键对【透视】视图进行渲染，渲染后的效果如图 4-36 所示。

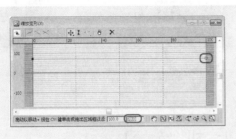

图 4-35　调整数值(二)

图 4-36　渲染效果

4.2.7　应用扭曲变形

【扭曲】变形控制截面图形相对于路径旋转。【扭曲】变形的操作方法同【缩放】变形基本相同。

下面介绍如何对放样复合对象进行扭曲变形，其具体操作步骤如下。

步骤 01　继续上一实例的操作，选择放样对象(篮沿)，切换至【修改】命令面板，在【变形】卷展栏中单击【扭曲】按钮，如图 4-37 所示。

步骤 02　执行该操作后，即可打开【扭曲变形】对话框，如图 4-38 所示。

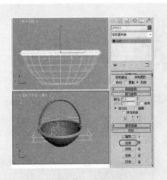

图 4-37　选择扭曲对象

图 4-38　【扭曲变形】对话框

步骤 03　在该对话框中选择最右侧的控制点，在底部的文本框中输入 1483，按 Enter 键确认，如图 4-39 所示。

步骤 04　设置完成后，将该对话框关闭，即可对该对象进行扭曲变形，如图 4-40 所示。

步骤 05　按 F9 键对【透视】视图进行渲染，渲染后的效果如图 4-41 所示。

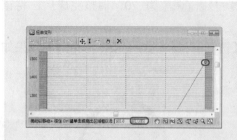

图 4-39　调整数值

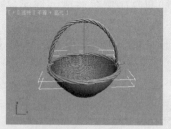

图 4-40　扭曲效果

图 4-41　渲染效果

4.3　上机练习

4.3.1　制作坐墩

　　制作坐墩的方法其实很简单，墩身是利用球体和圆柱体两者之间进行布尔运算而完成的，而夹板和坐垫是直接利用切角长方体和创建线，并施加修改器而制作完成的，其效果如图 4-42 所示。

　　下面介绍坐墩的制作方法。

步骤01　启动 3ds Max 2013 软件，新建一个空白场景，选择【创建】 |【几何体】 |【标准基本体】工具，在【对象类型】卷展栏中选择【球体】工具，在【顶】视图中创建一个圆，在【名称和颜色】卷展栏中将其重命名为"墩身"，在【参数】卷展栏中将【半径】设置为 300、【分段】设置为 60，如图 4-43 所示。

图 4-42　效果图

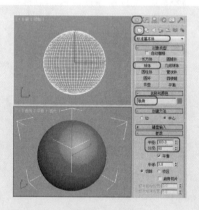

图 4-43　创建球

步骤02　选择【创建】 |【几何体】 |【标准基本体】工具，在【对象类型】卷展栏中选择【圆柱体】工具，在【顶】视图中创建一个圆柱体，在【参数】卷展栏中将【半径】设置为 169、【高度】设置为 630、【高度分段】设置为 50、【边数】设置为 50，并将其重命名为"圆柱 1"，如图 4-44 所示。

步骤03　使用【选择并移动】工具 ，将创建的圆柱调整至合适的位置，如图 4-45

所示。

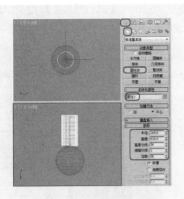

图 4-44 创建圆柱体

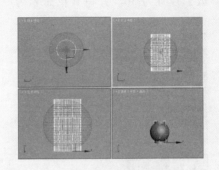

图 4-45 调整其位置

步骤04 确认创建的【圆柱 1】对象处于被选择的状态下，选择【创建】 |【几何体】 |【复合对象】工具，在【对象类型】卷展栏中选择【布尔】工具，进入布尔模式，在【参数】卷展栏中选中【差集(B-A)】单选按钮，然后单击【拾取对象】卷展栏中的【拾取操作对象 B】按钮，在视图中单击【墩身】对象，对其进行布尔运算，如图 4-46 所示。

步骤05 选择【创建】 |【几何体】 |【标准基本体】工具，在【对象类型】卷展栏中选择【圆柱体】工具，在【左】视图中创建一个圆柱体，在【参数】卷展栏中将【半径】设置为 169、【高度】设置为 630、【高度分段】设置为 50、【边数】设置为 50，并将其重命名为"圆柱 2"，如图 4-47 所示。

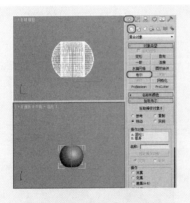

图 4-46 进行布尔运算

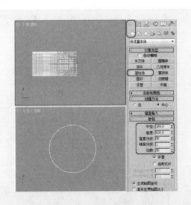

图 4-47 创建圆柱体

步骤06 使用【选择并移动】工具 ，将其调整至合适的位置，确认创建的"圆柱 2"对象处于被选择的状态下，选择【创建】 |【几何体】 |【复合对象】工具，在【对象类型】卷展栏中选择【布尔】工具，进入布尔模式，在【参数】卷展栏中选中【差集(B-A)】单选按钮，然后单击【拾取布尔】卷展栏中的【拾取操作对象 B】按钮，在视图中单击【墩身】对象，如图 4-48 所示。

步骤07 选择【创建】 |【几何体】 |【标准基本体】工具，在【对象类型】卷展

栏中选择【圆柱体】工具，在【前】视图中创建一个圆柱体，在【参数】卷展栏中将【半径】设置为 169、【高度】设置为 630、【高度分段】设置为 50、【边数】设置为 50，并将其重命名为"圆柱 3"，如图 4-49 所示。

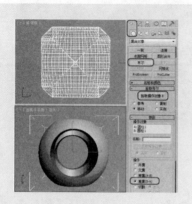
图 4-48　进行布尔运算

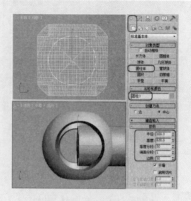
图 4-49　创建圆柱体

步骤 08　使用【选择并移动】工具 ✛，将其调整至合适的位置，确认创建的【圆柱 3】对象处于被选择的状态下，选择【创建】 ✱|【几何体】 ◯|【复合对象】工具，在【对象类型】卷展栏中选择【布尔】工具，进入布尔模式，在【参数】卷展栏中选中【差集(B-A)】单选按钮，然后单击【拾取布尔】卷展栏中的【拾取操作对象 B】按钮，在视图中单击【墩身】对象，如图 4-50 所示。

步骤 09　选择【创建】 ✱|【几何体】 ◯|【标准基本体】工具，在【对象类型】卷展栏中选择【球】工具，在【顶】视图中创建一个球体，在【参数】卷展栏中将【半径】设置为 285、【分段】设置为 60，并将其重命名为"内轮廓"，如图 4-51 所示。

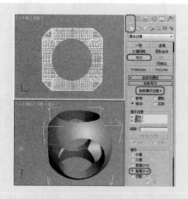
图 4-50　进行布尔运算

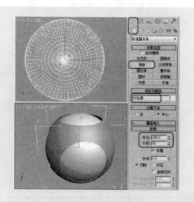
图 4-51　创建球体

步骤 10　使用【移动并选择】工具将其调整至合适的位置，确认创建的"内轮廓"对象处于被选择的状态下，使用前面所讲过的方法对其进行布尔运算，如图 4-52 所示。

步骤 11　选择【创建】 ✱|【几何体】 ◯|【扩展基本体】工具，在【对象类型】卷展栏中选择【切角圆柱体】工具，在【顶】视图中创建一个切角圆柱体，在【边

数】卷展栏中将其【半径】设置为 186、【高度】设置为 27、【圆角】设置为 11、【边数】设置为 50，并将其重命名为"夹板"，如图 4-53 所示。

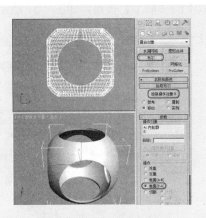

图 4-52　进行布尔运算

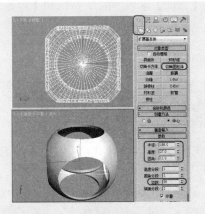

图 4-53　创建切角圆柱体

步骤12　使用【选择并移动】工具🔧，在【前】视图中将其调整至合适的位置。

步骤13　在场景中选择"内轮廓"、"夹板"对象，按 M 键，打开【材质编辑器】对话框，在该对话框中选择一个空白材质球，并将其重命名为"墩身"，在【明暗器基本参数】卷展栏中将【阴影】模式设置为 Blinn，勾选【双面】复选框和【面贴图】复选框，在【Blinn 基本参数】卷展栏中将【环境光】和【漫反射】的 RGB 值设置为 241、241、241，并将【自发光】选项组的【颜色】设置为 43，如图 4-54 所示。

步骤14　设置完成后单击【将材质执行给选定对象】按钮🔲，然后单击【在视口中显示标准贴图】按钮🔲，即可为选择的对象赋予材质，如图 4-55 所示。

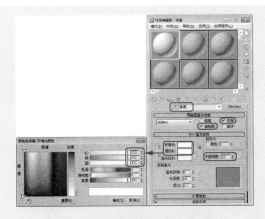

图 4-54　【材质编辑器】对话框

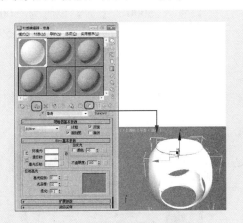

图 4-55　赋予材质

步骤15　将【材质编辑器】对话框关闭，选择【创建】🔸|【图形】🔲|【样条线】工具，在【对象类型】卷展栏中选择【线】工具，在【前】视图中创建一个图形，将其重命名为"坐垫"，切换至【修改器】命令面板，将当前选择集定义为【顶

点】，使用【选择并移动】工具 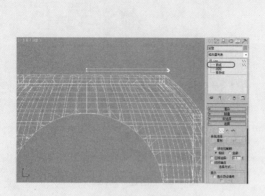，将其调整至如图 4-56 所示的形状。

步骤16 在【修改器列表】中选择【车削】修改器，将【分段】设置为 33，单击【方向】区域下的 Y 按钮和【对齐】区域下的【最小】按钮，如图 4-57 所示。

图 4-56　创建形状

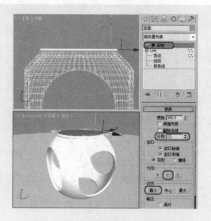

图 4-57　添加修改器

步骤17 选择创建的坐垫，按 M 键打开【材质编辑器】对话框，选择一个空白材质球，将其重命名为"坐垫"，在【明暗器基本参数】卷展栏中将【阴影】模式设置为 Blinn，在【Blinn 基本参数】卷展栏中将【环境光】和【漫反射】的 RGB 值设置为 0、78、255，在【反射高光】区域下将【高光级别】设置为 56、【光泽度】设置为 35，如 4-58 所示。

步骤18 按【将贴图指定给选定对象】按钮 ，为选定的对象赋予材质。选择【创建】 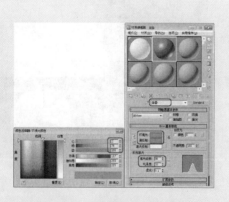|【几何体】 |【标准基本体】工具，在【对象类型】卷展栏中选择【长方体】工具，在【顶】视图中创建一个长方体，在【参数】卷展栏中将【长度】设置为 5000，【宽】设置为 5000，【高度】设置为 0，并将其重命名为"地面"，颜色设置为白色，如图 4-59 所示。

图 4-58　【材质编辑器】对话框

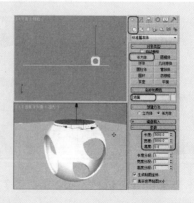

图 4-59　创建地面对象

步骤19 使用【选择并移动】工具 ，将【地面】移动至合适的位置，选择【创建】 |【摄影机】 |【标准】工具，在【对象类型】卷展栏中选择【目标】工

具，在【顶】视图中创建一个摄影机，将【镜头】设置为 30mm，并调整其位置，然后将【透视】视图转换为摄影机视图，如图 4-60 所示。

步骤20 选择【创建】 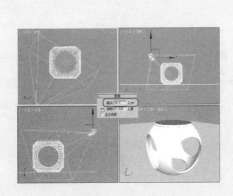|【灯光】 |【标准】工具，在【对象类型】卷展栏中选择【目标聚光灯】工具，在视图中创建一个聚光灯，并调整其位置，单击 按钮切换至【修改】命令面板，在【常规参数】卷展栏中勾选【阴影】区域下的【启用】复选框，将类型设置为【光线跟踪阴影】，在【聚光灯参数】卷展栏中勾选【泛光灯】复选框，在【阴影参数】卷展栏中将【颜色】的 RGB 值设置为 18、18、18，将【强度/颜色/衰减】卷展栏中的【倍增】设置为 0.8，如图 4-61 所示。

图 4-60　创建摄影机　　　　　　　图 4-61　设置聚光灯参数

步骤21 使用同样的方法，在视图中创建一个泛光灯，在【强度/颜色/衰减】卷展栏中将【倍增】设置为 0.2，如图 4-62 所示。

步骤22 使用同样的方法，在图 4-63 所示的位置处创建一个泛光灯，并将其【倍增】设置为 0.5。

步骤23 再在场景中创建一个泛光灯，并调整至合适的位置，将其【倍增】设置为 0.3，如图 4-64 所示。

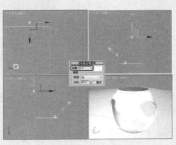
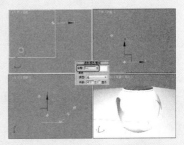

图 4-62　创建泛光灯(一)　　　图 4-63　创建泛光灯(二)　　　图 4-64　创建泛光灯(三)

步骤 24　使用前面讲过的办法，创建一个聚光灯，并将其调整至合适的位置，其参数设置如图 4-65 所示。

步骤 25　按 8 键打开【环境和效果】对话框，将【背景】区域下的【颜色】设置为白色，如图 4-66 所示。

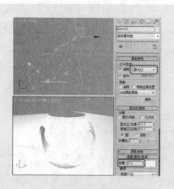

图 4-65　创建聚光灯

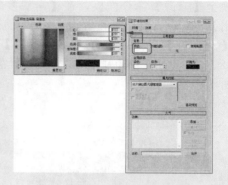

图 4-66　【环境和效果】对话框

步骤 26　设置完成后将该对话框关闭，保存场景，按 F9 键对【摄影机】视图进行渲染即可。

4.3.2　窗帘

本案例将介绍一种非常实用的创建窗帘方法，其效果如图 4-67 所示。

步骤 01　新建一个空白场景，激活【顶】视图，选择【创建】|【图形】，在【对象类型】卷展栏中选择【线】工具，视图中创建一条曲线，并将其重命名为"截面 01"，单击按钮切换至【修改】命令面板，将当前选择集定义为【样条线】，在场景中选择绘制的样条线，在【几何体】卷展栏中将【轮廓】设置为 0.01，如图 4-68 所示。

图 4-67　效果图

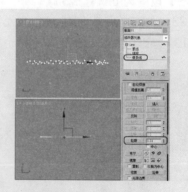

图 4-68　创建曲线

步骤 02　在修改器列表中选择【噪波】修改器，在【参数】卷展栏中将【种子】设置为 14，勾选【分形】复选框，将【粗糙度】和【迭代次数】分别设置为 0.125、10，在【强度】区域下，将 Y、Z 轴的噪波强度设置为 4、5.5，如图 4-69 所示。

步骤 03　选择【创建】 |【图形】 ，在【对象类型】卷展栏中选择【线】工具，在【前】视图中按住 Shift 键的同时创建一条垂直的线，并将其重命名为"路径1"，如图 4-70 所示。

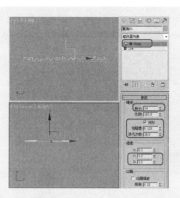

图 4-69　添加修改器

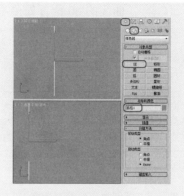

图 4-70　创建路径

步骤 04　确认场景中的【路径 1】处于被选择的状态下，选择【创建】 |【几何体】 |【复合对象】工具，在【对象类型】卷展栏中选择【放样】工具，在【创建方法】卷展栏中单击【获取图形】按钮，在场景中选择"截面 01"对象，即可对其进行放样，如图 4-71 所示。

步骤 05　单击 按钮切换至【修改】命令面板，将当前选择集定义为【图形】，选择放样对象的截面图形，在【图形命令】卷展栏下单击【对齐】区域下的【左】按钮，将截面图形的左边与路径对齐，如图 4-72 所示

提示：放样建模中常用术语包括：型、路径、截面图形、变形曲线、第一个节点。型：在放样建模中型包括两种，路径和截面图形。路径型只能包括一个样条曲线，截面可以包括多个样条曲线。但沿同一路径放样的截面图形必须有相同数目的样条曲线。路径：指定截面图形排列的中心。

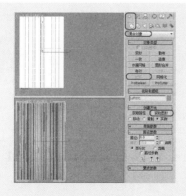

图 4-71　进行放样

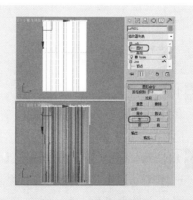

图 4-72　调整放样图形

步骤06 在场景中选择放样后的截面图形，再次切换至【修改】命令面板，在【变形】卷展栏中单击【缩放】按钮，打开【缩放变形】对话框，如图 4-73 所示。

步骤07 在【缩放变形】对话框中单击【均衡】按钮，然后单击【插入角点】按钮，在曲线的 60 位置处单击以插入一个控制点，如图 4-74 所示。

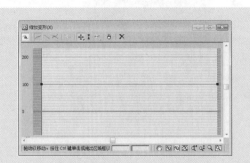
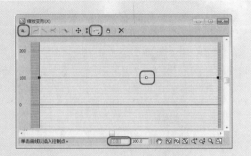

图 4-73 【缩放变形】对话框　　　　　　　　图 4-74 插入控制点

步骤08 选择【移动控制点】按钮，选择全部点，右击，在弹出的快捷菜单中选择【Bezier-角点】命令，如图 4-75 所示。

步骤09 将左侧的控制点移动至垂直标尺 65 位置处，将中间的控制点移动至垂直标尺 23 位置处，将右侧的控制点移动至垂直标尺 28 位置处，然后选择中间的第二个控制点并右，在弹出的快捷菜单中选择【Bezier-角点】命令，然后对其进行调整，如图 4-76 所示。

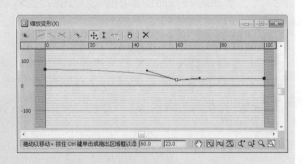

图 4-75 选择【Bezier-角点】命令　　　　　　图 4-76 调整点

步骤10 调整完成后将该对话框关闭，在【顶】视图中创建一个【长度】、【宽度】和【角半径】分别为 10、47.5 和 3 的圆角矩形，重命名为"围栏"，如图 4-77 所示。

步骤11 激活【前】视图，选择【创建】|【图形】，在【对象类型】卷展栏中选择【线】工具，在视图中绘制一个线条，切换至【修改】命令面板，将当前选择集定义为【顶点】，将其调整至如图 4-78 所示的形状。

步骤12 将当前选择集定义为【样条线】，在场景中选择创建的"Line03"对象，在【几何体】卷展栏中将【轮廓】设置为 0.6，如图 4-79 所示。

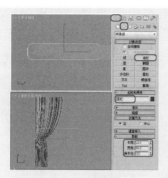

图 4-77　创建矩形

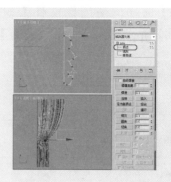

图 4-78　创建线

步骤13 调整【围栏】的位置，确认场景中的【围栏】对象处于被选择的状态下，选择【创建】 　|【几何体】 　|【复合对象】工具，在【对象类型】卷展栏中选择【放样】工具，在【创建方法】卷展栏中单击【获取图形】按钮，在场景中选择"Line03"对象，即可对其进行放样，如图 4-80 所示。

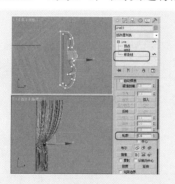

图 4-79　设置线的【轮廓】值

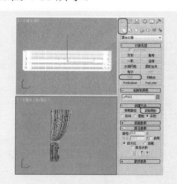

图 4-80　放样对象

步骤14 切换至【修改】命令面板，将当前选择集定义为【图形】，在【对齐】区域下单击【居中】按钮，在工具栏中单击【旋转】按钮 　，在【前】视图中对放样的"围栏"进行旋转，如图 4-81 所示。

步骤15 在场景中选择全部对象，在菜单栏中选择【组】|【成组】命令，在弹出的对话框中将其重命名为"窗帘 01"，如图 4-82 所示。

步骤16 设置完成后单击【确定】按钮，按 M 键，打开【材质编辑器】对话框，选择一个空白材质球，将其重命名为"窗帘 01"，在【明暗器基本参数】卷展栏中将【阴影】模式设置为 Blinn，在【Blinn 基本参数】卷展栏中将【不透明度】设置为 95，将【反射高光】区域下的【高光级别】和【光泽度】分别设置为 10、25，如图 4-83 所示。

步骤17 打开【贴图】卷展栏，单击【漫反射颜色】右侧的 None 按钮，在打开的【材质/贴图浏览器】对话框中选择【位图】贴图。单击【确定】按钮，在弹出的【选择位图图像文件】对话框中选择随书附带光盘"CDROM\Map\布料-007.jpg"文件，单击【打开】按钮，如图 4-84 所示。

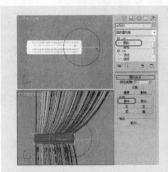

图 4-81　旋转"围栏"　　　　图 4-82　【组】对话框　　　　图 4-83　【材质编辑器】对话框

步骤18 在场景中选择【窗帘 01】对象，单击【将材质指定给选定对象】按钮，然后单击【在视口中显示标准】按钮，即可为选定的对象执行贴图，如图 4-85 所示。

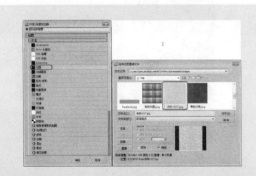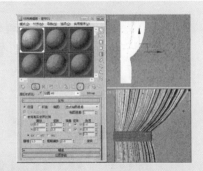

图 4-84　【选择位图图像文件】对话框　　　　　　图 4-85　贴图

步骤19 确定场景中的【窗帘 01】处于被选择的状态，单击工具栏中的【镜像】工具，打开【镜像：屏幕坐标】对话框，在【镜像轴】区域选择 X 轴，将【偏移】设置为 140，在【克隆当前选择】区域下选中【复制】单选按钮，最后单击【确定】按钮，如图 4-86 所示。

步骤20 选择【创建】｜【几何体】，在【对象类型】卷展栏中选择【长方体】工具，在【前】视图中创建一个【长度】、【宽度】、【长度分段】、【宽度分段】和【高度分段】分别为 70、345、10、35 和 1 的长方体，并将其重命名为"窗幔"，如图 4-87 所示。

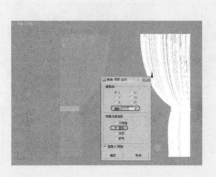

图 4-86 【镜像：屏幕 坐标】对话框

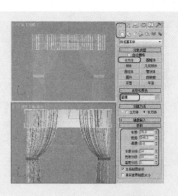

图 4-87 创建长方体

步骤 21 切换至【修改】命令面板，在【修改器列表】中选择【置换】修改器，在【参数】卷展栏中将【置换】区域下的【强度】设置为 15，在【图像】区域下单击【位图】的 None 按钮，在弹出的对话框中选择随书附带光盘"CDROM\Map\Sf-29.jpg"文件，单击【打开】按钮将它打开即可，如图 4-88 所示。

步骤 22 设置完成后单击【确定】按钮，按 M 键，打开【材质编辑器】对话框，复制【窗帘 01】材质球，将复制后的材质球重命名为【窗幔】，展开【贴图】卷展栏，将【凹凸】设置为 100，单击该选项右侧的 None 按钮，在弹出的对话框中选择【位图】贴图，单击【确定】按钮，在弹出对话框中选择随书附带光盘中的"CDROM\Map\Sf-29.jpg"文件，单击【打开】按钮，如图 4-89 所示。

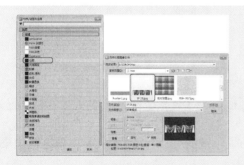

图 4-88 添加修改器

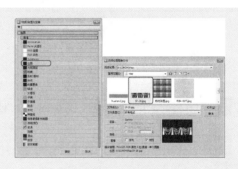

图 4-89 选择贴图文件

步骤 23 单击【转到父对象】按钮，单击【漫反射颜色】右侧的 None 按钮，进入【漫反射颜色】层级，在【坐标】卷展栏中将【瓷砖】设置为 3，在场景中选择"窗幔"对象，单击【将材质指定给选定对象】按钮，然后单击【在视口中显示标准】按钮，即可为选定的对象执行贴图，如图 4-90 所示。

步骤 24 选择【创建】|【摄影机】，在【对象类型】卷展栏中选择【目标】工具，在【顶】视图中创建一个摄影机，切换至【修改】命令面板，在【参数】卷展栏中将【镜头】设置为 30mm，并调整其位置，然后将【透视】视图切换至【摄影机】视图，如图 4-91 所示。

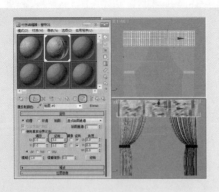

图 4-90 贴图

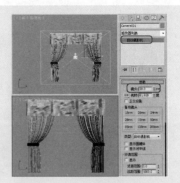

图 4-91 创建目标摄影机

步骤25 选择【创建】 | 【灯光】 | 【标准】工具，在【对象类型】卷展栏中选择
【泛光灯】工具，在视图中创建一个泛光灯，并调整其位置，如图 4-92 所示。

步骤26 使用同样的方法再次创建一个泛光灯，并将其【倍增】设置为 0.5，调整其
位置，如图 4-93 所示。

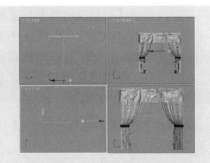

图 4-92 创建泛光灯(一)

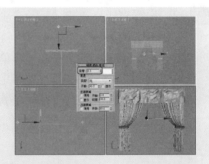

图 4-93 创建泛光灯(二)

步骤27 按 8 键打开【环境和效果】对话框，将【背景】区域下的【颜色】设置为白
色，如图 4-94 所示。

步骤28 至此窗帘就制作完成了，保存场景，按 F9 键对【摄影机】视图进行渲染。

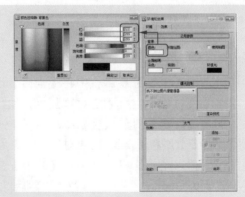

图 4-94 【环境和效果】对话框

第 **5** 章

编辑修改器

编辑修改器是 3ds Max 2013 的主要构成部分，在编辑修改器列表中可以选择多项修改器，还可以在【修改】命令面板中设置创建对象的修改器参数，以便调整出更加复杂而又好看的效果。

本章重点：

- ➥ 编辑修改器使用界面
- ➥ 二维对象生成三维对象
- ➥ 三维修改器

5.1 编辑修改器使用界面

在【创建】命令面板中可以创建几何体、图形、灯光、摄影机、辅助对象和空间扭曲等对象类型。它们在产生的同时，也创建了自己的参数，独自存在于三维场景中。如果要对它们的参数进行修改，需要进入到编辑修改器面板中完成。

5.1.1 初识编辑修改器

在 3ds Max 2013 中，编辑修改器的功能非常强大，如图 5-1 所示。编辑修改器中包含了名称和颜色、修改器列表、修改器堆栈和通用修改区四个部分。

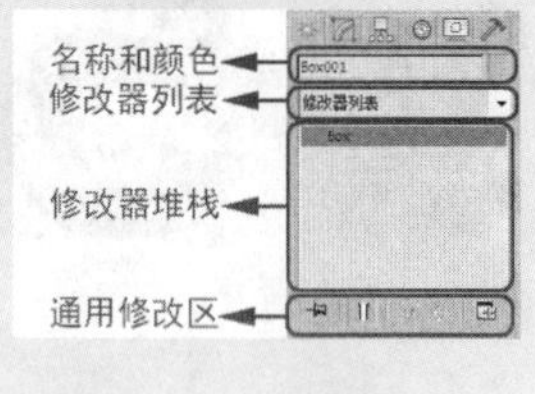

5.1.2 编辑修改器面板介绍

接下来将对编辑修改器面板中的选项进行介绍。

图 5-1 编辑修改器

1. 名称和颜色

显示修改对象的名称和线框颜色，在名称框中可以更改对象的名称。在 3ds Max 中，允许同一场景中有重名的对象存在，单击颜色块，可以打开【对象颜色】对话框，用于颜色的选择，如图 5-2 所示。

2. 修改器列表

显示修改器按钮，单击其右侧的下拉按钮 ，会展开修改器列表。

3. 修改器堆栈

修改器堆栈在名称和颜色字段下面。修改器堆栈(简称堆栈)包含项目的累积历史记录，其中包括所应用的创建参数和修改器。堆栈的底部是原始项目，对象的上面就是修改器，按照从下到上的顺序排列。这便是修改器应用于对象几何体的顺序，如图 5-3 所示。

通过上面对编辑修改器面板的初步认识，可以大体知道修改器界面的组成。下面将对编辑修改器面板进行详细的介绍。

在堆栈中右击，会弹出一个快捷菜单，如图 5-4 所示。

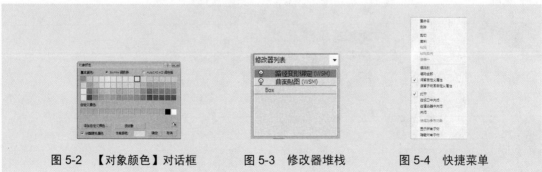

图 5-2 【对象颜色】对话框　　　图 5-3 修改器堆栈　　　图 5-4 快捷菜单

【重命名】：对选择的修改器重新命名。图 5-5 所示为对【编辑网格】进行重新命名，按 Enter 键确认当前输入的名称，按 Esc 键退出重命名。

【删除】：删除选择的修改器。

【剪切】：将对象当前选择的修改器从堆栈中删除，粘贴到其他的对象修改器堆栈中。

【复制】：复制选择的修改器。

【粘贴】：将修改器粘贴到堆栈中。修改器将显示在当前选定的对象或修改器上面，除非修改器是世界空间修改器，在这种情况下，将其粘贴在堆栈的顶部。

【粘贴实例】：将修改器的实例粘贴到堆栈中。修改器实例将显示在当前选定的对象或修改器上面，除非修改器实例是世界空间修改器，在这种情况下，将其粘贴在堆栈的顶部。

【使唯一】：将实例化修改器转化为副本，它对于当前对象是唯一的。除非右击的修改器已实例化，否则此项处于不可用状态。

【塌陷到】：塌陷堆栈的一部分。除非选择堆栈中的一个或多个修改器，否则该项不可用。对象塌陷后会失去这些修改器的记录，以后不能再返回到这些修改器中进行调节，选择该项后会弹出提示对话框，如图 5-6 所示。

图 5-5　对修改器重命名

图 5-6　【警告：塌陷到】对话框

【塌陷全部】：塌陷整个堆栈。

【保留自定义属性】：启用该选项后，当塌陷对象的修改器或将其转换为其他对象时，将会在堆栈中保留对象的自定义属性。

【打开】：选择该选项，不论视图显示还是渲染，当前的修改器效果都能显示出来。

【在视口中关闭】：选择该选项，当前修改器在视口中不显示。

【在渲染器中关闭】：选择该选项，当前修改器的效果在渲染时不显示。

【关闭】：选择该选项，当前的修改器效果无论是视图显示还是渲染，都不显示出来。

【使成为参考对象】：用于将实例对象转换为参考对象。对实例对象使用这个命令后，会在对象的堆栈上方出现一个空的堆栈层。

【显示所有子树】：选择该选项，将展开所有修改器的层级，使所有子级项目都被显示出来，如图 5-7 所示。如果要扩展单个修改器的子级，可以单击修改器名称左侧的加号图标。

【隐藏所有子树】：选择该选项，将收起所有修改器的层级，如图 5-8 所示。如果只需隐藏单个对象的层级，可以单击修改器名称左侧的减号图标。

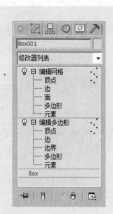

图 5-7　显示所有的子树

图 5-8　隐藏所有的子树

4. 通用修改区

在通用修改区中提供了通用的修改操作工具，对所有修改工具有效，起着辅助修改的作用。

【锁定堆栈】按钮 ：将修改器堆栈锁定到当前的对象上，即使在场景中选择了其他对象，【修改】命令面板仍会显示锁定的对象修改器。

【显示最终结果开/关切换】按钮 ：如果当前处在修改器堆栈的中间或底层，在视图中只会显示出当前所在层之前的修改结果，单击此按钮可以观察到最后的修改结果。

【使唯一】按钮 ：当将一组选择对象加入修改器时，这个修改器会同时影响所有对象，以后在调节这个修改器的参数时，都会对所有的对象同时产生影响，因为它们已经属于 Instance 关联属性的修改器的命令了，单击该按钮，可以将这种关联的修改各自独立，将共同的修改器独立分配给每个对象，使它们失去彼此的关联。

【从堆栈中移除修改器】按钮 ：将当前修改器从修改器堆栈中删除。

【配置修改器集】按钮 ：可以重新对列出的修改工具进行设置，如图 5-9 所示。

【配置修改器集】：选择该选项后，弹出【配置修改器集】对话框，如图 5-10 所示。使用该对话框可以创建自定义修改器和按钮集。

【显示按钮】：选择此选项后，可以在修改器列表中显示所有的编辑修改器的按钮，如图 5-11 所示。

【显示列表中的所有集】：在 3ds Max 中，通常编辑修改器序列默认的设置为 3 种类型，即"选择修改器"、"世界空间修改器"和"对象空间修改器"。【显示列表中的所有集】选项可以将默认的编辑修改器中的编辑器按照功能的不同进行有效的划分，使用户在设置操作中便于查找和选择。

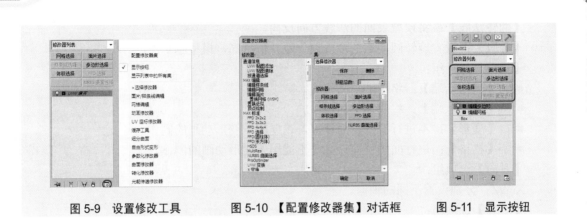

图 5-9　设置修改工具　　　图 5-10　【配置修改器集】对话框　　　图 5-11　显示按钮

5.2　二维对象生成三维对象

通过上面对编辑修改器面板的介绍，相信大家对编辑修改器已有了一定的认识。下面对修改器列表中的常用修改器进行详细介绍。

5.2.1　【车削】修改器

【车削】修改器可以通过旋转二维图形产生三维造型，如图 5-12 所示。

【车削】修改器的参数面板，如图 5-13 所示。

在修改器堆栈中，将【车削】修改器展开，可以通过【轴】选择集加以调整，如图 5-14 所示。

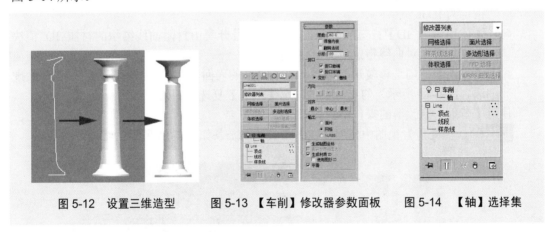

图 5-12　设置三维造型　　　图 5-13　【车削】修改器参数面板　　　图 5-14　【轴】选择集

【轴】：在此子对角层级上可以进行变换和设置绕轴旋转动画。

在【参数】卷展栏中，可以通过参数进行设置。

【度数】：设置旋转成型的角度。360°为一个完整的环形，小于 360°为扇形。

【焊接内核】：通过将旋转轴中的顶点焊接来简化网格。如果要创建一个变形目标，禁用此选项。

【翻转法线】：将模型表面的法线方向反向。

【分段】：设置旋转圆周上的片段划分数。值越高，模型越平滑。

【封口】选项组：

- 【封口始端】：将顶端加面覆盖。
- 【封口末端】：将底端加面覆盖。
- 【变形】：不进行面的精简计算，以便用于变形动画的制作。
- 【栅格】：进行面的精简计算，不能用于变形动画的制作。

【方向】选项组：

X/Y/Z：分别设置不同的轴向。

【对齐】选项组：

- 【最小】：将曲线内边界与中心轴对齐。
- 【中心】：将曲线中心与中心轴对齐。
- 【最大】：将曲线外边界与中心轴对齐。

【输出】选项组：

- 【面片】：将放置成型的对象转化为面片模型。
- 【网格】：将旋转成型的对象转化为网格模型。
- NURBS：将放置成型的对象转化为 NURBS 曲面模型。
- 【生成贴图坐标】：将贴图坐标应用到车削对象中。当【度数】值小于 360°并勾选【生成贴图坐标】复选框时，将另外的贴图坐标应用到末端封口中，并在每一个封口上放置一个 1×1 的平铺图案。
- 【真实世界贴图大小】：控制应用于该对象的纹理贴图材质所使用的缩放方法。
- 【生成材质 ID】：为模型指定特殊的材质 ID，两端面指定为 ID1 和 ID2，侧面指定为 ID3。
- 【使用图形 ID】：旋转对象的材质 ID 号分配由封闭曲线继承的材质 ID 值决定。只有在对曲线指定材质 ID 后才可用。
- 【平滑】：勾选该复选框时自动平滑对象的表面，产生平滑过渡，否则会产生硬边。图 5-15 所示为勾选与取消勾选【平滑】复选框的效果对比。

使用【车削】修改器的操作步骤如下。

步骤 01 在【前】视图中使用【线】工具绘制一条如图 5-16 所示的线段。

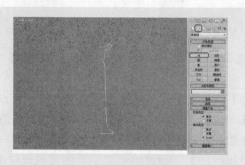

图 5-15　效果对比　　　　图 5-16　绘制二维图形

步骤02 将所绘制的线段转换为可编辑样条线，切换到【修改】命令面板，在【修改器列表】中选择【车削】修改器，如图 5-17 所示。

步骤03 在【参数】卷展栏中单击【对齐】选项组中的【最小】按钮，然后设置【分段】为 22，如图 5-18 所示。

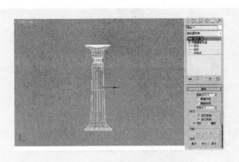
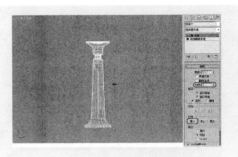

图 5-17　选择【车削】修改器　　　　图 5-18　设置参数

5.2.2　【挤出】修改器

【挤出】修改器是将二维的样条线图形增加厚度，挤出成为三维模型，如图 5-19 所示。这是一种十分常用的建模方法，可以进行【面片】、【网格】对象和 NURBS 对象等 3 类模型的输出。

在【修改】命令面板中，设置【挤出】修改器的参数面板，如图 5-20 所示。

【数量】：设置挤出的深度。

【分段】：设置挤出厚度上的片段划分数。

图 5-19　将二维图形转换为三维模型　　　图 5-20　【挤出】修改器参数面板

下面的【封口】选项组、【输出】选项组等选项的设置与【车削】修改器的参数面板设置相同，这里就不详细介绍了。

5.2.3　【倒角】修改器

【倒角】修改器是通过对二维图形进行挤出成型，并且在挤出的同时，在边界上加入直形或弧形的倒角，如图 5-21 所示。一般用来制作立体文字和标志。

在【倒角】修改器面板中包括【参数】和【倒角值】两个卷展栏，首先介绍【参数】卷展栏，如图 5-22 所示。

图 5-21　倒角效果　　　　　　　　　　　　　图 5-22　【参数】卷展栏

1．【参数】卷展栏

【封口】选项组和【封口类型】选项组中的选项与前面【车削】修改器的含义相同，这里就不详细介绍了。

【曲面】选项组控制侧面的曲率、平滑度以及指定贴图坐标。

【线性侧面】：激活此选项后，级别之间会沿着一条直线进行分段插值。

【曲线侧面】：激活此选项后，级别之间会沿着一条 Bezier 曲线进行分段插值。

【分段】：设置倒角内部的片段划分数。选中【线性侧面】单选按钮，设置【分段】的值，如图 5-23 所示，左侧的【分段】值为 1，右侧的【分段】值为 3；选中【曲线侧面】单选按钮，设置【分段】的值如图 5-24 所示，左侧【分段】的值为 1，右侧数值为 3。多的片段划分主要用于弧形倒角，如图 5-25 所示，右侧为弧形倒角效果。

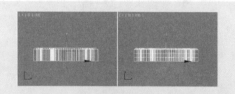

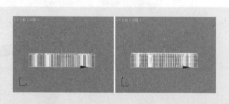

图 5-23　激活【线性侧面】设置【分段】的值对比　　图 5-24　激活【曲线侧面】设置【分段】的值对比

图 5-25　多片段的弧形倒角效果

【级间平滑】：控制是否将平滑组应用于倒角对象侧面。封口会使用与侧面不同的平滑组。启用此选项后，对侧面应用平滑组，侧面显示为弧状；禁用此选项后，不应用平滑组，侧面显示为平面倒角。

【生成贴图坐标】：勾选该复选框，将贴图坐标应用于倒角对角。

【真实世界贴图大小】：控制应用于该对象的纹理贴图材质所使用的缩放方法。

【避免线相交】：勾选该复选框，可以防止尖锐折角产生的突出变形，如图 5-26 所示。左侧为突出现象，右侧为勾选该复选框后的修改效果。

【分离】：设置两个边界线之间保持的距离间隔，以防止越界交叉。

2．【倒角值】卷展栏

在【倒角值】卷展栏中包括【级别 1】、【级别 2】和【级别 3】3 个选项组，它们分别设置 3 个级别的【高度】和【轮廓】，如图 5-27 所示。

图 5-26　勾选【避免线相交】复选框的效果对比　　　图 5-27　【倒角值】卷展栏

提示：勾选【避免线相交】复选框会增加系统的运算时间，可能会等待很久，而且将来在改动其他倒角参数时也会变得迟钝，所以应尽量避免使用这个功能。如果遇到线相交的情况，最好是返回到曲线图形中手动进行修改，将转折过于尖锐的地方调节圆滑。

5.3　三维修改器

使用基本对象创建工具智能创建一些简单的模型，为使其有更多的细节和增加逼真程度，在此就需要用到编辑修改器，接下来我们将简单地介绍怎样使用编辑修改器修改模型。

5.3.1　【弯曲】修改器

【弯曲】修改器将对象进行弯曲处理，可以调节弯曲的角度和方向。【弯曲】修改器参数面板如图 5-28 所示。

【弯曲】选项组：

● 【角度】：设置弯曲的角度大小。

● 【方向】：用来调整弯曲方向的变化。

【弯曲轴】选项组：

● X/Y/Z：指定要弯曲的轴。

【限制】选项组：

● 【限制效果】：对物体指定限制效果，影响区域将由下面的【上限】和【下限】
值来确定。

● 【上限】：设置弯曲的上限，在此限度以上的区域将不会受到弯曲影响。

● 【下限】：设置弯曲的下限，在此限度与【上限】之间的区域将都受到弯曲影响。

除了这些基本的参数之外，【弯曲】修改器还包括两个次级物体选择集，即 Gizmo(线框)和【中心】，如图 5-29 所示。对于 Gizmo，可以对其进行移动、旋转、缩放等变换操作，在进行这些操作时将影响弯曲的效果。

图 5-28 【弯曲】修改器参数面板   图 5-29 【弯曲】修改器堆栈

下面我们以一个圆柱体为例讲解【弯曲】修改器的使用。

步骤01 选择【创建】※|【几何体】○|【圆柱体】工具，在【顶】视图中创建
一个圆柱体，在【参数】卷展栏中将【半径】、【高度】、【高度分段】和【边
数】分别设置为 100、500、10 和 32，如图 5-30 所示。

步骤02 确定新创建的图形处于被选择状态，单击【修改】按钮，进入【修改】
命令面板，在【修改器列表】中选择【弯曲】修改器，在【参数】卷展栏中将
【弯曲】选项组中的【角度】设置为 140，如图 5-31 所示。

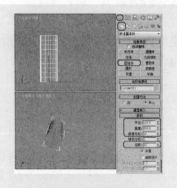
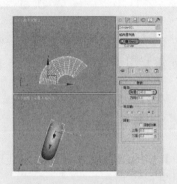

图 5-30 创建圆柱体   图 5-31 设置【弯曲】修改器

5.3.2 【锥化】修改器

【锥化】修改器通过放缩物体的两端而产生锥形的轮廓，同时还可以加入光滑的曲线轮廓，允许控制锥化的倾斜度、曲线轮廓的曲度，还可以限制局部锥化效果。

【锥化】修改器参数面板(见图 5-32)中各项目的功能说明如下。

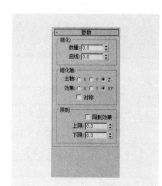

图 5-32 【锥化】参数卷展栏

【锥化】选项组：

● 【数量】：设置锥化倾斜的程度。

● 【曲线】：设置锥化曲线的弯曲程度。

【锥化轴】选项组：

● 【主轴】：设置基本依据轴向。

● 【效果】：设置影响效果的轴向。

● 【对称】：设置一个对称的影响效果。

【限制】选项组：

● 【限制效果】：该复选框用于限制锥化影响在 Gizmo 物体上的范围。

● 【上限/下限】：分别设置锥化限制的区域。

下面我们以一个圆柱体为例讲解【锥化】修改器的使用。

步骤01 选择【创建】 ※ |【几何体】 ○ |【圆柱体】工具，在【顶】视图中创建一个圆柱体，在【参数】卷展栏中将【半径】、【高度】、【高度分段】和【边数】分别设置为 100、500、10 和 32，如图 5-33 所示。

步骤02 确定新创建的图形处于被选择状态，单击【修改】按钮 ，进入【修改】命令面板，在【修改器列表】中选择【锥化】修改器，在【参数】卷展栏中将【锥化】选项组中的【数量】和【曲线】分别设置为 3.5 和 3，如图 5-34 所示。

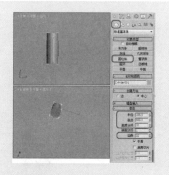

图 5-33 创建圆柱体

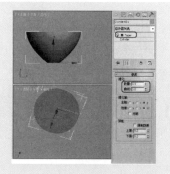

图 5-34 设置【锥化】修改器

5.3.3 【扭曲】修改器

【扭曲】修改器可以沿指定轴向扭曲物体的顶点，从而产生扭曲的表面效果。它允许限制物体的局部受到扭曲作用。【扭曲】修改器参数面板如图 5-35 所示。各项参数的功能说明如下。

【扭曲】选项组：

- 【角度】：设置扭曲的角度大小。
- 【偏移】：设置扭曲向上或向下的偏向度。
- 【扭曲轴】：设置扭曲依据的坐标轴向。

【限制】选项组：

- 【限制效果】：打开限制效果，允许限制扭曲影响在 Gizmo 物体上的范围。
- 【上限/下限】：分别设置扭曲限制的区域。

图 5-35 【扭曲】修改器参数面板

下面我们以一个球体为例讲解【扭曲】修改器的使用。

步骤 01 选择【创建】 | 【几何体】 | 【球体】工具，在【顶】视图中创建一个球体，在【参数】卷展栏中将【半径】设置为 100，如图 5-36 所示。

步骤 02 确定新创建的图形处于被选择状态，单击【修改】按钮，进入【修改】命令面板，在【修改器列表】中选择【扭曲】修改器，在【参数】卷展栏中将【扭曲】选项组中的【角度】设置为 800，如图 5-37 所示。

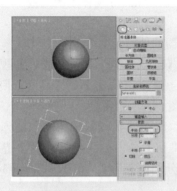

图 5-36 创建球体

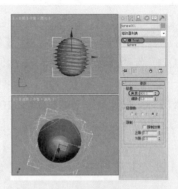

图 5-37 设置【扭曲】修改器

5.3.4 【倾斜】修改器

【倾斜】修改器对物体或物体的局部在指定的轴向上产生偏斜变形。【倾斜】修改器参数面板如图 5-38 所示。其中各项参数的功能说明如下。

【倾斜】选项组：

- 【数量】：设置与垂直平面偏斜的角度。在 1～360 之间，值越大，偏斜越大。
- 【方向】：设置偏斜的方向(相对于水平面)，在 1～360 之间。

图 5-38 【倾斜】修改器参数面板

【倾斜轴】选项组：

- X/Y/Z：设置偏斜依据的坐标轴向。

【限制】选项组

- 【限制效果】：打开限制效果，允许限制偏斜影响在 Gizmo 物体上的范围。
- 【上限/下限】：分别设置偏斜限制的区域。

下面我们以一个长方体为例讲解【倾斜】修改器的使用。

步骤 01　选择【创建】✳|【几何体】◯|【长方体】工具，在【顶】视图中创建一个长方体，在【参数】卷展栏中将【长度】、【宽度】和【高度】分别设置为 70、80 和 100，如图 5-39 所示。

步骤 02　确定新创建的图形处于被选择状态，单击【修改】按钮，进入【修改】命令面板，在【修改器列表】中选择【倾斜】修改器，在【参数】卷展栏中将【倾斜】选项组中的【数量】设置为 100，如图 5-40 所示。

图 5-39　创建长方体

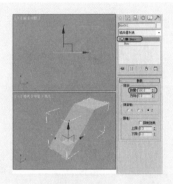

图 5-40　设置【倾斜】修改器

5.4　上机练习

5.4.1　制作一次性水杯

本案例将介绍如何制作一次性水杯，其具体操作步骤如下。

步骤 01　启动 3ds Max 2013，选择【创建】✳|【图形】◯|【线】工具，在【前】视图中绘制一个图形，如图 5-41 所示。

步骤 02　切换至【修改】命令面板，将其命名为"一次性水杯 01"，在修改器列表中选择【车削】修改器，在【参数】卷展栏中将【度数】设置为 360，在【方向】选项组中单击 Y 按钮，再在【对齐】选项组中单击【最小】按钮，如图 5-42 所示。

步骤 03　选中该对象，按 M 键打开【材质编辑器】对话框，在该对话框中选择一个材质样本球，将其命名为"一次性水杯"，如图 5-43 所示。

步骤 04　在【Blinn 基本参数】卷展栏中将【环境光】和【漫反射】的 RGB 值设置为

242、242、242，将【自发光】选项组中【颜色】设置为 70，将【不透明度】设置为 10，将【高光级别】和【光泽度】分别设置为 41、54，如图 5-44 所示。

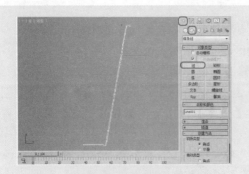

图 5-41 绘制线

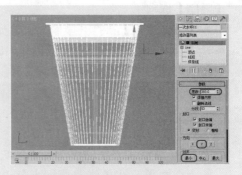

图 5-42 设置【车削】修改器参数

图 5-43 为材质样本球命名

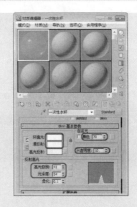

图 5-44 设置【Blinn 基本参数】

步骤 05 在【贴图】卷展栏中将【折射】右侧的数量设置为 2，如图 5-45 所示。

步骤 06 单击其右侧的 None 按钮，在弹出的对话框中选择【光线跟踪】贴图，如图 5-46 所示。

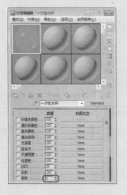

图 5-45 设置折射数量

图 5-46 选择【光线跟踪】贴图

步骤 07 单击【确定】按钮，单击【将材质指定给选定对象】按钮，指定材质后的效果如图 5-47 所示。

步骤 08 将【材质编辑器】对话框关闭，选择【创建】 ✳ |【几何体】 ◎ |【平面】工具，在【前】视图中绘制一个平面，如图 5-48 所示。

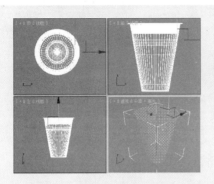

图 5-47 指定材质后的效果

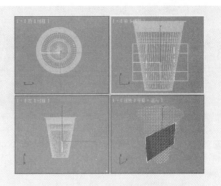

图 5-48 绘制平面

步骤 09 切换至【修改】命令面板，将其命名为"logo01"，在【参数】面板中将【长度】、【宽度】分别设置为 91、121，将【长度分段】、【宽度分段】都设置为 20，如图 5-49 所示。

步骤 10 在【修改器列表】中选择【弯曲】修改器，在【参数】卷展栏中将【角度】、【方向】设置为 137、10，选中 X 单选按钮，如图 5-50 所示。

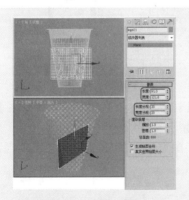

图 5-49 设置平面参数

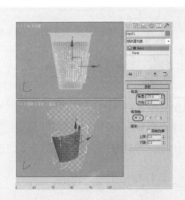

图 5-50 设置【弯曲】修改器

步骤 11 在视图中对该对象进行旋转，并调整其位置，调整后的效果如图 5-51 所示。

步骤 12 按 M 键打开【材质编辑器】对话框，在该对话框中选择一个材质样本球，将其命名为"logo"，如图 5-52 所示。

步骤 13 在【贴图】卷展栏中单击【漫反射颜色】右侧的 None 按钮，在弹出的对话框中选择【位图】贴图，如图 5-53 所示。

步骤 14 单击【确定】按钮，在弹出的对话框中选择随书附带光盘中的"CDROM\Map\logo.jpg"文件，如图 5-54 所示。

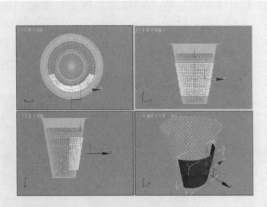

图 5-51　调整后的效果　　　　图 5-52　为材质样本球命名

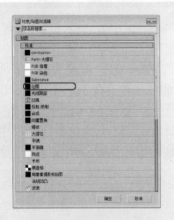

图 5-53　选择【位图】贴图　　　　图 5-54　选择位图图像文件

步骤15　单击【打开】按钮，然后再单击【转到父对象】按钮，在【贴图】卷展栏中单击【不透明度】右侧的 None 按钮，如图 5-55 所示。

步骤16　在弹出的对话框中选择【位图】贴图，如图 5-56 所示。

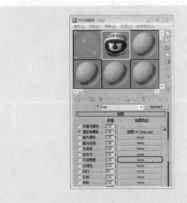

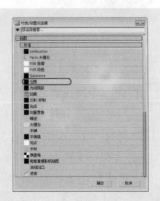

图 5-55　单击 None 按钮　　　　图 5-56　选择【位图】贴图

步骤 17 单击【确定】按钮，在弹出的对话框中选择随书附带光盘中的"CDROM\Map\logo 副本.jpg"文件，如图 5-57 所示。

步骤 18 单击【打开】按钮，单击【将材质制定给选定对象】按钮和【在视口中显示标准贴图】按钮，指定材质后的效果如图 5-58 所示。

图 5-57 选择位图图像文件

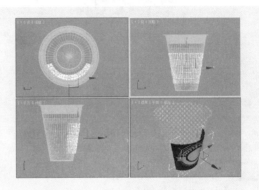

图 5-58 指定材质后的效果

步骤 19 在【修改器列表】中选择【UVW 贴图】修改器，在【参数】卷展栏中将【长度】和【宽度】分别设置为 91、86，如图 5-59 所示。

步骤 20 激活【顶】视图，选择【创建】❋|【几何体】◯|【长方体】工具，在【顶】视图中创建一个长方体，在【名称和颜色】卷展栏中将其命名为"地面"，将颜色定义为白色，在【参数】卷展栏中将【长度】、【宽度】和【高度】分别设置为 1500、1000 和 0，并在视图中调整其位置，如图 5-60 所示。

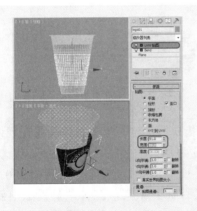

图 5-59 设置【UVW 贴图】参数

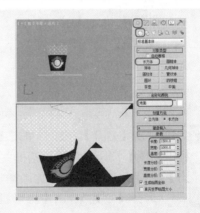

图 5-60 创建长方体

步骤 21 选中该对象，按 M 键打开【材质编辑器】对话框，在该对话框中选择一个材质样本球，将其命名为"地面"，如图 5-61 所示。

步骤 22 在【Blinn 基本参数】卷展栏中将【环境光】和【漫反射】的 RGB 值设置为 0、0、0，将【高光级别】和【光泽度】分别设置为 24、34，如图 5-62 所示。

图 5-61　为材质样本球命名

图 5-62　设置 Blinn 基本参数

步骤 23　在【贴图】卷展栏中单击【漫反射颜色】右侧的 None 按钮，在弹出的对话框中选择【位图】贴图，如图 5-63 所示。

步骤 24　单击【确定】按钮，在弹出的对话框中选择随书附带光盘中的"CDROM\Map\W-000.jpg"文件，如图 5-64 所示。

图 5-63　选择【位图】贴图

图 5-64　选择素材文件

步骤 25　单击【打开】按钮，单击【将材质指定给选定对象】按钮和【在视口中显示标准贴图】按钮，将该对话框关闭，指定材质后的效果如图 5-65 所示，为该【地面】添加【UVW 贴图】修改器，并将【长度】和【宽度】都设置为 200。

步骤 26　选择【创建】　|【摄影机】　|【目标】工具，在【顶】视图中创建摄影机，在【参数】卷展栏中将【镜头】设置为 327.456，激活【透视】视图，按 C 键将其转换为【摄影机】视图，在其他视图调整摄影机的位置，如图 5-66 所示。

步骤 27　按 H 键，在弹出的对话框中选择如图 5-67 所示的两个对象。

步骤 28　单击【确定】按钮，按 Ctrl+V 组合键，在弹出的对话框中选中【复制】单选按钮，如图 5-68 所示。

步骤 29　单击【确定】按钮，在视图中调整其位置，并旋转其角度，效果如图 5-69 所示。

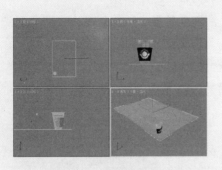

图 5-65 指定材质后的效果

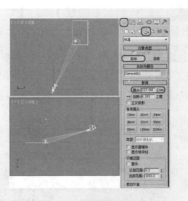

图 5-66 创建摄影机并调整其位置

图 5-67 选择对象

图 5-68 选中【复制】单选按钮

步骤30 选择【创建】 |【灯光】|【目标聚光灯】工具，在【前】视图中创建一个
目标聚光灯，勾选【常规参数】卷展栏中【阴影】选项组中的【启用】复选框，
在【聚光灯参数】卷展栏中将【衰减区/区域】设置为 75，并在视图中调整其位
置，如图 5-70 所示。

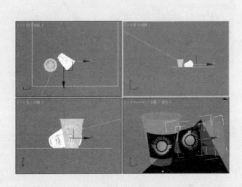

图 5-69 调整对象位置及角度

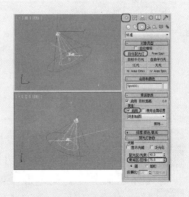

图 5-70 调整目标聚光灯的参数

步骤 31 选择【创建】 |【灯光】|【泛光】工具，在【前】视图中创建一个泛光灯，在视图中调整其位置，调整后的效果如图 5-71 所示。

步骤 32 切换至【修改】命令面板，在【常规参数】卷展栏中单击【阴影】选项组中的【排除】按钮，在弹出的对话框中选择左侧列表框中的【地面】，单击 >> 按钮，将其添加到右侧的列表框中，如图 5-72 所示。

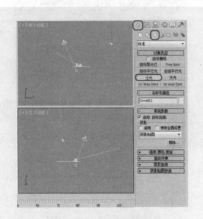

图 5-71 创建泛光灯

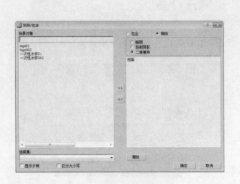

图 5-72 排除对象

步骤 33 设置完成后，单击【确定】按钮，在【强度/颜色/衰减】卷展栏中将【倍增】设置为 0.8，如图 5-73 所示。

步骤 34 使用同样的方法再创建一个泛光灯，并对其进行相应的设置，如图 5-74 所示。

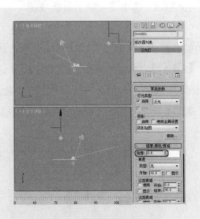

图 5-73 设置灯光参数

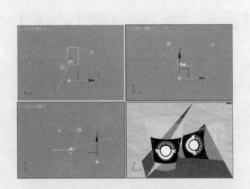

图 5-74 创建泛光灯

步骤 35 在菜单栏中选择【视图】|【视口配置】命令，如图 5-75 所示。

步骤 36 在弹出的对话框中切换到【安全框】选项卡，勾选【动作安全区】复选框和【标题安全区】复选框，如图 5-76 所示。

步骤 37 设置完成后，单击【确定】按钮，激活【摄影机】视图，按 Shift+F 组合键，为该视图添加安全框，如图 5-77 所示。

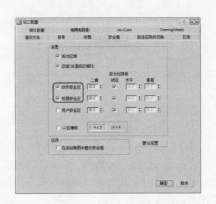

图 5-75 选择【视口配置】命令　　　　　图 5-76 【安全框】选项卡

步骤 38 按 F9 键对【摄影机】视图进行渲染，效果如图 5-78 所示，对完成后的场景进行保存即可。

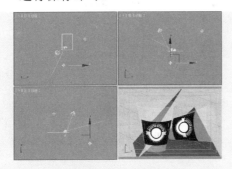

图 5-77 添加安全框

图 5-78 完成后的效果

5.4.2 制作凉亭效果

下面我们介绍创建一个户外凉亭的效果制作方法，其主要是通过在多边形的基础上添加修改器而制作完成的，效果如图 5-79 所示。

步骤 01 启动 3ds Max 2013 软件，创建一个新的空白场景，选择【创建】　|【图形】　|【样条线】工具，在【对象类型】卷展栏中选择【多边形】工具，激活【顶】视图，在该视图中单击并拖曳，创建一个多边形，确认创建的多边形处于被选择的状态下，在【名称和颜色】卷展栏中将名称设置为"围栏"，在【参数】卷展栏中将【半径】设置为 65，【边数】设置为 6，如图 5-80 所示。

步骤 02 确认创建的多边形处于被选择的状态下，按 Ctrl+V 组合键，打开【克隆选项】对话框，在【对象】选项组中选中【复制】单选按钮，将其名称重命名为"围栏"，如图 5-81 所示。

图 5-79 效果图

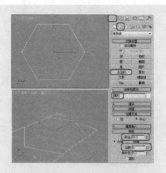

图 5-80 创建多边形

步骤 03 单击【确定】按钮，即可复制选择的多边形，切换至【修改】命令面板，在【参数】卷展栏中将【半径】设置为 70，如图 5-82 所示。

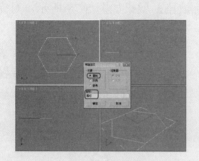

图 5-81 复制多边形

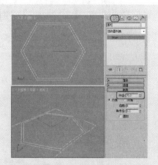

图 5-82 设置多边形参数

步骤 04 在场景中选择较大的多边形，切换至【修改】命令面板，在【修改器列表】中选择【编辑样条线】修改器，在【几何体】卷展栏中单击【附加】按钮，在场景中选择小多边形，将其附加，如图 5-83 所示。

步骤 05 确认附加完成后的对象处于被选择的状态下，在【修改器列表】中选择【倒角】修改器，在【倒角值】卷展栏中将【级别 1】的【高度】设置为 35，勾选【级别 2】复选框，将【高度】和【轮廓】分别设置为 1、-0.2，如图 5-84 所示。

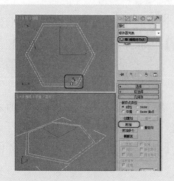

图 5-83 附加对象

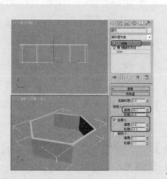

图 5-84 设置修改器参数

步骤06　激活【顶】视图，使用同样的方法，在该视图中创建一个多边形，在【参数】卷展栏中将其【半径】设置为 70，并将其调整至合适的位置，如图 5-85 所示。

提示：该处为了便于显示创建的多边形，按 Ctrl+Q 组合键，隐藏未选定的对象，绘制完成后可按 Ctrl+Q 组合键取消隐藏。

步骤07　确认创建的【底】对象处于被选择的状态下，切换至【修改】命令面板，在【修改器列表】中选择【挤出】修改器，在【参数】卷展栏中将【数量】设置为 1，如图 5-86 所示。

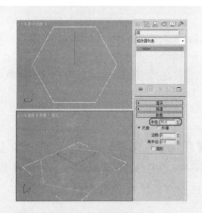

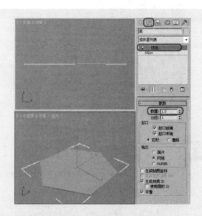

图 5-85　创建多边形　　　　　　　　　　图 5-86　设置修改器参数

步骤08　激活【前】视图，在工具栏中选择【选择并移动】工具，选择"底"对象，按住 Shift 键的同时向上拖曳，如图 5-87 所示。

步骤09　至合适位置后释放鼠标，打开【克隆选项】对话框，在【对象】选项组中选中【复制】单选按钮，将其重命名为"面"，如图 5-88 所示。

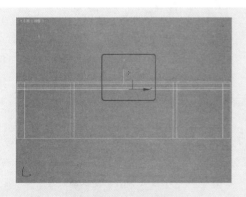

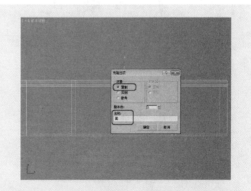

图 5-87　拖曳多边形　　　　　　　　　　图 5-88　【克隆选项】对话框

步骤10　设置完成后单击【确定】按钮，在场景中选择【围栏】对象，切换至【修改】命令面板，在【修改器列表】中选择【编辑网格】修改器，在【编辑几何

体】卷展栏中单击【附加】按钮，在场景中选择创建的"底"、"面"对象，
将其附加在一起，如图 5-89 所示。

步骤 11 附加完成后，在【修改器列表】中选择【UVW 贴图】修改器，在【参数】
卷展栏中选中【长方体】单选按钮，其他参数均采默认数值，如图 5-90 所示。

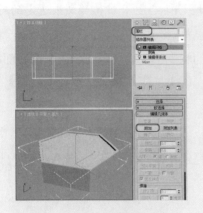
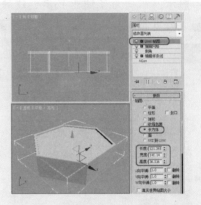

图 5-89　附加对象　　　　　　图 5-90　设置【UVW 贴图】修改器

步骤 12 激活【左】视图，选择【创建】|【图形】|【样条线】工具，在【对象
类型】卷展栏中选择【矩形】工具，在视图中创建一个矩形，并在其【参数】卷
展栏中将【长度】设置为 6、【宽度】设置为 2.5、【角半径】设置为 1，并将
其重命名为"木头 01"，如图 5-91 所示。

步骤 13 确认创建的矩形处于被选择的状态下，在工具栏中选择【选择并移动】工具
，将其调整至合适的位置即可，切换至【修改】命令面板，在【修改器列表】
中选择【挤出】修改器，在【参数】卷展栏中将【数量】设置为 80，如图 5-92
所示。

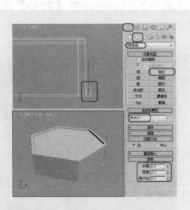
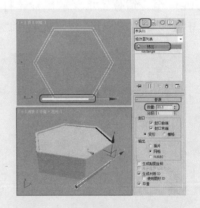

图 5-91　创建矩形　　　　　　图 5-92　设置【挤出】修改器

步骤 14 确认添加挤出后的对象处于被选择的状态下，使用【选择并移动】工具
，将其调整至合适的位置，如图 5-93 所示。

步骤 15 激活【前】视图，选择挤出后的"木头 01"对象，按住 Shift 键的同时向上

拖曳，至合适位置后释放鼠标，打开【克隆选项】对话框，在【对象】选项组中选中【复制】单选按钮，将【副本数】设置为 4，如图 5-94 所示。

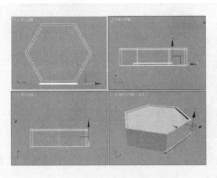

图 5-93　调整完成后的效果

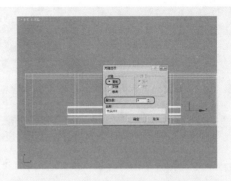

图 5-94　【克隆选项】对话框

步骤16　设置完成后单击【确定】按钮，即可将其沿拖曳的方向进行复制，复制后的效果如图 5-95 所示。

步骤17　在场景中选择"木头 01"对象，在【修改器列表】中选择【编辑网格】修改器，在【编辑几何体】卷展栏中单击【附加】按钮，在视图中选择新复制的对象，将其附加在一起，如图 5-96 所示。

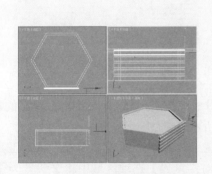

图 5-95　完成后的效果

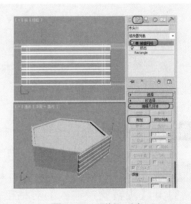

图 5-96　附加对象

步骤18　切换至【修改】命令面板，在【修改器列表】中选择【UVW 贴图】修改器，在【参数】卷展栏中选择【长方体】选项，其他均为默认参数，如图 5-97 所示。

步骤19　单击【层次】按钮 🔡，切换至【层次】命令面板，单击【轴】按钮，在【调整轴】卷展栏中单击【仅影响轴】按钮，在【对齐】卷展栏中单击【居中到对象】按钮，然后使用【移动并选择】工具 ✥，在除【透视】视图外的其他三个视图中调整轴的位置，如图 5-98 所示。

步骤20　激活【顶】视图，在菜单栏中选择【工具】|【阵列】命令，如图 5-99 所示。

步骤21　打开【阵列】对话框，在【增量】选项区域下将 Z 方向的【旋转】设置为 120，在【阵列维度】选项组中的【数量】区域下将 1D 数量设置为 3，如图 5-100 所示。

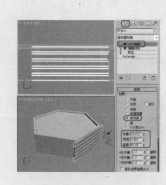

图 5-97　添加修改器

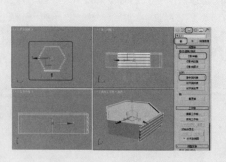

图 5-98　调整轴

图 5-99　选择【阵列】命令

步骤22　设置完成后单击【确定】按钮，即可将选择的对象进行阵列复制，完成后的效果如图 5-101 所示。

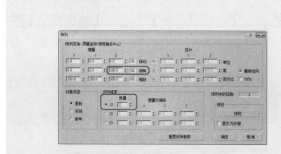

图 5-100　【阵列】对话框

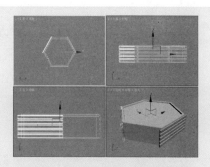

图 5-101　阵列后的效果

步骤23　在【顶】视图中选择"木头 01"对象，按 Ctrl+V 组合键，在弹出的对话框中选中【复制】单选按钮，如图 5-102 所示。

步骤24　设置完成后单击【确定】按钮，在工具栏中选择【选择并旋转】工具，打开【旋转变换输入】对话框，在【绝对：世界】选项区域中将 Z 设置为 30，如图 5-103 所示。

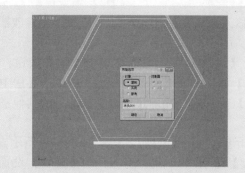

图 5-102　【克隆选项】对话框

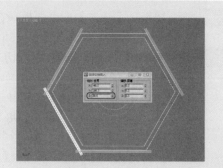

图 5-103　【旋转变换输入】对话框

步骤 25 设置完成后将该对话框关闭，然后使用同样的方法对其进行阵列，完成后的效果如图 5-104 所示。

步骤 26 选择【创建】![icon]|【图形】![icon]|【样条线】工具，在【对象类型】卷展栏中选择【矩形】工具，激活【左】视图，在该视图中创建一个矩形，在【参数】卷展栏中将【长度】设置为 4、【宽度】设置为 6.5、【角半径】设置为 1，并将其重命名为"横木"，如图 5-105 所示。

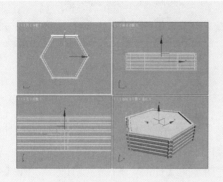

图 5-104　完成后的效果

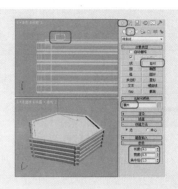

图 5-105　创建矩形

步骤 27 切换至【修改】命令面板，在【修改器列表】中选择【挤出】修改器，在【参数】卷展栏中将【数量】设置为 95，如图 5-106 所示。

步骤 28 使用【选择并移动】工具![icon]将其调整至合适的位置，然后在【修改器列表】中选择【编辑网格】修改器，将当前选择集定义为【顶点】，使用【选择并移动】工具![icon]调整顶点位置，如图 5-107 所示。

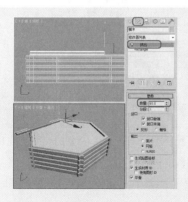

图 5-106　设置【挤出】修改器

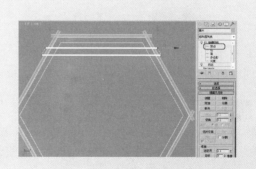

图 5-107　调整顶点位置

步骤 29 确认创建的"横木"对象处于被选择的状态下，按 Shift 键的同时向上拖曳，在弹出的对话框中选中【复制】单选按钮，并将【副本数】设置为 2，如图 5-108 所示。

步骤 30 设置完成后单击【确定】按钮，即可将选择的对象复制，然后在工具栏中选择【选择并均匀缩放】按钮![icon]，将其克隆后的对象缩放并将其调整至合适的位置，完成后的效果如图 5-109 所示。

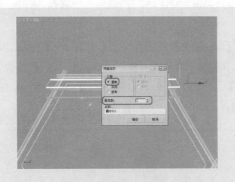

图 5-108　【克隆选项】对话框

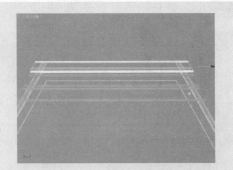

图 5-109　完成后的效果

步骤31　在场景中选择"横木 002"对象，切换至【修改】命令面板，在【修改器列表】中选择【编辑网格】修改器，在【编辑几何体】卷展栏中单击【附加】按钮，在场景中选择需要附加的对象，如图 5-110 所示。

步骤32　附加完成后，在【修改器列表】中选择【UVW 贴图】修改器，在【参数】卷展栏中选择【长方体】选项，其他参数均为默认参数，如图 5-111 所示。

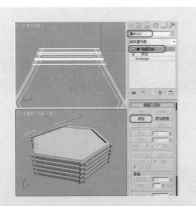

图 5-110　附加对象

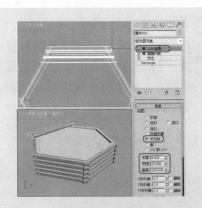

图 5-111　设置【WW 贴图】修改器

步骤33　切换至【层次】命令面板，单击【轴】按钮，在【调整轴】卷展栏中单击【仅影响轴】按钮，在【对齐】卷展栏中单击【居中到对象】按钮，然后使用【移动并选择】工具，在除【透视】视图外的其他三个视图中调整轴的位置，如图 5-112 所示。

步骤34　激活【顶】视图，在菜单栏中选择【工具】|【阵列】命令，打开【阵列】对话框，在【增量】选项区域下将 Z 方向的【旋转】设置为 120，在【阵列维度】选项组中的【数量】区域下将 1D 数量设置为 3，如图 5-113 所示。

步骤35　设置完成后单击【确定】按钮，即可将选择的对象进行阵列，完成后的效果如图 5-114 所示。

步骤36　在【前】视图中选择创建的全部对象，在菜单栏中选择【组】|【成组】命令，如图 5-115 所示。

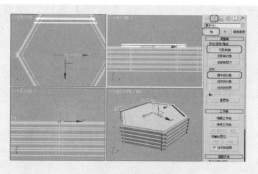

图 5-112　调整轴位置

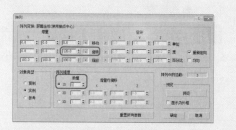

图 5-113　【阵列】对话框

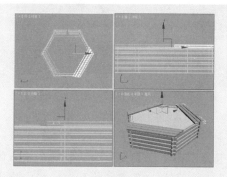

图 5-114　阵列后的效果

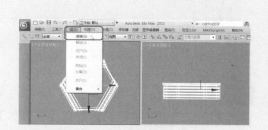

图 5-115　选择【成组】命令

步骤 37　执行完该命令后，打开【组】对话框，在【组名】下方的文本框中输入新的
名称，为其重命名，如图 5-116 所示。设置完成后单击【确定】按钮即可。

步骤 38　按 M 键，打开【材质编辑器】对话框，选择一个空白材质球，将其重命名
为"休闲椅"，在【明暗器基本参数】卷展栏中选择 Blinn 选项，如图 5-117 所示。

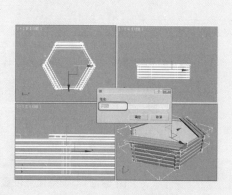

图 5-116　【组】对话框

图 5-117　【材质编辑器】对话框

步骤 39　展开【贴图】卷展栏，单击【漫反射颜色】右侧的 None 按钮，在打开的

【材质/贴图浏览器】对话框中选择【位图】贴图，单击【确定】按钮，在弹出的对话框中选择随书附带光盘中的"CDROM\Map\A-d-160.jpg"文件，如图 5-118 所示。

步骤40 单击【打开】按钮，然后单击【将材质执行给选定对象】按钮，单击【在视口中显示标准贴图】按钮，如图 5-119 所示。

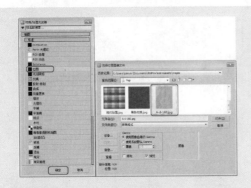

图 5-118 【选择位图图像文件】对话框

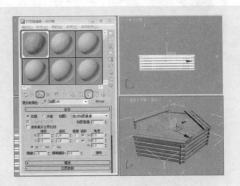

图 5-119 为场景中的对象指定贴图

步骤41 激活【顶】视图，选择【创建】|【几何体】|【标准基本体】工具，在【对象类型】卷展栏中选择【长方体】工具，在【顶】视图中绘制一个长方体，在【名称和颜色】卷展栏中将其重命名为"支柱"，在【参数】卷展栏中将【长度】设置为 5、【宽度】设置为 5、【高度】设置为 250，如图 5-120 所示。

步骤42 确认创建的【支柱】对象处于被选择的状态下，切换至【修改】命令面板，在【修改器列表】中选择【编辑网格】修改器，并将当前选择集定义为【顶点】，在【前】视图和【左】视图中选择上方的点，并将其调整为如图 5-121 所示的形状。

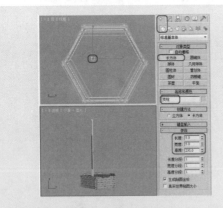

图 5-120 创建长方体

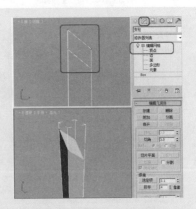

图 5-121 调整顶点位置

步骤43 激活【左】视图，在工具栏中选择【镜像】工具，打开【镜像：屏幕 坐标】对话框，在【镜像轴】选项组中选择 X 选项，将【偏移】设置为-8，在【克隆当前选择】选项组中选中【复制】单选按钮，如图 5-122 所示。

步骤44 设置完成后单击【确定】按钮，激活【顶】视图，在该视图中选择"支柱"、"支柱 001"对象，在工具栏中选择【镜像】工具，打开【镜像：屏幕坐标】对话框，在【镜像轴】选项组中选择 X 选项，将【偏移】设置为-8，在【克隆当前选择】选项组中选中【复制】单选按钮，如图 5-123 所示。

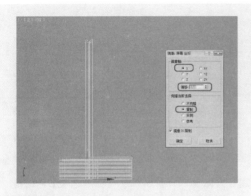

图 5-122 【镜像：屏幕 坐标】对话框

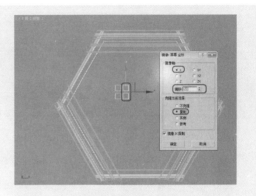

图 5-123 【镜像：屏幕 坐标】对话框

步骤45 设置完成后单击【确定】按钮即可，在【顶】视图中将其全部选择，在工具栏中选择【选择并移动】工具，在该视图中调整其至合适的位置，如图 5-124 所示。

步骤46 在场景中选择镜像完成后的四个长方体，在菜单栏中选择【组】|【成组】命令，在弹出的对话框中将其重命名为"支柱"，如图 5-125 所示。设置完成后单击【确定】按钮即可。

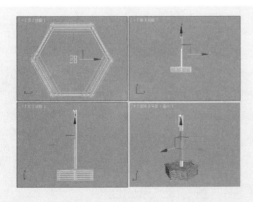

图 5-124 调整至合适位置

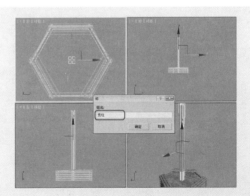

图 5-125 【组】对话框

步骤47 激活【顶】视图，选择【创建】 |【几何体】 |【标准基本体】工具，在【对象类型】卷展中选择【长方体】工具，在【顶】视图中绘制一个长方体，在【名称和颜色】卷展栏中将其重命名为"木板"，在【参数】卷展栏中将【长度】设置为13、【宽度】设置为5、【高度】设置为8，如图 5-126 所示。

步骤48 使用同样的方法，再次创建一个长方体，将其重命名为"木板 02"，并将其【长度】设置为5、【宽度】设置为13、【高度】设置为8，如图 5-127 所示。

步骤49 创建完成后，使用【选择并移动】工具调整其位置。激活【前】视图，按 Shift 键的同时向上拖曳，至合适位置后释放鼠标，在弹出的对话框中使用其默认设置，如图 5-128 所示。

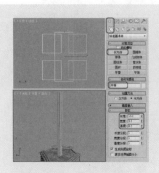

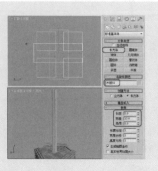
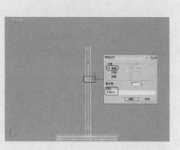

图 5-126　创建长方体　　　　图 5-127　创建长方体　　　　图 5-128　【克隆选项】对话框

步骤50 单击【确定】按钮，选择【创建】|【图形】|【样条线】工具，在【对象类型】卷展中选择【矩形】工具，在【顶】视图中创建一个矩形，在【参数】卷展栏中将【长度】设置为 174、【宽度】设置为 174，如图 5-129 所示。

步骤51 确认创建的矩形处于被选择的状态下，切换至【修改】命令面板，在修改器列表中选择【编辑样条线】修改器，将当前选择集定义为【样条线】，在【几何体】卷展栏中将【轮廓】值设置为-7，单击【轮廓】按钮，为其添加轮廓线，如图 5-130 所示。

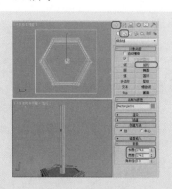
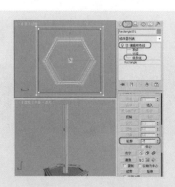

图 5-129　创建矩形　　　　　　　图 5-130　添加轮廓线

步骤52 添加完轮廓线后，在修改器列表中选择【挤出】修改器，在【参数】卷展栏中将【数量】设置为 6，如图 5-131 所示

步骤53 确认创建的矩形处于被选择的状态下，激活【前】视图，按 Shift 键的同时使用【选择并移动】工具向上拖曳，至合适位置后释放鼠标，打开【克隆选项】对话框，在【对象】选项组中选中【复制】单选按钮，将【副本数】设置为

6，如图 5-132 所示。

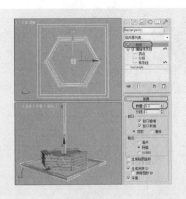

图 5-131　设置【挤出】修改器

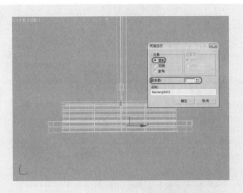

图 5-132　【克隆选项】对话框

步骤54　设置完成后单击【确定】按钮，选择克隆后的"Rectangle006"对象，在【参数】卷展栏中将【数量】设置为 2，将"Rectangle005"、"Rectangle004"、"Rectangle003"对象的【数量】均设置为 4，选择"Rectangle002"对象，将其【数量】设置为 5，并将其全部选择，使用【选择并移动】工具将其调整至合适的位置，完成后的效果如图 5-133 所示。

步骤55　确认该对象处于被选择的状态下，在菜单栏中选择【组】|【成组】命令，在弹出的对话框中将其重命名为"顶"，如图 5-134 所示。

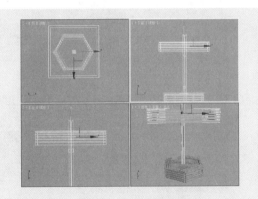

图 5-133　完成后的效果

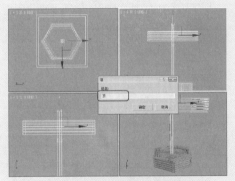

图 5-134　【组】对话框

步骤56　设置完成后单击【确定】按钮，确认【顶】对象处于被选择的状态下，切换至【修改】命令面板，在【修改器列表】中选择 FFD2×2×2 修改器，将当前选择集定义为【控制点】，选择工具栏中的【选择并移动】工具，将其控制点调整至如图 5-135 所示的位置。

步骤57　选择【创建】　|【图形】　|【样条线】工具，在【对象类型】卷展栏中选择【矩形】工具，按 S 键，激活捕捉功能，在【顶】视图中绘制一个与【顶】对象外侧轮廓同样大的矩形，并将其重命名为"边"，如图 5-136 所示。

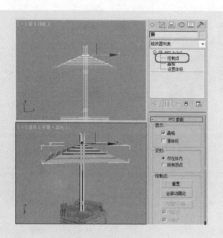

图 5-135　调整控制点

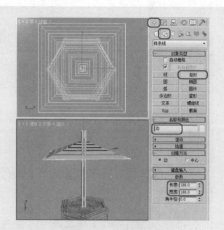

图 5-136　创建矩形

步骤 58　切换至【修改】命令面板，在【修改器列表】中选择【编辑样条线】修改器，在【编辑几何体】卷展栏中将【轮廓】设置为 7，如图 5-137 所示。

步骤 59　在修改器列表中选择【挤出】修改器，在【参数】卷展栏中将【数量】设置为 6，如图 5-138 所示。

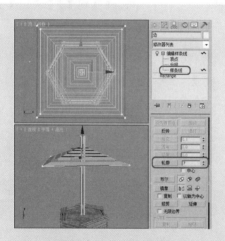

图 5-137　设置轮廓线

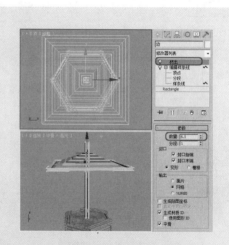

图 5-138　设置修改器

步骤 60　使用【选择并移动】工具 调整【边】至合适的位置，选择【创建】 |【图形】 |【样条线】工具，在【对象类型】卷展栏中选择【线】工具，在【前】视图中绘制两条封闭的线段，并将外侧的线段命名为"支架"，如图 5-139 所示。

步骤 61　确认创建的"支架"处于被选择的状态下，切换至【修改】命令面板，在【几何体】卷展栏中单击【附加】按钮，在场景中选择另一条线，将其附加在一起，如图 5-140 所示。

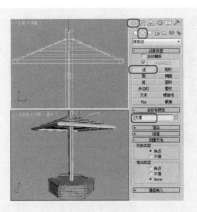

图 5-139　创建线

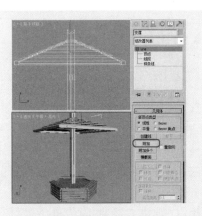

图 5-140　附加对象

步骤62　使用【选择并移动】工具 ✛ 将其调整至合适的位置，然后在【修改器列表】中选择【挤出】修改器，在【参数】卷展栏中将【数量】设置为 6，如图 5-141 所示。

步骤63　设置完成后，激活【顶】视图，选择创建的"支架"对象，按 Ctrl+V 组合键，在弹出的对话框中选中【复制】单选按钮，其他均保持默认，如图 5-142 所示。

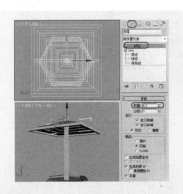

图 5-141　设置修改器

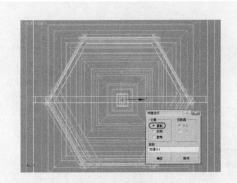

图 5-142　复制对象

步骤64　设置完成后单击【确定】按钮，然后在工具栏中选择【选择并旋转】工具 ⟳ 并右击，打开【旋转变换输入】对话框，在【绝对：世界】选项组中将 X 值设置为-90，并按 Enter 键确认，如图 5-143 所示。

步骤65　将【旋转变换输入】对话框关闭，并使用【选择并移动】工具 ✛ 调整复制后的对象。

步骤66　选择【创建】 ✳ |【图形】 ⊙ |【样条线】工具，在【对象类型】卷展栏中选择【线】工具，在【前】视图中绘制两条封闭的线段，并将外侧的线段命名为"支架01"，如图 5-144 所示。

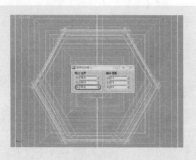

图 5-143 【旋转变换输入】对话框

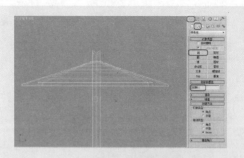

图 5-144 创建线

步骤67 确认"支架 01"处于被选择的状态下，切换至【修改】命令面板，在【几何体】卷展栏中单击【附加】按钮，在场景中选择另一条线，将其附加在一起，如图 5-145 所示。

步骤68 在【修改器列表】中选择【挤出】修改器，在【参数】卷展栏中将【数量】设置为 6，如图 5-146 所示。

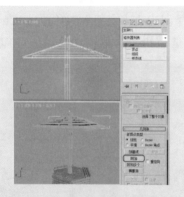

图 5-145 附加对象

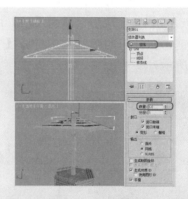

图 5-146 添加修改器

步骤69 激活【左】视图，在该视图中调整"支架 01"至合适的位置，然后激活【顶】视图，使用【选择并旋转】工具 将其旋转至合适的角度，如图 5-147 所示。

步骤70 使用前面讲过的办法，旋转并调整对象的位置，完成后的效果如图 5-148 所示。

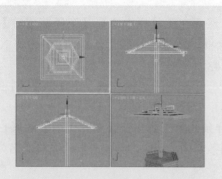

图 5-147 调整完成后的效果

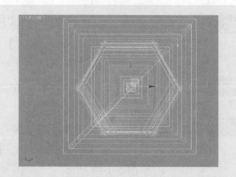

图 5-148 完成后的效果

步骤 71 在场景中选择"木板 003"、"木板 004"对象，使用【选择并移动】工具，将其调整至合适的位置。

步骤 72 选择创建的凉亭，在菜单栏中选择【组】|【成组】命令，在弹出的对话框中将其重命名为"凉亭"，如图 5-149 所示。

步骤 73 设置完成后单击【确定】按钮，按 M 键，打开【材质编辑器】对话框，在该对话框中单击【将材质指定给选定对象】按钮，然后单击【在视口中显示标准贴图】按钮，如图 5-150 所示。

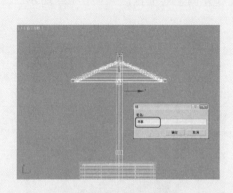

图 5-149 【组】对话框

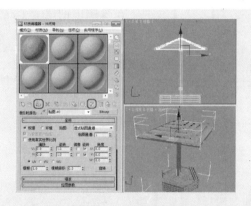

图 5-150 指定材质

步骤 74 选择【创建】|【几何体】|【标准基本体】工具，在【对象类型】卷展栏中选择【长方体】工具，在【顶】视图中创建一个长方体，在【名称和颜色】卷展栏中将其重命名为"地面"，在【参数】卷展栏中将【长度】设置为 2300、【宽度】设置为 2300、【高度】设置为-5，如图 5-151 所示。

步骤 75 选择【创建】|【摄影机】|【标准】工具，在【对象类型】卷展栏中选择【目标】，在【顶】视图中创建一个摄影机，并使用【选择并移动】工具将其调整至合适的位置，激活【透视】视图，按 C 键将其转换为【摄影机】视图，如图 5-152 所示。

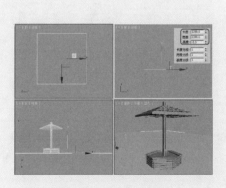

图 5-151 创建长方体

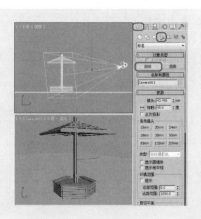

图 5-152 创建摄影机

步骤76 选择【创建】 ▓ |【灯光】 ▧ |【标准】工具，在【对象类型】卷展栏中选择 【目标聚光灯】工具，在场景中创建一个聚光灯，切换至【修改】命令面板，在 【常规】参数卷展栏中勾选【阴影】选项组下的【启用】复选框，将【类型】设 置为【光线跟踪阴影】，展开【聚光灯】参数卷展栏，在【光锥】选项组下勾选 【泛光灯】复选框，展开【阴影参数】卷展栏，将阴影颜色的 RGB 值均设置为 84，如图 5-153 所示。

步骤77 选择【创建】 ▓ |【灯光】 ▧ |【标准】工具，在【对象类型】卷展栏中选择 【泛光】工具，在视图中创建一个泛光灯并调整其位置，如图 5-154 所示。

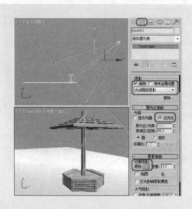

图 5-153 设置聚光灯参数

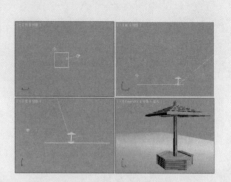

图 5-154 创建泛光灯

步骤78 使用同样的方法创建另外一个泛光灯并调整其位置，在【强度/颜色/衰减】 卷展栏中将【倍增】设置为 0.3，如图 5-155 所示。

步骤79 再次创建一个泛光灯，在【阴影】选项组中单击【排除】按钮，打开【排除 /包含】对话框，在该对话框的左侧列表框中选择"凉亭"、"休闲椅"对象，然 后单击 ≫ 按钮，将其添加到右侧列表框，如图 5-156 所示。

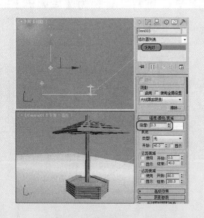

图 5-155 设置泛光灯参数

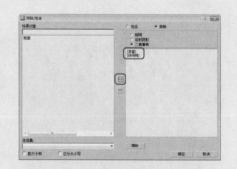

图 5-156 【排除/包含】对话框

步骤80 设置完成后单击【确定】按钮，然后在【强度/颜色/衰减】卷展栏中将【倍增】设置为 0.3，如图 5-157 所示。

步骤 81　按 8 键，打开【环境和效果】对话框，将【背景】的 RGB 值均设置为 255，如图 5-158 所示。

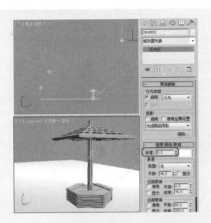

图 5-157　设置灯光参数

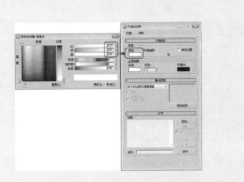

图 5-158　【环境和效果】对话框

(82) 保存场景，按 F9 键对【摄影机】视图进行渲染。

第**6**章

标准材质、复合材质和贴图

标准材质是指定给对象的曲面或面，以在渲染时按某种方式出现的数据。材质可以影响对象的颜色、光泽度和不透明度等，除此之外，本章还将介绍复合材质和贴图的相关知识。

本章重点：

- ↳ 材质编辑器与材质/贴图浏览器
- ↳ 标准材质
- ↳ 复合材质
- ↳ 贴图

6.1 材质编辑器与材质/贴图浏览器

在 3ds Max 中，主要通过材质编辑器和材质/贴图浏览器两个部分来为对象添加材质，材质编辑器提供创建和编辑材质及贴图的功能，而材质/贴图浏览器则用于选择材质、贴图。

6.1.1 材质编辑器

在工具栏中单击【材质编辑器】按钮，即可打开【材质编辑器】对话框。在材质编辑器中包括了菜单栏、材质示例窗、材质工具按钮和参数控制区等 4 个部分，材质编辑器如图 6-1 所示。

> **提示**：除了上述方法之外，用户还可以通过按 M 键打开【材质编辑器】对话框。

1. 菜单栏

菜单栏位于材质编辑器的顶端，其中包括【模式】、【材质】、【导航】等 5 个菜单，下面介绍各个菜单的功能。

【模式】菜单：该菜单用于选择材质编辑器界面，其中包括精简材质编辑器和 Slate 材质编辑器两种，图 6-2 所示为 Slate 材质编辑器。

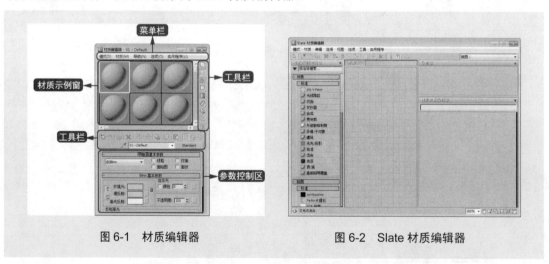

图 6-1 材质编辑器　　　　图 6-2 Slate 材质编辑器

【材质】菜单：该菜单中提供了最常用的材质编辑命令，如【获取材质】、【从对象拾取】、【放置到库】、【更新活动材质】等命令，【材质】菜单如图 6-3 所示。

【导航】菜单：在该菜单中提供了导航材质的层次的工具，在该菜单中包括了【转到父对象】、【前进到同级】和【后退到同级】3 项命令，如图 6-4 所示。

图 6-3　【材质】菜单　　　　　　　　　　图 6-4　【导航】菜单

【选项】菜单：提供了一些附加的工具和显示命令，【选项】菜单如图 6-5 所示。

【实用程序】菜单：在该菜单中提供了【清理多维材质】和【重置材质编辑器窗口】等命令，【实用程序】菜单如图 6-6 所示。

2. 材质示例窗

材质示例窗是显示材质效果的窗口，从示例窗中可以看到所设置的材质，在示例窗中默认为 6 个示例球，用户还可以随意调整示例窗所显示的材质样本球的个数，在示例窗口中右击，在弹出的快捷菜单中选择显示方式即可，在此选择【5×3 示例窗】命令，如图 6-7 所示，效果如图 6-8 所示，当选中任意一个实例球并调整其参数时，效果会立刻反映到选中的实例球上，示例窗中的内容还以其他几何体显示，在 3ds Max 中，用户可以根据需要设置示例窗中内容的显示方式。

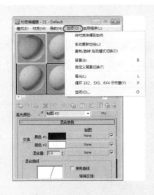
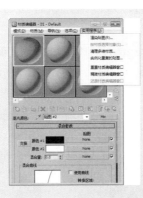

图 6-5　【选项】菜单　　　图 6-6　【实用程序】菜单　　图 6-7　选择【5×3 示例窗】命令

窗口类型：在示例窗中，窗口都以黑色边框显示，当前正在编辑的材质称为激活材质，它具有白色边框，如图 6-9 中左上方材质样本球所示。如果要对材质进行编辑，首先要在材质样本球上单击，将其激活。对于示例窗中的材质，有一种同步材质的概念，当一个材质指定给场景中的对象时，它便成了同步材质。特征是四角有三角形标记，如图 6-10 所示。如果对同步材质进行编辑操作，场景中的对象也会随之发生变化，不需要再进行重新指定。

图 6-8　5×3 示例窗　　　图 6-9　激活的材质样本球　　　图 6-10　指定材质后的材质样本球

拖动操作：在示例窗中，可以随意对材质进行拖动，从而进行各种复制和指定等操作，将一个材质窗口拖动到另一个材质窗口之上，可将其复制到新的示例窗中。对于同步材质，复制后会产生一个新的材质，它已不属于同步材质，因为同一种材质只允许有一个同步材质出现在示例窗中，如图 6-11 所示。

在激活的示例窗中右击，弹出快捷菜单，用户可以在该快捷菜单中进行一些相应的设置。其各个选项的功能如下。

【拖动/复制】：这是默认的设置模式，选择该命令后，在示例窗中拖动材质将会进行复制。

【拖动/旋转】：选择该命令后，在示例窗中拖动，可以转动示例球，便于观察其他角度的材质效果。示例球内的旋转是在三维空间上进行的，而在示例球外旋转则是垂直于视平面方向进行的。用户可以在【拖动/复制】模式下单击鼠标中键来执行旋转操作。

【重置旋转】：当旋转材质后，可以通过执行该命令来恢复示例窗中默认的角度方位。

【渲染贴图】：只对当前贴图层级的贴图进行渲染。如果是材质层级，那么该命令将不可用。当贴图渲染为静态或动态图像时，执行该命令后会弹出一个【渲染贴图】对话框，如图 6-12 所示。

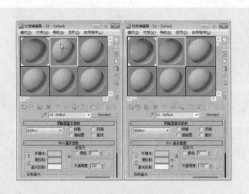 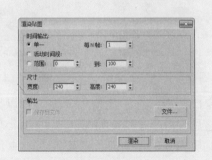

图 6-11　拖曳后的效果　　　　　　　图 6-12　【渲染贴图】对话框

【选项】：该命令主要用于控制有关编辑器自身的属性，执行该命令后将会弹出如图 6-13 所示的【材质编辑器选项】对话框，用户可以在该对话框中进行相应的设置。

【放大】：当选择该命令时，可以将当前材质以一个放大的示例窗显示，它独立于材质编辑器，以浮动框的形式存在，这有助于更清楚地观察材质效果，如图 6-14 所示。

图 6-13 【材质编辑器选项】对话框

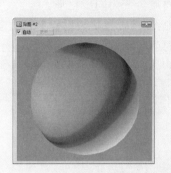

图 6-14 放大示例窗

【按材质选择】：选择该命令后，用户可以在弹出的对话框中选择对象，如图 6-15 所示。

【3×2 示例窗】、【5×3 示例窗】、【6×4 示例窗】：用来设计示例窗的布局，材质示例窗中其实一共有 24 个小窗，当以 6×4 方式显示时，它们可以完全显示出来，只是比较小；如果以 5×3 或 3×2 方式显示，可以在鼠标指针变为手形时拖动窗口，显示出隐藏在内部的其他示例窗。

3. 材质工具按钮

材质工具按钮中某些按钮的使用功能与菜单栏中的某些命令的功能基本相同，工具栏如图 6-16 所示，工具栏中各个按钮的功能如下。

图 6-15 【选择对象】对话框

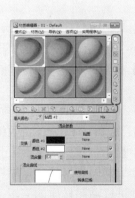

图 6-16 工具栏

【获取材质】 ：单击该按钮，打开【材质/贴图浏览器】对话框，如图 6-17 所示，可以进行材质和贴图的选择，也可以调出材质和贴图，从而进行编辑修改。

【将材质放入场景】 ：在编辑完材质之后将它重新应用到场景中的对象上。在场景中有对象的材质与当前编辑的材质同名或当前材质不属于同步材质时，即可应用该按钮。

【将材质指定给选定对象】 ：将当前激活的示例窗中的材质指定给当前选择的对象，同时此材质会变为同步材质。

【重置贴图/材质为默认设置】 ：当单击该按钮时，将会弹出如图 6-18 所示的提示对话框，可对当前示例窗的编辑项目进行重新设置。

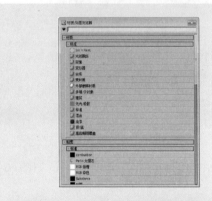

图 6-17 【材质/贴图浏览器】对话框

图 6-18 提示对话框

【生成材质副本】 ：该按钮只针对同步材质起作用。单击该按钮，会将当前同步材质复制成一个相同参数的非同步材质，并且名称相同，以便在编辑时不影响场景中的对象。

【使唯一】 ：该按钮可以将贴图关联复制为一个独立的贴图，也可以将一个关联子材质转换为独立的子材质，并对子材质重新命名。通过单击【使唯一】按钮，可以避免在对多维子对象材质中的顶级材质进行修改时，影响到与其相关联的子材质，起到保护子材质的作用。

【放入库】 ：单击该按钮后会弹出【放置到库】对话框，如图 6-19 所示，在此可以设置材质的名称，然后单击【确定】按钮即可将当前材质保存到当前的材质库中。

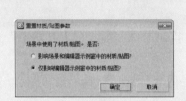

图 6-19 【放置到库】对话框

【材质 ID 通道】 ：通过材质的特效通道可以在 Video Post 视频合成器和 Effects 特效编辑器中为材质指定特殊效果。

【在视口中显示标准贴图】 ：单击该按钮，可以将设置的材质在场景中显示出材质的贴图效果，如果是同步材质，对贴图的各种设置调节也会同步影响场景中的对象，这样就可以很轻松地进行贴图材质的编辑工作。

【显示最终结果】 ：此按钮是针对多维材质或贴图材质等具有多个层级嵌套的材质作用的，在子级层级中单击选中该按钮，将会保持显示出最终材质的效果，取消选中该按钮会显示当前层级的效果。

【转到父对象】 ：该按钮只在复合材质的子级层级有效，单击该按钮可以向上移动一个材质层级。

【转到下一个同级项】 ：如果处在一个材质的子级材质中，并且还有其他子级材质，单击该按钮，可以快速移动到另一个同级材质中。

【从对象拾取材质】 ：使用该按钮可以在场景中某一对象上获取其所附的材质。

【材质名称列表框】 02 - Default ：用户可以在该列表框中选择材质相应的名称。

【类型】 Standard ：用户可以通过单击它打开【材质/贴图浏览器】对话框，在该对话框中可以选择各种材质或贴图类型。如果当前处于材质层级，则只允许选择材质类型，如图 6-20 所示；如果处于贴图层级，则只允许选择贴图类型，如图 6-21 所示。

图 6-20　选择材质类型

图 6-21　选择贴图类型

4. 参数控制区

在材质编辑器下部是它的参数控制区，根据材质类型的不同以及贴图类型的不同，其内容也不同。一般的参数控制区包括多个项目，分别放置在各自的控制面板上，通过伸缩条展开或收起，如果超出了材质编辑器的长度，可以通过手形指针进行上下滑动，与命令面板中的用法相同。

6.1.2　材质/贴图浏览器

在【材质编辑器】对话框中，如果单击【类型】按钮 Standard 或任意贴图按钮时，将会打开【材质/贴图浏览器】对话框，在该对话框中可以选择各种材质类型或贴图类型，如果在【材质编辑器】对话框中单击【获取材质】按钮 时，所打开的【材质/贴图浏览器】对话框将不受任何选择性限制。

【文字条】：在该文本框中输入要搜索材质和贴图的第一个文字，按 Enter 键即可查找相关的材质和贴图，例如在该文本框中输入"门"，按 Enter 键，则以"门"开头的材质和贴图将会被搜索出来，如图 6-22 所示。

【名称栏】：文字条下方显示当前选择的材质或贴图的名称，子组内是其对应的类型。

【示例窗】：与材质编辑器中的示例窗相同。每当选择一个材质或贴图后，它都会显示出效果，不过仅能以球体样本显示，它也支持拖动复制操作。

【列表框】：中间最大的区域就是列表框，用于显示材质和贴图。

在【名称栏】上右击，在弹出的快捷菜单中选择【将组(和子组)显示为】命令，这里提供了 5 种列表显示类型，如图 6-23 所示。

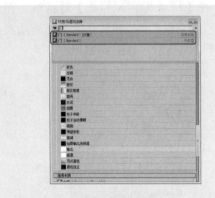

图 6-22　搜索结果　　　　　　图 6-23　列表显示类型

【小图标】：以小图标方式显示，如图 6-24 所示，并在小图标下显示其名称，当鼠标指针停留于其上时，也会显示它的名称。

【中等图标】：以中等图标方式显示，并在中等图标下显示其名称，当鼠标指针停留于其上时，也会显示它的名称。

【大图标】：以大图标方式显示，并在大图标下显示其名称，当鼠标指针停留于其上时，也会显示它的名称。

【图标和文本】：在文字方式显示的基础上，增加了小的彩色图标，可以模糊地观察材质或贴图的效果。

【文本】：以文字方式显示，按首字母的顺序排列，如图 6-25 所示。

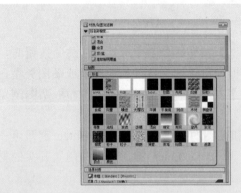

图 6-24　以小图标方式显示　　　　　图 6-25　以文字方式显示

6.2　标　准　材　质

标准材质为表面建模提供了非常直观的方式。在现实世界中，物体的外观取决于它如何反射光线。在 3ds Max 中，标准材质模拟表面的反射属性。如果不使用贴图，标准材质会为对象提供统一的单一颜色，本节将简单介绍标准材质的相关知识。

6.2.1　【明暗器基本参数】卷展栏

对标准材质而言，明暗器是一种算法，用于控制材质对灯光做出响应的方式。明暗器适于控制高亮显示的方式。另外，明暗器提供了材质的颜色组件，可以控制其不透明度、自发光和其他设置，【明暗器基本参数】卷展栏如图 6-26 所示。

1. 明暗器类型

在【明暗器基本参数】卷展栏中的一些明暗器是按其作用命名的，如金属明暗器和半透明明暗器等，明暗器类型如图 6-27 所示。

图 6-26　【明暗器基本参数】卷展栏

图 6-27　明暗器类型

2. 线框

线框是一种视口显示设置，用于以线框网格形式查看给定视口中的对象，勾选该复选框后，场景中的对象将以线框形式显示，下面将介绍如何使用【线框】复选框，其具体操作步骤如下。

步骤01　在 3ds Max 2013 中单击【文件】按钮⑤，在弹出的下拉菜单中选择【打开】命令，如图 6-28 所示。

步骤02　在弹出的对话框中选择随书附带光盘中的 "CDROM\Scenes\Cha06\线框.max" 文件，如图 6-29 所示。

步骤03　单击【打开】按钮，即可将选中的素材文件打开，如图 6-30 所示。

图 6-28　选择【打开】命令　　　　　　图 6-29　选择素材文件

步骤 04　按 M 键打开【材质编辑器】对话框，在该对话框中选择【筷子】材质样本球，在【明暗器基本参数】卷展栏中勾选【线框】复选框，如图 6-31 所示。

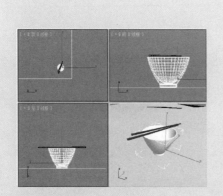

图 6-30　打开的素材文件　　　　　　图 6-31　勾选【线框】复选框

步骤 05　将该对话框关闭，激活【透视】视图，按 F9 键对其进行渲染，效果如图 6-32 所示。

3. 双面

　　【双面】复选框可以将对象法线相反的一面也进行渲染，通常计算机只渲染对象法线为正方向的表面(即可视的外表面)，用户可以通过勾选该复选框渲染相反的一面，下面将介绍如何应用【双面】复选框，其具体操作步骤如下。

步骤 01　按 Ctrl+O 组合键，在弹出的对话框中选择随书附带光盘中的 "CDROM\Scenes\Cha06\双面.max" 文件，如图 6-33 所示。

步骤 02　单击【打开】按钮，将选择的素材文件打开，效果如图 6-34 所示。

步骤 03　选择【创建】|【几何体】|【标准基本体】|【茶壶】工具，在【顶】视图中绘制一个茶壶，如图 6-35 所示。

图 6-32 渲染后的效果

图 6-33 选择素材文件

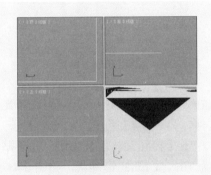

图 6-34 打开的素材文件

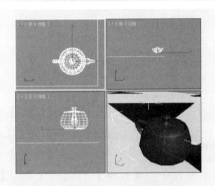

图 6-35 创建茶壶

步骤 04 选择【修改】命令面板，在【参数】卷展栏中将【半径】设置为 140，将【分段】设置为 64，取消勾选除【壶体】外的其他复选框，如图 6-36 所示。

步骤 05 在工具栏中单击【选择并移动】按钮 ，在视图中调整茶壶的位置，调整后的效果如图 6-37 所示。

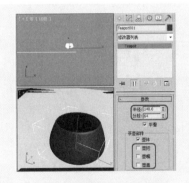

图 6-36 【修改】命令面板

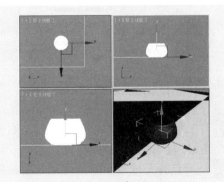

图 6-37 调整茶壶的位置

步骤 06 按 M 键打开【材质编辑器】对话框，在该对话框中选择一个材质样本球，在【Blinn 基本参数】卷展栏中将【环境光】和【漫反射】的 RGB 值都设置为

222、238、255，将【自发光】选项组中的【颜色】设置为 20，在【反射高光】选项组中将【高光级别】、【光泽度】分别设置为 82、30，如图 6-38 所示。

步骤07 在【贴图】卷展栏中单击【漫反射颜色】右侧的 None 按钮，在弹出的对话框中选择【位图】贴图，如图 6-39 所示。

图 6-38　设置 Blinn 基本参数　　　　图 6-39　选择【位图】贴图

步骤08 选择完成后，单击【确定】按钮，在弹出的对话框中选择随书附带光盘中的"CDROM\Scenes\Cha06\杯子 01.tif"文件，如图 6-40 所示。

步骤09 选择完成后，单击【打开】按钮，单击【转到父对象】按钮，在【贴图】卷展栏中将【反射】右侧的【数量】设置为 10，按 Enter 键确认，如图 6-41 所示。

图 6-40　选择位图图像文件　　　　图 6-41　设置反射数量

步骤10 设置完成后，单击【反射】右侧的 None 按钮，在弹出的对话框中选择【光线跟踪】贴图，如图 6-42 所示。

步骤11 选择完成后，单击【确定】按钮即可，单击【转到父对象】按钮，在视图中选中茶壶，将设置后的材质指定给该对象，然后将该对话框关闭，指定后的效果如图 6-43 所示。

步骤12 选中茶壶，在【修改】命令面板中的【修改器列表】中选择【UVW 贴图】修改器，在【参数】卷展栏中选中【柱形】单选按钮，将【长度】、【宽度】、【高度】分别设置为 280、300、179，如图 6-44 所示。

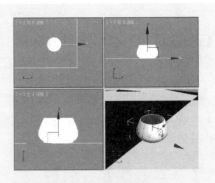

图 6-42　选择【光线跟踪】贴图　　　　图 6-43　指定材质后的效果

步骤13　按 F9 键对【摄影机】视图进行渲染，如图 6-45 为没有勾选【双面】复选框时的效果。

图 6-44　设置参数　　　　图 6-45　取消勾选【双面】复选框时的效果

步骤14　按 M 键再次打开【材质编辑器】对话框，在【Blinn 基本参数】卷展栏中勾选【双面】复选框，如图 6-46 所示。

步骤15　关闭该对话框，再次按 F9 键对【摄影机】视图进行渲染，效果如图 6-47 所示。

图 6-46　勾选【双面】复选框　　　　图 6-47　渲染后的效果

4. 面贴图

使用【面贴图】复选框可以将材质指定给造型的全部面，如果含有贴图的材质，在没有指定贴图坐标的情况下，贴图会均匀分布在对象的每一个表面上。

5. 面状

使用【面状】复选框可以将对象的每个表面以平面化进行渲染，但是不会对相邻面的群组进行平滑处理。

6.2.2 【基本参数】卷展栏

基本参数主要用于指定对象贴图，设置材质的颜色、反光度、透明度等基本属性。选择不同的明暗器类型，【基本参数】卷展栏中就会显示出相应的控制参数，下面以【Blinn基本参数】卷展栏为例进行讲解。

【环境光】：控制对象表面阴影区的颜色。

【漫反射】：控制对象表面过渡区的颜色。单击其右侧的▇按钮可以直接进入该项目的贴图层级，为其指定相应的贴图，属于贴图设置的快捷操作，另外的 4 个按钮与此相同。如果指定了贴图，小方块上会显示"M"字样，以后单击它可以快速进入该贴图层级。如果该项目贴图目前是关闭状态，则显示小写"m"。

【高光反射】：控制对象表面高光区的颜色。

左侧有两个▇按钮，该按钮用于锁定【环境光】、【漫反射】和【高光反射】3 种材质中的两种(或 3 种全部锁定)，锁定的目的是使被锁定的两个区域颜色保持一致，调节一个时另一个也会随之变化，当单击该按钮进行锁定时，将会弹出如图 6-48 所示的对话框进行提示，单击【是】按钮后，即可将其进行锁定。

图 6-49 所示为这 3 个标识区域分别指对象表面的 3 个明暗高光区域。通常我们所说的对象的颜色是指漫反射，它提供对象最主要的色彩，使对象在日光或人工光的照明下可视，环境色一般由灯光的光色决定，否则会依赖于漫反射。高光反射与漫反射相同，只是饱和度更强一些。

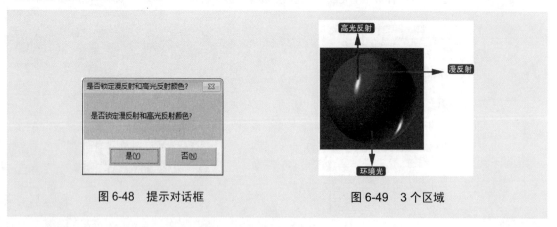

图 6-48　提示对话框　　　　　图 6-49　3 个区域

【自发光】：使材质具备自身发光效果，指定自发光有两种方式。一种是选中【颜色】前面的复选框，使用带有颜色的自发光；另一种是取消选中复选框，使用可以调节数值的单一颜色的自发光，对数值的调节可以看作是对自发光颜色的灰度比例进行调节。

【不透明度】：设置材质的不透明度百分比值，默认值为 100，即不透明材质。该值越低所设材质就会越透明，当值为 0 时变为完全透明材质。对于透明材质，还可以调节它的透明衰减，这需要在【扩展参数】卷展栏中进行调节。

【高光级别】：该微调框用于设置高光的强度。

【光泽度】：该微调框用于设置高光的范围。值越高，高光范围越小。

【柔化】：该微调框可以对高光区的反光作柔化处理，使它变得模糊、柔和。如果材质透明度值很低，反光强度值很高，这种尖锐的反光往往在背光处产生锐利的界线，增加【柔化】值可以很好地对其进行修饰。

6.2.3 【扩展参数】卷展栏

【扩展参数】卷展栏对于 Standard 材质的所有明暗处理类型都是相同的，但当明暗器类型为【金属】和【半透明明暗器】时不同，【扩展参数】卷展栏如图 6-50 所示。

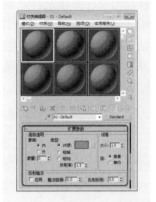

图 6-50 【扩展参数】卷展栏

1．【高级透明】选项组

控制透明材质的透明衰减设置。

- 【内】：由外向对象的内部增加不透明度，就像在玻璃瓶中一样。
- 【外】：由内向对象的外部增加不透明度，就像在烟雾云中一样。
- 【数量】：该选项用于指定最外或最内的不透明度的数量。
- 【类型】：用于选择以哪种方式来产生透明效果。
    - 【过滤】：用于计算与透明曲面后面的过滤色。
    - 【相减】：用于从透明曲面后面的颜色中减除。
    - 【相加】：用于增加到透明曲面后面的颜色。
- 【折射率】：用于设置带有折射贴图的透明材质的折射率，用来控制材质折射光线的程度。

2．【线框】选项组

在该选项组中可以设置线框的特性。在【大小】微调框中设置线框的粗细，有【像素】和【单位】两种单位可供选择，如果选中【像素】单选按钮，对象运动时与镜头距离的变化不会影响网格线的尺寸，否则会发生改变。

3．【反射暗淡】选项组

该组中的选项可使阴影中的反射贴图显得暗淡。

- 【应用】：勾选以使用反射暗淡。取选勾选该复选框后，反射贴图材质就不会因为直接灯光的存在或不存在而受到影响。默认设置为禁用状态。
- 【暗淡级别】：阴影中的暗淡量。该值为 0 时，反射贴图在阴影中为全黑。该值为 0.5 时，反射贴图为半暗淡。该值为 1 时，反射贴图没有经过暗淡处理，材质看起来好像与取消勾选【应用】复选框一样。默认设置是 0。
- 【反射级别】：影响不在阴影中的反射的强度。【反射级别】值与反射明亮区域的照明级别相乘，用以补偿暗淡。默认值为 3，在大多数情况下会使明亮区域的反射保持在与禁用反射暗淡时相同的级别上。

6.2.4 【贴图】卷展栏

【贴图】卷展栏如图 6-51 所示。【贴图】卷展栏包含每个贴图类型的按钮。单击该按钮可以打开【材质/贴图浏览器】对话框，但现在只能选择贴图，这里提供了 30 多种贴图类型，都可以用在不同的贴图方式上。当选择一个贴图类型后，会自动进入其贴图设置层级中，以便进行相应的参数设置，单击【转到父对象】按钮 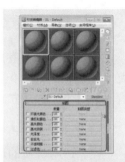 可以返回到贴图方式设置层级，这时该按钮上会出现贴图类型的名称，左侧复选框被勾选，表示当前该贴图方式处于活动状态；如果左侧复选框未被勾选，会关闭该贴图方式的影响。

图 6-51 【贴图】卷展栏

6.3 复 合 材 质

复合材质将两个或更多个子材质组合为一个有丰富颜色的外观，它包括【混合材质】、【多维/子对象材质】、【双面材质】等，不同类型的材质生成不同的效果，具有不同的行为方式。本节将对其进行简单的介绍。

6.3.1 混合材质

混合材质是指在曲面的单个面上将两种材质进行混合。可通过设置【混合量】参数来控制材质的混合程度，该参数可以用来绘制材质变形功能曲线，以控制随时间混合两个材质的方式，【混合基本参数】卷展栏如图 6-52 所示。

下面将介绍其中各参数的功能。

【材质 1/材质 2】：设置两个用来混合的材质。通过是否勾选复选框来启用和禁用材质。

【交互式】：该单选按钮用于在视图中以平滑+高光方式交互渲染时选择哪一个材质显示在对象表面。

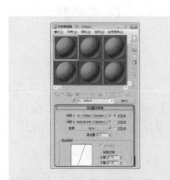

图 6-52 【混合基本参数】卷展栏

【遮罩】：单击该通道可以在弹出的对话框中选择用作遮罩的贴图。两个材质之间的混合度取决于遮罩贴图的强度。遮罩的明亮(较白的)区域显示的主要为【材质1】。而遮罩和较暗(较黑)区域显示的则主要为【材质 2】。通过是否勾选复选框来启用或禁用遮罩贴图。

【混合量】：该文本框可以设置混合的比例(百分比)，0 表示只有【材质1】在曲面上可见；100 表示只有【材质 2】可见。如果已指定遮罩贴图，并且勾选了【遮罩】复选框，则该文本框不可用。

【混合曲线】选项组：混合曲线影响进行混合的两种颜色之间变换的渐变或尖锐程度。只有指定遮罩贴图后，才会影响混合。

- 【使用曲线】：该复选框可以设置【混合曲线】是否影响混合。只有指定并激活遮罩时，该复选框才可用。

- 【转换区域】：用来调整【上部】和【下部】的级别。如果这两个值相同，那么两个材质会在一个确定的边上接合。

6.3.2 多维/子对象材质

在 3ds Max 中，用户可以通过多维/子对象材质为一个对象赋予多种不同的材质，多维/子对象材质是根据对象的 ID 号进行设置的，在使用该材质之前，必须先为使用材质的对象设置 ID 号，添加【多维/子对象】材质的具体操作步骤如下。

步骤01 按 M 键打开【材质编辑器】对话框，在该对话框中选择一个材质样本球，单击 Standard 按钮，如图 6-53 所示。

步骤02 在弹出的对话框中选择【多维/子对象】，如图 6-54 所示。

图 6-53　单击 Standard 按钮

图 6-54　选择【多维/子对象】

步骤03 单击【确定】按钮，将会弹出一个提示对话框，如图 6-55 所示。

步骤04 使用其默认设置，单击【确定】按钮，弹出的【多维/子对象基本参数】卷展栏，如图 6-56 所示。

下面将对【多维/子对象基本参数】卷展栏中各个参数的功能进行简单介绍。

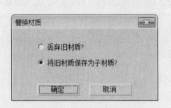

图 6-55 【替换材质】对话框

图 6-56 【多维/子对象基本参数】卷展栏

【设置数量】：单击该按钮会弹出一个【设置材质数量】对话框，用户可以根据需要在该对话框中设置材质的数量，如图 6-57 所示。

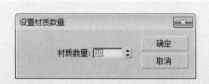

图 6-57 【设置材质数量】对话框

提示：默认情况下材质的数量为 10，在【设置材质数量】对话框中最高可将材质的数量设置为 1000。在【多维/子对象基本参数】卷展栏中一次最多可显示 10 个子材质；如果材质数超过 10 个，则可以通过右边的滚动栏滚动列表。

【添加】：添加一个新的子材质。新材质默认的 ID 号在当前 ID 号的基础上递增。

【删除】：单击该按钮后，即可删除当前选择的子材质。可以通过撤销命令取消删除。

ID：单击该按钮将对材质进行列表排序，其顺序开始于最低材质 ID 的子材质，结束于最高材质 ID。

【名称】：单击该按钮后按名称栏中指定的名称进行排序。

【子材质】：按子材质的名称进行排序。

材质球：用户可以通过该材质球查看子材质，单击材质球图标可以对子材质进行选择。

ID 号文本框：显示指定给子材质的 ID 号，同时还可以在这里重新指定 ID 号。如果输入的 ID 号有重复，系统会弹出警告，例如将 ID2 改为 ID4，将会弹出警告，如图 6-58 所示。

图 6-58 ID 号重复警告

【子材质】按钮：该按钮用来选择不同的材质作为子级材质。右侧颜色按钮用来确定材质的颜色，它实际上是该子级材质的【漫反射】值。通过最右侧的复选框可以对单个子级材质进行启用和禁用的开关控制。

6.3.3 光线跟踪材质

光线跟踪材质是一种高级的曲面明暗处理材质。它与标准材质一样，能支持漫反射表面明暗处理。它还可以创建完全光线跟踪的反射和折射。它还支持雾、颜色密度、半透明、荧光以及其他特殊效果。用光线跟踪所产生的反射、折射效果要比【反射/折射】贴图更为准确，但是光线跟踪材质渲染的速度相对来说就比较慢。

下面将介绍【光线跟踪基本参数】卷展栏各个参数的功能，【光线跟踪基本参数】卷展栏如图 6-59 所示。

【明暗处理】：在该下拉列表中包含了 5 种不同的明暗器，用户可以根据需要选择不同的明暗器，如图 6-60 所示。

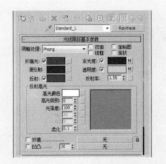

图 6-59 【光线跟踪基本参数】卷展栏

图 6-60 明暗器类型

【双面】：在【光线跟踪基本参数】卷展栏中勾选该复选框后，将会在面的两侧进行着色和光线跟踪。

【面贴图】：将材质指定给模型的全部面。如果是一个贴图材质，则无须贴图坐标，贴图会自动指定给对象的每个表面。

【线框】：勾选该复选框时，所设置的材质会以线框的形式进行渲染，用户可以根据需要在【扩展参数】卷展栏中设置线框的大小。

【面状】：将对象的每个表面作为平面进行渲染。

【环境光】：对于光线跟踪材质，它控制材质吸收环境光的多少，如果将其设为纯白色，则与在标准材质中锁定环境光与漫反射颜色相同。默认为黑色。启用环境光颜色复选框时，显示环境光的颜色，通过右侧的色块可以进行调整；禁用该复选框时，环境光为灰度模式，可以直接输入或者通过调节按钮设置环境光的灰度值。

【漫反射】：代表对象反射的颜色，不包括高光反射。反射与透明效果位于过渡区的最上层，当反射为 100%(纯白色)时，漫反射色不可见，默认为 50%的灰度。

【反射】：设置对象高光反射的颜色，即经过反射过滤的环境颜色，颜色值控制反射的量。与环境光一样，通过是否勾选【反射】复选框，可以设置反射的颜色或灰度值。此外，第二次勾选该复选框，可以为反射应用 Fresnel 效果，它可以根据对象的视角为反射对象增加一些折射效果。

【发光度】：与标准材质的自发光设置近似(取消勾选则变为自发光设置)，只是不依赖于漫反射颜色，用户可以为一个漫反射为蓝色的对象指定一个红色的发光色。默认为黑色。右侧的灰色按钮用于指定贴图。取消勾选【发光度】复选框时，【发光度】选项变为【自发光】选项，通过微调按钮可以调节发光色的灰度值。

【透明度】：与标准材质中的不透明度控件相结合，类似于基本材质的透射灯光的过滤色，它控制在光线跟踪材质背后经过颜色过滤所表现的色彩，黑色为完全不透明，白色为完全透明。将【漫反射】与【透明度】都设置为完全饱和的色彩，可以得到彩色玻璃的材质。如果光线跟踪已禁用(在【光线跟踪器控制】卷展栏中)，对象仍折射环境光，但忽略场景中其他对象的影响。右侧的灰块按钮用于指定贴图。取消勾选【透明度】复选框后，可以通过微调按钮调整透明色的灰度值。

【折射率】：设置材质折射光线的强度。

【反射高光】选项组：控制对象表面反射区反射的颜色，根据场景中灯光颜色的不同，对象反射的颜色也会发生变化。

- 【高光颜色】：设置高光反射灯光的颜色，将它与【反射】都设置为饱和色可以制作出彩色铬钢效果。
- 【高光级别】：设置高光区域的强度。值越高，高光越明亮。
- 【光泽度】：影响高光区域的大小。光泽度越高，高光区域越小，高光越锐利。
- 【柔化】：柔化高光效果。

【环境】：允许指定一张环境贴图，用于覆盖全局环境贴图。默认的反射和透明度使用场景的环境贴图，一旦在这里进行环境贴图的设置，将会取代原来的设置。利用这个特性，可以单独为场景中的对象指定不同的环境贴图，或者在一个没有环境的场景中为对象指定虚拟的环境贴图。

【凹凸】：这与标准材质的凹凸贴图相同。单击该按钮可以指定贴图。使用微调器可更改凹凸量。

下面将介绍如何应用光线跟踪材质，其具体操作步骤如下。

步骤01 按 Ctrl+O 组合键，在弹出的对话框中选择随书附带光盘中的 "CDROM\Scenes\Cha06\光线跟踪材质.max" 文件，如图 6-61 所示。

步骤02 单击【确定】按钮，将选中的素材文件打开，如图 6-62 所示。

步骤03 按 H 键，打开【从场景选择】对话框，在该对话框中按住 Ctrl 键选择如图 6-63 所示的对象。

步骤04 单击【确定】按钮，按 M 键打开【材质编辑器】对话框，在该对话框中选择一个材质样本球，将其命名为【奖杯】，如图 6-64 所示。

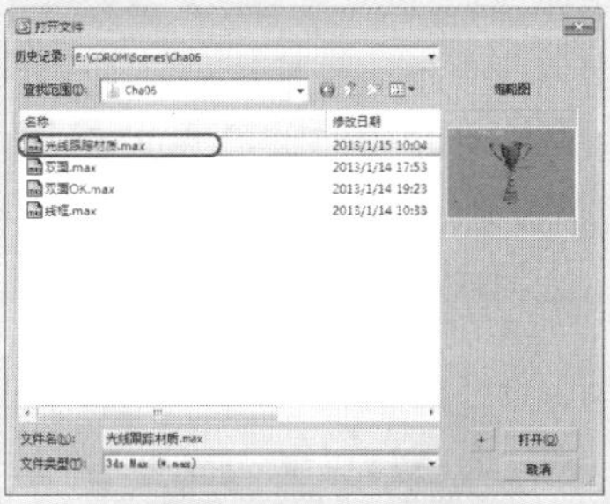

图 6-61　选择素材文件

图 6-62　打开的素材文件

图 6-63　选择对象

图 6-64　设置材质样本球名称

步骤05　在【材质编辑器】对话框中单击 Standard 按钮，在弹出的【材质/贴图浏览器】对话框中选择【光线跟踪】选项，如图 6-65 所示。

步骤06　单击【确定】按钮，在【光线跟踪基本参数】卷展栏中将【环境光】和【反射】的 RGB 值都设置为 255、0、0，将【漫反射】和【发光度】的 RGB 值都设置为 0、0、255，将【透明度】的 RGB 值设置为 199、199、199，在【高光级别】和【光泽度】对话框中分别输入 0、100，按 Enter 键确认，如图 6-66 所示。

图 6-65　选择【光线跟踪】选项

图 6-66　设置光线跟踪基本参数

步骤 07 在【光线跟踪器控制】卷展栏中取消勾选【启用光线跟踪】复选框，如图 6-67 所示。

步骤 08 在【贴图】卷展栏中单击【漫反射】贴图通道后面的 None 按钮，在打开的 【材质/贴图浏览器】对话框中双击【噪波】，在【噪波参数】卷展栏中将【颜色 #1】的 RGB 值设置为 0、0、255，如图 6-68 所示。

图 6-67 取消勾选【启用光线跟踪】复选框　　　图 6-68 设置【颜色#1】的 RGB 值

步骤 09 单击【转到父对象】按钮，返回到父材质层级，单击【透明度】贴图通道后面的 None 按钮，在打开的【材质/贴图浏览器】对话框中双击【衰减】，在【衰减参数】卷展栏下，将【前：侧】选项组中的两个颜色框的 RGB 值分别设置为 255、255、255；0、0、0，如图 6-69 所示。

步骤 10 打开【输出】卷展栏，将【输出量】设置为 1.2，图 6-70 所示。

图 6-69 设置颜色框的 RGB 值　　　图 6-70 设置【输出量】

步骤 11 单击【转到父对象】按钮，返回到父材质层级，单击【发光度】贴图通道后面的 None 按钮，在打开的【材质/贴图浏览器】对话框中双击【平面镜】，在【平面镜参数】卷展栏中，勾选【渲染】选项组中的【应用于带 ID 的面】复选框，如图 6-71 所示。

步骤 12 单击【转到父对象】按钮，返回到父材质层级，单击【附加光】贴图通道后面的 None 按钮，在打开的【材质/贴图浏览器】对话框中双击【平面镜】，在【平面镜参数】卷展栏中，勾选【渲染】选项组中的【应用于带 ID 的面】复选框，如图 6-72 所示。

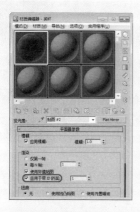

图 6-71　勾选【应用于带 ID 的面】复选框　　　图 6-72　勾选【应用于带 ID 的面】复选框

步骤 13 单击【转到父对象】按钮，返回到父材质层级，单击【半透明】贴图通道后面的 None 按钮，在打开的【材质/贴图浏览器】对话框中双击【衰减】，在【衰减参数】卷展栏中将【前：侧】选项组中的两个颜色框的 RGB 值分别设置为 255、255、255；0、0、0，然后在【输出】卷展栏中将【输出量】设置为 1.2，按 Enter 键确认，如图 6-73 所示。

步骤 14 设置完成后单击【转到父对象】按钮，返回到父材质层级，单击【将材质指定给选定对象】按钮和【在视口中显示标准贴图】按钮，将当前材质指定给场景中选择的对象，将【材质编辑器】对话框关闭，即完成创建光线跟踪材质，按 F9 键对【摄影机】视图进行渲染，效果如图 6-74 所示。

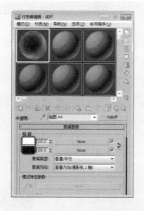

图 6-73　设置衰减参数　　　　　　　　　图 6-74　最终效果

6.3.4 双面材质

双面材质与【Blinn 基本参数】卷展栏中的【双面】复选框的性质截然不同，双面材质是为同一个对象指定两种不同的材质。

【双面基本参数】卷展栏如图 6-75 所示，其参数功能如下。

【半透明】：该文本框用于设置正面材质和背面材质的透明度，当该参数设置为 100 时，即可将正面材质和背面材质进行互换。

【正面材质】：用于设置对象外表面的材质。

【背面材质】：用于设置对象内表面的材质。

图 6-75 【双面基本参数】卷展栏

6.4 贴 图

贴图是为了提高材质的真实程度，贴图与材质的层级结构有相似之处，在不同的贴图通道中使用不同的贴图类型，产生的效果也大不相同，在使用贴图之前首先要先了解贴图的坐标和贴图类型。在【贴图】卷展栏中单击任何一个 None 按钮都可以打开【材质/贴图浏览器】对话框，如图 6-76 所示。

6.4.1 贴图坐标

贴图坐标指定几何体上贴图的位置、方向以及大小。坐标通常以 U、V 和 W 指定，其中 U 是水平维度，V 是垂直维度，W 是可选的第三维度，它表示深度。

图 6-76 【材质/贴图浏览器】对话框

如果将贴图材质应用到没有贴图坐标的对象上，渲染时就会指定其默认的贴图坐标。内置贴图坐标是针对每个对象类型而设计的。长方体贴图坐标在它的六个面上分别放置重复的贴图。对于圆柱体，图像沿着它的面包裹一次，而它的副本则在末端封口进行扭曲。对于球体，图像也会沿着它的球面包裹一次，然后在顶部和底部聚合。收缩—包裹贴图也是球形的，但是它会截去贴图的各个角，然后在一个单独的极点将它们全部结合在一起，创建一个奇点。

1. 认识贴图坐标

在 3ds Max 中，当对场景中的物体进行描述时，将会使用 XYZ 坐标空间，而位图和贴图使用的是 UVW 坐标空间，如图 6-77 所示的分别为 UV、VW、WU 不同的表现效果。

在默认状态下，每创建一个对象，系统都会为它指定一个基本的贴图坐标，该坐标的指定是在创建物体时在【参数】卷展栏中对【生成贴图坐标】复选框的勾选。

图 6-77 UV、VW、WU 表现的不同效果

如果需要更好地控制贴图坐标，可以切换至【修改】命令面板，然后在【修改器列表】中选择【UVW 贴图】修改器，即可为对象指定一个 UVW 贴图坐标，当用户选择不同的贴图类型时，产生的效果也会大不相同，UVW 贴图中的贴图类型如图 6-78 所示。

2. 调整贴图坐标

当为某个对象指定贴图时，用户可以根据需要调整贴图的坐标，大部分参数化贴图使用 1×1 的瓷砖平铺，因为用户无法调整参数化坐标，所以需要用材质编辑器中的【瓷砖】参数控制来调整。

当贴图是参数产生的时候，则只能通过指定在表面上的材质参数来调整瓷砖次数和方向，或者当选用【UVW 贴图】编辑修改器来指定贴图时，用户可以独立控制贴图位置、方向和重复值等。然而，通过编辑修改器产生的贴图没有参数化产生贴图方便。图 6-79 所示为【坐标】卷展栏，其各参数的功能如下。

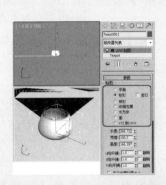

图 6-78 UVW 贴图的贴图类型

图 6-79 【坐标】卷展栏

- 【纹理】：选中该单选按钮后，可以将贴图作为纹理贴图对表面应用。

提示：只有在选中【纹理】单选按钮后，其下方的 UV、UW、WU 三个单选按钮才可用，同时用户还可以根据需要在【贴图】下拉菜单中选择贴图类型。

【环境】：使用贴图作为环境贴图。从【贴图】下拉菜单中选择坐标类型。

【贴图】：在该下拉菜单中包含了四种不同的贴图类型，该下拉菜单中的选项会因为选择【纹理】贴图和【环境】贴图而变化，当选择【纹理】贴图和【环境】贴图时，该下

拉菜单中的命令如图 6-80、图 6-81 所示。

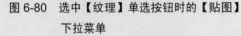

图 6-80　选中【纹理】单选按钮时的【贴图】　　图 6-81　选中【环境】单选按钮时的【贴图】
　　　　　下拉菜单　　　　　　　　　　　　　　　　下拉菜单

- 【显式贴图通道】：使用任意贴图通道。选择该选项后，【贴图通道】字段将处于活动状态，可选择 1～99 的任意通道。
- 【顶点颜色通道】：使用指定的顶点颜色作为通道。
- 【对象 XYZ 平面】：使用基于对象的本地坐标的平面贴图(不考虑轴点位置)。用于渲染时，除非勾选【在背面显示贴图】复选框，否则平面贴图不会投影到对象背面。
- 【世界 XYZ 平面】：使用基于场景的世界坐标的平面贴图(不考虑对象边界框)。用于渲染时，除非勾选【在背面显示贴图】复选框，否则平面贴图不会投影到对象背面。
- 【球形环境】、【柱形环境】或【收缩包裹环境】：将贴图投影到场景中与将其投影到背景中的不可见对象一样。
- 【屏幕】：投影为场景中的平面背景。

【在背面显示贴图】：如果勾选该复选框，平面贴图(对象 XYZ 平面，或使用【UVW 贴图】修改器)穿透投影，以渲染在对象背面上。禁用时，平面贴图不会渲染在对象背面，默认设置为勾选。

【偏移】：用于指定贴图在模型上的位置。

【瓷砖】：设置水平(U)和垂直(V)方向上贴图重复的次数，当右侧【瓷砖】复选框被勾选时才起作用，它可以将纹理连续不断地贴在物体表面。值为 1 时，贴图在表面贴一次；值为 2 时，贴图会在表面各个方向上重复贴两次，贴图尺寸会相应都缩小一半；值小于 1 时，贴图会进行放大。

【镜像】：设置贴图在物体表面进行镜像复制形成该方向上两个镜像的贴图效果。

【角度】：控制在相应的坐标方向上产生贴图的旋转效果，既可以输入数值，也可以按下【旋转】按钮进行实时调节观察。

【模糊】：用来影响图像的尖锐程度，低的值主要用于位图的抗锯齿处理。

【模糊偏移】：产生大幅度的模糊处理，常用于产生柔化和散焦效果。

6.4.2 位图贴图

每一张位图图像文件都可以作为贴图使用，位图贴图的使用范围广泛，通常用在【漫反射颜色】贴图通道、【凹凸】贴图通道、【反射】贴图通道、【折射】贴图通道中使用，位图贴图可以支持各种类型的图像和动画格式，包括AVI、BMP、CIN、JPG、TIF、TGA 等。

当使用位图贴图后，将会进行相应的贴图通道中，用户可以根据需要在【位图参数】卷展栏中对位图进行调整，【位图参数】卷展栏如图 6-82 所示。

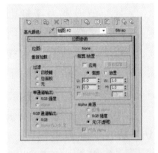

图 6-82 【位图参数】卷展栏

6.4.3 渐变贴图

渐变对从一种颜色到另一种颜色进行明暗处理。为渐变指定两种或三种颜色，渐变贴图属于 2D 贴图。用户可以对三个色彩随意进行调整，通过贴图可以产生无限级别的渐变和图像嵌套效果，另外，还可以通过其下方的【噪波】进行调整，从而控制相互区域之间融合时产生的杂乱效果，【渐变参数】卷展栏如图 6-83 所示。

其中各个参数选项的功能如下。

图 6-83 【渐变参数】卷展栏

【颜色 #11213】：设置渐变在中间进行插值的三个颜色。显示颜色选择器。可以将颜色从一个色样中拖放到另一个色样中。

【贴图】：显示贴图而不是颜色。贴图采用混合渐变颜色相同的方式来混合到渐变中。可以在每个窗口中添加嵌套程序渐变以生成 5 色、7 色、9 色渐变，或更多色的渐变。

【颜色 2 位置】：控制中间颜色的中心点。位置介于 0 和 1 之间。为 0 时，颜色 2 会替换颜色 3。为 1 时，颜色 2 会替换颜色 1。

【线性】：基于垂直位置(V 坐标)插补颜色。

【径向】：基于与贴图中心(中心为：U=0.5，V=0.5)的距离进行插补。

【数量】：当该值为非零时(范围为 0~1)，应用噪波效果。它使用 3D 噪波函数，并基于 U、V 和相位来影响颜色插值参数。例如，给定像素在第一个颜色和第二个颜色的中间(插值参数为 0.5)。如果添加噪波，插值参数将会扰动一定的数量，它可能变成小于或大于 0.5。

- 【规则】：生成普通噪波。这类似于"级别"设置为 1 的【分形】噪波。噪波类型设置为【规则】时，会禁用【级别】微调器(因为【规则】不是分形函数)。
- 【分形】：使用分形算法生成噪波。
- 【湍流】：生成应用绝对值函数来制作故障线条的分形噪波。要查看湍流效果，噪波量必须大于 0。

【大小】：缩放噪波功能。此值越小，噪波碎片也就越小。

【相位】：控制噪波函数的动画速度。3D 噪波函数用于噪波。前两个参数是 U 和 V，第三个参数是相位。

【级别】：设置湍流(作为一个连续函数)的分形迭代次数。

【低】：用于设置低阈值。

【高】：用于设置高阈值。

【平滑】：用于生成从阈值到噪波值较为平滑的变换。当平滑为 0 时，则不应用平滑。当为 1 时，将进行最大数量的平滑。

6.4.4 噪波贴图

噪波一般在凹凸贴图通道中使用，可以通过设置【噪波参数】卷展栏制作出紊乱不平的表面，该参数卷展栏如图 6-84 所示。

图 6-84 【噪波参数】卷展栏

其中各个参数的功能如下。

【噪波类型】：用于选择噪波类型。

- 【规则】：选中该单选按钮可以生成普通噪波。基本上类似于【级别】设置为 1 的【分形】噪波。当噪波类型设为【规则】时，【级别】微调器处于非活动状态(因为【规则】不是分形功能)。
- 【分形】：该单选按钮可以使用分形算法生成噪波。
- 【湍流】：该单选按钮用于生成应用绝对值函数来制作故障线条的分形噪波。

【大小】：以 3ds Max 为单位设置噪波函数的比例。默认设置为 25.0。

【噪波阈值】：如果噪波值高于【低】阈值而低于【高】阈值，动态范围会拉伸到填满 0~1。

- 【高】：用于设置高阈值。默认设置为 1.0。
- 【低】：用于设置低阈值。默认设置为 0.0。

【级别】：决定有多少分形能量用于分形和湍流噪波函数。可以根据需要设置确切数量的湍流，也可以设置分形层级数量的动画。默认设置为 3.0。

【相位】：控制噪波函数的动画速度。使用此选项可以设置噪波函数的动画。默认设置为 0.0。

【交换】：切换两个颜色或贴图的位置。

【颜色# 1】和【颜色# 2】：显示颜色选择器，以便可以从两个主要噪波颜色中进行选择。将通过所选的两种颜色生成中间颜色值。

贴图选择以一种或其他噪波颜色显示的位图或程序贴图。

6.4.5 混合贴图

混合贴图和混合材质相似，是指将两个不同的贴图按照不同的比例混合在一起形成新的贴图，它常用在漫反射贴图通道中。【混合参数】卷展栏如图 6-85 所示，在该卷展栏中有一个专门设置混合比例的参数【混合量】，它用于设置每种贴图在该混合贴图中所占的比重。

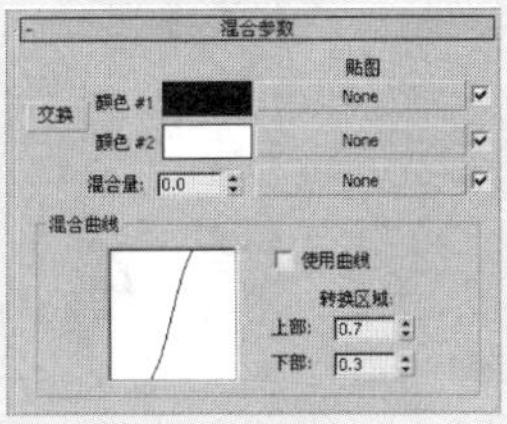

其中各个参数选项的功能如下。

【交换】：交换两种颜色或贴图。

【颜色 #1】、【颜色 #2】：单击颜色块可显示颜色选择器，以选择要混合的两种颜色。

图 6-85 【混合参数】卷展栏

单击 None 按钮可以选择创建要混合的位图或者程序贴图。

【混合量】：确定混合的比例。其值为 0 时意味着只有颜色 1 在曲面上可见，其值为 1 时意味着只有颜色 2 为可见。也可以使用贴图而不是混合值。两种颜色会根据贴图的强度以大一些或小一些的程度混合。

【使用曲线】：确定"混合曲线"是否对混合产生影响。

【转换区域】：调整上限和下限的级别。如果两个值相等，两个材质会在一个明确的边上相接。加宽的范围提供更渐变的混合。

6.5 上 机 练 习

6.5.1 木质材质

本例将介绍木质材质的设置，效果如图 6-86 所示。其具体操作步骤如下。

步骤01 按 Ctrl+O 组合键，在弹出的对话框中选择随书附带光盘中的 "CDROM\ Scenes\Cha06\木质材质.max" 文件，如图 6-87 所示。

图 6-86 木质材质

图 6-87 选择素材文件

步骤 02 单击【打开】按钮，即可将选中的素材文件打开，如图 6-88 所示。

步骤 03 按 H 键，在弹出的对话框中选择【桌椅】，如图 6-89 所示。

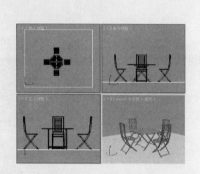

图 6-88 打开的素材文件　　　　　　图 6-89 【从场景选择】对话框

步骤 04 单击【确定】按钮，即可选中该对象，如图 6-90 所示。

步骤 05 按 M 键，在弹出的对话框中选择一个材质样本球，将其命名为"木质材质"，如图 6-91 所示。

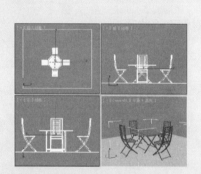

图 6-90 选择对象　　　　　　　　图 6-91 设置材质名称

步骤 06 在【Blinn 基本参数】卷展栏中将【高光级别】、【光泽度】分别设置为 22、38，如图 6-92 所示。

步骤 07 在【贴图】卷展栏中单击【漫反射颜色】右侧的 None 按钮，在弹出的对话框中选择【位图】选项，如图 6-93 所示。

步骤 08 单击【确定】按钮，在弹出的对话框中选择随书附带光盘中的"CDROM\Scenes\Cha06\榉木.JPG"文件，如图 6-94 所示。

步骤 09 单击【打开】按钮，单击【将材质指定给选定对象】和【在视口中显示标准贴图】按钮，将该对话框关闭，即可在视图中查看指定的材质，如图 6-95 所示，对完成后的场景进行保存即可。

图 6-92 设置 Blinn 参数

图 6-93 选择【位图】选项

图 6-94 选择位图图像文件

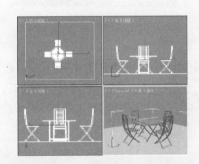

图 6-95 指定材质后的效果

6.5.2 瓷器材质

本例将介绍瓷器材质的设置，效果如图 6-96 所示。其具体操作步骤如下。

步骤 01 按 Ctrl+O 组合键，在弹出的对话框中选择随书附带光盘中的 "CDROM\Scenes\Cha06\瓷器材质.max" 文件，如图 6-97 所示。

图 6-96 瓷器材质

图 6-97 选择素材文件

步骤 02　单击【打开】按钮，即可将选中的素材文件打开，如图 6-98 所示。

步骤 03　按 H 键，在弹出的对话框中选择【盖】选项，如图 6-99 所示。

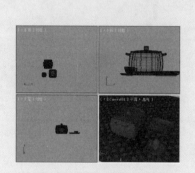

图 6-98　打开的素材文件

图 6-99　【从场景选择】对话框

步骤 04　单击【确定】按钮，即可选中该对象，如图 6-100 所示。

步骤 05　切换至【修改】命令面板，在【修改器列表】中选择【UVW 贴图】修改器，在【参数】卷展栏中选中【长方体】单选按钮，如图 6-101 所示。

图 6-100　选择对象

图 6-101　添加【UVW 贴图】修改器

步骤 06　使用同样的方法为其他对象添加【UVW 贴图】修改器，再次按 H 键，在弹出的对话框中选择如图 6-102 所示的对象。

步骤 07　单击【确定】按钮，按 M 键打开【材质编辑器】对话框，在该对话框中选择一个材质样本球，将其命名为"瓷器"，如图 6-103 所示。

步骤 08　在【Blinn 基本参数】卷展栏中将【环境光】和【漫反射】的 RGB 值设置都设置为 255、255、255，将【自发光】设置为 15，将【高光级别】和【光泽度】分别设置为 93、75，如图 6-104 所示。

图 6-102　选择对象

图 6-103　为材质样本球命名

步骤09　在【贴图】卷展栏中单击【反射】右侧的 None 按钮，在弹出的对话框中选择【光线跟踪】选项，如图 6-105 所示。

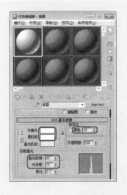

图 6-104　设置 Blinn 参数

图 6-105　选择【光线跟踪】选项

步骤10　单击【确定】按钮，在【光跟踪器参数】卷展栏中单击【背景】选项组中的【无】按钮，再在弹出的对话框中选择【位图】选项，如图 6-106 所示。

步骤11　单击【确定】按钮，在弹出的对话框中选择随书附带光盘中的"CDROM\Scenes\Cha06\BXG.JPG"文件，如图 6-107 所示。

图 6-106　选择【位图】选项

图 6-107　选择位图图像文件

步骤 12 单击两次【转到父对象】按钮，在【贴图】卷展栏中将【反射】右侧的【数量】设置为 10，如图 6-108 所示。

步骤 13 单击【将材质指定给选定对象】和【在视口中显示标准贴图】按钮，将该对话框关闭，即可在视图中查看指定的材质，如图 6-109 所示，对完成后的场景进行保存即可。

图 6-108 设置【反射】数量

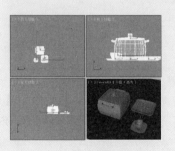

图 6-109 指定材质后的效果

6.5.3 不锈钢和塑料材质

本例将介绍不锈钢和塑料材质的设置，效果如图 6-110 所示。其具体操作步骤如下。

步骤 01 按 Ctrl+O 组合键，在弹出的对话框中选择随书附带光盘中的 "CDROM\Scenes\Cha06\不锈钢和塑料材质.max" 文件，如图 6-111 所示。

图 6-110 不锈钢和塑料材质

图 6-111 选择素材文件

步骤 02 单击【打开】按钮，即可将选中的素材文件打开，如图 6-112 所示。

步骤 03 按 H 键，在弹出的对话框中选择如图 6-113 所示的对象。

步骤 04 单击【确定】按钮，即可选中该对象，如图 6-114 所示。

步骤 05 按 M 键，在弹出的对话框中选择一个材质样本球，将其命名为 "黑色塑料"，如图 6-115 所示。

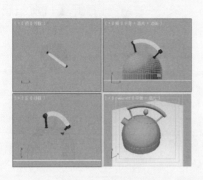

图 6-112　打开的素材文件

图 6-113　【从场景选择】对话框

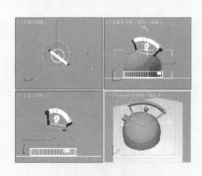

图 6-114　选择对象

图 6-115　为材质样本球命名

步骤 06　在【Blinn 基本参数】卷展栏中将【环境光】和【漫反射】的 RGB 值都设置为 55、55、55，将【高光级别】和【光泽度】分别设置为 24、34，如图 6-116 所示。

步骤 07　单击【将材质指定给选定对象】和【在视口中显示标准贴图】按钮，将该对话框关闭，指定材质后的效果如图 6-117 所示。

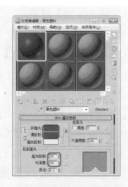

图 6-116　设置 Blinn 参数

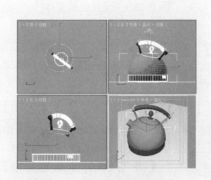

图 6-117　指定材质后的效果

步骤 08 按 H 键，在弹出的对话框中选择如图 6-118 所示的对象。

步骤 09 单击【确定】按钮，即可选中该对象，按 M 键打开【材质编辑器】对话框，在该对话框中选择一个材质样本球，并将其命名为"不锈钢材质"，如图 6-119所示。

图 6-118 【从场景选择】对话框

图 6-119 为材质样本球命名

步骤 10 在【明暗器基本参数】卷展栏中将明暗器类型设置为【(M)金属】，在【金属基本参数】卷展栏中将【高光级别】和【光泽度】都设置为 90，如图 6-120 所示。

步骤 11 在【贴图】卷展栏中将【反射】右侧的【数量】设置为 70，如图 6-121 所示。

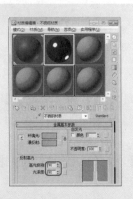

图 6-120 设置金属参数

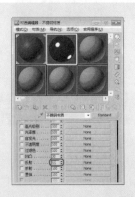

图 6-121 设置【反射】数量

步骤 12 然后再单击其右侧的 None 按钮，在弹出对话框中双击【位图】，再在弹出的对话框中选择随书附带光盘中的 "CDROM\Scenes\Cha06\Bxgmap1.jpg" 文件，如图 6-122 所示。

步骤 13 单击【打开】按钮，在【坐标】卷展栏中选中【环境】单选按钮，将贴图类型设置为【收缩包裹环境】，将【角度】下的 W 设置为 90，在【位图参数】卷展栏中勾选【应用】复选框，将 W 和 H 分别设置为 0.429、1，如图 6-123 所示。

步骤 14 单击【将材质指定给选定对象】和【在视口中显示标准贴图】按钮，将该对话框关闭，指定材质后的效果如图 6-124 所示。

图 6-122 选择位图图像文件

图 6-123 调整位图参数

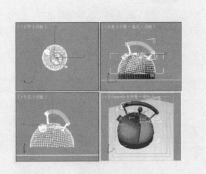

图 6-124 指定材质后的效果

6.5.4 为场景中的对象添加材质

本例将介绍为场景中的对象添加材质，效果如图 6-125 所示。其具体操作步骤如下。

步骤01 按 Ctrl+O 组合键，在弹出的对话框中选择随书附带光盘中的"CDROM\Scenes\Cha06\为场景添加材质.max"文件，如图 6-126 所示。

图 6-125 添加材质后效果

图 6-126 选择素材文件

步骤02 单击【打开】按钮，即可将选中的素材文件打开，如图 6-127 所示。

步骤03 按 H 键，在弹出的对话框中选择【地面】选项，如图 6-128 所示。

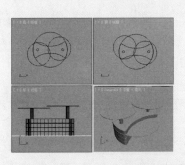

图 6-127 打开的素材文件

图 6-128 【从场景选择】对话框

步骤04 单击【确定】按钮，按 M 键，在弹出的对话框中选择一个材质样本球，并将其命名为"地面"，如图 6-129 所示。

步骤05 在【贴图】卷展栏中单击【漫反射颜色】右侧的 None 按钮，在弹出的对话框中选择【位图】选项，如图 6-130 所示。

图 6-129　为材质样本球命名　　　　图 6-130　选择【位图】选项

步骤06 选择完成后，单击【确定】按钮，在弹出的对话框中选择随书附带光盘中的"CDROM\Scenes\Cha06\地面.jpg"文件，如图 6-131 所示。

步骤07 单击【打开】按钮，在【坐标】卷展栏中将【瓷砖】下的 U、V 分别设置为 5、1.5，如图 6-132 所示。

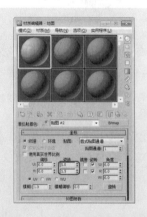

图 6-131　选择位图图像　　　　图 6-132　设置【瓷砖】参数

步骤08 单击【转到父对象】按钮，在【贴图】卷展栏中将【凹凸】右侧的【数量】设置为 10，如图 6-133 所示。

步骤09 单击【凹凸】右侧的 None 按钮，在弹出的对话框中选择【光线跟踪】选项，如图 6-134 所示。

步骤10 单击【确定】按钮，单击【转到父对象】按钮，再在【贴图】卷展栏中将【反射】右侧的【数量】设置为 10，然后再单击其右侧的 None 按钮，在弹出的对话框中双击【光线跟踪】选项，单击【将材质指定给选定对象】和【在视口中显示标准贴图】按钮，将该对话框关闭，指定材质后的效果如图6-135所示。

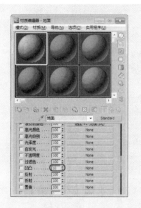  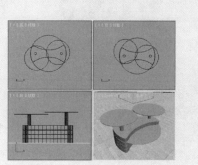

图6-133 设置【凹凸】数量　图6-134 选择【光线跟踪】选项　图6-135 指定材质后的效果

步骤11 按H键，在弹出的对话框中选择【底座】选项，如图6-136所示。

步骤12 按M键，在弹出的对话框中选择一个材质样本球，将其命名为"底座"，如图6-137所示。

图6-136 选择【底座】选项　　图6-137 为材质样本球命名

步骤13 在【Blinn基本参数】卷展栏中将【环境光】和【漫反射】的RGB值设置为255、255、255，将【自发光】设置为30，如图6-138所示。

步骤14 在【贴图】卷展栏中将【反射】右侧的【数量】设置为8，如图6-139所示。

步骤15 单击其右侧的None按钮，在弹出的对话框中选择【平面镜】选项，如图6-140所示。

步骤16 单击【确定】按钮，在【平面镜参数】卷展栏中勾选【应用于带ID的面】复选框，如图6-141所示。

步骤17 单击【转到父对象】按钮，单击【将材质指定给选定对象】和【在视口中显示标准贴图】按钮，指定材质后的效果如图6-142所示。

 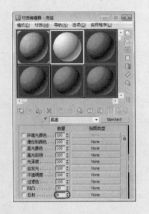 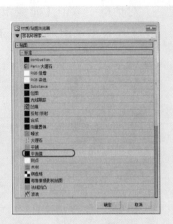

图 6-138　设置 Blinn 参数　　图 6-139　设置【反射】数量　　图 6-140　选择【平面镜】

 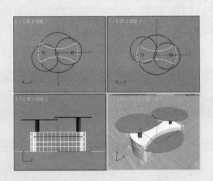

图 6-141　勾选【应用于带 ID 的面】复选框　　　图 6-142　指定材质后的效果

步骤 18　按 H 键，在弹出的对话框中选择【支柱】，如图 6-143 所示。

步骤 19　单击【确定】按钮，在【材质编辑器】对话框中选择一个材质样本球，将其命名为"支柱"，如图 6-144 所示。

图 6-143　选择对象　　　　　图 6-144　为材质样本球命名

步骤20 在【明暗器基本参数】卷展栏中将明暗器类型设置为【(M)金属】，在【金属基本参数】卷展栏中将【环境光】和【漫反射】的 RGB 值设置为 168、168、168，将【高光级别】和【光泽度】都设置为 90，如图 6-145 所示。

步骤21 在【贴图】卷展栏中将【反射】右侧的【数量】设置为 70，如图 6-146 所示。

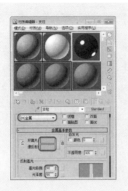

图 6-145 设置金属参数

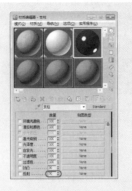

图 6-146 设置【反射】数量

步骤22 单击其右侧的 None 按钮，在弹出的对话框中双击【位图】，在弹出的对话框中选择随书附带光盘中的"CDROM\Scenes\Cha06\Metal01.tif"文件，如图 6-147 所示。

步骤23 单击【打开】按钮，在【坐标】卷展栏中将【瓷砖】下的 U、V 分别设置为 0.4、0.1，如图 6-148 所示。

图 6-147 选择位图图像文件

图 6-148 设置【瓷砖】下的 U、V

步骤24 单击【转到父对象】按钮，单击【将材质指定给选定对象】和【在视口中显示标准贴图】按钮，将该对话框关闭，在视图中选择【玻璃】对象，切换至【修改】命令面板，在将当前选择集定义为【多边形】，在视图中选择如图 6-149 所示的多边形。

步骤25 在【曲面属性】卷展栏中将【设置 ID】设置为 1，按 Enter 键确认，如图 6-150 所示。

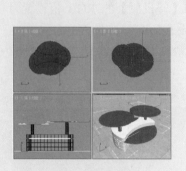

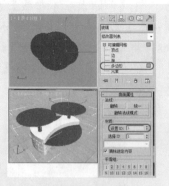

图 6-149　选择多边形　　　　　　　　　图 6-150　设置 ID

步骤26　在菜单栏中选择【编辑】|【反选】命令，如图 6-151 所示。

步骤27　在【曲面属性】卷展栏中将【设置 ID】设置为 2，按 Enter 键确认，如图 6-152 所示。

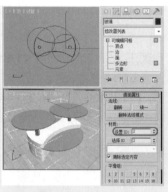

图 6-151　选择【反选】命令　　　　　　图 6-152　设置 ID

步骤28　关闭当前选择集，按 M 键打开【材质编辑器】对话框，选择一个材质样本球，将其命名为"玻璃"，如图 6-153 所示。

步骤29　单击 Standard 按钮，在弹出的对话框中选择【多维/子对象】选项，如图 6-154 所示。

图 6-153　为材质样本球命名　　　　　　图 6-154　选择【多维/子对象】选项

步骤30 单击【确定】按钮，在弹出的对话框中选中【将旧材质保存为子材质？】单选按钮，如图 6-155 所示。

步骤31 单击【确定】按钮，在【多维/子对象基本参数】卷展栏中单击【设置数量】按钮，在弹出的对话框中将【材质数量】设置为 2，如图 6-156 所示。

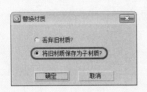

图 6-155 【替换材质】对话框　　　图 6-156 设置材质数量

步骤32 设置完成后，单击【确定】按钮，单击 ID1 右侧的子材质，在【明暗器基本参数】卷展栏中勾选【双面】复选框，在【Blinn 基本参数】卷展栏中将【环境光】和【漫反射】的 RGB 值都设置为 133、170、155，将【自发光】设置为 80，将【不透明度】设置为 20，如图 6-157 所示。

步骤33 单击【转到父对象】按钮，将 ID1 右侧的子材质拖曳至 ID2 的右侧，在弹出的对话框中选中【复制】单选按钮，进入该材质层级，将【不透明度】设置为 60，如图 6-158 所示。

步骤34 单击【将材质指定给选定对象】和【在视口中显示标准贴图】按钮，将该对话框关闭，指定材质后的效果如图 6-159 所示。

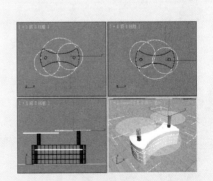

图 6-157 设置 Blinn 参数　　　图 6-158 设置【不透明度】　　　图 6-159 指定材质后的效果

步骤35 至此，为场景添加完材质了，对完成后的场景进行保存即可。

第7章

入门与提高丛书
经典清华版

灯光照明技术

光在现实生活中担当着重要的角色，正因为有光，生活中才会时刻感觉到色彩、生命的存在。在 3ds Max 中，要得到光不会像现实生活中那样简单，需要动手去创建。本章将介绍 3ds Max 中灯光的基本知识以及灯光的应用。

本章重点：

➥ 了解照明的基础知识

➥ 光度学灯光

➥ 标准灯光

➥ 灯光的共同参数卷展栏

➥ 摄影机

7.1　了解照明的基础知识

在设置灯光时，首先应明确场景要模拟的是自然照明效果还是人工照明效果，然后在场景中创建灯光效果。下面将对自然光、人造光、环境光、标准的照明方式，以及阴影进行介绍。

7.1.1　自然光、人造光和环境光

1. 自然光

自然光也就是阳光，它是来自单一光源的平行光线，照明方向和角度会随着时间、季节等因素的变化而改变。晴天时阳光的色彩为淡黄色(R:250、G:255、B:175)；而多云时为蓝色；阴雨天时为暗灰色，大气中的颗粒会将阳光呈现为橙色或褐色；日出或日落时的阳光为红色或橙色。天空越晴朗，物体产生的阴影越清晰，阳光照射中的立体效果越突出。

3ds Max 提供了多种模拟阳光的方式，标准灯光中的【平行光】，无论是目标平行光还是自由平行光，一盏就足以作为日照场景的光源。图 7-1 所示的效果就是模拟晴天时的阳光照射。将平行光源的颜色设置为白色，降低亮度，还可以用来模仿月光效果。

2. 人造光

人造光，无论是室内还是室外效果，都会使用多盏灯光，如图 7-2 所示。人造光首先要明确场景中的主题，然后单独为一个主题设置一盏明亮的灯光，称为"主灯光"，将其置于主题的前方稍稍偏上。除了"主灯光"以外，还需要设置一盏或多盏灯光用来照亮背景和主题的侧面，称为"辅助灯光"，亮度要低于"主灯光"。这些"主灯光"和"辅助灯光"不但能够强调场景的主题，同时还加强了场景的立体效果。用户还可为场景的次要主题添加照明灯光，舞台术语称为"附加灯"，亮度通常高于"辅助灯光"，低于"主灯光"。在 3ds Max 中，目标聚光灯通常是最好的"主灯光"，无论是聚光灯还是泛光灯都适合作为"辅助灯光"，环境光则是另一种补充照明光源。

通过光度学灯光，可以基于灯光的色温、能量值以及分布位置而产生良好的效果。

图 7-1　自然光的效果

图 7-2　人造光的效果

3. 环境光

环境光是照亮整个场景的常规光线。这种光具有均匀的强度，并且属于均质漫反射，它不具有可辨别的光源和方向。

默认情况下，场景中没有环境光，如果在带有默认环境光设置的模型上检查最黑色的阴影，无法辨别出曲面，因为它没有任何灯光照亮。场景中的阴影不会比环境光的颜色暗，这就是通常要将环境光设置为黑色(默认色)的原因，如图 7-3 所示。

图 7-3 场景环境光的不同方式

设置默认环境光颜色的方法有以下两种：

选择【渲染】|【环境】命令，在打开的【环境和效果】对话框中可以设置环境光的颜色，如图 7-4 所示。

选择【自定义】|【首选项】命令，在打开的【首选项设置】对话框中选择【渲染】选项卡，然后在【默认环境灯光颜色】选项组中的色块中设置环境光的颜色，如图 7-5 所示。

图 7-4 【环境和效果】对话框

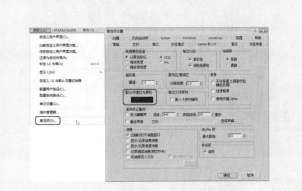

图 7-5 【首选项设置】对话框

7.1.2 标准的照明方法

在 3ds Max 中进行照明，一般使用标准的照明也就是三光源照明方案和区域照明方案。所谓的标准照明就是在一个场景中使用一个主要的灯和两个次要的灯，主要的灯用来照亮场景，次要的灯光用来照亮局部，这是一种传统的照明方法。

在场景中最好以聚光灯作为主光灯，一般使聚光灯与视平角为 30°～45°，与摄影机的夹角为 30°～45°，将其投向主物体，一般光照强度较大，能把主物体从背景中充分地凸显出来，通常将其设置为投射阴影。

在场景中，在主灯的反方向创建的灯光称为背光。这个照明灯光在设置时可以在当前对象的上方(高于当前场景对象)，并且此光源的光照强度要等于或者小于主光。背光的主要作用是在制作中使对象从背景中脱离出来，从而使得物体显示其轮廓，并且展现场景的深度。

最后要讲的是第三辅光源，辅光的主要用途是用来控制场景中最亮区域和最暗区域间的对比度。应当注意的是，在设置中亮的辅光将产生平均的照明效果，而设置较暗的辅光则增加场景效果的对比度，使场景产生不稳定的感觉。一般情况下，辅光源放置的位置要靠近摄影机，这样以便产生平面光和柔和的照射效果。另外，也可以使用泛光灯作为辅光源应用于场景中，而泛光灯在系统中设置的基本目的就是作为一个辅光而存在的。在场景中远距离设置大量的不同颜色和低亮度的泛光灯是非常普通和常见的，这些泛光灯混合在模型中将弥补主灯所照射不到的区域。如图 7-6 所示，场景显示的就是标准的照明方式，渲染后的效果如图 7-7 所示。

有时一个大的场景不能有效地使用三光源照明，那么就要使用其他的方法来进行照明，当一个大区域分为几个小区域时，可以使用区域照明。这样每个小区域都会单独地被照明。可以根据重要性或相似性来选择区域，当一个区域被选择之后，可以使用基本三光源照明方法。但是，有些区域照明并不能产生合适的气氛，这时就需要使用一个自由照明方案。

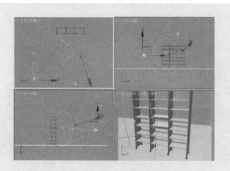

图 7-6　标准照明的灯光设置

图 7-7　标准照明效果

7.1.3　阴影

阴影是对象后面灯光变暗的区域。3ds Max 支持几种类型的阴影，包括区域阴影、阴影贴图和光线跟踪阴影等。

区域阴影基于投射光的区域创建阴影，不需要太多的内存，但是支持透明对象。阴影贴图实际上是位图，由渲染器产生并与完成的场景组合产生图像。这些贴图可以有不同分辨率，但是较高的分辨率则会要求有更多的内存。阴影贴图通常能够创建出更真实、更柔和的阴影，但是不支持透明度。

3ds Max 按照每个光线照射场景的路径来计算光线跟踪阴影。该过程会耗费大量的处理周期，但是能产生非常精确且边缘清晰的阴影。使用光线跟踪可以为对象创建出阴影贴图所无法创建的阴影，例如，透明的玻璃。阴影类型下拉列表中还包括了一个高级光线跟踪阴影选项。另外，还有一个选项是 Ray 阴影。

图 7-8 所示为使用了不同阴影类型渲染的图像，其中包括无阴影、阴影贴图、区域阴影和光线跟踪阴影。

图 7-8　不同的阴影类型效果

7.2 光度学灯光

光度学灯光使用光度学(光能)值,通过这些值可以更精确地定义灯光,就像在真实世界一样。在 3ds Max 中可以创建具有各种分布和颜色特性灯光,或导入照明制造商提供的特定光度学文件。

7.2.1 目标灯光

目标灯光具有可以用于指向灯光的目标子对象。

创建目标灯光的方法如下。

步骤01 选择【创建】 ※ |【灯光】 ◁ |【光度学】|【目标灯光】工具,系统会自动弹出对话框,单击【是】按钮,如图 7-9 所示。

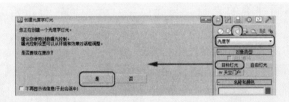

图 7-9 单击【是】按钮

步骤02 在视口中拖动,拖动的初始点是灯光的位置,如图 7-10 所示。释放鼠标的点就是目标位置,如图 7-11 所示。

 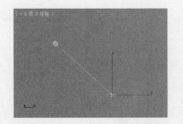

图 7-10 确定灯光的位置　　　图 7-11 确定目标的位置

7.2.2 自由灯光

自由灯光不具备目标子对象,可以通过使用变换瞄准它。

创建自由灯光的方法如下。

步骤01 选择【创建】 ※ |【灯光】 ◁ |【光度学】|【自由灯光】工具,如图 7-12 所示。

步骤02 在场景中单击创建灯光,如图 7-13 所示。

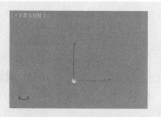

图 7-12　选择【自由灯光】工具　　　　　图 7-13　创建自由灯光

7.3　标准灯光

标准灯光是基于计算机的对象，其模拟日常灯光(如家用或办公室灯)、舞台和电影工作时使用的灯光设备，以及太阳光本身。不同种类的灯光对象可用不同的方式投影灯光，用于模拟真实世界不同种类的光源。与光度学灯光不同，标准灯光不具有基于物理的强度值。

在 3ds Max 中的内置灯光类型几乎可以模拟自然界中的每一种光，同时也可以创建仅存于计算机图形学中的虚拟现实的光。3ds Max 包括 8 种不同基本灯光对象，即目标聚光灯、自由聚光灯、目标平行光、自由平行光、泛光灯和天光等，如图 7-14所示。它们在三维场景中都可以设置、放置以及移动，并且这些光源包含了一般光源的控制参数，这些参数决定了光照在环境中所起的作用。

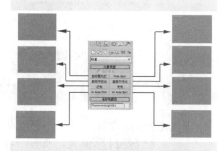

图 7-14　不同的基本灯光

7.3.1　聚光灯

聚光灯包括目标聚光灯、自由聚光灯和区域聚光灯 3 种。下面将对这 3 种灯光进行详细介绍。

1. 目标聚光灯

目标聚光灯产生锥形的照射区域，在照射区以外的物体不受灯光影响。创建目标聚光灯后，有投射点和目标点可以调节，它是一个有方向的光源，是可以独立移动的目标点投射光，可以产生优质静态仿真效果。它有矩形和圆形两种投影区域，矩形适合制作电影投影图像以及窗户投影等；圆形适合制作路灯、车灯、台灯、舞台跟踪灯等灯光照射效果，如果作为体积光源，它能产生一个锥形的光柱，如图 7-15 所示。

图 7-15　目标聚光灯效果

2. 自由聚光灯

自由聚光灯产生锥形照射区域，它是一种受限制的目标聚光灯，因为只能控制它的整个图标，而无法在视图中分别对发射点和目标点调节。它的优点是不会在视图中改变投射范围，特别适合一些动画的灯光，例如，摇晃的船桅灯、晃动的手电筒、舞台上的投射灯等。

3. 区域聚光灯

区域聚光灯在使用 Mental Ray 渲染器进行渲染时，可以从矩形或圆形区域发射光线，产生柔和的照明和阴影。而在使用 3ds Max 默认扫描线渲染器时，其效果等同于标准的聚光灯。

7.3.2　泛光灯

泛光灯包括泛光灯和区域泛光灯两种类型。下面将分别对它们进行介绍。

1. 泛光灯

泛光灯向四周发散光线，标准的泛光灯用来照亮场景，它的优点是易于建立和调节，不用考虑是否有对象在范围外而不被照射；缺点就是不能创建太多，否则显得无层次感。泛光灯用于将"辅助照明"添加到场景中，或模拟点光源。

泛光灯可以投射阴影和投影，单个投射阴影的泛光灯等同于 6 盏聚光灯的效果，从中心指向外侧。另外泛光灯常用来模拟灯泡、台灯等光源对象。如图 7-16 所示，在场景中创建了一盏泛光灯，它可以产生明暗关系的对比。

图 7-16　泛光灯照射效果

2. 区域泛光灯

当使用 Mental Ray 渲染器渲染场景时，区域泛光灯从球体或圆柱体上发射光线，而不是从点源发射光线。使用默认的扫描线渲染器，区域泛光灯像其他标准的泛光灯一样发射光线。

【区域灯光参数】卷展栏如图 7-17 所示。

【启用】：用于开关区域泛光灯。

【在渲染器中显示图标】：勾选该复选框，当使用

图 7-17　【区域灯光参数】卷展栏

Mental Ray 渲染器进行渲染时，区域泛光灯将按照其形状和尺寸设置在渲染图片中并显示为白色。

【类型】：可以在下拉列表中选择区域泛光灯的形状，可以是球体或者圆柱体形状。

【半径】：设置球体或圆柱体的半径。

【高度】：仅当区域灯光类型为【圆柱体】时可用，设置圆柱体的高。

【采样】：设置区域泛光灯的采样质量，可以分别设置 U 和 V 的采样数。越高的值，照明和阴影效果越真实细腻，相应的渲染时间也会增加。对于球形灯光，U 值表示沿半径方向的采样值，V 向表示沿角度采样的值；对于圆柱形灯光，U 值表示沿高度采样值，V 值表示沿角度采样值。

7.3.3 平行光

平行光包括目标平行光和自由平行光两种。

1. 目标平行光

目标平行光产生单方向的平行照射区域，它与目标聚光灯的区别是照射区域呈圆柱形或矩形，而不是锥形。平行光主要用于模拟阳光的照射，对于户外场景尤为适用。如果作为体积光源，可以产生一个光柱，常用来模拟探照灯、激光光束等特殊效果。与目标聚光灯一样，它也被系统自动指定了一个注视控制器，可以在运动面板中改变注视目标，如图 7-18 所示。

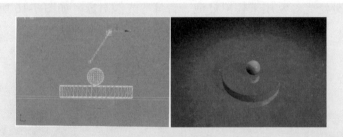

图 7-18　目标平行光效果图

> **提示：**只有当平行光处于场景几何体边界之外，且指向下方时，才支持光能传递。

2. 自由平行光

自由平行光产生平行的照射区域。它其实是一种受限制的目标平行光，在视图中，它的投射点和目标点不可分别调节，只能进行整体移动或旋转，这样可以保证照射范围不发生改变。如果对灯光的范围有固定要求，尤其是在动画中，这是一个非常好的选择。

7.3.4 天光

天光能够模拟日光照射效果。在 3ds Max 中有多种模拟日光照射效果的方法，如果配合【照明追踪】渲染方式，天光往往能产生最生动的效果，如图 7-19 所示。关于与【照明追踪】渲染方式有关的使用技巧，将在第 9 章中详细介绍，这里只是简单介绍它的参数，如图 7-20 所示。

图 7-19　天光与光跟踪渲染的模型　　　　图 7-20　【天光参数】卷展栏

提示：使用 Mental Ray 渲染器渲染时，天光照明的对象显示为黑色，除非启用最终聚集。

【启用】：用于开关天光。

【倍增】：指定正数或负数来增减灯光的能量，例如，输入 2，表示灯光亮度增强两倍。使用这个参数提高场景亮度时，有可能会引起颜色过亮，还可能产生视频输出中不可用的颜色，所以除非是制作特定案例或特殊效果，否则选择 1。

1. 【天空颜色】选项组

天空被模拟成一个圆屋顶的样子覆盖在场景上，如图 7-21 所示。用户可以在这里指定天空的颜色或贴图。

【使用场景环境】：使用【环境和效果】对话框设置颜色为灯光颜色，只在【照明追踪】方式下才有效。

【天空颜色】：点击右侧的色块显示颜色选择器，从中调节天空的色彩。

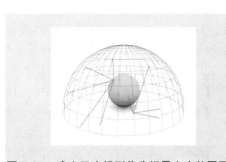

图 7-21　建立天光模型作为场景上方的圆屋顶

【贴图】：通过指定贴图影响【天空颜色】。左侧的复选框用于设置是否使用贴图，下方的 None 按钮用于指定贴图，右侧的文本框用于控制贴图的使用程度(低于 100%时，贴图会与天空颜色进行混合)。

2. 【渲染】选项组

用来定义天光的渲染属性，只有在使用默认扫描线渲染器，并且不使用高级照明渲染引擎时，该组参数才有效。

【投影阴影】：勾选该复选框使用天光可以投射阴影。

【每采样光线数】：设置在场景中每个采样点上天光的光线数。较高的值使天光效果比较细腻，并有利于减少动画画面的闪烁，但较高的值会增加渲染时间。

【光线偏移】：定义对象上某一点的投影与该点的最短距离。

7.4　灯光的共同参数卷展栏

在 3ds Max 中，除了天光之外，所有不同的灯光对象都共享一套控制参数，它们控制着灯光的最基本特征，包括【常规参数】、【强度/颜色/衰减】、【高级效果】、【阴影参数】、【光线跟踪阴影参数】和【大气和效果】等卷展栏。

7.4.1　【常规参数】卷展栏

【常规参数】卷展栏主要控制对灯光的开启与关闭、排除或包含以及阴影方式。在【修改】命令面板中，【常规参数】卷展栏还可以用于控制灯光目标物体，改变灯光类型，【常规参数】卷展栏如图 7-22 所示。

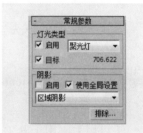

图 7-22　【常规参数】卷展栏

(1)【灯光类型】选项组各参数功能如下。

【启用】：用来启用和禁用灯光。当【启用】复选框处于被勾选状态时，使用灯光着色和渲染来照亮场景。当【启用】复选框处于未被勾选状态时，进行着色或渲染时不使用该灯光。默认设置为启用。

聚光灯　▼：可以对当前灯光的类型进行改变，可以在【聚光灯】、【平行灯】和【泛光灯】之间进行转换。

【目标】：勾选该复选框，灯光将成为目标灯光。灯光与其目标之间的距离显示在复选框的右侧。对于自由灯光，可以设置该值。对于目标灯光，可以通过取消勾选该复选框、移动灯光或灯光的目标对象对其进行更改。

(2)【阴影】选项组各参数功能如下。

【启用】：开启或关闭场景中的阴影使用。

【使用全局设置】：勾选该复选框，将会把下面的阴影参数应用到场景中的投影灯上。

阴影贴图　▼：决定当前灯光使用哪种阴影方式进行渲染，其中包括高级光线跟踪、Mental Ray 阴影贴图、区域阴影、光线跟踪阴影和阴影贴图 5 种。

【排除】：单击该按钮，在打开的【排除/包含】对话框中设置场景中的对象不受当前灯光的影响，如图 7-23 所示。

在【排除/包含】对话框中，在【场景对象】区域中的所有对象都受当前灯光的影响，如果想不受当前灯光的影响，可以在【场景对象】区域中选择一个对象，单击 >> 按钮，将使其排除灯光的影响。下面将对排除进行介绍，如图 7-24 所示，在场景中有一盏目标聚光灯和两盏泛光灯，第一幅图是正常的照射效果；第二幅左侧的对象被排除了目标聚光灯的影响；第三幅图右侧的对象被排除了目标聚光灯的影响；第四幅图两个对象都不受目标聚光灯的影响。

如果要设置个别物体不产生或不接受阴影，可以选择物体，右击，在弹出的快捷菜单中选择【对象属性】命令，然后在弹出的【对象属性】对话框中取消勾选【接收阴影】或【投影阴影】复选框，如图 7-25 所示。

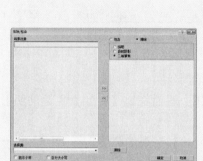

图 7-23 【排除/包含】对话框

图 7-24 排除灯光影响的效果

图 7-25 设置不接受阴影

7.4.2 【强度/颜色/衰减】卷展栏

【强度/颜色/衰减】卷展栏是标准的附加参数卷展栏，如图 7-26 所示。它主要对灯光的颜色、强度以及灯光的衰减进行设置。

【倍增】：对灯光的照射强度进行控制，标准值为 1，如果设置为 2，则照射强度会增加 1 倍。如果设置为负值，将会产生吸收光的效果。通过这个选项增加场景的亮度可能会造成场景曝光，还会产生视频无法接受的颜色，所以除非是特殊效果或特殊情况，否则应尽量设置为 1。

图 7-26 【强度/颜色/衰减】卷展栏

【色块】：用于设置灯光的颜色。

【衰退】选项组：

- 【类型】：在其中有 3 个衰减选项。
  - 【无】：不产生衰减。
  - 【倒数】：以倒数方式计算衰减，计算公式为 L【亮度】=RO/R，RO 为使用灯光衰减的光源半径或使用了衰减时的近距结束值，R 为照射距离。
  - 【平方反比】：计算公式为 L【亮度】=$(RO/R)^2$，这是真实世界中的灯光衰减，也是光度学灯光的衰减公式。

- 【开始】：该选项定义了灯光不发生衰减的范围。
- 【显示】：显示灯光进行衰减的范围。

【近距衰减】选项组：

- 【使用】：决定被选择的灯光是否使用它被指定的
衰减范围。
- 【开始】：设置灯光开始淡入的位置。
- 【显示】：如果勾选该复选框，在灯光的周围会出
现表示灯光衰减开始和结束的圆圈，如图 7-27
所示。

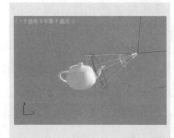

图 7-27　勾选【显示】复选框

- 【结束】：设置灯光衰减结束的地方，也就是灯光停止照明的距离。在【开始】和【结束】之间灯光按线性衰减。

【远距衰减】选项组：

- 【使用】：决定灯光是否使用它被指定的衰减范围。
- 【开始】：该选项定义了灯光不发生衰减的范围，只有在比【开始】更远的照射范围，灯光才开始发生衰减。
- 【显示】：勾选该复选框会出现表示灯光衰减开始和结束的圆圈。
- 【结束】：设置灯光衰减结束的地方，也就是灯光停止照明的距离。

7.4.3　【高级效果】卷展栏

　　【高级效果】卷展栏提供了灯光影响曲面方式的控件，也包括很多微调和投影灯的设置，如图 7-28 所示。

　　可以通过选择要投射灯光的贴图使灯光对象成为一个投影。投射的贴图可以是静止的图像或动画，如图 7-29 所示。各项参数功能如下。

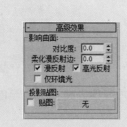

图 7-28　【高级效果】卷展栏

图 7-29　使用灯光投影

【影响曲面】选项组：

- 【对比度】：光源照射在物体上，会在物体的表面形成高光区、过渡区、阴影区和反光区。
- 【柔化漫反射边】：柔化过渡区与阴影表面之间的边缘，避免产生清晰的明暗分界。
- 【漫反射】：漫反射区就是从对象表面的亮部到暗部的过渡区域。默认状态下，

此复选框处于被勾选状态，这样光线才会对物体表面的漫反射产生影响。如果复选框没有被勾选，则灯光不会影响漫反射区域。

- 【高光反射】：也就是高光区，是光源在对象表面上产生的光点。用它来控制灯光是否影响对象的高光区域。默认状态下，此复选框为被勾选状态。如果取消对该复选框的勾选，灯光将不影响对象的高光区域。

- 【仅环境光】：勾选该复选框，照射对象将反射环境光的颜色。默认状态下，该复选框为未被勾选状态。

图 7-30 所示为【漫反射】、【高光反射】和【仅环境光】3 种渲染效果。

图 7-30　3 种表现方式

【投影贴图】选项组：

【贴图】：勾选该复选框，可以通过右侧的【无】按钮为灯光指定一个投影图形，它可以像投影机一样将图形投影到照射的对象表面。当使用一个黑白位图进行投影时，黑色将光线完全挡住，白色对光线没有影响。

7.4.4 【阴影参数】卷展栏

【阴影参数】卷展栏中的参数用于控制阴影的颜色、浓度以及是否使用贴图来代替颜色作为阴影，如图 7-31 所示。其各选项的功能说明如下。

【对象阴影】选项组：

- 【颜色】：用于设置阴影的颜色。

- 【密度】：设置较大的数值产生一个粗糙、有明显的锯齿状边缘的阴影；相反，阴影的边缘会变得比较平滑。图 7-32 所示为不同的数值所产生的阴影效果。

图 7-31　【阴影参数】卷展栏 　　　　图 7-32　设置不同的【密度】值效果

- 【贴图】：勾选该复选框可以对对象的阴影投射图像，但不影响阴影以外的区域。在处理透明对象的阴影时，可以将透明对象的贴图作为投射图像投射到阴影中，以创建更多的细节，使阴影更真实。

- 【灯光影响阴影颜色】：勾选该复选框，将混合灯光和阴影的颜色，如图 7-33 所示。

【大气阴影】选项组：用于控制允许大气效果投射阴影，如图 7-34 所示。

- 【启用】：如果勾选该复选框，当灯光穿过大气时，大气投射阴影。

- 【不透明度】：调节大气阴影的不透明度的百分比数值。
- 【颜色量】：调整大气的颜色和阴影混合的百分比数值。

图 7-33　灯光影响阴影颜色

图 7-34　大气阴影

7.5　摄　影　机

摄影机通常是场景中不可缺少的组成单位，最后完成的静态、动态图像都要在摄影机视图中表现，如图 7-35 所示。3ds Max 中的摄影机拥有超过现实摄影机的能力，更换镜头瞬间完成，无级变焦更是真实摄影机无法比拟的。对于景深的设置，直观地用范围线表示，用不着建立光圈计算。对于摄影机的动画，除了设置变动外，还可以表现焦距、视角、景深等动画效果，【自动摄影机】可以绑定到运动目标上，随目标在运动轨迹上运动进行跟随和倾斜；也可以按目标摄影机的目标点连接到运动的物体上，表现目光跟随的动画效果；对于室内外建筑的环游动画，摄影机是必不可少的。

图 7-35　摄影机表现效果

7.5.1　认识摄影机

选择【创建】　|【摄影机】　，进入【摄影机】命令面板，可以看到【目标】和【自由】两种类型的摄影机，如图 7-36 所示。

【目标】：用于查看目标对象周围的区域。它有摄影机、目标点两部分，可以很容易地单独进行控制调整，如图 7-37 所示。

【自由】：用于查看注视摄影机方向的区域。它没有目标点，不能单独进行调整，它可以用来制作室内外装潢的环游动画，如图 7-38 所示。

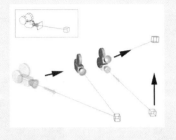

图 7-36 【摄影机】命令面板　　图 7-37 　【目标】摄影机　　　图 7-38 　【自由】摄影机

7.5.2　摄影机共同的参数

两种摄影机的绝大部分参数设置是相同的，【参数】卷展栏如图 7-39 所示。下面将对其参数功能进行介绍。

1.【参数】卷展栏

【镜头】：设置摄影机的焦距长度，48mm 为标准的焦距，短焦可以造成鱼眼镜头的夸张效果，长焦用来观测较远的景色，保证物体不变形。

【视野】：决定摄影机查看区域的宽度(视野)。

图 7-39 【参数】卷展栏

↔ ↕ ⤢：这是一个下拉按钮，用于控制 FOV 角度值的显示方式，包括水平、垂直和对象 3 种。

【正交投影】：勾选该复选框，【摄影机】视图就好像【用户】视图一样，取消勾选该复选框，【摄影机】视图就像是【透视】视图一样。

【备用镜头】选项组：

- 【类型】：用于改变摄影机的类型。
- 【显示圆锥体】：显示摄影机视野定义的锥形光线(实际上是一个四棱锥)。锥形光线出现在其他视口，但不出现在【摄影机】视口中。
- 【显示地平线】：显示地平线。在【摄影机】视口中的地平线层级显示一条深灰色的线条。

【环境范围】选项组：

- 【显示】：以线框的形式显示环境存在的范围。
- 【近距范围】：设置环境影响的近距距离，如图 7-40 所示。
- 【远距范围】：设置环境影响的远距距离，如图 7-41 所示。

【剪切平面】选项组：

- 【手动剪切】：勾选该复选框可以定义剪切平面。
- 【近距剪切】和【远距剪切】：分别用来设置近距剪切平面与远距离平面的距离，剪切平面能去除场景几何体的某个断面，能看到几何体的内部。如果想产生楼房、车辆、人等的剖面图或带切口的视图时，可以使用该选项。

图 7-40 近距范围

图 7-41 远距范围

【多过程效果】选项组：

- 【启用】：勾选该复选框后，用于效果的预览或渲染。取消勾选该复选框后，不渲染该效果。
- 【预览】：单击该按钮后，能够在激活的【摄影机】视图预览景深或运动模糊效果。
- 【渲染每过程效果】：勾选该复选框后，如果指定任何一个，则将渲染效果应用于多重过滤效果的每个过程(景深或运动模糊)。取消勾选该复选框后，将在生成多重过滤效果的通道之后只应用渲染效果。默认设置为未勾选。
- 【目标距离】：使用【自由】摄影机，将点设置为用做不可见的目标，以便可以围绕该点旋转摄影机。使用【目标】摄影机，表示摄影机和其目标之间的距离。

2. 【景深参数】卷展栏

当在【多过程效果】选项组中选择了"景深"效果后，会出现相应的景深参数，如图 7-42 所示。

【焦点深度】选项组：

- 【使用目标距离】：勾选该复选框，以摄影机【目标距离】作为摄影机进行偏移的位置，取消勾选该复选框，以【焦点深度】的值进行摄影机偏移。
- 【焦点深度】：当【使用目标距离】处于禁用状态时，设置距离偏移摄影机的深度。范围为 0～100，其中 0 为摄影机的位置，并且 100 是极限距离。默认设置为 100。

图 7-42 【景深参数】卷展栏

【采样】选项组：

- 【显示过程】：勾选该复选框后，渲染帧窗口显示多个渲染通道。取消勾选该复选框后，该帧窗口只显示最终结果。此控件对于在【摄影机】视口中预览景深无效。默认设置为启用。
- 【使用初始位置】：勾选该复选框后，在摄影机的初始位置渲染第一个过程；取消勾选该复选框后，第一个渲染过程像随后的过程一样进行偏移，默认为勾选。

- 【过程总数】：用于生成效果的过程数。增加此值可以增加效果的精确性，但会增加渲染时间，默认设置为12。
- 【采样半径】：通过移动场景生成模糊的半径。增加该值将增加整体模糊效果，减小该值将减少模糊，默认设置为1。
- 【采样偏移】：设置模糊靠近或远离【采样半径】的权重值。增加该值，将增加景深模糊的数量级，提供更均匀的效果。减小该值，将减小数量级，提供更随机的效果。偏移的范围为0～1，默认设置为0.5。

【过程混合】选项组：

- 【规格化权重】：使用随机权重混合的过程可以避免出现如条纹人工效果。当勾选【规格化权重】复选框后，将权重规格化，会获得较平滑的结果。当取消勾选复选框后，效果会变得清晰一些，但通常颗粒状效果更明显。默认设置为勾选。
- 【抖动强度】：控制应用于渲染通道的抖动程度。增加此值会增加抖动量，并且生成颗粒状效果，尤其在对象的边缘上，默认值为0.4。
- 【平铺大小】：设置抖动时图案的大小。此值是一个百分比，0是最小的平铺，100是最大的平铺，默认设置为32。

【扫描线渲染器参数】选项组：

- 【禁用过滤】：勾选该复选框后，禁用过滤过程。默认设置为取消勾选状态。
- 【禁用抗锯齿】：勾选该复选框后，禁用抗锯齿。默认设置为取消勾选状态。

7.6 上机练习

7.6.1 真实的阴影

本例将介绍灯光效果阴影的表现方法，其效果如图7-43所示。本例将通过对一套桌椅设置阴影，对阴影的表现方法进行介绍。

步骤01 按 Ctrl+O 快捷键，在弹出的【打开文件】对话框中，选择随书附带光盘"CDROM\Scene\藤制桌椅01.max"文件，如图7-44所示。

图7-43 真实的阴影效果

图7-44 【打开文件】对话框

步骤02 单击【打开】按钮，打开场景文件，如图 7-45 所示。

步骤03 选择【创建】 ✳ |【灯光】 🔽 |【目标聚光灯】工具，在【顶】视图中创建一盏聚光灯，如图 7-46 所示。

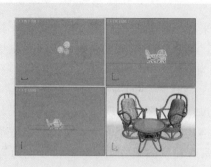

图 7-45　打开的场景文件

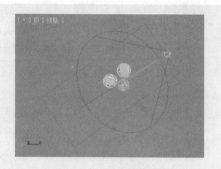

图 7-46　创建目标聚光灯

步骤04 在【常规参数】卷展栏中，勾选【启用】复选框，将阴影模式定义为【光线跟踪阴影】，如图 7-47 所示。

步骤05 在【聚光灯参数】卷展栏中将【聚光区/光束】和【衰减区/区域】分别设置为 1.0 和 55.0，如图 7-48 所示。

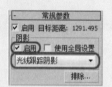

图 7-47　【常规参数】卷展栏

图 7-48　【聚光灯参数】卷展栏

步骤06 在【阴影参数】卷展栏中将阴影颜色 RGB 设置为 0、0、0，在工具栏中选择【选择并移动】工具 ✛，在其他视图中对聚光灯进行调整，如图 7-49 所示。

步骤07 添加完目标聚光灯后激活【摄影机】视图，按 F9 键，将选择的视图进行渲染，渲染后的效果如图 7-50 所示。

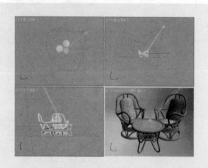

图 7-49　调整聚光灯

图 7-50　渲染效果

步骤 08 选择【创建】 ⚹ |【灯光】 ◥ |【泛光灯】工具，在【顶】视图中创建一个泛光灯，如图 7-51 所示。

步骤 09 单击【修改】按钮 ☑ 切换至【修改】命令面板中，在【常规参数】卷展栏中取消勾选【阴影】选项组中的【启用】复选框，在【强度/颜色/衰减】卷展栏中将【倍增】设置为 1.0，设置颜色 RGB 值为 180、180、180，如图 7-52 所示。

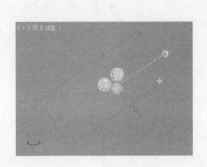

图 7-51　创建泛光灯　　　　　　图 7-52　设置参数

步骤 10 选择【创建】 ⚹ |【灯光】 ◥ |【泛光灯】工具，在【顶】视图中在创建一个泛光灯，如图 7-53 所示。

步骤 11 切换至【修改】命令面板中，在【常规参数】卷展栏中取消勾选【阴影】选项组中的【启用】复选框，在【强度/颜色/衰减】卷展栏中将【倍增】设置为 1.0 设置颜色 RGB 值为 180、180、180，在【远距衰减】选项组中勾选【使用】复选框，并设置【开始】为 1200，然后在其他视图中调整灯光的位置，如图 7-54 所示。

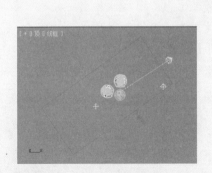

图 7-53　创建泛光灯　　　　　　图 7-54　设置参数

步骤 12 添加完目标聚光灯后激活【摄影机】视图，按 F9 键，将选择的视图进行渲染，渲染后的效果如图 7-55 所示。

步骤 13 至此，真实的阴影就制作完成了，按 Ctrl+S 快捷键保存场景。

图 7-55　渲染后效果

7.6.2　灯光投影

本例介绍的是通过灯光设置阴影贴图产生灯光投影效果，如图 7-56 所示。

步骤01　按 Ctrl+O 快捷键，在弹出的【打开文件】对话框中，选择随书附带光盘 "CDROM\Scene\灯光投影.max" 文件，如图 7-57 所示。

图 7-56　灯光投影效果

图 7-57　【打开文件】对话框

步骤02　单击【打开】按钮，打开场景文件，如图 7-58 所示。

步骤03　选择【创建】　|【灯光】　|【标准】|【目标平行光】工具，在【顶】视图中创建平行光，如图 7-59 所示。

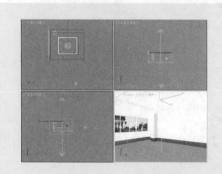

图 7-58　打开场景文件

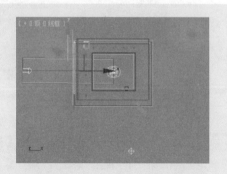

图 7-59　创建【目标平行光】

步骤 04　在【强度/颜色/衰减】卷展栏中将【倍增】设置为 0.2，如图 7-60 所示。

步骤 05　在【平行光参数】卷展栏中将【聚光区/光束】和【衰减区/区域】分别设置为 2000.0mm 和 2300.0mm，如图 7-61 所示。

图 7-60　【强度/颜色/衰减】卷展栏

图 7-61　【平行光参数】卷展栏

步骤 06　设置完成后，在场景中调整灯光的位置，如图 7-62 所示。

步骤 07　确定新创建的目标平行光处于选择状态，单击【修改】按钮，进入【修改】命令面板，在【高级效果】卷展栏中勾选【投影贴图】选项组中的【贴图】复选框，并单击其右侧的【无】按钮，在打开的【材质/贴图浏览器】对话框中选择【位图】贴图，单击【确定】按钮。在打开的对话框中选择随书附带光盘中"CDROM\Map\B-A-017.tif"文件，单击【打开】按钮，如图 7-63 所示。

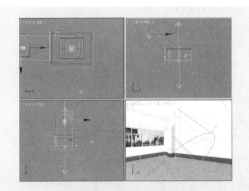

图 7-62　调整灯光位置

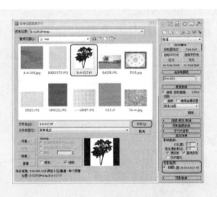

图 7-63　添加投影贴图

步骤 08　按 M 键，打开【材质编辑器】对话框，将【高级效果】卷展栏中的【投影贴图】选项组中的贴图拖曳至【材质编辑器】中新的样本球上，在弹出的对话框中选中【实例】单选按钮，如图 7-64 所示。

步骤 09　勾选【位图参数】卷展栏中【裁剪/放置】选项组中的【应用】复选框，并单击【查看图像】按钮，在打开的对话框中对贴图进行调整，如图 7-65 所示。设置完成后关闭该对话框，再关闭【材质编辑器】对话框。

步骤 10　设置完成后，选择【文件】|【另保存】命令，将设置灯光的场景进行保

图 7-64　【实例(副本)贴图】对话框

存，然后对【摄影机】视图进行渲染。

图 7-65　设置贴图

7.6.3　筒灯灯光

本例将介绍在室内效果图中筒灯灯光照射及投影的制作方法，完成后的效果如图 7-66 所示。筒灯灯光照射及摄影在室内效果图制作中比较常用，在制作上通常是使用聚光灯来完成的，恰到好处的筒灯灯光的照射可以使居室更加舒适和安逸。

步骤 01　打开随书附带光盘"CDROM\Scene\筒灯.max"文件，如图 7-68 所示。

图 7-66　筒灯效果

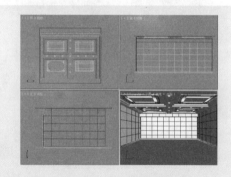

图 7-67　打开的场景文件

步骤 02　选择【创建】 ＊ |【灯光】 ◁ |【标准】|【目标聚光灯】命令，在【顶】视图中创建目标聚光灯，在【强度/颜色/衰减】卷展栏中将【倍增】设置为 0.6，在【聚光灯参数】卷展栏中勾选【显示光锥】复选框，将【聚光区/光束】和【衰减区/区域】设置为 1 和 80，如图 7-68 所示。

步骤 03　继续在【顶】视图中创建目标聚光灯，在【强度/颜色/衰减】卷展栏中将【倍增】设置为 0.6，在【聚光灯参数】卷展栏中勾选【显示光锥】复选框，将【聚光区/光束】和【衰减区/区域】设置为 1 和 70，如图 7-69 所示。

步骤 04　选择第一个创建的目标聚光灯，按住 Shift 键，将目标聚光灯沿 X 轴向右移动，在弹出的对话框中选中【复制】单选按钮，单击【确定】按钮，如图 7-70 所示。

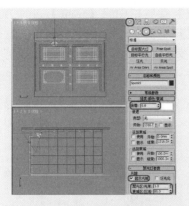

图 7-68　创建目标聚光灯(一)

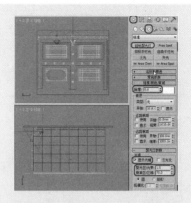

图 7-69　创建目标聚光灯(二)

步骤05　选择【创建】 |【灯光】 |【标准】|【目标聚光灯】命令，在【前】视图中创建目标聚光灯，在【强度/颜色/衰减】卷展栏中将【倍增】设置为 0.8，在【聚光灯参数】卷展栏中将【聚光区/光束】和【衰减区/区域】设置为 1 和 95。如图 7-71 所示。

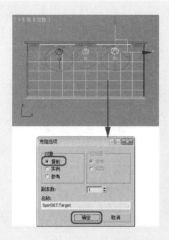

图 7-70　复制目标聚光灯

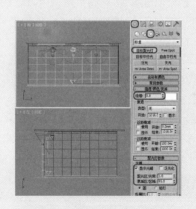

图 7-71　创建目标聚光灯(三)

步骤06　选择刚刚创建的目标聚光灯，按住 Shift 键，将目标聚光灯向右移动，在弹出的对话框中选中【复制】单选按钮，单击【确定】按钮，选择新复制的灯光，切换到【修改】命令面板，在【强度/颜色/衰减】卷展栏中将【倍增】设置为 0.3，如图 7-72 所示。

步骤07　选择【创建】 |【灯光】 |【标准】|【目标聚光灯】命令，在【前】视图中创建目标聚光灯，在【强度/颜色/衰减】卷展栏中将【倍增】设置为 0.3，在【聚光灯参数】卷展栏中勾选【显示光锥】复选框，将【聚光区/光束】和【衰减区/区域】设置为 0.5 和 85，如图 7-73 所示。

步骤08　选择【创建】 |【灯光】 |【标准】|【目标聚光灯】命令，在【顶】视图

中创建目标聚光灯，在【强度/颜色/衰减】卷展栏中将【倍增】设置为 0.5，在【聚光灯参数】卷展栏中勾选【显示光锥】复选框，将【聚光区/光束】和【衰减区/区域】设置为 1 和 74.25，设置完成后调整其位置，如图 7-74 所示。

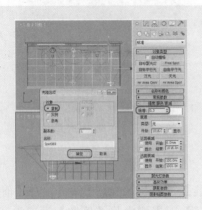

图 7-72　复制目标聚光灯

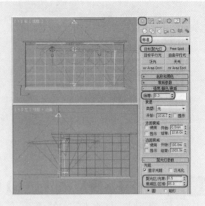

图 7-73　创建目标聚光灯(四)

步骤 09　选择【创建】｜【灯光】｜【标准】｜【目标聚光灯】命令，在【顶】视图中创建目标聚光灯，在【强度/颜色/衰减】卷展栏中将【倍增】设置为 0.2，在【聚光灯参数】卷展栏中勾选【显示光锥】复选框，将【聚光区/光束】和【衰减区/区域】设置为 1 和 54.25，设置完成后调整其位置，如图 7-75 所示。

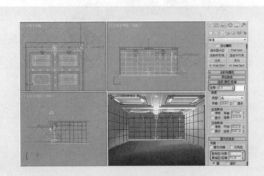

图 7-74　创建目标聚光灯(五)

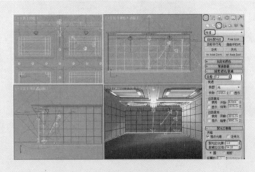

图 7-75　创建目标聚光灯(六)

步骤 10　选择【创建】｜【灯光】｜【标准】｜【目标聚光灯】命令，在【顶】视图中创建目标聚光灯，在【强度/颜色/衰减】卷展栏中将【倍增】设置为 0.3，在【聚光灯参数】卷展栏中勾选【显示光锥】复选框，将【聚光区/光束】和【衰减区/区域】设置为 1 和 51.5，设置完成后调整其位置，如图 7-76 所示。

步骤 11　选择【创建】｜【灯光】｜【标准】｜【目标聚光灯】命令，在【顶】视图中创建目标聚光灯，在【强度/颜色/衰减】卷展栏中将【倍增】设置为 0.2，在【聚光灯参数】卷展栏中勾选【显示光锥】复选框，将【聚光区/光束】和【衰减区/区域】设置为 1 和 63.85，设置完成后调整其位置，如图 7-77 所示。

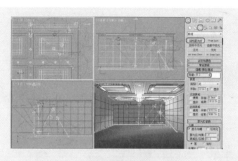

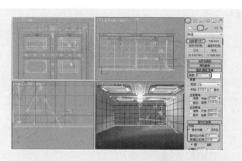

| 图 7-76 创建目标聚光灯(七) | 图 7-77 创建目标聚光灯(八) |

步骤 12 将创建的灯光全部隐藏。选择【创建】 |【灯光】 |【标准】|【目标聚光灯】命令，在【顶】视图中创建目标聚光灯，在【强度/颜色/衰减】卷展栏中将【倍增】设置为 0.2，在【聚光灯参数】卷展栏中勾选【显示光锥】复选框，将【聚光区/光束】和【衰减区/区域】设置为 1 和 85，设置完成后调整其位置，如图 7-78 所示。

步骤 13 复制刚创建的聚光灯，并调整聚光灯在视图中的角度和位置，切换到【修改】命令面板，在【强度/颜色/衰减】卷展栏中将【倍增】设置为 0.4，在【聚光灯参数】卷展栏中将【聚光区/光束】和【衰减区/区域】设置为 1 和 105，如图 7-79 所示。

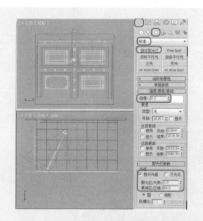

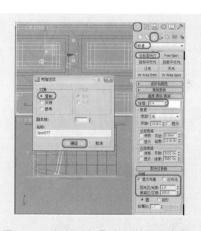

| 图 7-78 创建目标聚光灯(九) | 图 7-79 复制目标聚光灯并设置参数 |

步骤 14 选择【创建】 |【灯光】 |【标准】|【目标聚光灯】命令，在【顶】视图中创建目标聚光灯，在【强度/颜色/衰减】卷展栏中将【倍增】设置为 0.3，在【聚光灯参数】卷展栏中将【聚光区/光束】和【衰减区/区域】设置为 1 和 81.5，设置完成后调整其位置，如图 7-80 所示。

步骤 15 选择【创建】 |【灯光】 |【标准】|【目标聚光灯】命令，在【顶】视图中创建目标聚光灯，在【强度/颜色/衰减】卷展栏中将【倍增】设置为 0.6，在【聚光灯参数】卷展栏中选择【显示光锥】复选框，将【聚光区/光束】和【衰减区/区域】设置为 1 和 75，如图 7-81 所示。

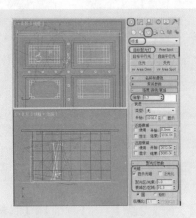

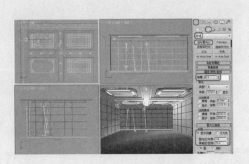

图 7-80　创建目标聚光灯(十)　　　　　　　图 7-81　创建目标聚光灯(十一)

步骤 16　复制刚创建的聚光灯，在弹出的对话框中将【副本数】设置为 2，单击【确定】按钮，如图 7-82 所示。

步骤 17　选择刚创建的和新复制的聚光灯，单击工具栏中的【镜像】按钮，在弹出的对话框中选择 X 轴，将【偏移】设置为 7830mm，选中【复制】单选按钮，最后单击【确定】按钮，如图 7-83 所示。

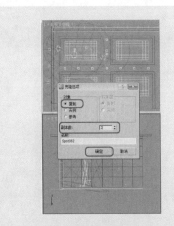

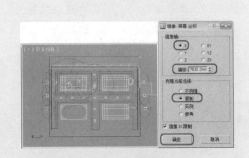

图 7-82　复制目标聚光灯　　　　　　　图 7-83　复制镜像聚光灯

步骤 18　再将刚创建的灯光隐藏，选择【创建】|【灯光】|【标准】|【目标聚光灯】命令，在【顶】视图中创建目标聚光灯，在【强度/颜色/衰减】卷展栏中将【倍增】设置为 0.3，在【聚光灯参数】卷展栏中选择【显示光锥】复选框，将【聚光区/光束】和【衰减区/区域】设置为 1 和 85，如图 7-84 所示。

步骤 19　选择【创建】|【灯光】|【标准】|【目标聚光灯】命令，在【顶】视图中创建目标聚光灯，在【强度/颜色/衰减】卷展栏中将【倍增】设置为 0.4，在【聚光灯参数】卷展栏中将【聚光区/光束】和【衰减区/区域】设置为 1 和 85，设置完成后调整其位置，如图 7-85 所示。

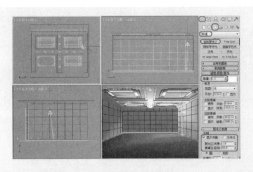

图 7-84　创建目标聚光灯(十二)

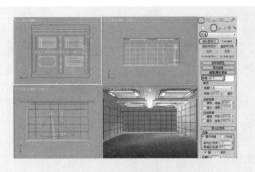

图 7-85　创建目标聚光灯(十三)

步骤20　选择【创建】 ✳ |【灯光】 ◁ |【标准】|【目标聚光灯】命令，在【顶】视图中创建目标聚光灯，在【强度/颜色/衰减】卷展栏中将【倍增】设置为 0.1，在【聚光灯参数】卷展栏中勾选【显示光锥】复选框，将【聚光区/光束】和【衰减区/区域】设置为 1 和 63.75，设置完成后调整其位置，如图 7-86 所示。

步骤21　选择【创建】 ✳ |【灯光】 ◁ |【标准】|【目标聚光灯】命令，在【顶】视图中创建目标聚光灯，在【强度/颜色/衰减】卷展栏中将【倍增】设置为 0.5，在【聚光灯参数】卷展栏中勾选【显示光锥】复选框，将【聚光区/光束】和【衰减区/区域】设置为 1 和 105，设置完成后调整其位置，如图 7-87 所示。

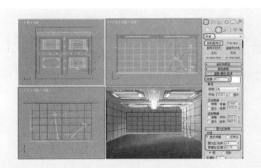

图 7-86　创建目标聚光灯(十四)

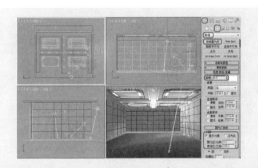

图 7-87　创建目标聚光灯(十五)

步骤22　选择【创建】 ✳ |【灯光】 ◁ |【标准】|【目标聚光灯】命令，在【顶】视图中创建目标聚光灯，在【强度/颜色/衰减】卷展栏中将【倍增】设置为 0.3，在【聚光灯参数】卷展栏中将【聚光区/光束】和【衰减区/区域】设置为 1 和 95，设置完成后调整其位置，如图 7-88 所示。

步骤23　选择【创建】 ✳ |【灯光】 ◁ |【标准】|【目标聚光灯】命令，在【顶】视图中创建目标聚光灯，在【强度/颜色/衰减】卷展栏中将【倍增】设置为 0.2，在【聚光灯参数】卷展栏中勾选【显示光锥】复选框，将【聚光区/光束】和【衰减区/区域】设置为 1 和 48，设置完成后调整其位置，如图 7-89 所示。

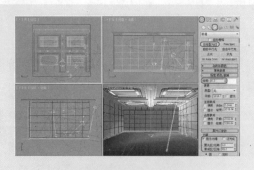

图 7-88　创建目标聚光灯(十六)

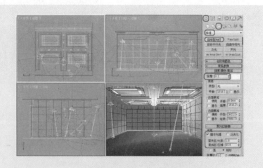

图 7-89　创建目标聚光灯(十七)

步骤 24　选择【创建】 ■ |【灯光】 ◁ |【标准】|【目标聚光灯】命令，在【顶】视图中创建目标聚光灯，在【强度/颜色/衰减】卷展栏中将【倍增】设置为 0.2，在【聚光灯参数】卷展栏中将【聚光区/光束】和【衰减区/区域】设置为 1 和 95，设置完成后调整其位置，如图 7-90 所示。

步骤 25　选择【创建】 ■ |【灯光】 ◁ |【标准】|【目标聚光灯】命令，在【顶】视图中创建目标聚光灯，在【强度/颜色/衰减】卷展栏中将【倍增】设置为 0.4，在【聚光灯参数】卷展栏中勾选【显示光锥】复选框，将【聚光区/光束】和【衰减区/区域】设置为 1 和 105，设置完成后调整其位置，如图 7-91 所示。

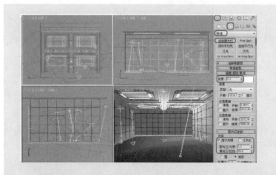

图 7-90　创建目标聚光灯(十八)

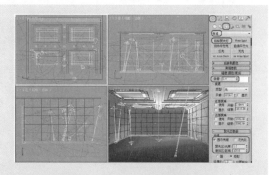

图 7-91　创建目标聚光灯(十九)

步骤 26　选择【创建】 ■ |【灯光】 ◁ |【标准】|【泛光】命令，在【顶】视图中创建一盏泛光灯，在【强度/颜色/衰减】卷展栏中将【倍增】设置为 0.2，设置完成后调整其位置，如图 7-92 所示。

步骤 27　复制刚创建的泛光灯，并在场景中调整泛光灯位置，如图 7-93 所示。

步骤 28　选择【创建】 ■ |【灯光】 ◁ |【标准】|【泛光】命令，在【顶】视图中创建一盏泛光灯，在【强度/颜色/衰减】卷展栏中将【倍增】设置为 0.1，如图 7-94 所示。

步骤 29　复制刚创建的泛光灯，并在场景中调整泛光灯位置，如图 7-95 所示。

步骤 30　选择【创建】 ■ |【灯光】 ◁ |【标准】|【泛光灯】命令，在【顶】视图中创建一盏泛光灯，在【强度/颜色/衰减】卷展栏中将【倍增】设置为 0.5，勾选【远距衰减】区域下的【使用】复选框，将【开始】设置为 1000，将【结束】设置为

10000，如图 7-96 所示。

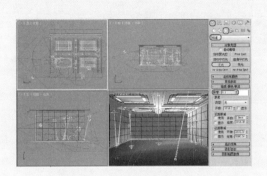

图 7-92　创建泛光灯(一)

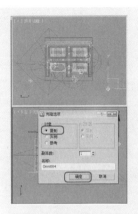

图 7-93　复制泛光灯(一)

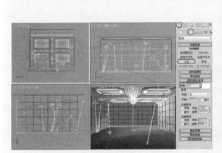

图 7-94　创建泛光灯(二)

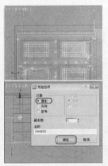

图 7-95　复制泛光灯(二)

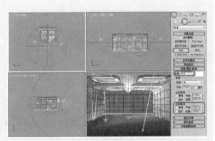

图 7-96　创建泛光灯(三)

步骤 31 将灯光全部取消隐藏，渲染摄影机视图，渲染完成后将场景文件保存。

第 8 章

高级建模

前面几章已经介绍了基础建模的方式，但是在模型的创建过程中，往往还会碰到比较复杂的造型，这时就需要使用本章所讲述的高级建模方式。本章将对网格建模、多边形建模、面片栅格和 NURBS 建模进行一些简单的介绍。

本章重点：

- ➡ 网格建模
- ➡ 多边形建模
- ➡ 面片栅格
- ➡ NURBS 建模

8.1 网格建模

在选定的对象上右击，在弹出的快捷菜单中选择【转换为】|【转换为可编辑网格】命令，这样对象就被转换为可编辑网格物体，如图 8-1 所示。执行完该命令后，在对应堆栈中对象的名称已经变为可编辑网格选项，在该选项中单击左侧的加号，将该选项的子选项展开显示，包括【顶点】、【边】、【面】、【对变形】和【元素】，如图 8-2 所示。

图 8-1 选择【转换为可编辑网格】命令

图 8-2 选项列表

8.1.1 公用属性

不管是【编辑网格】修改器，还是【可编辑网格】修改器，在【修改】命令面板中都有【选择】和【软选择】卷展栏，并且它们具有相同的参数设置，如图 8-3 所示。

下面将分别对【选择】和【软选择】卷展栏进行介绍。

1．【选项】卷展栏

【选择】卷展栏提供启用或者禁用不同子对象层级的按钮，它们的名字是选择和控制柄、显示设置和关于选定条目的信息，如图 8-4 所示。

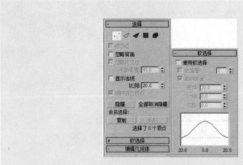

图 8-3 【选择】和【软选择】卷展栏

图 8-4 【选项】卷展栏

【顶点】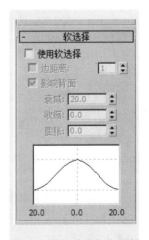：以顶点为最小单位进行选择。

【边】：以边为最小单位进行选择。

【面】：以面为最小单位进行选择。

【多边形】：以四边形为最小单位进行选择。

【元素】：以元素为最小单位进行选择。

【按顶点】：勾选该复选框，在选择一个点时，与这个点相连的边或面会同时被选择。

【忽略背面】：由于表面法线的原因，对象表面有可能在当前视角不被显示，表面一般情况是不能被选择的，勾选该复选框，可以对其进行选择操作。

【忽略可见边】：当选择【多边形】面选择模式时，该功能将启用。

【平面阈值】：指定阈值的值，该值决定对【多边形】面选择来说哪些面是共存面。

【显示法线】：当勾选该复选框后，程序在视图中显示法线，法线显示为蓝色。

【比例】：【显示法线】处于启用状态时，指定视图中显示的法线大小。

【删除孤立顶点】：勾选该复选框，在删除子对象的连续选择时，3ds Max 将消除任何孤立顶点。在取消勾选该复选框时，删除选择会完好地保留所有的顶点。

> 提示：【编辑】菜单上的【反选】命令对选择要隐藏的面很有用。选择要聚焦的面，选择【编辑】|【反选】命令，然后单击【隐藏】按钮即可。

【隐藏】按钮：隐藏任何选定的子对象。边和整个对象不能隐藏。

【全部取消隐藏】按钮：还原任何隐藏对象使其可见。只有处于【顶点】子对象层级时能将隐藏的顶点取消隐藏。

【复制】按钮：将当前子对象级中命名的选择集合复制到剪贴板中。

【粘贴】按钮：将剪贴板中复制的选择集合指定到当前子对象级别中。

2. 【软选择】卷展栏

【软选择】卷展栏控件允许部分地选择显示选择邻接处中的子对象。在对子对象选择进行变换时，在场中被选定的子对象就会被平滑地进行绘制；这种效果随着距离或部分选择的"强度"而衰减，【软选择】卷展栏如图 8-5 所示。

【使用软选择】：在可编辑对象或【编辑】修改器的子对象级别上影响【移动】、【旋转】和【缩放】功能的操作，如果【变形】修改器在子对象选择上进行操作，那么也会影响应用到对象上的【变形】修改器的操作。勾选该复选框后，软件将样条线曲线变形应用到未选定子对象上。要产生效果，必须在变换或修改选择之前勾选该复选框。

【边距离】：勾选该复选框，在被选择点和其影响的顶点之间以边数来限制它的影响范围，并在表面范围以边距来测量顶点

图 8-5 【软选择】卷展栏

的影响区域空间。

【影响背面】：勾选该复选框，那些法线方向与选定子对象平均法线方向相反，取消选择的面就会受到软选择的影响。在顶点和边的情况下，这将应用到它们所依附的面的法线上。

【衰减】：用来定义影响区域的距离，它是用当前单位表示的从中心到球体边的距离。使用越高的衰减设置，就可以实现更平缓的斜坡，具体情况取决于几何体比例。默认设置为 20。

【收缩】：沿着垂直轴提高或降低曲线的顶点。为负数时，将生成凹陷；设置为 0 时，收缩将跨越该轴生成平滑变换。默认值为 0。

【膨胀】：沿着垂直轴展开和收缩曲线。

在修改器堆栈中对顶点、边、面、多边形或元素次对象进行编辑，除【选择】和【软选择】卷展栏外，还包括【编辑几何体】卷展栏和【曲面属性】卷展栏，选择的次对象不同，在两个卷展栏中的参数设置也不同。

8.1.2 顶点

在修改器堆栈中，当前选择集定义为【顶点】，或者单击【选择】卷展栏中的【顶点】按钮 ，进入网格对象的顶点模式，在视图中对象的顶点呈蓝色显示，如图 8-6 所示。用户可以选择对象上的单个顶点或多个顶点。

除了在修改器堆栈中定义选择集外，还可以在对象上右击，在弹出的快捷菜单中选择次对象模式，如图 8-7 所示。

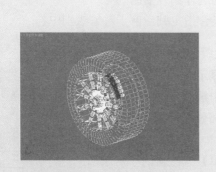

图 8-6　顶点模式

图 8-7　选择次对象模式

1. 【编辑几何体】卷展栏

下面将介绍【编辑几何体】卷展栏，如图 8-8 所示。

【创建】按钮：可以使子对象添加到单个选定的网格对象中。选择对象并单击【创建】按钮后，单击空间中的任何位置可以添加子对象。

【附加】按钮：将场景中的另一个对象附加到选定的网格。可以附加任何类型的对象，包括样条线、片面对象和 NURBS 曲面。附加非网格对象时，该对象会转化成网格。

【断开】按钮：为每一个附加到选定顶点的面创建新的顶点。如果顶点是孤立的或者只有一个面使用，则顶点将不受影响。

【删除】按钮：删除选定的子对象以及附加在上面的任何面。

【分离】按钮：将选定子对象作为单独的对象或元素进行分离，同时也会分离所有附加到子对象的面，如图 8-9 所示。

图 8-8　【编辑几何体】卷展栏

图 8-9　分离后的效果

【改向】按钮：在边的范围内旋转边。3ds Max 中的所有网格对象都由三角形面组成，但是默认情况下，大多数多边形被描述为四边形，其中有一条隐藏的边将每个四边形分割为两个三角形。【改向】可以更改隐藏边(或其他边)的方向，因此当直接或间接地使用修改器变换子对象时，能够影响图形的变化方式。

【挤出】按钮：控件可以挤出边或面。边挤出与面挤出的工作方式相似，如图 8-10 所示。

【切角】按钮：当前子级对象为【顶点】或【边】时，单击该按钮，然后拖动活动对象中的顶点或边。拖动时，【切角】右侧的文本框相应地更新，以指示当前的切角量。如果拖动一个或多个所选顶点或边，所有选定子对象将以同样的方式设置切角。如果当前子级对象为【面】、【多边形】、【元素】，该按钮会显示为倒角。

【法线】：确定如何挤出多于一条边的选择集。

【组】：沿着每个边连续组(线)的平均法线执行挤出操作。

【局部】：将沿着每个选定面的法线方向进行挤出操作。

【切片平面】按钮：一个方形化的平面，可以通过移动或旋转改变将要剪切对象的位置，单击该按钮后，【切片】按钮才可用。单击【切片平面】按钮时即在对象上出现一条黄色的线框，如图 8-11 所示。

【切片】按钮：在切片平面位置处执行切片操作。只有单击【切片平面】按钮时，【切片】按钮才可用，单击该按钮后，即在对象上出现一条红色的切割线，如图 8-12 所示。

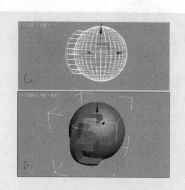

图 8-10　多边形挤出

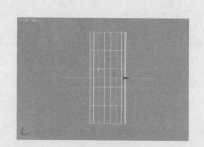

图 8-11　单击【切片平面】按钮后的效果

【剪切】按钮：用来在任一点切分边，然后在任一点切分第二条边，在这两点之间创建一条新边或多条新边。

【分割】：勾选该复选框，通过【切片】和【切割】可以在划分边的位置处创建两个顶点集，使得删除新面创建孔洞变得很简单。

【优化端点】：勾选该复选框后，在相邻的面之间进行光滑过渡。反之，则在相邻的面之间产生生硬的边。

【选定项】按钮：焊接在该按钮的右侧文本框中指定公差范围内的选定顶点，所有线段都会与产生的单个顶点连接。

【目标】按钮：进入焊接模式，可以选择顶点并将它们移动。【目标】按钮右侧的文本框设置鼠标光标与目标顶点之间的最大距离(以屏幕像素为单位)。

【细化】按钮：单击该按钮，会根据其下面的细分方式对选择的表面进行分裂复制，在【细化】按钮右侧的文本框进行参数设置，设置完成后，单击【细化】按钮，即可将选择的面细分，如图 8-13 所示。

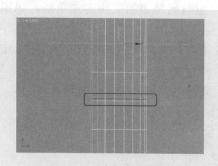

图 8-12　添加切割线

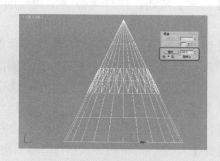

图 8-13　细分效果

【边】：以选择面的边为根据进行分裂复制，通过【细化】按钮右侧的文本框进行调节。

【面中心】：以选择面的中心为依据进行分裂复制，如图 8-14 所示。

【炸开】按钮：单击该按钮，可以将当前选择面爆炸分离，使它们成为新的独立个体，如图 8-15 所示。

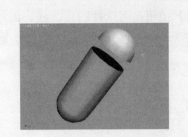

图 8-14 【面中心】细化效果   图 8-15 炸开效果

【对象】：将所有面爆炸为各自独立的新对象。

【元素】：将所有面爆炸为各自独立的新元素，但仍属于对象本身，这是进行元素拆分的一个路径。

【移除孤立顶点】按钮：单击该按钮后，将删除所有孤立的点，不管是否是选择的点。

【选择开放边】按钮：仅选择物体的边缘线。

【由边创建图形】按钮：在选择一条或多条边后，单击该按钮，会弹出【创建图形】对话框，如图 8-16 所示。将以选择的边界为模板创建新的曲线，也就是把选择的边变成曲线独立出来使用。

【曲线名】：为新的曲线命名。

【图形类型】：其中包括【平滑】和【线性】两种，【平滑】是强制把线段变成圆滑的曲线，但仍和顶点呈相切状态，无调节手柄；【线性】顶点之间以直线连接，拐角处无平滑过渡。

【忽略隐藏边】：控制是否对隐藏的边起作用。

【视图对齐】按钮：单击该按钮后，选择点或次物体被放置在同一平面，并且该平面平行于选择视图。

【平面化】按钮：将所有的选择面强制压成一个平面，如图 8-17 所示。

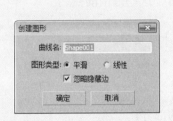

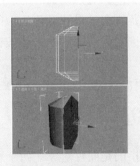

图 8-16 【创建图形】对话框   图 8-17 平面化效果

【栅格对齐】按钮：单击该按钮后，选择点或次物体被放置在同一平面，并且该平面平行于选择视图。

【塌陷】按钮：将选择的点、线、面、多边形或元素删除，留下一个顶点与四周的面连接，产生新的表面。这种方法不同于删除面，它是将多余的表面吸收掉，如图 8-18 所示。

2. 【曲面属性】卷展栏

【曲面属性】卷展栏如图 8-19 所示。

图 8-18 【塌陷】选项效果

图 8-19 【曲面属性】卷展栏

下面将对【顶点】模式的【曲面属性】卷展栏进行介绍。

【权重】：显示并可以更改 NURBS 操作的顶点权重。

【编辑顶点颜色】选项组：

- 【颜色】：设置顶点的颜色。
- 【照明】：用于明暗度的调节。
- Alpha：指定顶点透明度，当本文框中的值为 0 时完全透明，如果为 100 时完全不透明。

【顶点选择方式】选项组：

- 【颜色】/【照明】：用于指定选择顶点的方式，以颜色或发光度为准进行选择。
- 【范围】：设置颜色近似的范围。
- 【选择】按钮：单击该按钮后，将选择符合这些范围的点。

提示：【曲面属性】只有在次对象级别下才可使用。

8.1.3 边

【边】指的是面片对象在两个相邻顶点之间的部分。

切换到【修改】命令面板，将当前选择集定义为【边】选项，除了【选择】和【软选择】卷展栏外，其中【编辑几何体】卷展栏与【顶点】模式中的【编辑几何体】卷展栏功能相同，在此就不再赘述。

【边】层级时【曲面属性】卷展栏如图 8-20 所示。接下将对该卷展栏进行介绍。

【可见】按钮：使选择的边显示出来。

【不可见】按钮：使选择的边不显示出来，并呈虚线显示，如图 8-21 所示。

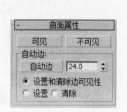

图 8-20 【曲面属性】卷展栏

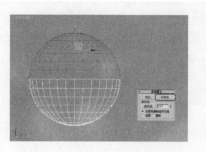

图 8-21 【不可见】选项效果

【自动边】：提供了另外一种控制边显示的方法。通过自动比较共线的面之间夹角与阈值的大小来决定选择的边是否可见。

【设置和清除边可见性】：只选择当前参数的次物体。

【设置】：保留上次选择的结果并加入新的选择。

【清除】：从上一次选择结果进行筛选。

8.1.4 面

【面】通过曲面连接的 3 条或多条边的封闭序列，其中【面】、【多边形】和【元素】3 种选择集都属于【面】模式。

【编辑几何体】卷展栏在 8.1.2 节中已经介绍，在此就不再赘述。

【面】层级时【曲面属性】卷展栏如图 8-22 所示。

下面将介绍【曲面属性】卷展栏的各项参数设置。

【法线】选项组：

● 【翻转】按钮：将选择面的法线方向进行反向。

● 【统一】按钮：将选择面的法线方向统一为一个方向，通常是向外。

【材质】选项组：

图 8-22 【曲面属性】卷展栏

● 【设置 ID】：如果对物体设置多维材质，在这里为选择的面指定 ID 号。

● 【选择 ID】：按当前 ID 号将所有与此 ID 号相同的表面进行选择。

● 【清除选定内容】：勾选该复选框，如果选择新的 ID 或材质名称，将会取消选择以前选定的所有子对象。

【平滑组】选项组：
- 【按平滑组选择】：将所有具有当前光滑组号的表面进行选择。
- 【清除全部】：删除对面片物体指定的光滑组。
- 【自动平滑】：根据其下的阈值进行表面自动光滑处理。

【编辑顶点颜色】选项组：
- 【颜色】：单击色块可以更改选定多边形或元素中各顶点的颜色。
- 【照明】：单击色块可以更改选定多边形或元素中各顶点的照明颜色。
- Alpha：用于向选定多边形或元素中的顶点分配 Alpha(透明)值。

8.1.5 元素

单击次物体中的【元素】就进入【元素】层级，在此层级中主要是针对整个网格物体进行编辑。

1.【附加】

使用附加可以将其他对象包含到当前正在编辑的可编辑网格物体中，使其成为可编辑网格的一部分。

使用【附加】的具体操作步骤如下。

步骤01 在场景中绘制两个对象，并将其选择，右击，在弹出的快捷菜单中选择【转换为】|【转换为可编辑网格】命令，如图 8-23 所示。

步骤02 将其转换为【可编辑网格】后，在场景中选择一个对象，切换至【修改】命令面板，在堆栈中展开【可编辑网格】选项，在子层级中选择【元素】选项，在场景中选择一个对象，如图 8-24 所示。

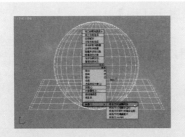
图 8-23　选择【转换为可编辑网格】命令

图 8-24　选择【元素】层级

步骤03 展开【编辑几何体】卷展栏，在该卷展栏中单击【附加】按钮，然后在场景中选择想要附加的对象，即可将其附加到其他对象，使其成为一个整体，如图 8-25 所示。

2.【分离】

分离的作用和附加的作用相反，它是将可编辑网格物体中的一部分从中分离出去，成为一个独立的对象。

通过【分离】命令，将物体从可编辑网格物体中分离出来，作为一个单独的对象，但是此时被分离出来的并不是原物体了，而是另一个可编辑网格物体。

使用【分离】命令的具体操作步骤如下。

步骤01 首先将两个分离的对象附加在一起，使其成为一个整体。

步骤02 切换至【修改】命令面板，展开【可编辑网格】选项，在子层级中选择【元素】选项，并在场景中选择要分离的元素，如图 8-26 所示。

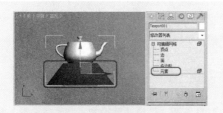

图 8-25　选择需要分离的对象

图 8-26　附加后的效果

步骤03 打开【分离】对话框，可在【分离为】右侧的文本框中为分离后的对象重命名，如图 8-27 所示。

步骤04 设置完成后单击【确定】按钮，即可将其分离为两个对象，如图 8-28 所示。

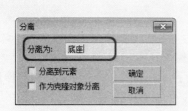

图 8-27　【分离】对话框

图 8-28　分离后的效果

> **提示**：分离对象前，首先将当前选择集定义为【元素】，在场景中选择需要分离的对象，然后在【编辑几何体】卷展栏中单击【分离】按钮即可将选择的对象分离出来。

3. 【炸开】

炸开能够将可编辑网格物体分解成若干碎片。在单击【炸开】按钮前，如果选择【对象】单选按钮，则分解的碎片将成为独立的对象，即由 1 个可编辑网格物体变为 4 个可编辑网格物体；如果选择【元素】单选按钮，则分解的碎片将作为体层级物体中的一个子层级物体，并不单独存在，即仍然只有一个可编辑网格物体。

8.2　多边形建模

多边形物体也是一种网格物体，其功能及使用上几乎与【可编辑网格】相同，不同的是【可编辑网格】是由三角面构成的框架结构。在 3ds Max 中将对象转换为多边形对象的方法有以下几种。

在场景中选择对象，右击，在弹出的快捷菜单中选择【转换为】|【转换为可编辑多边形】命令，如图 8-29 所示。

选择要转换的对象，切换到【修改】命令面板，选择【修改器列表】中的【编辑多边形】修改器。

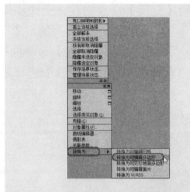

图 8-29　选择【转换为可编辑多边形】命令

8.2.1　公用属性卷展栏

【可编辑多边形】与【可编辑网格】相类似。进入可编辑多边形后，可以看到【选择】卷展栏，如图 8-30 所示。在【选择】卷展栏中提供了各种选择集的按钮，同时也提供了便于选择集选择的各个选项。

与【可编辑网格】相比较，【可编辑多边形】添加了一些属于自己的选项。下面将单独对这些选项进行介绍。

图 8-30　【选择】卷展栏

【顶点】　：以顶点为最小单位进行选择。

【边】　：以边为最小单位进行选择。

【边界】　：用于选择开放的边。在该选择集下，非边界的边不能被选择；单击边界上的任意边时，整个边界线会被选择。

【多边形】　：以四边形为最小单位进行选择。

【元素】　：以元素为最小单位进行选择。

【按角度】：勾选该复选框并选择某个多边形时，可以根据复选框右侧的角度设置来选择邻近的多边形。该值可以确定要选择的邻近多边形之间的最大角度。仅在【多边形】子对象层级可用。

【收缩】按钮：单击该按钮，对当前选择集进行外围方向的收缩选择，如图 8-31 所示。

【扩大】按钮：单击该按钮，对当前选择集进行外围方向的扩展选择，如图 8-32 所示。

图 8-31　单击【收缩】按钮后的效果对比

图 8-32　单击【扩大】按钮后的效果对比

【环形】按钮：单击该按钮，与当前选择边平行的边会被选择，该命令只能用于【边】或【边界】选择集，如图 8-33 所示。【环形】按钮右侧的 ▲ 和 ▼ 按钮可以在任意方向将边移动到相同环上的其他边的位置。

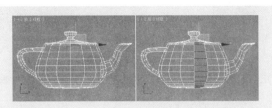

图 8-33　单击【环形】按钮后的效果对比

【循环】按钮：在选择的边对齐的方向尽可能远地扩展当前选择，如图 8-34 所示。该命令只用于边或边界选择集，而且仅仅通过 4 点传播。【循环】按钮右侧的 ▲ 和 ▼ 按钮会移动选择边到与它相近平行边的位置，如图 8-35 所示。

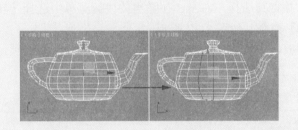

图 8-34　单击【循环】按钮后的效果对比

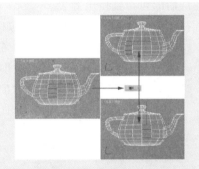

图 8-35　调整环形移动

只有将当前选择集定义为一种模式后，【软选择】卷展栏才变为可用，如图 8-36 所示。【软选择】卷展栏按照一定的衰减值将应用到选择集的移动、旋转、缩放等变换操作传递给周围的次对象。

8.2.2 顶点编辑

多边形对象各种选择集的卷展栏主要包括【编辑顶点】和【编辑几何体】卷展栏，【编辑顶点】主要提供了编辑顶点的命令。在不同的选择集下，它表现为不同的卷展栏。

将当前选择集定义为【顶点】，即可在命令面板中出现【编辑顶点】卷展栏，如图 8-37 所示。

下面将对【编辑顶点】卷展栏进行简单的介绍。

【移除】按钮：移除当前选择的顶点，与移除顶点不同，移除顶点不会破坏表面的完整性，移除的顶点周围的点会重新结合，面不会破，如图 8-38 所示。

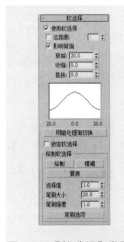

图 8-36　【软选择】卷展栏

图 8-37 【编辑顶点】卷展栏

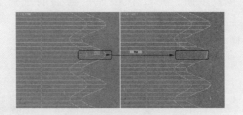

图 8-38 移除效果对比

【断开】按钮：单击此按钮，会在选择点的位置创建更多的顶点，选择点周围的表面不再共享同一个顶点，每个多边形表面在此位置会拥有独立的顶点。

【挤出】按钮：单击该按钮，可以在视图中通过手动方式对选择点进行挤出操作。拖动鼠标时，选择点会沿着法线方向在挤出的同时创建出新的多边形面。单击该按钮右侧的【设置】按钮 ，打开【挤出顶点】对话框，在该对话框中对其顶点设置相应的参数，设置完成后即可得到挤出效果。

挤出参数设置的具体操作步骤如下。

步骤 01 在场景中绘制一个对象并将其选择，右击，在弹出的快捷菜单中选择【转换为】|【转换为可编辑多边形】命令，如图 8-39 所示。

步骤 02 切换至【修改】命令面板，在堆栈中展开【转换为可编辑多边形】选项，在子层级中选择【顶点】选项，在【左】视图中选择如图 8-40 所示的顶点。

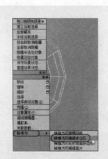

图 8-39 选择【转换为可编辑多边形】命令

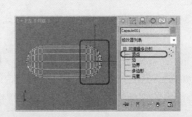

图 8-40 选择顶点

步骤 03 在命令面板中展开【编辑顶点】卷展栏，在该卷展栏中单击【挤出】按钮右侧的【设置】按钮 ，如图 8-41 所示。

步骤 04 打开【挤出顶点】对话框，如图 8-42 所示。

图 8-41 【编辑顶点】卷展栏

图 8-42 【挤出顶点】对话框

该对话框中的各项系数功能如下。

【高度】：设置挤出的高度。

【宽度】：设置挤出的基面宽度。

步骤 05　在此选用【挤出顶点】对话框中的默认参数，其效果如图 8-43 所示。

【目标焊接】按钮：该按钮用于顶点之间的焊接操作，在视图中选择需要焊接的顶点后，单击该按钮，在阈值范围内的顶点会焊接到一起。如果选择点没有被焊接到一起，可以单击【设置】按钮◻，打开【焊接顶点】对话框，如图 8-44 所示。

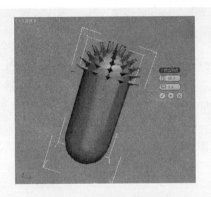

图 8-43　挤出顶点效果

图 8-44　【焊接顶点】对话框

该对话框中各参数功能如下。

【焊接阈值】：指定焊接顶点之间的最大距离，在此距离范围内的顶点将被焊接到一起。

【之前】：显示执行焊接操作前模型的顶点数。

【之后】：显示执行焊接操作后模型的顶点数。

【切角】：单击该按钮，拖动选择点会进行切角处理，如图 8-45 所示。单击其右侧的【设置】按钮◻后，会弹出【切角】对话框，如图 8-46 所示。

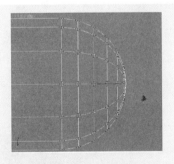

图 8-45　【切角】效果

图 8-46　【切角】对话框

该对话框中的各项功能如下。

【顶点切角量】：用于设置切角的大小。

【打开切角】：勾选该复选框时，删除切角的区域，保留开放的空间。默认设置为取消勾选状态。

【目标焊接】按钮：单击该按钮，在视图中将选择的点拖动到要焊接的顶点上，即可完成自动焊接。

【连接】按钮：单击该按钮即可在相邻的两个点或者多个点之间创建新的线段，如图 8-47 所示。

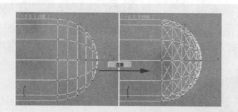

图 8-47 【连接】效果对比

【移除孤立顶点】按钮：单击该按钮后，将删除所有孤立的点，不管是否选择该点。

【移除未使用的贴图顶点】按钮：没用的贴图顶点可以显示在【UVW 贴图】修改器中，但不能用于贴图，所以单击此按钮可以将这些贴图点自动删除。

8.2.3 边编辑

多边形对象的边与网格对象的边含义是完全相同的，都是在两个点之间起到一个连接的作用，将当前选择集定义为边。

【编辑边】卷展栏如图 8-48 所示。与【编辑顶点】卷展栏相比较，只是有些选项有些许的变动。

【插入顶点】：手动在已有的边上添加顶点，细分边。

【移除】：删除选定边并组合使用这些边的多边形。

提示：选择需要删除的顶点或边，单击【移除】按钮或按 Backspace 键，相近的顶点和边会重新进行组合形成完整的整体。假如按 Delete 键，则会清除选择的顶点或边，这样会使多边形无法重新组合形成完整的整体，且形成镂空现象，如图 8-49 所示。

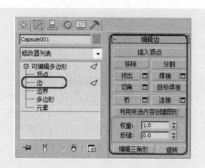

图 8-48 【编辑边】卷展栏

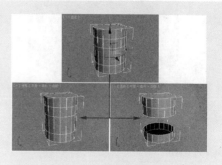

图 8-49 多种移除方式

【分割】按钮：沿选择边分离网格。该按钮的效果不能直接显示出来，只有在移动分割后才能看到效果。

【挤出】按钮：在视图中操作时，可以手动挤出。在视图中选择一条边，单击该按钮，然后在视图中进行拖动，如图 8-50 所示。单击该按钮右侧的【设置】按钮▣，打开【挤出边】对话框，如图 8-51 所示。

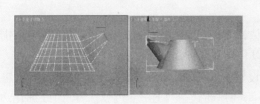
图 8-50　挤出边

图 8-51　【挤出边】对话框

该对话框中的讲解如下：

【高度】：以场景为单位指定挤出的数。

【宽度】：以场景为单位指定挤出基面的大小。

【焊接】按钮：对边进行焊接。在视图中选择需要焊接的边后，单击该按钮，在阈值范围内的边会焊接到一起。如果选择边没有焊接到一起，可以单击该按钮右侧的【设置】按钮▣，打开【焊接边】对话框，如图 8-52 所示。该对话框中的各项参数设置与【焊接顶点】对话框的参数设置相同。

【切角】：单击该按钮，然后拖动活动对象中的边。如果要采用数字方式对顶点进行切角处理，即可单击【切角】按钮，在打开的对话框中更改切角量值，如图 8-53 所示。

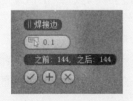
图 8-52　【焊接边】对话框

图 8-53　【切角】对话框

【目标焊接】按钮：用于选择边并将其焊接到目标边。将光标放在边上时，光标会变为 "+" 光标。按住并拖动鼠标会出现一条虚线，虚线的一端是顶点，另一端是箭头光标。

【桥】按钮：使用多边形的【桥】连接对象的边。桥只连接边界边；也就是只在一侧有多边形的边。单击【桥】按钮右侧的【设置】按钮▣，打开【桥边】对话框，如图 8-54 所示。

该对话框中的各项功能如下。

【分段】：沿着桥边连接的长度指定多边形的数目。

【平滑】：指定列间的最大角度，在这些列间会产生平滑。

【桥相邻】：指定可以桥连接的相邻边之间的最小角度。

【反转三角剖分】：当桥连接两个边选择时，可以使用三角化桥连接多边形的两种方法。

【使用边选择】：如果存在一个或多个合适的选择，那么选择该选项会立刻将它们连接。

【拾取边 1】和【拾取边 2】：依次单击【拾取】按钮，然后在视图中单击边界边。只有在【使用特定的边】模式下才可以使用该选项。

【连接】按钮：单击其右侧的【设置】按钮，在弹出的【连接边】对话框中设置参数，如图 8-55 所示。在每对选定边之间创建新边。【连接边】对于创建或细化边循环特别有用。

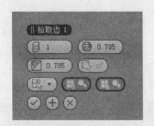

图 8-54 【拾取边】对话框

图 8-55 【连接边】对话框

该对话框中的各项功能如下。

【分段】按钮：每个相邻选择边之间的新边数。

【收缩】：新的连接边之间的相对空间。负值使边靠得更近；正值使边离得更远。默认值为 0。

【滑块】：新边的相对位置。默认值为 0。

【利用所选内容创建图形】按钮：在选择一个或更多的边后，单击该按钮，会弹出如图 8-56 所示的【创建图形】对话框，此选项将以选择的曲线为模板创建新的曲线。

该对话框中的各项功能如下。

【图形类型】选项组：

● 【曲线名】：为新的曲线命名。

● 【平滑】：强制线段变成圆滑的曲线，但仍和顶点呈相切状态，无须调节手柄。

【线性】：顶点之间以直线连接，拐角处无平滑过渡。

【编辑三角形】按钮：单击该按钮，查看多边形的内部剖分，可以手动建立内部边来修改多边形内部细分为三角形的方式。

【旋转】按钮：激活【旋转】模式时，对角线可以在线框和边面视图中显示为虚线。在【旋转】模式下，单击对角线可以更改它的位置。如图 8-57 所示。

图 8-56 【创建图形】对话框

图 8-57 更改对角线位置

8.2.4 边界编辑

【边界】选择集是多边形对象上网格的线性部分，通常由多边形表面上的一系列边依次连接而成。边界是多边形对象特有的次对象属性，通过编辑边界可以大大提高建模的效率，在【编辑边界】卷展栏中提供了针对边界编辑的各种选项，如图 8-58 所示。

图 8-58 【编辑边界】卷展栏

【挤出】按钮：可以直接在视图中对边界进行手动挤出处理。单击该按钮，然后垂直拖动任何边界，即可将其挤出。单击【挤出】按钮右侧的【设置】按钮□，可以在打开的对话框中进行设置。

【插入顶点】按钮：单击该按钮是通过顶点来分割边的一种方式，该选项只对所选择的边界中的边有影响，对未选择的边界中的边没有影响。

【切角】按钮：单击该按钮，然后拖动对象中的边界，再单击该按钮右侧的【设置】按钮□，可以在打开的【切角】对话框中进行设置。此处【切角】对话框与【边】编辑中的【切角】对话框形同，其参数设置可参考【边】编辑中的设置，在此就不再赘述了。

【封口】按钮：使用单个多边形封住整个边界环。

【桥】按钮：使用该按钮可以创建新的多边形来连接对象中的两个多边形或选定的多边形。

提示：使用【桥】时，始终可以在边界之间建立直线连接。要沿着某种轮廓建立桥连接，请在创建桥后，根据需要应用建模工具。例如，桥连接两个边界，然后使用混合。

【连接】按钮：在选定边界边之间创建新边，这些边可以通过点相连。

【利用所选内容创建图形】、【编辑三角剖分】、【旋转】可参考【边】编辑中的参数设置，其含义相同，在此就不再赘述。

8.2.5 多边形和元素编辑

【多边形】选择集是通过曲面连接的 3 条或多条边的封闭序列。多边形提供了可渲染的可编辑多边形对象曲面。【元素】与多边形的区别在于元素是多边形对象上所有的连续多边形面的集合，它可以对多边形面进行拉伸和倒角等编辑操作，是多边形建模中最重要也是功能最强大的部分。

【多边形】选择集与【顶点】、【边】和【边界】选择集相同，都有一个属于自己的卷展栏。

【编辑多边形】卷展栏和【编辑元素】卷展栏如图 8-59、图 8-60 所示。

图 8-59 【编辑多边形】卷展栏

图 8-60 【编辑元素】卷展栏

【插入顶点】按钮：用于手动细分多边形，即使处于【元素】选择集下，同样也适用于多边形。

【挤出】按钮：直接在视图中操作时，可以执行手动挤出操作。单击该按钮，然后垂直拖动任何多边形，以便将其挤出。单击其右侧的【设置】按钮■，可以打开【挤出多边形】对话框，如图 8-61 所示。

【挤出类型】选项组

- 【组】：沿着每一个连续的多边形组的平均法线执行挤出。如果挤出多个组，每个组将会沿着自身的平均法线方向移动。
- 【高度】：可参考【边】编辑中【高】的参数讲解。
- 【局部法线】：沿着每个选择的多边形法线执行挤出。
- 【按多边形】：独立挤出或倒角每个多边形。
- 【高度】：以场景为单位指定挤出的数，可以向外或向内挤出选定的多边形。
- 【轮廓】：用于增加或减小每组连续的选定多边形的外边。单击按钮右侧的【设置】按钮■，打开【轮廓】对话框，如图 8-62 所示。然后可以进行参数设置，得到如图 8-63 所示的效果，左下图是没有设置【数量】的效果；上图是将数值设置为正值的效果；右下图是将数值设置为负值的效果。

图 8-61 【挤出多边形】对话框

图 8-62 【轮廓】对话框

【倒角】按钮：通过直接在视图中操纵执行手动倒角操作。单击该按钮，然后垂直拖出任何多边形，以便将其挤出，释放鼠标左键，再垂直移动鼠标以便设置挤出轮廓。单击该按钮右侧的【设置】按钮，打开【倒角】对话框，并对其进行参数设置，如图 8-64 所示。

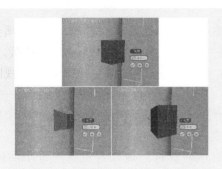

图 8-63　不同轮廓值所产生的不同效果

图 8-64　【倒角】对话框

【倒角类型】选项组：

- 【组】：沿着每一个连续的多边形组的平均法线执行倒角。
- 【局部法线】：沿着每个选定的多边形法线执行倒角。
- 【按多边形】：独立倒角每个多边形。
- 【高度】：以场景为单位指定挤出的范围。可以向外或向内挤出选定的多边形，具体情况取决于该值是正值还是负值。
- 【轮廓】：使选定多边形的外边界变大或缩小，具体情况取决于该值是正值还是负值。

【插入】按钮：执行没有高度的倒角操作。可以单击该按钮手动拖动，也可以单击该按钮右侧的【设置】按钮，打开【插入】对话框，如图 8-65 所示。

【插入类型】选项组：

- 【组】：沿着多个连续的多边形进行插入。
- 【按多边形】：独立插入每个多边形。
- 【数量】：以场景为单位指定插入的数。

【桥】按钮：使用多边形的【桥】连接对象上的两个多边形。单击该按钮右侧的【设置】按钮，打开【拾取多边形 1】对话框，如图 8-66 所示。

图 8-65　【插入】对话框

图 8-66　【拾取多边形】对话框

【偏移】：决定最大锥化量的位置。

【平滑】：决定列间的最大角度，在这些列间会产生平滑。列是沿着桥的长度扩展的一串多边形。

【使用特定的多边形】：在该模式下，使用【拾取】按钮来为桥连接指定多边形或边界。

【使用多边形选择】：如果存在一个或多个合适的选择时，那么选择该选项会立刻将它们连接。如果不存在这样的选择时，那么在视图中选择一对子对象将它们连接。

【拾取多边形 1】和【拾取多边形 2】：依次单击【拾取】按钮，然后在视图中单击多边形或边界边。

【扭曲 1】和【扭曲 2】：旋转两个选择的边之间的连接顺序。通过这两个控件可以为桥的每个末端设置不同的扭曲量。

【分段】：沿着桥连接的长度指定多边形的数目。该设置也应用于手动桥连接多边形。

【翻转】按钮：反转选定多边形的法线方向，从而使其面向自己。

【从边旋转】按钮：通过在视图中直接操纵来执行手动旋转操作。选择多边形，并单击该按钮，然后沿着垂直方向拖动任何边，以便旋转选定的多边形。如果鼠标光标在某条边上，将会更改为十字形状。单击该按钮右侧的【设置】按钮，打开【从边旋转】对话框，如图 8-67 所示。

【角度】：沿着转枢旋转的数量值。可以向外或向内旋转选定的多边形，具体情况取决于该值是正值还是负值。

【分段】：将多边形数指定到每个细分的挤出侧中。此设置也可以手动旋转多边形。

【拾取转枢】：单击【拾取转枢】按钮，然后单击转枢的边。

【沿样条线挤出】按钮：沿样条线挤出当前选定的内容。单击其右侧的【设置】按钮，打开【沿样条线挤出】对话框，如图 8-68 所示。首先单击【拾取样条线】按钮，在视图中选择样条线，然后对对话框进行设置即可得到想要得到的效果。

图 8-67 【从边旋转】对话框

图 8-68 【沿样条线挤出】对话框

【沿样条线挤出】对话框中各项参数功能如下。

【分段】：用于挤出多边形的细分设置。

【锥化量】：设置挤出沿着其长度变小或变大。锥化挤出的负值设置越小，锥化挤出的正值设置就越大。

【锥化曲线】：设置继续进行的锥化率。

【扭曲】：沿着挤出的长度应用扭曲。

【拾取样条线】：单击此按钮，然后选择样条线，在视口中沿该样条线挤出，样条线对象名称将出现在按钮上。

【沿样条线挤出对齐】：将挤出与样条线挤出对齐。多数情况下，样条线挤出与挤出多边形垂直。

【旋转】：设置挤出的旋转。仅当【对齐到面法线】复选框处于被勾选状态时才可用。默认设置为 0。范围为–360～360。

使用【沿样条线挤出】命令的具体操作步骤如下。

步骤01 在【顶】视图中绘制一个【圆锥体】，并适当调整其大小，如图 8-69 所示。

步骤02 确认绘制的圆锥体处于被选择的状态下，右击，在弹出的快捷菜单中选择【转换为】|【转换为可编辑多边形】命令，如图 8-70 所示。

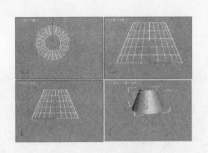
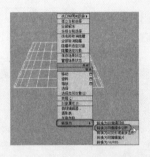

图 8-69　绘制对象　　　　　图 8-70　选择【转换为可编辑多边形】命令

步骤03 确认绘制的圆锥体处于被选择的状态下，在命令面板中展开【参数】卷展栏，将【端面分段】设置为 6，如图 8-71 所示。

步骤04 设置完成后在【前】视图中绘制一条直线，如图 8-72 所示。

图 8-71　设置【端面分段】参数　　　　　图 8-72　绘制直线

步骤05 选择绘制的圆锥体，切换至【修改】命令面板，在堆栈中展开【可编辑多边形】选项组，在该选项组中选择【多边形】选项，在命令面板中展开【编辑多边形】卷展栏，在该卷展栏中单击【沿样条线挤出】按钮右侧的【设置】按钮，如图 8-73 所示。

步骤 06 打开【沿样条线挤出】对话框，将【左】视图转换为【正交】视图，并适当旋转场景中对象的角度，选择需要沿样条线挤出的面，如图 8-74 所示。

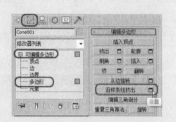

图 8-73 【编辑多边形】卷展栏

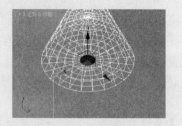

图 8-74 选择面

步骤 07 在打开的【沿样条线挤出】对话框中将【锥化量】设置为 2，【锥化曲线】设置为 5，【曲线】设置为 5，单击【沿样条线挤出对齐】按钮，然后单击【拾取样条线】按钮，在场景中单击绘制的样条线，如图 8-75 所示。

步骤 08 设置完成后单击【确定】按钮，完成后的效果如图 8-76 所示。

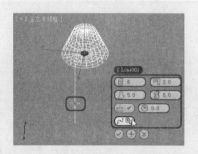

图 8-75 【沿样条线挤出】对话框

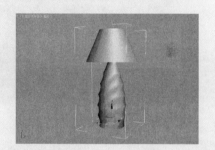

图 8-76 完成后的效果

【编辑三角剖分】按钮：是通过绘制内边修改多边形细分为三角形的方式。

【重复三角算法】按钮：允许软件对当前选定的多边形执行最佳的三角剖分操作。

【旋转】按钮：是通过单击对角线修改多边形细分为三角形的方式。

8.3 面 片 栅 格

面片栅格可以产生十分细腻的曲面，本节主要对面片栅格的使用方法进行介绍。

8.3.1 面片的相关概念

在 3ds Max 2013 中存在着两种类型面片，它们是【四边形面片】和【三角形面片】，如图 8-77 所示。面片以平面对象开始，但通过使用【编辑面片】或使用将面片对象转换为【可编辑面片】修改器都可以在 3D 曲面中修改。

1. 【四边形面片】

【四边形面片】：创建平面栅格。

创建的方法很简单，下面将介绍一下创建【四边形面片】的参数设置，如图 8-78 所示。

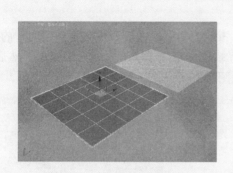

图 8-77 面片栅格的两种类型

图 8-78 【四边形面片】参数设置

【键盘输入】卷展栏：

X/Y/Z：设置面片中心。

【长度】：设置面片的长度。

【宽度】：设置面片宽度。

【创建】按钮：该按钮是基于 X/Y/Z、【长度】、【宽度】的基础上创建面片。

【参数】卷展栏：

【长度】、【宽度】：创建面片后设置当前面片的长度、宽度。

【长度分段】、【宽度分段】：分别设置长度和宽度上的分段数，默认值为 1。当增加该分段时，【四边形面片】的密度将急剧增加。一侧上的两个分段的【四边形面片】包含 288 个面。最大值分段为 100。高的分段值可以降低性能。

【生成贴图坐标】：创建贴图坐标，以便应用贴图材质。默认设置为禁用状态。

创建四边形面片的步骤如下。

步骤01 选择【创建】 ✛|【几何体】 ◎|【面片栅格】选项。

步骤02 在【对象类型】卷展栏中单击【四边形面片】按钮，在任意视图中拖动定义
　　　　面片的长度和宽度即可。

2. 【三角形面片】

【三角形面片】创建三角面的面片平面。

下面将介绍【三角形面片】的参数设置，如图 8-79 所示。

【键盘输入】卷展栏：

X/Y/Z：设置面片的中心。

【长度】、【宽度】：设置面片的长度、宽度。

【创建】：基于 X/Y/Z、【长度】、【宽度】值来创建面片。

【参数】卷展栏：

【长度】、【宽度】：设置当前已经创建面片的长度、宽度。

【生成贴图坐标】：创建贴图坐标，以便应用贴图材质。

创建三角形面片的操作步骤与四角形面片的操作步骤相同，在此不再赘述。

3 创建面片的方法

除了使用标准的面片创建方法外，在 3ds Max 中还包括多种常用创建面片的方法。

步骤01 通过【车削】、【挤出】等修改器将二维图形生成三维模型，然后再将生成的三维模型输入为【面片】，如图 8-80 所示。

图 8-79 【三角形面片】参数设置

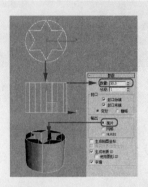

图 8-80 生成面片对象

步骤02 创建截面，再使用【车削】修改器将连接的线生成面片，最后通过【编辑面片】修改器进行设置。

步骤03 直接对创建的几何体使用【编辑面片】修改器，把网格对象转换为面片对角。

8.3.2 使用【编辑面片】编辑修改器

【编辑面片】修改器为选定对象的不同子对象层级提供编辑工具：【顶点】、【边】、【面片】、【元素】、【控制柄】，如图 8-81 所示。

【编辑面片】修改器匹配所有基础【可编辑面片】对象的功能，那些在【编辑面片】中不能设置子对象动画的除外。

【编辑面片】修改器必须复制传递到其自身的几何体，此存储将导致文件尺寸变大。

【编辑面片】修改器也可以建立拓扑依赖性，即如果先前的操作更改了发送给修改器的拓扑，那么拓扑依赖性将受到负面影响。

在【编辑面片】修改器中，【选择】、【软选择】卷展栏是【顶点】、【边】、【面片】、【元素】、【控制柄】中共同拥有的卷展栏，下面将主要介绍【选择】卷展栏，如图 8-82 所示。

【顶点】按钮：用于选择面片对象中的顶点控制点和向量控制柄。

【控制柄】按钮：用于选择与每个顶点有关的向量控制柄。

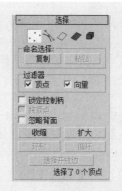

图 8-81 【编辑片面】修改器　　　　　图 8-82 【选择】卷展栏

【边】按钮：选择面片对象的边界边。在该层级时，可以细分边，还可以向开放的边添加新的面片。

【面片】按钮：选择整个面片。在该层级，可以分离或删除面片，还可以细分其曲面。细分面片时，其曲面将会分裂成较小的面片。

【元素】按钮：选择和编辑整个元素。元素的面是连续的。

【命名选择】选项组这些功能可以与命名的子对象选择集结合使用。

● 【复制】按钮：将当前次物体级命名的选择集合复制到剪贴板中。

● 【粘贴】按钮：将剪贴板中复制的选择集合指定到当前次物体中。

【过滤器】选项组这两个复选框只能在当前选择集定义为【顶点】时，才可使用。

● 【顶点】：勾选时，可以选择和移动顶点。

● 【向量】：勾选时，可以选择和移动向量。

【锁定控制柄】：将一个顶点的所有控制手柄锁定，移动一个也会带动其他的手柄。只有处于【顶点】选择集选中的情况下才可使用。

【按顶点】：设置该选项，在选择一个点时，与这个点相邻的边或面会一同被选择，只有【控制柄】、【边】、【面片】选择集被选中的情况下才可使用。

【忽略背面】：控制次物体的选择范围。取消该选项，可以选择所有的次物体，包括不被显示的部分，而与它们的法线方向无关。

【收缩】：通过取消选择最外部的子对象缩小子物体的选择区域。只有【控制柄】选择集被选中的情况下才可使用。

【扩大】：向所有可用方向外侧扩展选择区域。只有【控制柄】选择集被选中的情况下，才可用。

【环形】：通过选择与选定边平行的所有边来选定整个对象的边，只有【边】选择集被选中的情况下才可使用。

【循环】：在与选中边相对齐的同时，尽可能远地扩展选择，只有【边】选择集被选中的情况下才可使用。

【选择开放边】：选择只由一个面片使用的所有边，只有在【边】选择集被选中的情况下才可用。

8.3.3 面片对象的次对象模式

下面将介绍修改器中各个选择集的主要参数设置选项。

1. 顶点

在编辑修改器堆栈中，将当前选择集定义为顶点，可进入到【顶点】选择集进行编辑，在【顶点】选择集中，可以使用主工具栏中的选择并移动工具编辑选择的顶点，或可以变换切换手柄改变面片的形状。

面片的顶点有【角点】和【共面】两种类型，【共面】可以保存顶点之间的光滑过渡，也可以对顶点进行调整；【角点】保持顶点之间呈角点显示，这两项都需要在顶点处右击得到，如图 8-83 所示。

在【几何体】卷展栏中对有关【顶点】的参数进行介绍，如图 8-84 所示。

图 8-83　选择调整顶点的两种类型

图 8-84　【几何体】卷展栏

【绑定】按钮：用于在两个顶点数不同的面片之间创建无缝的连接。这两个面片必须属于同一个对象，因此，不需要先选中该顶点。单击【绑定】按钮，然后拖动一条从基于边的顶点(不是角顶点)到要绑定的边的直线。

【取消绑定】按钮：断开通过【绑定】连接到面片的顶点，选择该顶点，然后单击【取消绑定】按钮。

【创建】按钮：在现有的几何体或自由空间创建点、三角形或四边形面片。三角形面片的创建可以在连续单击三次后用右击结束。

【分离】按钮：将当前选择的面片分离出当前物体，使它成为一个独立的新物体。

【重定向】：勾选时，分离的面片将会复制到新的面片对象。

【附加】按钮：用于将对象附加到当前选定的面片对象。

【重定向】：勾选时，重向附加元素，使每个面片的创建局部坐标系与选定面片的创建局部坐标系对齐。

【删除】按钮：将当前选择的面片删除。在删除点、线的同时，也会将共享这些点、线的面片一同删除。

【断开】按钮：将当前选择点断开，单击该按钮不会看到效果，如果移动断开的点，会发现它们已经分离。

【隐藏】按钮：将选择的面片隐藏，如果选择的是点或线，将隐藏点线所在的面片。

【全部取消隐藏】按钮：将所有隐藏的面片显示出来。

【选定】按钮：确定可进行顶点焊接的区域面积，当顶点之间的距离小于此值时，它们就会焊接为一个点。

【目标】按钮：在视图中 将选择的点拖动到要焊接的顶点上，这样会自动焊接。

【复制】按钮：将面片控制柄的变换设置复制到复制缓冲区。

【粘贴】按钮：将方向信息从复制缓冲区粘贴到顶点控制柄。

【粘贴长度】：如果启用该选项，并使用【复制】功能，则控制柄的长度也将被复制。如果启用该选项，并使用【粘贴】功能，则将复制最初复制的控制柄的长度及其方向，禁用时，只能复制和粘贴其方向。

【视图步数】：调节视图显示的精度，数值越大，精度越高，表面越光滑。

【渲染步数】：调节渲染的精度。

【显示内部边】：控制是否显示面片物体中央的横断表面。

【使用真面片法线】：决定该软件平滑面片之间边缘的方式。

【面片平滑】按钮：在子对象层级，调整所选子对象顶点的切线控制柄，以便对面片对象的曲面执行平滑操作。

下面将介绍【曲面属性】卷展栏，如图 8-85 所示。

【编辑顶点颜色】选项组：使用这些控件，可以设置
【颜色】、【照明】和选定顶点的 Alpha(透明)值。

- 【颜色】：单击色样可更改选定顶点的颜色。
- 【照明】：单击色样可以更改选定顶点的照明颜色。使用该选项，可以更改阴影颜色，而不会更改顶点颜色。

图 8-85 【曲面属性】卷展栏

- Alpha：用于向选定的顶点分配 Alpha(透明)值，微调器值是百分比值；0 是完全透明，100 是完全不透明。

【选择顶点】选项组：【颜色】和【照明】单选按钮，这些按钮用于确定是否按照顶点颜色值或顶点照明值选择顶点。

- 颜色样例：在可以指定要匹配的颜色时显示【颜色选择器】。
- 【选择】按钮：选择的所有顶点应该满足如下条件：这些顶点的颜色值或者照明值要么匹配色样，要么在 RGB 微调器指定的范围内。要满足哪个条件取决于选择哪个单选按钮。
- 【范围】：指定颜色匹配的范围。顶点颜色的所有三种 RGB 值或照明值必须符合【选择顶点】的色样中指定的颜色，或介于【范围】微调器指定的最小值和最

大值之间。默认设置是 10。

2. 边

当选择【边】选项时，在【几何体】卷展栏中用到以下参数选项。

【细分】按钮：使用该功能可以将选定的边次对象从中间分为两个单独的边。要使用【细分】按钮，首先要选择一个边次对象，然后再单击该按钮。

【传播】：勾选该复选框，可以使边和相邻的面片也被细分。

使用【传播】的步骤如下。

步骤 01　在场景中选择对象并将其转换为【可编辑面片】，并将选择集定义为【边】。

步骤 02　选择对象的边，如图 8-86 所示。

步骤 03　勾选【传播】复选框，然后单击【细分】按钮，即可将选择的边进行传播细分，完成后的效果如图 8-87 所示。

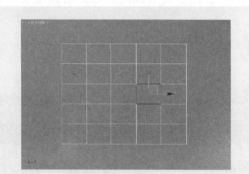

图 8-86　选择边

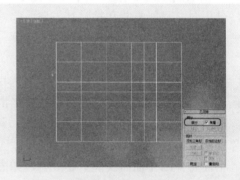

图 8-87　完成后的效果

【添加三角形】按钮、【添加四边形】按钮：使用这两个按钮，可以在面片对象的开放式边上创建一个三角或四边形面片，要创建三角形或四边形面片，首先要选择一条开放的边，然后单击这两个按钮创建一个面片。

3. 面片、元素

【面片】、【元素】：两个选择集的可编辑参数基本相同，除前面介绍的公用选项外，还包括以下选项。

【分离】按钮：使用【分离】功能可以将选定的面片，从整个面片对象中分离出来，有两种分离属性可以选择，【重定向】选项使分离的次对象和当前活动面片的位置和方向对齐，【复制】选项创建分离对象的副件。

【挤出】按钮：单击该按钮，可以给一个面片增加厚度。要使用【挤出】选项，首先选择想要进行编辑的面片，然后单击【挤出】按钮，并将光标移动到视图中选定面上，拖动鼠标创建厚度，也可以直接在相应对话框中输入数值。

8.4 NURBS 建模

NURBS 建模是一种优秀的建模方式，可以用来创建具有流线轮廓的模型，本节将介绍 NURBS 建模。

8.4.1 NURBS 建模简介

3ds Max 提供 NURBS 曲面和曲线。NURBS 代表非均匀有理数 B-样条线。NURBS 已成为设置和建模曲面的行业标准。它们尤其适合于使用复杂的曲线建模曲面。使用 NURBS 的建模工具并不要求了解生成这些对象的数学原理。NURBS 是常用的方式，这是因为它们很容易交互操作，并且创建它们的算法效率高，计算稳定性好。

也可以使用多边形网格或面片来建模曲面。与 NURBS 曲面作比较，网格和面片具有以下缺点。

使用多边形可使其很难确定创建复杂的弯曲曲面。

由于网格为面状效果，因此面状出现在渲染对象的边上，必须有大量的小面来渲染平滑的弯曲面。

NURBS 建模的弱点在于它通常只适用于制作较为复杂的模型。如果模型比较简单，使用它反而要比其他的方法需要更多的拟合，另外，它不适合用来创建带有尖锐拐角的模型。

NURBS 造型系统由点、曲线和曲面 3 种元素构成，曲线和曲面又分为标准和 CV 型，创建它们既可以在【创建】命令面板内完成，也可以在一个 NURBS 造型内部完成。

8.4.2 NURBS 曲面和 NURBS 曲线

1. NURBS 曲面

选择【创建】 |【几何体】 |【NURBS 曲面】工具，【NURBS 曲面】中包括【点曲面】和【CV 曲面】两种，如图 8-88 所示。

【点曲面】：【点曲面】是由矩形点的阵列构成的曲面，如图 8-89 所示。点存在于曲面上，创建时可以修改它的长度、宽度，以及各边上的点。

图 8-88　NURBS 曲面类型

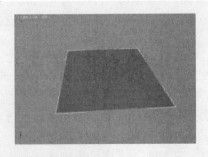

图 8-89　点曲面

创建点曲面后，可以在【创建参数】卷展栏中进行调整，如图 8-90 所示。

【长度】和【宽度】：用来设置曲面的长度和宽度。

【长度点数】：设置长度上点的数量。

【宽度点数】：设置宽度上点的数量。

【生成贴图坐标】：生成贴图坐标，以便可以将设置贴图的材质应用于曲面。

【翻转法线】：勾选该复选框可以反转曲面法线的方向。

【CV 曲面】：【CV 曲面】是由可以控制的点组成的曲面，这些点不存在于曲面上，而是对曲面起到控制作用，每一个控制点都有权重值可以调节，以改变曲面的形状，如图 8-91 所示。

创建 CV 曲面后，可以在【创建参数】卷展栏中进行调整，如图 8-92 所示。

图 8-90 【创建参数】卷展栏

图 8-91 CV 曲面

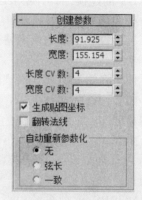

图 8-92 【创建参数】卷展栏

【长度】和【宽度】：分别控制 CV 曲面的长度和宽度。

【长度 CV 数】：曲面长度沿线的 CV 数。

【宽度 CV 数】：曲面宽度沿线的 CV 数。

【生成贴图坐标】：生成贴图坐标，以便可以将设置贴图的材质应用于曲面。

【翻转法线】：勾选该复选框可以反转曲面法线的方向。

【自动重新参数化】选项组：

- 【无】：不重新参数化。
- 【弦长】：选择要重新参数化的弦长算法。
- 【一致】：按一致的原则分配控制点。

2. NURBS 曲线

选择【创建】 | 【图形】 | 【NURBS 曲线】工具，打开【NURBS 曲线】面板，其中包括【点曲线】和【CV 曲线】两种类型，如图 8-93 所示。

【点曲线】：【点曲线】是由一系列点弯曲而构成的曲线。

【创建点曲线】卷展栏如图 8-94 所示。

【步数】：设置两点之间的片段数目。值越高，曲线越圆滑。

【优化】：对两点之间的片段数进行优化处理。

图 8-93 【NURBS 曲线】类型　　　　　　图 8-94 【创建点曲线】卷展栏

【自适应】：由系统自动指定片段数，以产生光滑的曲线。

【在所有视口中绘制】：勾选该复选框，可以在所有的视图中绘制曲线。

【CV 曲线】：【CV 曲线】的参数设置与【点曲线】完全相同，在此就不再赘述。

8.4.3　NURBS 对象工具面板

除了应用【创建】　　|【几何体】　　|【图形】　　|【NURBS 曲面】或【NURBS 曲线】工具外，还可以通过以下几种方法创建 NURBS 模型。

在视图中创建一个标准基本体，然后选择基本体并右击，在弹出的快捷菜单中选择【转换为】|【转换为 NURBS】命令，如图 8-95 所示。

创建标准基本体后，在【修改】命令面板中的基本体名称上右击，在弹出的快捷菜单中选择 NURBS 命令，如图 8-96 所示。

图 8-95　选择【转换为 NURBS】命令　　　图 8-96　选择 NURBS 命令

同样，样条线也可以转换为 NURBS。创建 NURBS 对象后，在【修改】命令面板中可以通过如图 8-97 所示卷展栏中的工具进行编辑。

除了这些卷展栏工具外，3ds Max 还提供了大量的快捷键工具，单击【常规】卷展栏中的【NURBS 创建工具箱】按钮　　，可以打开如图 8-98 所示的工具面板。

图 8-97　曲面对象的参数卷展栏

图 8-98　快捷工具面板

工具箱中包含用于创建 NURBS 子对象的按钮。通常，工具箱中的工具包含以下行为。

启用按钮后，只要选择 NURBS 对象或子对象，并切换到【修改】命令面板中，就可以看到工具箱。只要取消选择 NURBS 对象或使其他的面板处于活动状态，工具箱就会消失。当返回到【修改】命令面板，并选择 NURBS 对象之后，工具箱又会再次出现。

可以使用工具箱从顶部、对象层级或从任何 NURBS 子对象层级创建子对象。

启用工具箱按钮后，可以进入创建模式，【修改】命令面板中的参数将变为显示所创建子对象种类的参数。

在创建新的子对象时并不显示其他 NURBS 卷展栏。这与使用 NURBS 对象的【创建】卷展栏或 NURBS 右击菜单不同。

如果位于顶部对象层级，并使用工具箱来创建子对象，则随后必须转到子对象层级才能编辑新的子对象(这与使用卷展栏上的按钮相同。)

如果用户位于子对象层级，并且使用工具箱来创建相同子对象类型的对象，则可以在禁用创建按钮(或右击结束对象创建)之后立即对其进行编辑。

如果用户位于子对象层级，并且使用工具箱来创建不同子对象类型的对象，则必须在编辑新子对象之前更改该子对象层级。

下面将对工具面板中的工具进行介绍。

1. 点

【创建点】：创建单独的点。

【创建偏移点】：创建从属偏移点。

【创建曲线点】：创建从属的曲线点。

【创建曲线-曲线点】：创建从属曲线-曲线相交点。

【创建曲面点】：创建从属曲面点。

【创建曲面-曲线点】：创建从属曲面-曲线相交点。

2. 曲线

【创建 CV 曲线】：创建一个独立 CV 曲线子对象。

【创建点曲线】：创建一个独立点曲线子对象。

【创建拟合曲线】：创建一个从属拟合曲线(与曲线拟合按钮相同)。

【创建变换曲线】：创建一个从属变换曲线。

【创建混合曲线】：创建一个从属混合曲线。

【创建偏移曲线】：创建一个从属偏移曲线。

【创建镜像曲线】：创建一个从属镜像曲线。

【创建切角曲线】：创建一个从属切角曲线。

【创建圆角曲线】：创建一个从属圆角曲线。

【创建曲面-曲面相交曲线】：创建一个从属曲面-曲面相交曲线。

【创建 U 向等参曲线】：创建一个从属 U 向等参曲线。

【创建 V 向等参曲线】：创建一个从属 V 向等参曲线。

【创建法相投影曲线】：创建一个从属法相投影曲线。

【创建向量投影曲线】：创建一个从属矢量投影曲线。

【创建曲面上的 CV 曲线】：创建一个从属曲面上的 CV 曲线。

【创建曲面上的点曲线】：创建一个从属曲面上的点曲线。

【创建曲面偏移曲线】：创建一个从属曲面偏移曲线。

【创建曲面边曲线】：创建一个从属曲面边曲线。

3．曲面

【创建 CV 曲面】：创建独立的 CV 曲面子对象。

【创建点曲面】：创建独立的点曲面子对象。

【创建变换曲面】：创建从属变换曲面。

【创建混合曲面】：创建从属混合曲面。

【创建偏移曲面】：创建从属偏移曲面。

【创建镜像曲面】：创建从属镜像曲面。

【创建挤出曲面】：创建从属挤出曲面。

【创建车削曲面】：创建从属车削曲面。

【创建规则曲面】：创建从属规则曲面。

【创建封口曲面】：创建从属封口曲面。

【创建 U 向放样曲面】：创建从属 U 向放样曲面。

【创建 UV 放样曲面】：创建从属 UV 放样曲面。

【创建单轨扫描】：创建从属单轨扫描曲面。

【创建双轨扫描】：创建从属双轨扫描曲面。

【创建多边混合曲面】：创建从属多边混合曲面。

【创建多重曲线修剪曲面】：创建从属多重曲线修剪曲面。

【创建圆角曲面】：创建从属圆角曲面。

8.4.4 创建和编辑曲线

曲线分为独立和非独立的点及 CV 曲线。使用创建曲线指令面板或工具面板上的按钮

可以创建 NURBS 曲线子对象。下面将介绍几种常用的曲线子对象。

【创建 CV 曲线】：在视图中按住并拖动鼠标，创建第一个 CV 控制点和第一段曲线。放开鼠标可以增加第二个 CV 控制点，如图 8-99 所示。这样每单击一下就可以在曲线中添加一个 CV 控制点，然后右击完成创建。

在创建 CV 曲线时，可以按 Backspace 键删除最后一个控制点。在创建时单击最后一个点时，与第一个点重合后，就会弹出【CV 曲线】对话框，会询问是否闭合曲线，如图 8-100 所示。

【创建拟合曲线】：单击这个按钮时可以创建一个点曲线并按顺序通过所选择的顶点。这些点可以是先前创建的曲线或曲面的顶点，也可以是单独创建的顶点，但是它们不可以是 CV 控制顶点。创建拟合曲线时应单击对应的按钮，并且按照顺序依次选择顶点，然后按 Backspace 键，删除最后一个选择的顶点。

【创建混合曲线】：一条混合曲线可以将一条曲线的一端连接到另一条曲线上，然后根据两者的曲率在它们之间创建一个平滑的曲线。可以用它来连接任何类型的曲线，包括 CV 曲线、点曲线、独立曲线和非独立曲线等，如图 8-101 所示。

 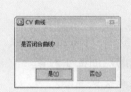 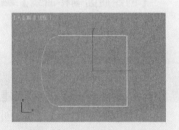

图 8-99　绘制 CV 曲线　　　图 8-100　【CV 曲线】对话框　　　图 8-101　创建混合曲线

当光标在另一条独立的线上时会有蓝色的小方框，然后单击会出现平滑的曲线。在【修改】命令面板中，【混合曲线】卷展栏如图 8-102 所示。

【张力 1】和【张力 2】：【张力 1】表示和第一条曲线间的张力；【张力 2】表示和第二条曲线间的张力。

【创建法向投影曲线】：一条法向投影曲线所有的顶点都位于一个曲面之上。它以一条被投影的曲线为基础，然后根据曲面的法线方向计算得到相应的投影曲线。单击该按钮，首先选择想要投影的曲线，然后再在需要投影的曲面上单击。【法向投影曲线】卷展栏如图 8-103 所示。

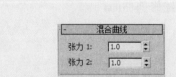 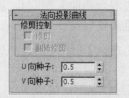

图 8-102　【混合曲线】卷展栏　　　图 8-103　【法向投影曲线】卷展栏

【修剪】：勾选该复选框，则根据投影曲线修剪曲面；取消勾选该复选框，表面则不修剪。

【翻转修剪】：勾选该复选框，则在相反的方向上修剪表面。

【U 向种子】和【V 向种子】：修改曲面上种子值的 UV 向位置。如果选择投影，则离种子点最近的投影用于创建曲线的投影。

8.4.5　创建和编辑曲面

【曲面】子对象同样分为独立的和非独立的 CV 曲面。使用创建曲面指令面板或快捷工具栏上的按钮可以创建 NURBS 曲面子对象。下面将对几种常用的曲面子对象进行介绍。

【创建 CV 曲面】：CV 曲面是最基本的 NURBS 曲面。单击该按钮，在任何视图中拖动鼠标即可创建出一个 CV 曲面。

【创建混合曲面】：一个混合曲面可以将一个曲面连接到另一个曲面上，然后根据两者曲率在它们之间创建一个平滑的曲面，如图 8-104 所示。

【混合曲面】卷展栏如图 8-105 所示。其中【张力 1】和【张力 2】的含义与混合曲线的类似。

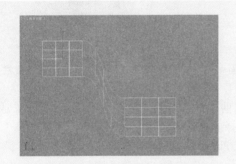

图 8-104　创建混合曲面　　　　　　图 8-105　【混合曲面】卷展栏

【翻转末端 1】和【翻转末端 2】：用来创建混合曲面的两条法线方向，混合使用它所连接的两个曲面的法线方向作为混合曲面两端的法线方向。

【创建镜像曲面】：镜像曲面是原始曲面的镜像图像，如图 8-106 所示。

单击该按钮，选择要镜像的曲面，然后拖动鼠标确定镜像曲面与初始曲面的距离。在创建参数面板中可以设置曲面镜像的镜像轴，【偏移】文本框用于设置镜像的曲面与原始曲面的位移，【翻转法线】用于翻转镜像曲面的法线方向，【镜像曲面】卷展栏如图 8-107 所示。

【创建 U 向放样曲面】：U 向放样曲面使用一系列的曲线子对象来创建一个曲面，如图 8-108 所示。这些曲线在曲面中可以作为曲面在 U 轴方向上的等位线。创建一个 U 向放样曲面，当选择这样的曲线时，它将自动地附着到当前 NURBS 对象上。

【U 向放样曲面】卷展栏如图 8-109 所示。

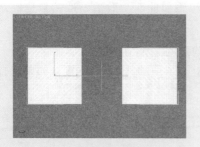

图 8-106　镜像曲面

图 8-107　【镜像曲面】卷展栏

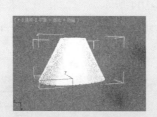

图 8-108　使用多条曲线来创建 U 向放样曲面

图 8-109　【U 向放样曲面】卷展栏

【U 向曲线】：这些列表显示所单击的曲线名称，按单击顺序排列。单击需要选定的曲线的名称并将其选定。视图以蓝色显示选择的曲线。

【反转】：在设置时，反转选择曲线的方向。

【起始点】：调整曲线起点的位置。

【张力】：调整放样的张力，此放样与曲线相交。

【使用 COS 切线】：如果曲线是曲面上的曲线，勾选该复选框，能够使 U 放样使用曲面的切线。这会将放样光滑地混合到曲面上。默认设置为禁用状态。

【翻转切线】：翻转曲线的切线方向。

【自动对齐曲线起始点】：勾选它，自动对齐 U 轴放样的所有起始节点。

【闭合放样】：如果最初的 U 轴放样曲面没有闭合，勾选它，会自动在起始曲线和末端曲线之间添加新的段面，使曲面闭合。

【插入】按钮：在 U 轴放样曲面中插入新的曲线。单击该按钮，再选择曲线进行插入，插入的曲线会排列在原曲线的前面，如果要在末端插入曲线，先选择曲线前，然后将 U 向曲线列表指向"结束"栏，再选择曲线。

【移除】按钮：从 U 放样曲面中移除一条曲线。选择列表中的曲线，然后单击【移除】按钮即可移除。

【优化】按钮：用于在 U 轴放样曲面上加入新的 ISO 线。

【替换】按钮：用新的曲线替换 U 向曲线。

【创建时显示】：勾选该复选框，在创建 U 放样曲面时会显示它。禁用此项后，能够更快速地创建放样。默认设置为禁用状态。

【翻转法线】：翻转 U 法线的方向。

【创建 UV 放样曲面】：UV 放样曲面与 U 向放样曲面类似，但是 V 方向和 U 方向上各使用一组曲线。这样可以更好地控制 UVLOFT 曲面的形状，而且只需要相对比较少的曲线就能获得想要的结果。

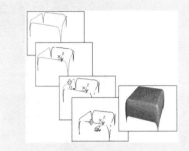

图 8-110　U 向放样曲面和 UV 放样曲面

U 向放样曲面和 UV 放样曲面是 NURBS 建模中最常用的建模方法，如图 8-110 所示

8.5　上机练习

8.5.1　制作抱枕

下面将介绍怎样使用 CV 曲面制作一个抱枕，完成后的效果如图 8-111 所示。

步骤 01　启动 3ds Max 2013 软件，新建一个空白场景，选择【创建】 | 【几何体】 | 【NURBS】曲面|【四边形面片】工具，在【顶】视图中按住鼠标左键并拖动鼠标绘制一个【CV 曲面】，创建完成后将其选择，在【创建参数】卷展栏中将【长度】设置为 249，【宽度】设置为 233，如图 8-112 所示。

图 8-111　效果图

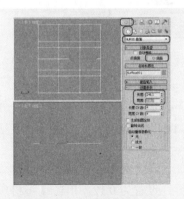

图 8-112　绘制【CV 曲面】

步骤 02　切换至【修改】命令面板，将当前选择集定义为【曲面 CV】，在工具栏中单击【选择并移动】按钮，在各个视图中调整 CV 的位置，调整后的效果如图 8-113 所示。

步骤 03　调整完成后，按 M 键打开【材质编辑器】对话框，选择一个空白材质球，并将其命名为【抱枕】，在【明暗器基本参数】卷展栏中勾选【双面】复选框，在【Blinn 基本参数】卷展栏中将【自发光】选项组中的【颜色】设置为 50，如图 8-114 所示。

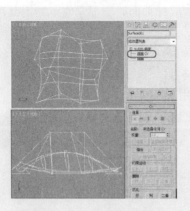

图 8-113　调整后的效果

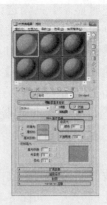

图 8-114　【材质编辑器】对话框

步骤 04　展开【贴图】卷展栏，单击【漫反射颜色】右侧的 None 按钮，在弹出的【材质/贴图浏览器】对话框中选择【标准】卷展栏下的【位图】选项，如图 8-115 所示。

步骤 05　单击【确定】按钮，打开【选择位图图像文件】对话框，在该对话框中选择随书附带光盘中的"CDROM\Map\抱枕贴图.jpg"文件，如图 8-116 所示。

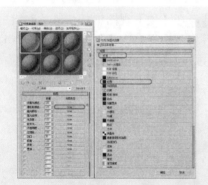

图 8-115　【材质/贴图浏览器】对话框

图 8-116　【选择位图图像文件】对话框

步骤 06　单击【打开】按钮，即可将其赋予材质球，在【坐标】卷展栏中将【偏移】下 U 设置为 0.12，单击【将材质指定给选定对象】按钮，然后单击【在视图中显示指定贴图】按钮，如图 8-117 所示。

步骤 07　将材质对话框关闭，选择【创建】｜【几何体】｜【长方体】工具，在【顶】视图中绘制一个长方体，将其重命名为"地面"，将其颜色设置为白色。并在【参数】卷展栏中将【长度】设置为 1100，【宽度】1100，【高】设置为 0，如图 8-118 所示。

步骤 08　创建完成后，使用【选择并移动】工具将其调整至合适的位置，选择【创建】｜【摄影机】｜【目标】工具，在【顶】视图中创建一个摄影机，将【透视】视图转换为【摄影机】视图，将其选择，切换至【修改】命令面板，在【参数】卷展栏中将【镜头】设置为 55，将【目标距离】设置为 650.234，如

图 8-119 所示。

图 8-117　指定材质

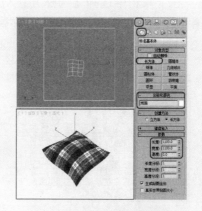

图 8-118　创建长方体

步骤 09　设置完成后，选择【创建】 |【灯光】 |【天光】工具，在【顶】视图中创建一个天光，如图 8-120 所示。

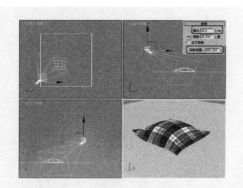

图 8-119　创建摄影机

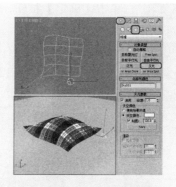

图 8-120　创建天光

步骤 10　保存场景，按 F9 键对【摄影机】视图进行渲染即可。

8.5.2　制作棒球棒

本案例将介绍棒球棒的制作方法，其效果如图 8-121 所示。

图 8-121　效果图

步骤 01　启动 3ds Max 2013 软件，新建一个空白场景，选择【创建】 |【图形】 |【圆】工具，在【顶】视图中创建一个正圆，并在其【参数】卷展栏中将【半

径】设置为 60，如图 8-122 所示。

步骤 02 在工具箱中选择【选择并移动】工具 ✥，在【前】视图中选择创建的圆，按住 Shift 键的同时向下拖曳，在弹出的对话框中设置需要复制的圆的数量，在【对象】选项组中选中【复制】单选按钮，如图 8-123 所示。

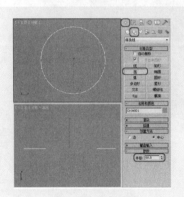
图 8-122　创建圆

图 8-123　【克隆选项】对话框

步骤 03 单击【确定】按钮，即可复制选择的圆，并调整其大小及位置，完成后的效果如图 8-124 所示。

步骤 04 选择第一个圆，右击，在弹出的快捷菜单中选择【转换为】|【转换为 NURBS】命令，如图 8-125 所示。

图 8-124　效果图

图 8-125　选择【转换为 NURBS】命令

步骤 05 切换至【修改】命令面板，在命令面板中选择【常规】卷展栏，在该卷展栏中单击【附加多个】按钮，打开【附加多个】对话框，在该对话框中选择全部对象，如图 8-126 所示。

步骤 06 单击【确定】按钮，在【常规】卷展栏中单击【NURBS 创建工具箱】按钮 ⬜，打开 NURBS 对话框，在该对话框中单击【创建 U 形放样曲面】按钮 ⬜，在【前】视图中从上向下进行连接，如图 8-127 所示。

步骤 07 连接完成后，在 NURBS 对话框中单击【创建封口曲面】按钮 ⬜，在【透视】视图中旋转模型，选择两边的曲线，创建封盖曲面，(在创建曲面时，需要勾选【封口曲面】卷展栏中的【翻转法线】复选框，如图 8-128 所示。

图 8-126 【附加多个】对话框

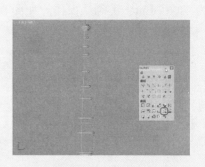

图 8-127 连接曲面

步骤 08 在【前】视图中选择物体，在工具箱中选择【选择并旋转】 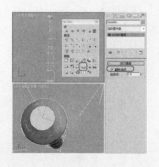并右击，在弹出的对话框中将【绝对：世界】选项组中的 Y 设置为-90，如图 8-129 所示。

图 8-128 创建封口曲面

图 8-129 【旋转变换输入】对话框

步骤 09 设置完成后将其对话框关闭，确认对象处于被选择的状态下，右击，在弹出的快捷菜单中选择【转换为】|【转换为可编辑网格】命令，如图 8-130 所示。

步骤 10 将当前选择集定义为【多边形】，在【前】视图中选择如图 8-131 所示的多边形，在【曲面属性】卷展栏中将【设置 ID】设置为 1，按 Enter 键确认操作。

图 8-130 选择【转换为可编辑网格】命令

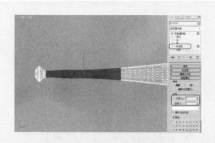

图 8-131 设置多边形 ID

步骤 11 确认多边形处于被选择的状态下，在菜单栏中选择【编辑】|【反选】命令，如图 8-132 所示。

步骤 12 执行完该命令即可完成反选，在【曲面属性】卷展栏中将【设置 ID】设置为 1，按 Enter 键确认操作，如图 8-133 所示。

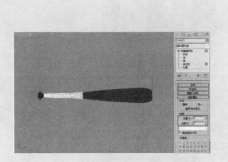

图 8-132 选择【反选】命令　　　　　图 8-133 设置 ID 2

步骤 13 在堆栈中将当前选择集定义为【面】，在【面】视图中选择如图 8-134 所示的面，并在工具栏中单击【选择并均匀缩放】按钮，将选择的面进行等比缩放。

步骤 14 使用同样的方法缩放其他面，完成后的效果如图 8-135 所示。

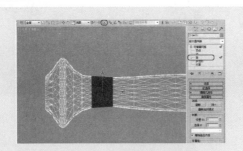
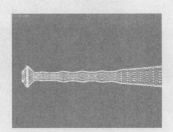

图 8-134 缩放选择面　　　　　　　　图 8-135 完成后的效果

步骤 15 创建完成后为其赋予材质，按 M 键，打开【材质编辑器】对话框，选择一个空白材质球，将其命名为"棒球棒"，单击 Standard 按钮，如图 8-136 所示。

步骤 16 在弹出的【材质/贴图浏览器】对话框中选择【多维/子对象】选项，如图 8-137 所示。

图 8-136 【材质编辑器】对话框　　图 8-137 【材质/贴图浏览器】对话框

步骤 17　单击【确定】按钮，在弹出的对话框中选中【将旧材质保存为子材质？】单选按钮，如图 8-138 所示。

步骤 18　单击【确定】按钮，在【多维/子对象基本参数】卷展栏中单击【设置数量】按钮，在弹出的对话框中将【材质数量】设置为 2，如图 8-139 所示。

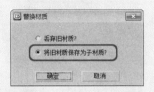

图 8-138　【替换材质】对话框　　　　　图 8-139　【设置材质数量】对话框

步骤 19　设置完成后单击【确定】按钮，然后单击第一个子材质的【材质贴图】按钮，进入子材质面板，在【Blinn 基本参数】卷展栏中将【高光级别】设置为 43、【光泽度】设置为 31，展开【贴图】卷展栏，单击【漫反射颜色】右侧的 None 按钮，如图 8-140 所示。

步骤 20　打开【材质/贴图浏览器】对话框，选择【位图】选项，如图 8-141 所示。

步骤 21　单击【确定】按钮，在弹出的对话框中选择随书附带光盘中的 "CDROM\Map\黑色材质.jpg" 文件，如图 8-141 所示。

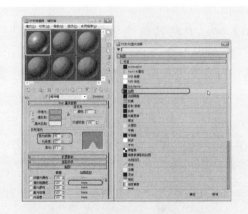

图 8-140　【材质/贴图浏览器】对话框　　　图 8-141　【选择位图图像文件】对话框

步骤 22　单击【确定】按钮，即可为其材质球赋予材质，单击两次【转到副对象】按钮，然后单击第二个子材质的【材质贴图】按钮，在弹出的【材质/贴图浏览器】对话框中选择【标准】选项，如图 8-142 所示。

步骤 23　单击【确认】按钮，将【明暗器基本类型】设置为【各向异性】，在【明暗器基本参数】卷展栏中勾选【双面】复选框，在【各向异性基本参数】卷展栏中将【环境光】和【漫反射】的 RGB 值设置为 255、0、0，将【高光反射】的 RGB 值设置为 255、255、255，将【自发光】选项组中的【颜色】设置为 20，将【漫反射级别】设置为 119，将【反射高光】选项组中的【高光级别】、【光泽

度】和【各向异性】分别设置为 96、58、86，如图 8-143 所示。

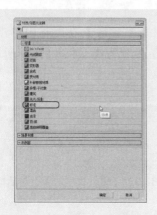

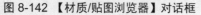

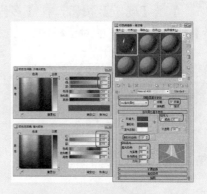

图 8-142 【材质/贴图浏览器】对话框　　　　图 8-143　设置材质参数

步骤 24　设置完成后单击【将材质指定给选定的对象】按钮 ，然后单击【在视口中显示指定贴图】按钮 ，即可在视口中显示指定的材质。

步骤 25　将材质对话框关闭，选择【创建】 |【几何体】 |【长方体】工具，在【顶】视图中绘制一个长方体，切换至【修改】命令面板，将其重命名为"地面"，将其颜色设置为白色。并在【参数】卷展栏中将【长度】设置为 2000，【宽度】3000，【高】设置为 0，如图 8-144 所示。

步骤 26　创建完成后，使用【选择并移动】 工具将其调整至合适的位置，选择【创建】 |【摄影机】 |【目标】工具，在【顶】视图中创建一个摄影机，再将【透视】视图转换为【摄影机】视图，并在各个视图中调整摄影机的位置，如图 8-145 所示。

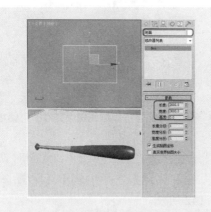

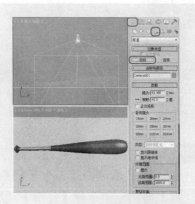

图 8-144　创建地面　　　　　　　　　　图 8-145　创建摄影机

步骤 27　设置完成后，选择【创建】 |【灯光】 |【标准】|【目标聚光灯】工具，在【顶】视图中创建一个聚光灯，并调整位置，切换至【修改】命令面板，在【阴影】选项组中勾选【启用】复选框，选择【光线跟踪阴影】选项，展开【阴

影参数】卷展栏，将阴影颜色的 RGB 值设置为 139、139、139，如图 8-146 所示。

步骤 28 设置完成后使用同样的方法创建一个泛光灯，并将其选择，切换至【修改】命令面板，在【强度/颜色/衰减】卷展栏中将【倍增】设置为 0.5，然后单击【常规参数】卷展栏中的【排除】按钮，在弹出的对话框中选择 Cirde001，单击 >> 按钮，将其排除，如图 8-147 所示。

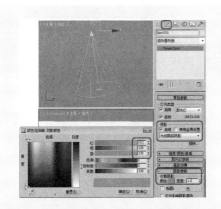

图 8-146 设置灯光参数

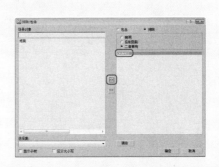

图 8-147 【排除/包含】对话框

步骤 29 排除完成后单击【确定】按钮，调整场景中泛光灯的位置，选择【摄影机】视图，按 Shift+F 组合键为其添加安全框，然后按 F10 键，打开【渲染设置】对话框，设置输出大小为 1200×300，如图 8-148 所示。

图 8-148 【渲染设置】对话框

步骤 30 保存场景，按 F9 键对【摄影机】视图进行渲染即可。

第 **9** 章

环境与环境效果

本章主要介绍了环境和环境效果、大气装置辅助对象。在环境效果中介绍了大气效果，其中包括火效果、雾效果、体积雾效果和体积光效果，这些效果只有场景被渲染后才能够看到。

本章重点：

➥ 认识环境效果

➥ 大气装置辅助对象

9.1　认识环境效果

本节将对环境和环境效果进行简单的介绍，通过本节的学习，可以对环境效果有一个简单的认识，并能掌握环境效果的基本应用。

9.1.1　【环境和效果】对话框

在菜单栏中选择【渲染】|【环境】命令，即可打开【环境和效果】对话框，如图 9-1 所示。

使用环境功能可以执行以下操作。

- 设置背景颜色和背景颜色动画。
- 在渲染场景(屏幕环境)的背景中使用图像，或者使用纹理贴图作为球形环境、柱形环境或收缩包裹环境。
- 设置环境光和环境光动画。
- 在场景中使用大气插件(例如体积光)。
- 将曝光控制应用于渲染。

【环境和效果】对话框中的【公用参数】卷展栏如图 9-2 所示。

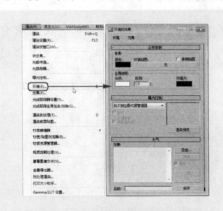

图 9-1　【环境和效果】对话框

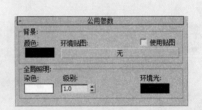

图 9-2　【公用参数】卷展栏

【背景】选项组：

- 【颜色】：设置场景背景颜色。单击色样，在【颜色选择器】对话框中选择所需的颜色。可以通过在启用【自动关键点】按钮的情况下更改非零帧的背景颜色，来设置颜色效果动画。
- 【环境贴图】：【环境贴图】按钮会显示贴图的名称，如果尚未指定名称，则显示【无】。贴图必须使用环境贴图坐标(如球形、柱形、收缩包裹或屏幕)。

要指定环境贴图，请单击【环境贴图】按钮，在弹出的【材质/贴图浏览器】对话框中选择贴图，如图 9-3 所示。

或将【材质编辑器】对话框中的贴图拖放到【环境贴图】按钮上。此时会弹出【实例

(副本)贴图】对话框，在该对话框中选择复制贴图的方法：一种是【实例】；另一种是【复制】，如图 9-4 所示。

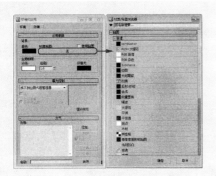
图 9-3 【材质/贴图浏览器】对话框

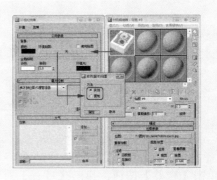
图 9-4 【实例(副本)贴图】对话框

提示： 如果场景中包含动画位图(如材质、投影灯、环境等)，则每个帧将重新加载一个动画文件。如果场景使用多个动画，或动画文件本身就很大，渲染性能将降低。

要调整环境贴图的参数，例如，要指定位图或更改坐标设置，请打开【材质编辑器】对话框，将【环境贴图】按钮拖放到未使用的示例窗中。

- 【使用贴图】：使用贴图作为背景而不是背景颜色。

【全局照明】选项组：

- 【染色】：如果此颜色不是白色，则为场景中的所有灯光(环境光除外)染色。单击色样，显示【颜色选择器】对话框，在对话框中选择色彩颜色。

- 【级别】：增强场景中的所有灯光。如果级别为 1，则保留各灯光的原始设置。增大级别将增强总体场景的照明，减小级别将减弱总体照明。此参数可以设置动画，默认设置为 1。

- 【环境光】：设置环境光的颜色。单击色样，然后在【颜色选择器】对话框中选择所需的颜色。

【大气】卷展栏如图 9-5 所示。

- 【效果】：显示已添加的效果队列。在渲染时，效果在场景中按线性顺序计算。

- 【名称】：为列表中的效果自定义名称。例如，不同类型的火焰可以命名为【火花】或【火苗】。

- 【添加】：单击【添加】按钮，显示【添加大气效果】对话框，如图 9-6 所示。选择效果，然后单击【确定】按钮将效果指定给列表。

- 【删除】：将所选大气效果从列表中删除。

- 【活动】：为列表中的各个效果设置启用/禁用状态。这种方法可以方便地将复杂的大气功能列表中的各种效果孤立。

- 【上移】/【下移】：将选择的大气效果在列表中上移或下移来更改大气效果的应用顺序。

- 【合并】：合并其他 3ds Max 场景文件中的效果。

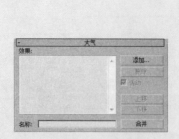

图 9-5 【大气】卷展栏

图 9-6 【添加大气效果】对话框

单击【合并】按钮，弹出【打开】对话框，然后在该对话框中选择 3ds Max 场景，再单击【打开】按钮，如图 9-7 所示。

在打开的【合并大气效果】对话框中会列出场景中可以合并的效果，如图 9-8 所示。在该对话框中可以选择一个或多个效果，然后单击【确定】按钮，将效果合并到场景中。

图 9-7 【打开】对话框

图 9-8 【合并大气效果】对话框

列表中仅显示大气效果的名称，但是在合并效果时，与该效果绑定的灯光或 Gizmo 也会合并。如果要合并的对象与场景中已有的一个对象同名，则会弹出【重复名称】对话框，如图 9-9 所示。在该对话框中可以选择以下解决方法。

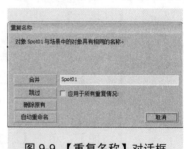

图 9-9 【重复名称】对话框

- 可以在可编辑字段中更改合并对象的名称，并为其重命名。
- 也可以不重命名合并对象，这样场景中会出现两个同名的对象。
- 可以单击【删除原有】按钮，删除场景中现有的对象。
- 可以单击【自动重命名】按钮，系统自动更改对象的名称。
- 可以勾选【应用于所有重复情况】复选框，对所有后续的匹配对象执行相同的操作。

9.1.2 火焰环境效果

在菜单栏中选择【渲染】|【环境】命令，打开【环境和效果】对话框，切换到【环境】选项卡，在【大气】卷展栏中单击【添加】按钮，在弹出的【添加大气效果】对话框中选择【火效果】，单击【确定】按钮，即可添加火焰效果，如图 9-10 所示。

使用【火效果】可以生成动画的火焰、烟雾和爆炸效果。火焰效果包括篝火、火炬、火球、烟云和星云。

> **提示**：在 3ds Max 之前的版本中，火焰效果称为"燃烧效果"。

只有在【摄影机】视图或【透视】视图中会渲染火焰效果。【正交】视图或【用户】视图不渲染火焰效果。

> **提示**：火焰效果不支持完全透明的对象，应相应设置火焰对象的透明度。如果要使火焰对象消失，应使用可见性，而不要使用透明度。

添加完火焰效果后，选择【火效果】，在【环境和效果】对话框中会自动添加一个【火效果参数】卷展栏，如图 9-11 所示。

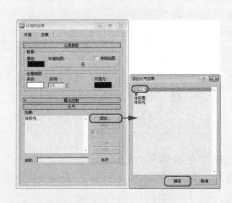

图 9-10 添加【火效果】

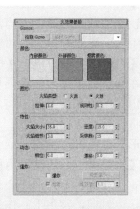

图 9-11 【火效果参数】卷展栏

Gizmos 选项组：

● 【拾取 Gizmo】：通过单击该按钮进入拾取模式，然后单击场景中的某个大气装置。在渲染时，装置会显示火焰效果。装置的名称将添加到装置列表中。多个装置对象可以显示相同的火焰效果。例如，墙上的火炬可以使用相同的效果。为每个装置指定不同的种子可以改变效果。可以为多个火焰效果指定一个装置。例如，一个装置可以同时显示火球效果和火舌效果。

> **提示**：以选择多个 Gizmo。单击【拾取 Gizmo】按钮，然后按 H 键，此时将显示【拾取对象】对话框，用于从列表中选择多个对象，如图 9-12 所示。

- 【移除 Gizmo】：移除 Gizmo 列表中所选的 Gizmo。Gizmo 仍在场景中，但是不再显示火焰效果。
- Gizmo 列表：在该列表中列出了为火焰效果指定的装置对象，如图 9-13 所示。

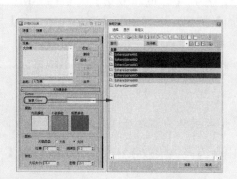

图 9-12 【拾取对象】对话框

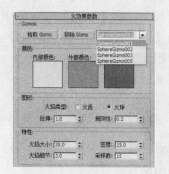

图 9-13 Gizmo 列表

【颜色】选项组：

- 【内部颜色】：设置中心密集区域的颜色。对于典型的火焰，此颜色代表火焰中最热的部分。
- 【外部颜色】：设置边缘稀薄区域的颜色。对于典型的火焰，此颜色代表火焰中较冷的散热边缘。火焰效果使用内部颜色和外部颜色之间的渐变进行着色。效果中的密集部分使用内部颜色，效果的边缘附近逐渐混合为外部颜色。
- 【烟雾颜色】：用于【爆炸】选项的烟雾颜色。

如果在【火效果参数】卷展栏中的【爆炸】选项组中，勾选了【爆炸】和【烟雾】复选框，则内部颜色和外部颜色将对烟雾颜色设置动画。如果取消勾选【爆炸】和【烟雾】复选框，将忽略烟雾颜色。

【图形】选项组：

- 【火焰类型】：设置两种不同方向和形态的火焰。
  - 【火舌】：沿中心有定向地燃烧火焰，方向为大气装置 Gizmo 物体的自身 Z 轴向，常用于制作篝火、火把、烛火、喷射火焰等效果。
  - 【火球】：球形膨胀的火焰，从中心向四周扩散，无方向性，常用于制作火球、恒星、爆炸等效果。
- 【拉伸】：将火焰沿 Gizmo(线框)物体的 Z 轴方向拉伸。拉伸最适合火舌火焰。如果值小于 1，将压缩火焰，使火焰更短更粗；如果值大于 1，将拉伸火焰，使火焰更长更细。不同数值的拉伸效果如图 9-14 所示。
  可以将拉伸与装置的非均匀缩放组合使用。使用非均匀缩放可以更改效果的边界，缩放火焰的形状。使用拉伸参数只能缩放装置内部的火焰，也可以使用拉伸值反转缩放装置对火焰产生的效果。
- 【规则性】：修改火焰填充装置的方式。范围为 0～1。如果值为 1，则填满装置。效果在装置边缘附近衰减，总体形状仍然非常明显。如果值为 0，则生成很不规则的效果，有时可能会到达装置的边界，但是通常会被修剪。不同规则性参数的火焰效果如图 9-15 所示。

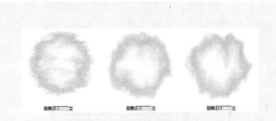

图 9-14 不同数值的拉伸效果

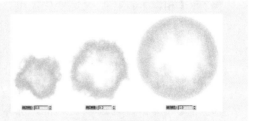

图 9-15 不同规则性参数的火焰效果

【特性】选项组：设置火焰的大小、密度等，它们与大气装置 Gizmo 物体的尺寸息息相关，对其中一个参数进行调节也会影响其他 3 个参数的效果。

- 【火焰大小】：设置火苗的大小，装置大小会影响火焰大小。装置越大，需要的火焰也越大。使用 15～30 范围内的值可以获得最佳效果。较大的值适合火球效果；较小的值适合火舌效果。

- 【密度】：设置火焰不透明度和光亮度，装置大小会影响密度。值越小，火焰越稀薄、透明，亮度也越低；值越大，火焰越浓密，中央更加不透明，亮度也增加。不同密度参数的火焰效果如图 9-16 所示。

- 【火焰细节】：控制火苗内部颜色和外部颜色之间的过渡程度。取值范围为 1～10。值越小，火苗越模糊，渲染也越快；值越大，火苗越清晰，渲染也越慢。对大火焰使用较高的细节值。不同火焰细节参数的火焰效果如图 9-17 所示。

图 9-16 不同密度参数的火焰效果

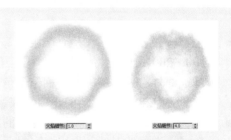

图 9-17 不同火焰细节参数的火焰效果

提示：如果火焰细节值大于 4，可能需要增大【采样数】才能捕获细节。

- 【采样数】：设置用于计算的采样速率。值越大，结果越精确，但渲染速度也越慢，当火焰尺寸较小或细节较低时可以适当增大它的值。
  在以下情况可以考虑提高采样值。
  - 火焰很小。
  - 火焰细节大于 4。
  - 在效果中看到彩色条纹。如果平面与火焰效果相交，出现彩色条纹的概率会提高。

【动态】选项组：

- 【相位】：控制火焰变化速度，对它进行动画设定可以产生动态的火焰效果。
- 【漂移】：设置火焰沿自身 Z 轴升腾的快慢。值偏低时，表现出文火效果；值偏高时，表现出烈火效果。一般将它的值设置为 Gizmo 物体高度的若干倍，可以产生最佳的火焰效果。

【爆炸】选项组：

- 【爆炸】：勾选该复选框，会根据【相位】值的变化自动产生爆炸动画。

  根据【爆炸】复选框的状态，相位值可能有多种含义：如果取消勾选【爆炸】复选框，相位将控制火焰的涡流。值更改得越快，火焰燃烧得越猛烈。如果相位功能曲线是一条直线，可以获得燃烧稳定的火焰；如果勾选【爆炸】复选框，相位将控制火焰的涡流和爆炸的计时(使用 0～300 之间的值)。

  不同相位参数时的爆炸效果如图 9-18 所示。

- 【设置爆炸】：单击该按钮，会弹出【设置爆炸相位曲线】对话框，如图 9-19 所示。在这里确定爆炸动画的起始帧和结束帧，系统会自动生成一个爆炸设置，也就是将【相位】值在该区间内作 0～300 的变化。

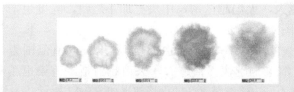

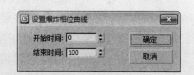

图 9-18　不同相位参数时的爆炸效果　　　　图 9-19　【设置爆炸相位曲线】对话框

- 【烟雾】：控制爆炸是否产生烟雾。勾选该复选框时，火焰颜色在【相位】值为 100～200 之间变为烟雾，烟雾在【相位】值为 200～300 之间清除。取消勾选该复选框时，火焰颜色在【相位】值为 100～200 之间始终为全密度，火焰在【相位】值为 200～300 之间逐渐衰减。
- 【剧烈度】：设置【相位】变化的剧烈程度。值小于 1 时，可以创建缓慢燃烧的效果；值大于 1 时，火焰燃烧得更为剧烈。

9.1.3　雾环境效果

雾环境效果可以产生雾、层雾、烟雾、云雾或蒸汽等大气效果，作用于全部场景，分为标准雾和分层雾两种类型。标准雾依靠摄影机的衰减范围设置，根据物体离目光的远近产生淡入淡出效果；分层雾根据地平面高度进行设置，产生一层云雾效果。标准雾常用于增大场景的空气不透明度，产生雾茫茫的大气效果；分层雾可以表现仙境、舞台等特殊效果。

在【环境和效果】对话框中展开【大气】卷展栏，单击【添加】按钮，在弹出的【添加大气效果】对话框中选择【雾】，然后单击【确定】按钮，如图 9-20 所示。

添加完雾效果后，选择新添加的【雾】，在【环境和效果】对话框中会自动添加一个

【雾参数】卷展栏，如图 9-21 所示。

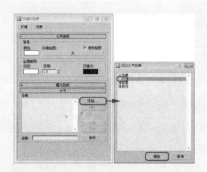

图 9-20　添加雾效果

图 9-21　【雾参数】卷展栏

【雾】选项组：

- 【颜色】：设置雾的颜色，可以将它的变化记录为动画，产生颜色变化的雾。
- 【环境颜色贴图】：从贴图导出雾的颜色。可以为背景和雾颜色添加贴图，可以在【轨迹视图】或【材质编辑器】对话框中设置程序贴图参数的动画，还可以为雾添加不透明度贴图。在按钮上会显示颜色贴图的名称，如果没有指定贴图，则显示【无】。贴图必须使用环境贴图坐标(球形、柱形、收缩包裹和屏幕)。

要指定贴图，可以将示例窗中的贴图或【材质编辑器】对话框中的【贴图】按钮拖动到【环境颜色贴图】按钮上，此时会弹出【实例(副本)贴图】对话框，在该对话框中选择复制贴图的方法，如图 9-22 所示。

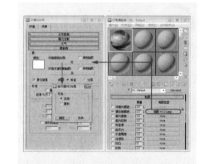

图 9-22　【实例(副本)贴图】对话框

单击【环境颜色贴图】按钮将打开【材质/贴图浏览器】对话框，在该对话框中可以选择贴图类型。要调整环境贴图的参数，请打开【材质编辑器】对话框，将【环境颜色贴图】按钮拖动到未使用的示例窗中。

- 【使用贴图】：切换该贴图效果为启用或禁用。
- 【环境不透明度贴图】：更改雾的密度。
- 【雾化背景】：将雾功能应用于场景的背景中。
- 【类型】：选择【标准】时，将使用【标准】部分的参数；选择【分层】时，将使用【分层】部分的参数。
    - 【标准】：用于启用【标准】选项组。
    - 【分层】：用于启用【分层】选项组。

【标准】选项组：

- 【指数】：勾选该复选框后，将根据距离以指数方式递增雾的浓度，否则以线性方式计算，当要渲染体积雾中的物体时勾选此复选框。
- 【近端%】：设置近距离范围雾的浓度(近距离和远距离范围在摄影机面板中设置)。

- 【远端%】：设置远距离范围雾的浓度(近距离和远距离范围在摄影机面板中设置)。

【分层】选项组：

- 【顶】：设置层雾的上限(以世界标准单位计算高度)。
- 【底】：设置层雾的下限(以世界标准单位计算高度)。
- 【密度】：设置整个雾的浓度。
- 【衰减】：设置层雾浓度的衰减情况，【顶】表示由底部向上部衰减，底部浓，顶部淡；【底】反之；【无】不产生衰减，雾的浓度均匀。
- 【地平线噪波】：在层雾与地平线交接的地方加入噪波处理，使雾能更真实地融入背景中。
- 【大小】：应用于噪波的缩放系数。缩放系数值越大，雾的碎块也越大。默认设置为20。
- 【角度】：设置离受影响的地平线的角度。
- 【相位】：通过【相位】值的变化可以将【噪波】效果记录为动画。如果层雾在地平线以上，【相位】值正的变化可以产生升腾的雾效，负的变化将产生下落的雾效。

9.1.4 体积雾环境效果

体积雾环境效果可以产生三维空间的云团，这是真实的云雾效果。在三维空间中它们以真实的体积存在，不仅可以飘动，还可以穿过它们。体积雾有两种使用方法，一种是直接作用于整个场景，但要求场景内必须有物体存在；另一种是作用于大气装置 Gizmo 物体，在 Gizmo 物体限制的区域内产生云团，这是一种更易控制的方法。

在【环境和效果】对话框中展开【大气】卷展栏，单击【添加】按钮，在弹出的【添加大气效果】对话框中选择【体积雾】，然后单击【确定】按钮，如图 9-23 所示。

添加完体积雾效果后，选择新添加的【体积雾】，在【环境和效果】对话框中会自动添加【体积雾参数】卷展栏，如图 9-24 所示。

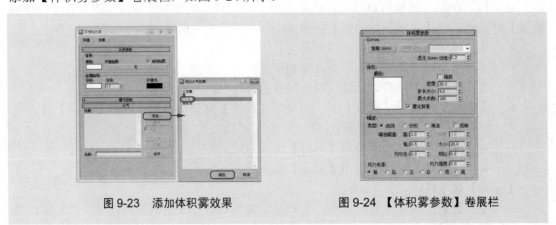

图 9-23　添加体积雾效果　　　　图 9-24　【体积雾参数】卷展栏

Gizmos 选项组：

- 在默认情况下，体积雾填满整个场景，也可以选择 Gizmo(大气装置)包含雾。

Gizmo 可以是球体、长方体、圆柱体或这些几何体的组合体。

- 【拾取 Gizmo】：单击该按钮进入拾取模式，然后单击场景中的某个大气装置。在渲染时，装置会包含体积雾。装置的名称将添加到装置列表中。

可以拾取多个 Gizmo，单击【拾取 Gizmo】按钮，然后按 H 键，此时将弹出【拾取对象】对话框，可以在列表中选择多个对象，如图 9-25 所示。

如果要更改 Gizmo 的尺寸，会同时更改雾影响的区域，但是不会更改雾和其噪波的比例。例如，如果减小球体 Gizmo 的半径，将裁剪雾；如果移动 Gizmo，将更改雾的外观。

- 【移除 Gizmo】：单击该按钮，可以将右侧当前的 Gizmo 物体从当前的体积雾中去除。

- 【柔化 Gizmo 边缘】：对体积雾的边缘进行柔化处理。值越大，边缘越柔化。范围为 0～1。

提示：不要将此值设置为 0。如果设置为 0，【柔化 Gizmo 边缘】可能会造成边缘上出现锯齿。

【体积】选项组：

- 【颜色】：设置雾的颜色，可以通过动画设置产生变幻的雾效。
- 【指数】：随距离按指数增大密度。取消勾选该复选框时，密度随距离线性增大。只有希望渲染体积雾中的透明对象时，才勾选此复选框。
- 【密度】：控制雾的密度。值越大，雾的透明度越低，取值范围为 0～20(超过该值可能会看不到场景)，不同密度参数的体积雾效果如图 9-26 所示。

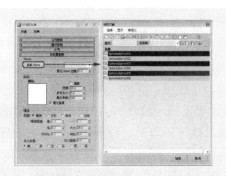

图 9-25 【拾取对象】对话框

图 9-26 增加密度参数的效果

- 【步长大小】：确定雾采样的粒度，即雾的细度。值越低，颗粒越细，雾效果越优质；值越高，颗粒越粗，雾效果越差。
- 【最大步数】：限制采样量，如果雾的密度较小，此选项尤其有用。

提示：如果【步长大小】和【最大步数】值都较小，会产生锯齿。

- 【雾化背景】：勾选该复选框，雾效将会作用于背景图像。

【噪波】选项组：体积雾的噪波选项相当于材质的噪波选项。添加雾中噪波前后的对比效果如图 9-27 所示。

左图：原始场景
右图：添加到雾中的噪波

图 9-27　添加噪波前后的对比效果

- 【类型】：从 3 种噪波类型中选择要应用的一种类型。
  - 【规则】：标准的噪波图案。
  - 【分形】：迭代分形噪波图案。
  - 【湍流】：迭代湍流图案。
- 【反转】：将噪波效果反向，厚的地方变薄，薄的地方变厚。
- 【噪波阈值】：限制噪波效果。取值范围为 0～1。
  - 【高】：设置高阈值。
  - 【低】：设置低阈值。
- 【均匀性】：作用与高通过滤器类似，取值范围为 -1～1。
- 【级别】：设置分形计算的迭代次数。值越大，雾越精细，运算也越慢。
- 【大小】：设置雾块的大小。
- 【相位】：控制风的速度。如果进行了【风力强度】的设置，雾将按指定风向进行运动，如果没有风力设置，它将在原地翻滚。
- 【风力强度】：控制雾沿风向移动的速度，相对于【相位】值。如果【相位】值变化很快，而【风力强度】值变化较慢，雾将快速翻滚并缓慢漂移；如果【相位】值变化很慢，而【风力强度】值变化较快，雾将快速漂移并缓慢翻滚；如果只需雾在原地翻滚，将【风力强度】设为 0 即可。
- 【风力来源】：确定风吹来的方向，有 6 个正方向可选。

9.1.5　体积光环境效果

使用体积光环境效果可以制作带有体积的光线，可以指定给任何类型的灯光(环境光除外)，这种体积光可以被物体阻挡，从而形成光芒透过缝隙的效果。带有体积光属性的灯光也可以进行照明和投影，从而产生真实的光线效果。例如，对泛光灯进行体积光设定，可以制作出光晕效果，模拟发光的灯泡或太阳；对定向光进行体积光设定，可以制作出光束效果，模拟透过彩色玻璃、制作激光光束效果。注意体积光渲染时速度会很慢，所以尽量少使用它。

在【环境和效果】对话框中展开【大气】卷展栏，单击【添加】按钮，在弹出的【添加大气效果】对话框中选择【体积光】，然后单击【确定】按钮，如图 9-28 所示。

添加完体积光效果后，选择新添加的【体积光】，在【环境和效果】对话框中会自动添加【体积光参数】卷展栏，如图 9-29 所示。

【灯光】选项组：

- 【拾取灯光】：在任意视口中单击要为体积光启用的灯光，可以拾取多个灯光。单击【拾取灯光】按钮，然后按 H 键，此时将显示【拾取对象】对话框，可以在列表中选择多个灯光。

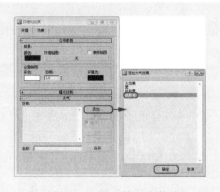

图 9-28　添加体积光效果

图 9-29　【体积光参数】卷展栏

- 【移除灯光】：从右侧列表中去除当前选择的灯光。

【体积】选项组：

- 【雾颜色】：设置形成灯光体积雾的颜色。对于体积光，它的最终颜色由灯光颜色与雾颜色共同决定，因此为了更好地进行调节，应该将雾颜色设置为白色，只通过对灯光颜色的调节来制作不同色彩的体积光效果。

- 【衰减颜色】：灯光随距离的变化会产生衰减，该距离值在灯光命令面板中设置，由【近距衰减】和【远距衰减】下的参数值确定。

　衰减颜色就是指衰减区内雾的颜色，它和【雾颜色】相互作用，决定最后的光芒颜色，例如，雾颜色为红色，衰减颜色为绿色，最后的光芒则显示为暗紫色。通常将它设置为较深的黑色，以不影响光芒的色彩。

- 【使用衰减颜色】：勾选该复选框，衰减颜色将发挥作用。默认为关闭状态。

- 【指数】：跟踪距离以指数计算光线密度的增量，否则将以线性进行计算。如果需要在体积雾中渲染透明物体，勾选该复选框。

- 【密度】：设置雾的浓度。值越大，体积感也越强，内部不透明度越高，光线也越亮。通常设置为 2%～6% 时可以制作出最真实的体积雾效，不同浓度参数的对比效果如图 9-30 所示。

左图：原始场景
右图：增大了密度

图 9-30　不同密度参数的对比效果

- 【最大亮度%】：表示可以达到的最大光晕效果(默认设置为 90%)。如果减小此值，可以限制光晕的亮度，以便使光晕不会随距离灯光越来越远而越来越浓，甚至出现一片白色。

提示：如果场景中体积光照射区域内存在透明物体，最大亮度值应该设置为 100%。

- 【最小亮度%】：与环境光设置类似。如果【最小亮度%】大于 0，光体积外面的区域也会发光。

- 【衰减倍增】：设置【衰减颜色】的影响程度。
- 【过滤阴影】：允许通过增加采样级别来获得更优秀的体积光渲染效果，同时也会增加渲染时间。
- 【低】：图像缓冲区将不进行过滤，而直接以采样代替，适合于 8 位图像格式，如 GIF 和 AVI 动画格式的渲染。
- 【中】：邻近像素进行采样均衡，如果发现有带状渲染效果，使用它可以非常有效地进行改进，它比【低】渲染更慢。
- 【高】：邻近和对角像素都进行采样均衡，每个像素都有不同的影响，这种渲染效果比【中】更好，但速度很慢。
- 【使用灯光采样范围】：基于灯光本身【采样范围】值的设定对体积光中的投影进行模糊处理。【采样范围】值是针对【使用阴影贴图】方式作用的，它的增大可以模糊阴影边缘的区域，在体积光中使用它，可以与投影更好地进行匹配，以快捷的渲染速度获得优质的渲染结果。

提示：对于【使用灯光采样范围】选项，灯光的【采样范围】值越大，渲染速度就越慢。不过，对于此选项，如果使用较低的【采样体积%】设置，通常可以获得很好的效果，较低的设置可以缩短渲染时间。

- 【采样体积%】：控制体积被采样的等级，取值范围为 1~1000，1 为最低品质；1000 为最高品质。
- 【自动】：自动进行采样体积的设置。一般无须将此值设置高于 100，除非有极高品质的要求。

【衰减】选项组：此部分的控件取决于单个灯光的【开始范围】和【结束范围】衰减参数的设置，不同衰减参数的对比效果如图 9-31 所示。

- 【开始%】：设置灯光效果开始衰减的位置，与灯光自身参数中的衰减设置相对。默认值为 100%。
- 【结束%】：设置灯光效果结束衰减的位置，与灯光自身参数中的衰减设置相对。如果将它设置小于 100%，光晕将减小，但亮度增大，得到更亮的发光效果。

【噪波】选项组：

- 【启用噪波】：控制噪波影响的开关，当勾选该复选框时，这里的设置才有意义。添加噪波前后的对比效果如图 9-32 所示。
- 【数量】：设置指定给雾效的噪波强度。值为 0 时，无噪波效果；值为 1 时，表现为完全的噪波效果。
- 【链接到灯光】：将噪波设置与灯光的自身坐标相链接，这样灯光在进行移动时，噪波也会随灯光一同移动。通常我们在制作云雾或大气中的尘埃等效果时，不将噪波与灯光链接，这样噪波将被固定在世界坐标上，灯光在移动时就好像在云雾或灰尘间穿行。

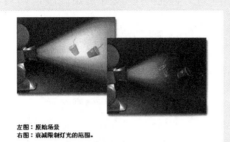

图 9-31　不同衰减参数的对比效果

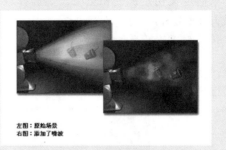

图 9-32　添加噪波前后的对比效果

- 【类型】：选择噪波的类型。
  - ◆ 【规则】：标准的噪波效果。
  - ◆ 【分形】：使用分形计算得到不规则的噪波效果。
  - ◆ 【湍流】：极不规则的噪波效果。
- 【反转】：将噪波效果反向，厚的地方变薄，薄的地方变厚。
- 【噪波阈值】：用来限制噪波的影响，通过【高】和【低】值进行设置，可以在 0～1 之间调节。当噪波值高于低值而低于高值时，动态范围值被拉伸填充在 0～1 之间，从而产生小的雾块，这样可以起到轻微抗锯齿效果。

  【高】/【低】：设置最高和最低的阈值。
- 【均匀性】：如同一个高级过滤系统。值越低，体积越透明。
- 【级别】：设置分形计算的迭代次数。值越大，雾效越精细，运算也越慢。
- 【大小】：确定烟卷或雾卷的大小。值越小，卷越小。
- 【相位】：控制风的速度。如果进行了【风力强度】的设置，雾将按指定风向进行运动，如果没有风力设置，它将在原地翻滚。
- 【风力强度】：控制雾沿风向移动的速度，相对于【相位】值。如果【相位】值变化很快，而【风力强度】值变化较慢，雾将快速翻滚而缓慢漂移；如果【相位】值变化很慢，而【风力强度】值变化较快，雾将快速漂移而缓慢翻滚；如果只需雾在原地翻滚，将【风力强度】设为 0 即可。
- 【风力来源】：确定风吹来的方向，有 6 个方向可选。

9.2　大气装置辅助对象

选择【创建】 ※ |【辅助对象】 ◎ |【大气装置】工具，在【对象类型】卷展栏中有 3 种类型的大气装置，即长方体 Gizmo、球体 Gizmo 和圆柱体 Gizmo。下面将对它们进行简单的介绍。

9.2.1　长方体 Gizmo 辅助对象

选择【创建】 ※ |【辅助对象】 ◎ |【大气装置】|【长方体 Gizmo】工具，在视口中拖

动鼠标定义初始长度和宽度。然后释放鼠标,沿垂直方向拖动,设置初始高度,即可创建长方体 Gizmo,如图 9-33 所示。

单击【修改】按钮 ,进入【修改】命令面板,如图 9-34 所示。

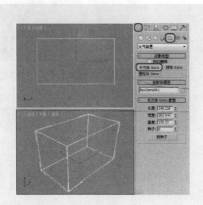

图 9-33　创建长方体 Gizmo

图 9-34　【修改】命令面板

1. 【长方体 Gizmo 参数】卷展栏

- 【长度】、【宽度】和【高度】:设置长方体 Gizmo 的尺寸。
- 【种子】:设置用于生成大气效果的基值。场景中的每个装置应具有不同的种子。如果多个装置使用相同的种子和相同的大气效果,将产生几乎相同的结果。
- 【新种子】:单击可以自动生成一个随机数字,并将其放入种子字段。

2. 【大气和效果】卷展栏

使用该面板中的【大气和效果】卷展栏可以直接在 Gizmo 中添加和设置大气。

- 【添加】:单击该按钮,打开【添加大气】对话框,用于向长方体 Gizmo 中添加大气。
- 【删除】:删除高亮显示的大气效果。
- 【设置】:单击该按钮,打开【环境和效果】对话框,在此可以编辑高亮显示的效果。

9.2.2　圆柱体 Gizmo 辅助对象

选择【创建】 |【辅助对象】 |【大气装置】|【圆柱体 Gizmo】工具,在视口中拖动鼠标定义初始半径,然后释放鼠标,沿垂直方向拖动,设置初始高度,即可创建圆柱体 Gizmo,如图 9-35 所示。

单击【修改】按钮 ,进入【修改】命令面板,如图 9-36 所示。

1. 【圆柱体 Gizmo 参数】卷展栏

- 【半径】和【高度】:设置圆柱体 Gizmo 的尺寸。
- 【种子】:设置用于生成大气效果的基值。场景中的每个装置应具有不同的种子。如果多个装置使用相同的种子和相同的大气效果,将产生几乎相同的结果。

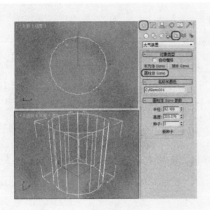

图 9-35　创建圆柱体 Gizmo　　　　　　图 9-36　【修改】命令面板

- 　【新种子】:单击可以自动生成一个随机数字,并将其放入种子字段。

2. 【大气和效果】卷展栏

使用【大气和效果】卷展栏可以直接在 Gizmo 中添加和设置大气。

- 　【添加】:单击该按钮,打开【添加大气】对话框,用于向圆柱体 Gizmo 中添加大气。
- 　【删除】:删除高亮显示的大气效果。
- 　【设置】:单击该按钮,打开【环境和效果】对话框,在此可以编辑高亮显示的效果。

9.2.3　球体 Gizmo 辅助对象

选择【创建】　|【辅助对象】　|【大气装置】|【球体 Gizmo】工具,在视口中拖动鼠标定义初始半径,即可创建球体 Gizmo,可以在【球体 Gizmo 参数】卷展栏中调整半径的大小,如图 9-37 所示。

单击【修改】按钮，进入【修改】命令面板,如图 9-38 所示。

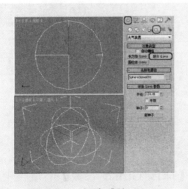

图 9-37　创建球体 Gizmo　　　　　　图 9-38　【修改】命令面板

1．【球体 Gizmo 参数】卷展栏

- 【半径】：设置球体 Gizmo 的尺寸。
- 【半球】：勾选该复选框时，将丢弃球体 Gizmo 底部的一半，创建一个半球。
- 【种子】：设置用于生成大气效果的基值。场景中的每个装置应具有不同的种子。如果多个装置使用相同的种子和相同的大气效果，将产生几乎相同的结果。
- 【新种子】：单击可以自动生成一个随机数字，并将其放入种子字段。

2．【大气和效果】卷展栏

使用该面板中的【大气和效果】卷展栏可以直接在 Gizmo 中添加和设置大气。

- 【添加】：单击该按钮，打开【添加大气】对话框，用于向球体 Gizmo 中添加大气。
- 【删除】：删除高亮显示的大气效果。
- 【设置】：单击该按钮，打开【环境和效果】对话框，在此可以编辑高亮显示的效果。

9.3　上机练习

接下来我们将通过制作燃烧的火焰效果及体积雾的效果来深入了解本章内容。

9.3.1　燃烧的火焰

火焰效果在动画制作中遇到的频率应该是相当高的，比如燃烧的火炬、木材等，本例就来介绍一下火焰效果的制作方法，效果如图 9-39 所示。

步骤01　重置一个新的场景文件，选择【创建】 ![] |【辅助对象】 ![] |【大气装置】|
【球体 Gizmo】工具，在【顶】视图中创建一个球体线框，如图 9-40 所示。

图 9-39　火焰效果

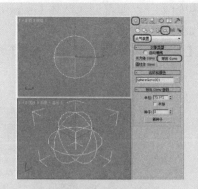

图 9-40　创建球体线框

步骤02　切换至【修改】命令面板，在【球体 Gizmo 参数】卷展栏中将【半径】设置为 80，并勾选【半球】复选框，如图 9-41 所示。

步骤 03 激活【前】视图，右击工具栏中的【选择并均匀缩放】工具，在弹出的【缩放变换输入】对话框中将【绝对：局部】选项组中的 Z 设置为 400，如图 9-42 所示。

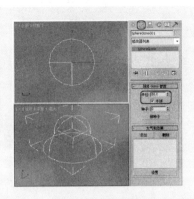

图 9-41 设置参数

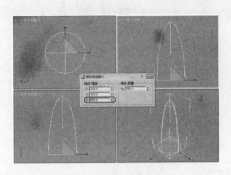

图 9-42 调整线框形状

步骤 04 按 8 键弹出【环境和效果】对话框，切换到【环境】选项卡，在【大气】卷展栏中单击【添加】按钮，如图 9-43 所示。

步骤 05 弹出【添加大气效果】对话框，在该对话框中选择【火效果】，单击【确定】按钮，如图 9-44 所示，即可添加火效果。

图 9-43 单击【添加】按钮

图 9-44 【添加大气效果】对话框

步骤 06 在【火效果参数】卷展栏中单击【拾取 Gizmo】按钮，在场景中单击选择半球线框，如图 9-45 所示。

步骤 07 将【内部颜色】的 RGB 值设为 240、235、0，将【外部颜色】的 RGB 值设为 215、15、0，在【图形】选项组中将【火焰类型】设为【火舌】，将【规则性】设为 0.1，在【特性】选项组中将【火焰大小】设为 30，将【密度】设为 20，将【火焰细节】设为 10，将【采样数】设为 10，在【动态】选项组中将【漂移】设为 400，如图 9-46 所示。

步骤 08 在【前】视图中使用【选择并移动】工具，在按住 Shift 键的同时向右拖动半球线框，拖动至适当位置处释放鼠标左键，会弹出【克隆选项】对话框，在

该对话框中选中【复制】单选按钮，将【副本数】设置为 3，如图 9-47 所示。

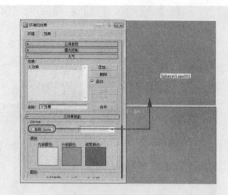

图 9-45　拾取半球线框

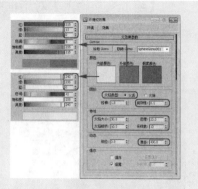

图 9-46　设置参数

步骤09　单击【确定】按钮，即可复制半球线框，效果如图 9-48 所示。

图 9-47　【克隆选项】对话框

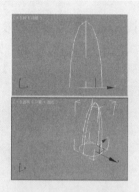

图 9-48　复制的半球线框

步骤10　使用【选择并均匀缩放】工具调整半球线框的形状，效果如图 9-49 所示。

步骤11　选择【创建】|【摄影机】|【目标】工具，在【顶】视图中创建一架摄影机，在【参数】卷展栏中将【镜头】设置为 21，如图 9-50 所示。

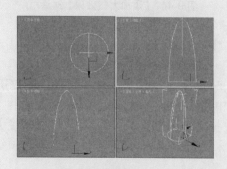

图 9-49　调整半球线框

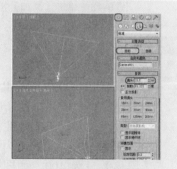

图 9-50　创建摄影机

步骤 12 激活【透视】视图，按 C 键将其转换为【摄影机】视图，然后在其他视图中调整摄影机的位置，效果如图 9-51 所示。

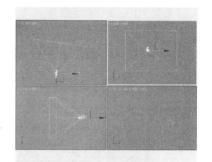

图 9-51 调整摄影机

9.3.2 体积雾效果

本例将介绍一个云雾效果的制作，如图 9-52 所示。本例通过【体积雾】来表现云雾效果。其具体操作步骤如下。

步骤 01 启动 3ds Max 2013，按 8 键打开【环境和效果】对话框，在该对话框中单击【无】按钮，如图 9-53 所示。

步骤 02 在弹出的对话框中选择【位图】，如图 9-54 所示。

图 9-52 云雾效果

图 9-53 单击【无】按钮

图 9-54 选择【位图】

步骤 03 在弹出的对话框中选择随书附带光盘中的"CDROM\Map\202.jpg"文件，如图 9-55 所示。

步骤 04 单击【打开】按钮，将该对话框关闭，激活【透视】视图，在菜单栏中选择【视图】|【视口背景】|【环境背景】命令，如图 9-56 所示。

图 9-55 选择位图图像文件

图 9-56 选择【环境背景】命令

步骤 05 执行该命令后，即可在【透视】视图中显示背景，如图 9-57 所示。

步骤 06 选择【创建】 |【辅助对象】 |【大气装置】|【球体 Gizmo】工具，在
【顶】视图中创建一个半径为 100 的球体 Gizmo，在【球体 Gizmo 参数】卷展栏
中勾选【半球】复选框，如图 9-58 所示。

图 9-57 显示背景后的效果

图 9-58 创建球体 Gizmo

步骤 07 在工具栏中单击【选择并均匀缩放】按钮 ，在【前】视图中对其进行缩
放，完成后的效果如图 9-59 所示。

步骤 08 切换至【修改】命令面板，在【大气和效果】卷展栏中单击【添加】按钮，
在弹出的对话框中选择【体积雾】，如图 9-60 所示。

图 9-59 对球体 Gizmo 进行缩放

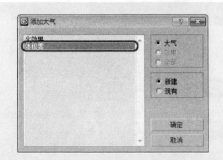

图 9-60 选择【体积雾】

步骤 09 单击【确定】按钮，在【大气和效果】卷展栏中选择【体积雾】，单击其下
方的【设置】按钮，弹出如图 9-61 所示的对话框。

步骤 10 在【体积雾参数】卷展栏中将【柔化 Gizmo 边缘】设置为 0.4，在【体积】
选项组中将【密度】设置为 32，将【颜色】的 RGB 值设置为 235、235、235，
在【噪波】选项组中选中【分形】单选按钮，将【级别】设置为 4，按 Enter 键
确认，如图 9-62 所示。

步骤 11 将【环境和效果】对话框进行关闭，在场景中在复制其他的球体 Gizmo，并
对其进行调整，效果如图 9-63 所示。

图 9-61 单击【设置】按钮

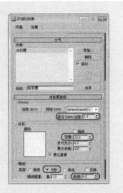

图 9-62 设置体积雾参数

图 9-63 复制其他的球体 Gizmo

第 10 章

视频后期处理及粒子系统

本章将介绍视频后期处理和粒子系统。视频后期处理是 3ds Max 2013 中的一个强大的编辑、合成与特效处理工具。使用视频后期处理可以将包括目前的场景图像和滤镜在内的各个要素结合起来，从而生成一个综合结果。粒子系统是一种特殊的造型体系，常常用于产生各种微粒效果，如可以模拟自然界中的雨、雪、雾等。粒子系统本身是一个对象，其中的粒子可以看作是它的子对象。粒子系统生成的粒子随时间的变化而变化，主要用于动画制作。

本章重点：

➥ 视频后期处理及粒子系统

➥ 粒子系统

10.1 视频后期处理

本节对视频后期处理进行详细的介绍，通过对本节的学习，希望读者能够对视频的后期处理有一个全面的了解。

10.1.1 视频后期处理简介

视频后期处理视频合成器是 3ds Max 中独立的一大组成部分，相当于一个视频后期处理软件，包括动态影像的非线性编辑功能以及特殊效果处理功能，类似于 After Effects 或者 Combustion 等后期合成软件的性质，但视频后期处理功能很弱。在几年前后期合成软件不太流行的时候，这个视频合成器起到了很大的作用，不过随着时代的发展，现在 PC 平台上的后期合成软件已经发展得非常成熟，因此 3ds Max 软件本身在第 2 个版本以后就没有再发展这个功能。当然这个视频合成器还是很好使用的，很多特殊效果都可以利用它来制作，只是制作效率比较低。如果有机会学习后期合成软件，会发现有些工作如果拿到后期合成软件里去完成会非常快，而且可以实时调节。因此，建议使用专业的后期合成软件来完成视频后期处理视频合成器中的工作。

10.1.2 视频后期处理界面介绍

在菜单栏中选择【渲染】|【视频后期处理】命令，即可打开【视频后期处理】对话框，如图 10-1 所示。

从外表上看，视频后期处理界面由 4 部分组成：顶端为工具栏，完成各种操作；左侧为序列窗口，用于加入和调整合成的项目序列；右侧为编辑窗口，用滑块控制当前项目所处的活动区段；底行用于提示信息的显示和一些显示控制工具。

在视频后期处理中，可以加入多种类型的项目，包括当前场景、图像、动画、过滤器和合成器

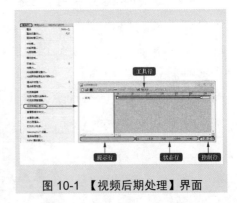

图 10-1 【视频后期处理】界面

等，主要目的有两个：一是将场景、图像和动画组合连接在一起，层层覆盖以产生组合的图像效果，分段连接产生剪辑影片的作用；二是对组合和连接加入特殊处理，如对图像进行发光处理，在两个影片衔接时进行淡入淡出处理等。

1. 序列窗口和编辑窗口

左侧空白区中为序列窗口，在序列窗口中以一个分支树的形式将各个项目连接在一起，项目的种类可以任意指定，它们之间也可以分层。这与材质分层、轨迹分层的概念相同。

在视频后期处理中，大部分工作是在各个项目的自身设置面板中完成的。通过序列窗

口可以安排这些项目的顺序，从上至下，越往上，层级越低，下面的层级会覆盖在上面的层级之上。所以对于背景图像，应该将其放置在最上层(即最底层级)。

对于序列窗口中的项目，双击可以直接打开它的参数控制面板，并对它进行参数设置。单击可以将它选择，配合 Ctrl 键可以单独添加或减去选择，配合 Shift 键可以将两个选择之间的所有项目选择，这对于编辑窗口中的操作也同样适用。

右侧窗口是编辑窗口，它的内容很简单，以条柱表示当前项目作用的时间段，上面有一个可以滑动的时间标尺，由此确定时间段的坐标，时间条柱可以移动或放缩，多个条柱被选择后可以进行各种对齐操作。双击项目条柱也可以直接打开它的参数控制面板，并对其进行参数设置，如图 10-2 所示。

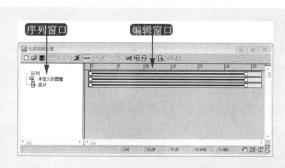

图 10-2　序列窗口和编辑窗口

2. 信息栏和显示控制工具

在视频后期处理底部是信息栏和显示控制工具。

最左侧为提示行，显示下一步进行何种操作，主要针对当前选择的工具，如图 10-3 所示。

中间为状态行，S：显示当前选择项目的起始帧；E：显示当前选择项目的结束帧；F：显示当前选择项目的总帧数；W/H：显示当前序列最后输出的图像尺寸，单位为像素，如图 10-4 所示。

控制工具主要用于编辑窗口的显示，如图 10-5 所示。

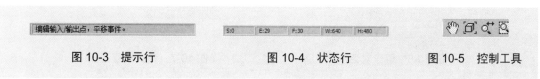

图 10-3　提示行　　　　　图 10-4　状态行　　　　　图 10-5　控制工具

【平移】按钮：用于在事件轨迹区域水平拖动，将视图从左移至右。

【最大化显示】按钮：水平调整事件轨迹区域的大小，使最长轨迹栏的所有帧都可见。

【缩放时间】按钮：事件轨迹区域显示较多或较少数量的帧，可以缩放显示。时间标尺显示当前时间单位。在事件轨迹区域水平拖动来缩放时间。向右拖动可以在轨迹区域显示较少帧(放大)；向左拖动可以在轨迹区域显示较多帧(缩小)。

【缩放区域】按钮🔍：通过在事件轨迹区域拖动矩形来放大定义的区域。

3．工具栏

工具栏中包含的工具主要用于处理视频后期处理文件、管理显示在序列窗口和编辑窗口中的单个事件。

【新建序列】按钮🗋：单击该按钮，将会弹出一个确认提示框，新建一个序列的同时会将当前所有序列设置删除。

【打开序列】按钮📂：单击该按钮，弹出【打开序列】对话框，在该对话框中可以将已保存的 vpx 格式文件调入，vpx 是视频后期处理保存的标准格式，这有利于序列设置的重复利用。

【保存序列】按钮💾：单击该按钮，弹出【保存视频后期处理文件】对话框，将当前视频后期处理中的序列设置保存为标准的 vpx 文件，以便用于其他场景。

一般情况下，不必单独保存视频后期处理文件，所有的设置会连同 3ds Max 文件一同保存。如果在序列项目中有动画设置，将会弹出一个警告框，告知不能将此动画设置保存在 vpx 文件中，如果需要完整保存的话，应当以 3ds Max 文件保存，如图 10-6 所示。

【编辑当前事件】按钮📝：在序列窗口中选择一个事件后，此按钮成为活动状态，点击它，可以打开当前选择项目的参数设置面板。一般我们不使用这个工具，无论在序列窗口还是编辑窗口中，双击项目就可以打开它的参数设置面板。

【删除当前事件】按钮❌：可以删除不可用的启用事件和禁用事件。

【交换事件】按钮🔄：当两个相邻的事件一同被选择时，它变为激活状态。单击该按钮可以将两个事件的前后次序颠倒，用于事件之间相互次序的调整。

【执行序列】按钮🔧：对当前视频后期处理中的序列进行输出渲染，这是最后的执行操作，将弹出一个参数设置面板，如图 10-7 所示。在该面板中设置时间范围和输出大小，然后单击【渲染】按钮创建视频。

图 10-6　警告对话框　　　　　图 10-7　参数设置面板

【时间输出】选项组：

- 【单个】：仅当前帧。只能执行单帧，前提是它在当前范围内。
- 【范围】：两个数字之间(包括这两个数)的所有帧。
- 【每 N 帧】：帧的规则采样。例如，输入 8 则每隔 8 帧执行一次。

【输出大小】选项组：

- 【格式】：从列表中选择【自定义】或【标准电影及视频格式】。对于【自定义】格式，可以设置摄影机的光圈宽度、渲染输出分辨率和图像纵横比或像素纵横比。选择标准格式时，会锁定光圈宽度和纵横比，但是可以更改分辨率。

- 【宽度/高度】：以像素为单位指定图像的宽度和高度。对于【自定义】格式，可以分别单独进行设置。对于其他格式，两个微调器会锁定为指定的纵横比，因此更改一个时另外一个也会更改。
- 【分辨率按钮】：指定预设的分辨率。右击该按钮将显示子对话框，利用它可以更改该按钮指定的分辨率。
- 【图像纵横比】：设置图像的纵横比。更改【图像纵横比】时，还可以更改【高度】值以保持正确的纵横比。对于标准格式，【图像纵横比】是锁定的，该微调器由显示的文字取代。
- 【像素纵横比】：设置图像像素的纵横比。对于标准格式，像素纵横比由格式确定，该微调器由显示的文字取代。

【输出】选项组：

- 【保持进度对话框】：视频后期处理序列完成执行后，强制【视频后期处理进度】对话框保持显示。默认情况下，它会自动关闭。如果勾选该复选框，则必须单击【关闭】按钮关闭该对话框。
- 【渲染帧窗口】：在屏幕上以窗口方式显示【视频后期处理】渲染窗口。
- 【网络渲染】：如果勾选该复选框，在渲染时将会看到【网络作业分配】对话框。
- 【编辑范围栏】按钮 ![icon]：这是【视频后期处理】中的基本编辑工具，对序列窗口和编辑窗口都有效。
- 【序列窗口】：在【序列窗口】中包含以下操作选项及编辑方式。
  通过单击项目事件(选定后黄色底显示)来选择任一事件。
  配合 Ctrl 键加入或减去一个项目事件。
  配合 Shift 键将两个选择项目事件之间的全部事件选择。
  单击【队列】项目事件，全选子级事件。
  双击项目事件，打开它的参数控制面板。
  右击取消所有选择。
- 【编辑窗口】：在【编辑窗口】中包含以下操作选项及编辑方式。
  单击选择单个范围栏，以红色显示。
  配合 Ctrl 键加入或减去一个范围栏。
  配合 Shift 键将两个选择范围栏之间的全部范围栏进行选择。
  在范围栏两端拖动鼠标，进行时间范围的调节。
  在范围栏中央拖动鼠标，进行整个范围栏整个区间的移动。
  双击事件范围栏，打开它的参数控制面板。
  右击取消所有选择。
  【将选定项靠左对齐】按钮 ![icon]：将多个选择的项目范围条左侧对齐。
  【将选定项靠右对齐】按钮 ![icon]：将多个选择的项目范围条右侧对齐。

【使选定项大小相同】按钮：单击该按钮使所有选定的事件与当前的事件大小相同。

【关于选定项】按钮：单击该按钮，将选定的事件首尾连接，这样，一个事件结束时，下一个事件将开始。

【添加场景事件】按钮：为当前序列加入一个场景事件，渲染的视图可以从当前屏幕中使用的几种标准视图中选择。对于【摄影机】视图，不出现在当前屏幕上的也可以选择，这样，可以使用多架摄影机在不同角度拍摄场景，通过视频

图 10-8 【添加场景事件】对话框

后期处理将它们按时间段组合在一起，编辑成一段连续切换镜头的影片。

单击【添加场景事件】按钮，可以打开【添加场景事件】对话框，如图 10-8 所示。

【视图】选项组：

- 【标签】：这里可以为当前场景事件设定一个名称，它将出现在序列窗口中，如果为【未命名】，则以当前选择的视图标识名称作为序列名称。

- 【视图选择菜单】：在这里可以选择当前场景渲染的视图，其中包括当前屏幕中存在的【标准】视图以及所有的【摄影机】视图。

【场景选项】选项组：

- 【渲染选项】：单击该按钮，将打开【渲染设置】面板，其中所包含的内容是除视频后期处理执行序列对话框参数以外的其余渲染参数，这些参数与场景的渲染参数通用，彼此调节都会产生相同的影响。

- 【场景运动模糊】：为整个场景打开场景运动模糊效果。这与对象运动模糊有所区别，对象运动模糊只能为场景中的个别对象创建运动模糊。

- 【持续时间(帧)】：为运动模糊设置虚拟快门速度。当将它设置为 1 时，则为连续两帧之间的整个持续时间开启虚拟快门。当将它设置为较小数值时(例如0.25)，在【持续时间细分】字段指定的细分数将在帧的指定部分渲染。

- 【持续时间细分】：确定在【持续时间】内渲染的子帧切片的数量。默认值为2，但是可能要有至少 5 个或者 6 个才能达到合适的效果。

- 【抖动%】：设置重叠帧的切片模糊像素之间的抖动数量。如果【抖动%】设置为 0，则不会有抖动发生。

【场景范围】选项组：

- 【场景开始/结束】：设置要渲染的场景帧范围。

- 【锁定范围栏到场景范围】：取消勾选【锁定到视频后期处理范围】复选框时才可用。当它可用时，将禁用【场景结束】微调器，并锁定到视频后期处理范围。更改【场景开始】微调器时，它会根据该事件设置的【视频后期处理】范围自动更新【场景结束】微调器。

- 【锁定到视频后期处理范围】：将相同范围的场景帧渲染为视频后期处理帧。可

以在【执行视频后期处理】对话框中设置视频后期处理范围。

【视频后期处理参数】选项组：

- 【VP 开始时间/结束时间】：在整个视频后期处理队列中设置选定事件的开始帧和结束帧。

- 【启用】：启用或禁用事件。取消勾选该复选框时，事件被禁用，当渲染队列时，视频后期处理会忽略该事件，因此必须分别禁用各个事件。

- 【添加图像输入事件】按钮 ：将静止或移动的图像添加至场景。【图像输入】事件将图像放置到队列中，但不同于【场景】事件，该图像是一个事先保存过的文件或设备生成的图像。单击【添加图像输入事件】按钮 ，可以打开【添加图像输入事件】对话框，如图 10-9 所示。

【图像输入】选项组：

- 【标签】：为当前事件定义一个特征名称，如果默认【未命名】。将使用输入图像的文件名称。

- 【文件】：可用于选择位图或动画图像文件。

- 【设备】：选择用于图像输出的外围设备驱动。

- 【选项】：单击该按钮，弹出【图像输入选项】对话框，如图 10-10 所示。在该对话框中可以设置输入图像的【对齐】、【大小】和【帧】范围。

图 10-9 【添加图像输入事件】对话框

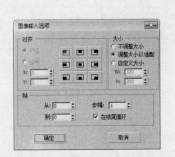

图 10-10 【图像输入选项】对话框

- 【缓存】：在内存中存储位图。如果要使用单个图像位图，则可以勾选该复选框。视频后期处理不会重新加载或缩放每个帧的图像。

【图像驱动程序】选项组：只有将选择的设备用做图像源时，这些按钮才可用。

- 【关于】：提供关于图像处理程序软件来源的信息，该软件用于将图像导入 3ds Max 环境。

- 【设置】：显示插件的设置对话框。某些插件可能不能使用该按钮。

【视频后期处理参数】选项组：与【添加场景事件】对话框中的内容相同，可参见前面相关内容的介绍。

下面再来对如图 10-10 所示的【图像输入选项】对话框中的参数进行简单的介绍。

【对齐】选项组：

- 【预设】：根据【顶部左侧】、【中心】及【顶部右侧】等预设按钮定位图像，使【坐标】相互唯一。
- 【坐标】：通过 X、Y 坐标值来定义图像放置的位置。

【大小】选项组：

- 【不调整大小】：保留图像原始的存储尺寸。
- 【调整大小以适配】：将图像尺寸放缩至渲染输出的尺寸，永远保持它满屏显示。
- 【自定义大小】：通过其下的 W、H 值来定义图像输出时的尺寸，单位为像素。

【帧】选项组：

- 【从/到】：如果图像输入文件为动画或视频，指定要使用的帧范围。
- 【步幅】：设置使用动画的间隔帧数。
- 【在结尾循环】：当达到最后帧时，从开始处播放这些帧。仅在所使用的帧范围小于视频后期处理帧范围时，该命令才生效。

【添加图像过滤事件】按钮：提供图像和场景的图像处理。单击【添加图像过滤事件】按钮，打开如图 10-11 所示的【添加图像过滤事件】对话框。

图 10-11 【添加图像过滤事件】对话框

【过滤器插件】选项组：

- 【标签】：指定一个名称作为当前过滤事件在序列中的名称。
- 【过滤器列表】：列出已安装的过滤器插件。
- 【关于】：提供插件的版本和来源信息。
- 【设置】：显示插件的设置对话框。某些插件可能不能使用该按钮。

【遮罩】选项组：

- 【通道】：如果要将位图用作遮罩文件，可以使用 Alpha 通道、【红色、绿色或蓝色】通道、【亮度】、【Z 缓冲区】、【材质效果】或【对象 ID】。
- 【文件】：选择用做遮罩的文件。选定文件的名称会出现在【文件】按钮上方。
- 【选项】：单击该按钮，显示【图像输出选项】对话框，可以在该对话框中设置相对于视频输出帧的对齐和大小。对于已生成动画的图像，还可以将遮罩与视频输出帧序列同步。
- 【启用】：如果取消勾选该复选框，则视频后期处理会忽略任何其他遮罩设置。
- 【反转】：启用后，将遮罩反转。
- 【视频后期处理参数】选项组中的内容与【添加场景事件】对话框中【视频后期处理参数】选项组中的内容相同，可参见相关的内容进行设置。这里就不再赘述了。

【添加图像层事件】按钮：将两个事件以某种特殊方式合成在一起，这时它成为父级事件，被合成的两个事件成为子级事件。对于事件的要求，只能合成输入图像和输入场景事件，当然也可以合成图层事件，产生嵌套的层级。单击【添加图像层事件】按钮 ，打开【添加图像层事件】对话框，如图 10-12 所示。

一般我们利用它将两个图像或场景合成在一起，利用 Alpha 通道控制透明度，从而产生一个新的合成图像，还可以将两段影片连接在一起，用作淡入淡出或擦拭等基本转场效果。对于更加复杂的剪辑效果，应使用专门的视频剪辑软件来完成，如 Adobe Premiere 等。

它的参数与【添加图像过滤事件】对话框相同，只是下拉菜单中提供的合成器不同。

【添加图像输出事件】按钮 ：与图像输入事件按钮用法相同，只是支持的图像格式少了一些。通常将它放置在序列的最后，可以将最后的合成结果保存为图像文件。单击【添加图像输出事件】按钮，打开【添加图像输出事件】对话框，如图 10-13 所示。

图 10-12　【添加图像层事件】对话框　　　　图 10-13　【添加图像输出事件】对话框

- 　【文件】：单击【文件】按钮，设置要输出的文件名称和文件格式。
- 　【设备】：设置当前输出图像的外围设备驱动。

【添加外部事件】按钮 ：使用它可以为当前事件加入一个外部处理程序，例如 Photoshop、CorelDraw 等。它的原理是在完成 3ds Max 的渲染任务后，打开外部程序，将保存在系统剪贴板中的图像粘贴为新文件。在外部程序中对它进行编辑加工，最后再复制到剪贴板中，关闭该程序后，加工后的剪贴板图像会重新应用到 3ds Max 中，继续其他的处理操作。单击【添加外部事件】按钮 ，打开【添加外部事件】对话框，如图 10-14 所示。

- 　【浏览】：单击该按钮，在硬盘目录中指定要加入的程序名称。
- 　【将图像写入剪贴板】：勾选该复选框，将把前面 3ds Max 完成的图像粘贴到系统剪贴板中。
- 　【从剪贴板读取图像】：勾选该复选框，将外部程序关闭后，重新读入剪贴板中的图像。

其他命令参照前面相关的内容，这里就不再赘述了。

【添加循环事件】按钮 ：对指定事件进行循环处理。它可以对所有类型的事件操作，包括它自身，加入循环事件后会产生一个层级，子事件为原事件，父事件为循环事件，表示对原事件进行循环处理。加入循环事件后，可以更改原事件的范围，但不能更改循环事件的范围，它以灰色显示出循环后的总长度，如果要对它进行调节，必须进入其循环设置面板。单击【添加循环事件】按钮，打开【添加循环事件】对话框，如图 10-15 所示。

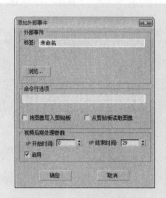

图 10-14 【添加外部事件】对话框

图 10-15 【添加循环事件】对话框

【顺序】选项组：

- 【标签】：为循环事件指定一个名称，它将显示在事件窗口中。
- 【循环】：以首尾的连接方式循环。
- 【往复】：重复子事件，方法是首先向前播放，然后向后播放，再向前播放，以此类推。不重复子事件的最后帧。
- 【次数】：指定除子事件首次播放以外的重复循环或往复的次数。

10.2 粒 子 系 统

粒子系统是一个相对独立的造型系统，用来创建雨、雪、灰尘、泡沫、火花、气流等，它还可以将任何造型作为粒子，用来表现成群的蚂蚁、热带鱼、吹散的蒲公英等。粒子系统主要用于表现动态效果。与时间、速度的关系非常紧密，一般用于动画制作。

粒子系统在使用时要结合一些其他的制作功能。

对于粒子的材质，一般材质都适用。系统还提供有【粒子年龄】和【粒子运动模糊】两种贴图供粒子系统使用。

运动的粒子常常需要进行模糊处理，【对象模糊】和【场景模糊】对粒子适用，有些粒子系统自身拥有模糊设置参数，还可以通过专用的粒子模糊贴图。

空间扭曲的概念在 3ds Max 中一分为三，对造型使用的空间扭曲工具已经与对粒子使用的空间扭曲工具分开了。粒子空间扭曲可以对粒子造成风力、引力、阻挡、爆炸、动力等多种影响。

配合 Effects 特效编辑器或者视频后期处理合成器，可以为粒子系统加入多种特技效果处理，使粒子发光、模糊、闪烁、燃烧等。

在 3ds Max 中，粒子系统常用来表现下面的特效效果。

雨雪。使用超级喷射和暴风雪粒子系统，可以创建各种雨景和雪景，它们优化了粒子的造型和翻转效果，加入 Wind 风力影响可以制作和风细雨和狂风暴雪的景象。

泡沫。利用 Bubble Motion【泡沫运动】参数。可以创建各种气泡、水泡效果。

流水和龙卷风。使用 metaperticles【变形球粒子】设置类型，可以产生密集的粒子群，加入 Path Follow【路径跟随】空间扭曲就可以产生流淌的小溪和旋转的龙卷风。

爆炸和礼花。如果将一个三维造型作为发射器，粒子系统可以将它炸成碎片。加入特殊材质和 Effects 特效(或 VideoPost 合成特技)就可以制作成美丽的礼花。

群体效果。新增的 4 种粒子系统都可以用三维造型作为粒子。因此，可以表现出群体效果，例如，人群、马群、飞蝗、乱箭等。

粒子系统除自身特性外，它们有着一些共同的属性。

【发射器】：用于发射粒子，所有的粒子都由它喷出。它的位置、面积和方向决定了粒子发射时的位置、面积和方向。在视图中显示为黄色时，不可以被渲染。

【计时】：控制粒子的时间参数，包括粒子产生和消失的时间、粒子存在的时间(寿命)、粒子的流动速度以及加速度。

【粒子参数】：控制粒子的尺寸、速度。

【渲染特性】：控制粒子在视图中和渲染时分别表现出的形态。由于粒子不容易显示，所以通常以简单的点、线或交叉点来显示，而且数目也只用于操作观察之用，不用设置过多。对于渲染效果，它会按真实指定的粒子类型和数目进行着色计算。

10.2.1 喷射粒子系统

发射垂直的粒子流，粒子可以是四面体尖锥，也可以是四方形面片。用来表示下雨、水管喷水、喷泉等效果，也可以表现彗星拖尾效果。

这种粒子系统参数较少，易于控制。使用起来很方便，所有数值均可制作动画效果。

选择【创建】 ※|【几何体】 ◎|【粒子系统】|【喷射】工具，然后在【顶】视图中创建喷射粒子系统，如图 10-16 所示。

【粒子】选项组：

● 【视口计数】：在给定帧处，视口中显示的最大粒子数。

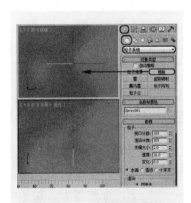

图 10-16　喷射粒子系统

 提示：将视口显示数量设置为少于渲染计数，可以提高视口的性能。

● 【渲染计数】：设置最后渲染时可以同时出现在一帧中粒子的最大数量，它与【计时】选项组中的参数组合使用。

　　如果粒子数达到【渲染计数】的值，粒子创建将暂停，直到有些粒子消亡。

消亡了足够的粒子后，粒子创建将恢复，直到再次达到【渲染计数】的值。

- 【水滴大小】：设置渲染时每个颗粒的大小。
- 【速度】：设置粒子从发射器流出时的初速度，它将保持匀速不变。只有增加了粒子空间扭曲，它才会发生变化。
- 【变化】：影响粒子的初速度和方向。值越大，粒子喷射得越猛烈，喷洒的范围也越大。
- 【水滴、圆点、十字叉】：设置粒子在视图中的显示符号。水滴是一些类似雨滴的条纹，圆点是一些点，十字叉是一些小的加号。

【渲染】选项组：

- 【四面体】：以四面体(尖三棱锥)作为粒子的外形进行渲染，常用于表现水滴。
- 【面】：以正方形面片作为粒子外形进行渲染，常用于有贴图设置的粒子。

【计时】选项组：

计时参数控制发射粒子的【出生和消亡】速率。

在【计时】选项组的底部是显示最大可持续速率的行。此值基于【渲染计数】和每个粒子的寿命。其中最大可持续速率 = 渲染计数/寿命。

一帧中的粒子数永远不会超过【渲染计数】的值，如果【出生速率】超过了最高速率，系统就会用光所有的粒子，并暂停生成粒子，直到有些粒子消亡，然后重新开始生成粒子，形成突发或喷射的粒子。

- 【开始】：设置粒子从发射器喷出的帧号。可以是负值，表示在 0 帧以前已开始。
- 【寿命】：设置每个粒子从出现到消失所存在的帧数。
- 【出生速率】：设置每一帧新粒子产生的数目。

【恒定】：勾选该复选框，【出生速率】将不可用，所用的出生速率等于最大可持续速率。取消勾选该复选框后，【出生速率】可用。默认设置为勾选。

取消勾选【恒定】复选框并不意味着出生速率自动改变；除非为【出生速率】参数设置了动画，否则出生速率将保持恒定。

【发射器】选项组：

发射器指定粒子喷出的区域。它同时决定喷出的范围和方向。发射器以黑色矩形框显示时，将不能被渲染，可以通过工具栏中的工具对它进行移动、缩放和旋转。

- 【宽度】、【长度】：分别设置发射器的宽度和长度。在粒子数目确定的情况下，面积越大，粒子越稀疏。
- 【隐藏】：勾选该复选框可以在视口中隐藏发射器。取消勾选【隐藏】复选框后，在视口中显示发射器。发射器不会被渲染。默认设置为取消勾选状态。

⑩ 10.2.2 雪粒子系统

雪景与喷射几乎没有什么差别，只是粒子的形态可以是六角形面片，以模拟雪花，而且增加了翻滚参数，控制每朵雪片在落下的同时进行翻滚运动。雪景系统不仅可以用来模拟下雪，还可以将多维材质指定给它，产生五彩缤纷的碎片下落效果，常用来增添节日的喜庆气氛；如果将雪花向上发射，可以表现从火中升起的火星效果。

选择【创建】|【几何体】◯|【粒子系统】|【雪】工具，然后在视图中创建喷射粒子系统，其【参数】卷展栏如图 10-17 所示。

【粒子】选项组：

● 【视口计数】：在给定帧处，视口中显示的最大粒子数。

提示：将视口显示数量设置为少于渲染计数，可以提高视口的性能。

● 【渲染计数】：一帧在渲染时可以显示的最大粒子
数。该选项与粒子系统的计时参数配合使用。

如果粒子数达到【渲染计数】的值，粒子创建将暂
停，直到有些粒子消亡。

消亡了足够的粒子后，粒子创建将恢复，直到再次达
到【渲染计数】的值。

图 10-17　【参数】卷展栏

● 【雪花大小】：设置渲染时每个粒子的尺寸大小。

● 【速度】：设置粒子从发射器流出时的初速度，它将保持
匀速不变；只有增加了粒子空间扭曲，它才会发生变化。

● 【变化】：改变粒子的初始速度和方向。【变化】的
值越大，降雪的区域越广。

● 【翻滚】：雪花粒子的随机旋转量。此参数可以在
0～1 之间。设置为 0 时，雪花不旋转；设置为 1 时，
雪花旋转最多。每个粒子的旋转轴随机生成。

● 【翻滚速率】：雪片旋转的速度。值越大，旋转得越快。

● 【雪花】、【圆点】、【十字叉】：设置粒子在视图中的显示符号。雪花是一些
星形的雪花，圆点是一些点，十字叉是一些小的加号。

【渲染】选项组：

● 【六角形】：以六角形面进行渲染，常用于表现雪花。

● 【三角形】：以三角形面进行渲染，三角形只有一个边是可以指定材质的面。

● 【面】：粒子渲染为正方形面。面粒子始终面向摄影机(即用户的视角)，这些粒
子专门用于材质贴图。

【计时】选项组：

计时参数控制发射粒子的【出生和消亡】速率。

在【计时】选项组的底部是显示最大可持续速率的行。此值基于【渲染计数】和每个
粒子的寿命。最大可持续速率=渲染计数/寿命。

因为一帧中的粒子数永远不会超过【渲染计数】的值，如果【出生速率】超过了最大
速率，系统将会用光所有粒子，并暂停生成粒子，直到有些粒子消亡，然后重新开始生成
粒子，形成粒子的突发或喷射。

- 【开始】：第一个出现粒子的帧的编号。
- 【寿命】：粒子的寿命(以帧数计)。
- 【出生速率】：每一帧产生的新粒子数。
- 【恒定】：勾选该复选框后，【出生速率】不可用，所用的出生速率等于最大可持续速率。取消勾选该复选框后，【出生速率】可用。默认设置为勾选。

取消勾选【恒定】复选框并不意味着出生速率自动改变；除非为【出生速率】参数设置了动画，否则，出生速率将保持恒定。

【发射器】选项组：发射器指定场景中出现粒子的区域。发射器包含可以在视口中显示的几何体，但是发射器不可渲染。发射器显示为一个向量从一个面向外指出的矩形。向量显示系统发射粒子的方向。可以在粒子系统的【参数】卷展栏中的【发射器】选项组中设置发射器的参数。

- 【宽度】、【长度】：分别设置发射器的宽度和长度；在粒子数目确定的情况下，面积越大，粒子越稀疏。
- 【隐藏】：勾选该复选框，可以在视口中隐藏发射器。取消勾选该复选框后，在视口中显示发射器。发射器从不会被渲染，默认设置为未勾选状态。

10.2.3　暴风雪粒子系统

从一个平面向外发射粒子流，与雪粒子系统相似，但功能更为复杂。从发射平面上产生的粒子在落下时不断旋转、翻滚。它们可以是标准基本体、变形球粒子或替身几何体。暴风雪的名称并非强调它的猛烈，而是指它的功能强大，不仅可以用于普通雪景的制作，还可以表现气泡上升、开水沸腾、满天飞花、烟雾升腾等特殊效果。

1. 【基本参数】卷展栏

选择【创建】　　|【几何体】　　|【粒子系统】|【暴风雪】工具，在视口中拖动以创建暴风雪发射器，其【基本参数】卷展栏如图 10-18 所示。

【显示图标】选项组：

- 【宽度】、【长度】：设置发射器平面的长、宽值，即确定粒子发射覆盖的面积。
- 【发射器隐藏】：设置是否将发射器图标隐藏，发射器图标即使在屏幕上显示，它也不会被渲染。

【视口显示】选项组：设置在视口中粒子以何种方式进行显示，这和最后的渲染效果无关。

2. 【粒子生成】卷展栏

【粒子生成】卷展栏如图 10-19 所示。

【粒子数量】选项组：

- 【使用速率】：其下的数值决定了每一帧粒子产生的数目。
- 【使用总数】：其下的数值决定了在整个生命系统中粒子产生的总数目。

图 10-18 【基本参数】卷展栏　　　图 10-19 【粒子生成】卷展栏

【粒子运动】选项组：

● 【速度】：设置在生命周期内粒子每一帧移动的距离。

● 【变化】：为每一个粒子发射的速度指定一个百分比变化量。

● 【翻滚】：设置粒子随机旋转的数量。

● 【翻滚速率】：设置粒子旋转的速度。

【粒子计时】选项组：这里用于设定粒子何时开始发射、何时停止发射以及每个粒子的生存时间。

● 【发射开始】：设置粒子从哪一帧开始出现在场景中。

● 【发射停止】：设置粒子最后被发射出的帧号。

● 【显示时限】：设置到多少帧时，粒子将不显示在视口中，这不影响粒子的实际效果。

● 【寿命】：设置每个粒子诞生后的生存时间。

● 【变化】：设置每个粒子寿命的变化百分比值。

● 【子帧采样】：提供下面 3 个选项，用于避免粒子在普通帧计数下产生肿块，而不能完全打散。

● 【创建时间】：在时间上增加偏移处理，以避免时间上的肿块堆积。

● 【发射器平移】：如果发射器本身在空间中有移动变化，可以避免产生移动中的肿块堆积。

● 【发射器旋转】：如果发射器在发射时自身进行旋转，勾选该复选框可以避免肿块，并且产生平稳的螺旋效果。

【粒子大小】选项组：

● 【大小】：确定粒子的尺寸大小。

● 【变化】：设置每个可进行尺寸变化的粒子的尺寸变化百分比。

● 【增长耗时】：设置粒子从尺寸极小变化到尺寸正常所经历的时间。

● 【衰减耗时】：设置粒子从正常尺寸萎缩到消失的时间。

【唯一性】选项组：

- 【新建】：随机指定一个种子数。
- 【种子】：使用数值框指定种子数。

3. 【粒子类型】卷展栏

【粒子类型】卷展栏如图 10-20 所示。

【粒子类型】选项组：提供 3 种粒子类型的选择方式。在此项目下是 3 种粒子类型的各自分项目，只有当前选择类型的分项目才能变为有效控制，其余的以灰色显示。对每一个粒子阵列，只允许设置一种类型的粒子，但允许用户将多个粒子阵列绑定到同一个目标对象上，这样就可以产生不同类型的粒子了。

【标准粒子】选项组：提供 8 种特殊基本几何体作为粒子，它们分别为【三角形】、【立方体】、【特殊】、【面】、【恒定】、【四面体】、【六角形】和【球体】。

图 10-20 【粒子类型】卷展栏

【变形球粒子参数】选项组：使用变形球粒子。这些变形球粒子是粒子系统，其中单独的粒子以水滴或粒子流形式混合在一起。选中【变形球粒子】单选按钮后，即可对【变形球粒子参数】选项组中的参数进行设置。

- 【张力】：控制粒子球的紧密程度。值越高，粒子越小，也越不易融合；值越低，粒子越大，也越黏滞，不易分离。
- 【变化】：影响张力的变化值。
- 【计算粗糙度】：可控制每个粒子的细腻程度，系统默认自动粗糙处理，以加快显示速度。
- 【渲染】：设置最后渲染时的粗糙度。值越低，粒子球越平滑，否则会变得有棱角。
- 【视口】：设置显示时看到的粗糙程度，这里一般设置较高，以保证屏幕的正常显示速度。
- 【自动粗糙】：一般规则是将粗糙值设置为介于粒子大小的 1/4～1/2 之间。如果勾选该复选框，会根据粒子大小自动设置渲染粗糙度，视口粗糙度会设置为渲染粗糙度的两倍。
- 【一个相连的水滴】：如果取消勾选该复选框(默认设置)，将计算所有粒子；如果勾选该复选框，将使用快捷算法，仅计算和显示彼此相连或邻近的粒子。

【实例参数】选项组：

- 【对象】：显示所拾取对象的名称。
- 【拾取对象】：单击该按钮，在视图中选择一个对象，可以将它作为一个粒子的源对象。
- 【使用子树】：如果选择的对象有连接的子对象，勾选该复选框，可以将子对象一起作为粒子的源对象。

- 【动画偏移关键点】：其下几项设置是针对带有动画设置的源对象。如果源对象指定了动画，将会同时影响所有的粒子。
- 【无】：不产生动画偏移。即每一帧，场景中产生的所有粒子在这一帧都相同于源对象在这一帧时的动画效果。
- 【出生】：第一个出生的粒子是粒子出生时源对象当前动画的实例。每个后续粒子将使用相同的开始时间设置动画。
- 【随机】：根据下面的【帧偏移】文本框来设置起始动画帧的偏移数。当值为 0 时，与无的结果相同。否则，粒子的运动将根据【帧偏移】参数值产生随机偏移。
- 【帧偏移】：指定从源对象的当前计时的偏移值。

【材质贴图和来源】选项组：

- 【发射器适配平面】：选中该单选按钮，将对发射平面进行贴图坐标的指定，贴图方向垂直于发射方向。
- 【时间】：指定从粒子出生开始完成粒子的一个贴图所需的帧数。
- 【距离】：指定从粒子出生开始完成粒子的一个贴图所需的距离。
- 【图标】：使用当前系统指定给粒子的图标颜色。
- 【实例几何体】：粒子使用为实例几何体指定的材质。仅当在【粒子类型】选项组中选中【实例几何体】单选按钮时，此选项才可用。

4. 【旋转和碰撞】卷展栏

这个项目主要用于对粒子自身的旋转角度进行设置，也包括运动模糊效果和内部粒子碰撞。【旋转和碰撞】卷展栏如图 10-21 所示。

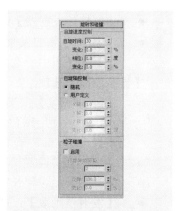

图 10-21　【旋转和碰撞】卷展栏

【自旋速度控制】选项组：

- 【自旋时间】：控制粒子自身旋转的节拍，即一个粒子进行一次自旋需要的时间。值越高，自旋越慢。当值为 0 时，不发生自旋。
- 【变化】：设置自旋时间变化的百分比值。
- 【相位】：设置粒子诞生时的旋转角度。它对碎片类型无意义，因为它们总是由 0 度开始分裂。
- 【变化】：设置相位变化的百分比值。

【自旋轴控制】选项组：

- 【随机】：随机为每个粒子指定自旋轴向。
- 【用户定义】：通过 3 个轴向文本框来自行设置粒子沿各轴向进行自旋的角度。
- 【变化】：设置 3 个轴向自旋设定的变化百分比值。

【粒子碰撞】选项组：使粒子内部之间产生相互的碰撞，并控制粒子之间如何碰撞。该选项要进行大量的计算，对机器的配置有一定要求。

- 【启用】：勾选该复选框，计算时才会进行粒子碰撞的计算。
- 【计算每帧间隔】：设置粒子碰撞过程中每次渲染间隔的间隔数量。数值越高，模仿越准确，速度越慢。
- 【反弹】：设置碰撞后恢复速率的程度。
- 【变化】：设置粒子碰撞变化的百分比值。

10.2.4 粒子云粒子系统

限制一个空间，在空间内部产生粒子效果。通常空间可以是球形、柱体或长方体，也可以是任意指定的分布对象，空间内的粒子可以是标准基本体、变形球粒子或替身几何体。常用来制作堆积的不规则群体。

1. 【基本参数】卷展栏

【基本参数】卷展栏如图 10-22 所示。

【基于对象的发射器】选项组：

- 【拾取对象】：单击此按钮，然后选择要作为自定义发射器使用的可渲染网格对象。
- 【对象】：显示所拾取对象的名称。

【粒子分布】选项组：

- 【长方体发射器】：选择长方体形状的发射器。
- 【球体发射器】：选择球体形状的发射器。
- 【圆柱体发射器】：选择圆柱体形状的发射器。
- 【基于对象的发射器】：选择【基于对象的发射器】选项组中所选的对象。

图 10-22 【基本参数】卷展栏

【显示图标】选项组：

- 【半径/长度】：当使用长方体发射器时，它为长度设定；当使用球体发射器和圆柱体发射器时，它为半径设定。
- 【宽度】：设置长方体底面的宽度。
- 【高度】：设置长方体和柱体的高度。
- 【发射器隐藏】：是否将发射器标志隐藏起来。

【视口显示】选项组

与暴风雪相应项目的参数完全相同。请参见 10.2.3 节相应的部分。

2. 【粒子生成】卷展栏

【粒子生成】卷展栏如图 10-23 所示。

【粒子运动】选项组：

- 【速度】：设置在生命周期内粒子每一帧移动的距离。如果想要保持粒子在指定的发射器体积内，此

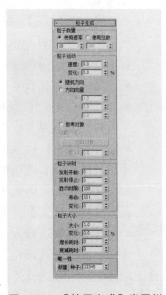

图 10-23 【粒子生成】卷展栏

值应设为 0。

- 【变化】：设置每个粒子发射速度的百分比变化值。
- 【随机方向】：随机指定每个粒子的方向。
- 【方向向量】：通过 X、Y、Z 值的指定，手动控制粒子的方向。
- X/Y/Z：显示粒子的方向向量。
- 【参考对象】：以一个特殊指定对象的 Z 轴作为粒子方向。使用这种方式时，通过单击【拾取对象】按钮，可以在视图中选择作为参考对象的对象。
- 【变化】：当使用【方向向量】或【参考对象】方式时，设置粒子方向的变化百分比值。

在此项目中，其余各项参数与暴风雪相应项目的参数完全相同。可参见 10.2.3 节相关的内容。

3. 【气泡运动】卷展栏

【气泡运动】卷展栏如图 10-24 所示。

- 【幅度】：设置粒子因晃动而偏出其速度轨迹线的距离。
- 【变化】：设置每个粒子幅度变化的百分比值。
- 【周期】：设置一个粒子沿着波浪曲线完成一次晃动所需的时间，推荐值为 20～30。

图 10-24 【气泡运动】卷展栏

- 【变化】：设置每个粒子周期变化的百分比值。
- 【相位】：设置粒子在波浪曲线上最初的位置。
- 【变化】：设置每个粒子相位变化的百分比值。

其他卷展栏中的参数与暴风雪相应项目的参数完全相同。可参见前面相关的内容。

10.2.5 粒子阵列粒子系统

粒子阵列拥有大量的控制参数，根据粒子类型的不同，可以表现出喷发、爆裂等特殊效果。可以很容易地将一个对象炸成带有厚度的碎片，这是电影特技中经常使用的功能，计算速度非常快。

1. 【基本参数】卷展栏

这个项目用于建立和调整粒子系统的尺寸，并且指定分布对象，设置粒子在分布对象表面的分布情况。同时控制粒子系统图标和粒子在视图中的显示情况。【基本参数】卷展栏如图 10-25 所示。

【基于对象的发射器】选项组：该选项组中的内容与粒子云中相应项目的参数完全相同。可参见前面相关的内容。

图 10-25 【基本参数】卷展栏

【粒子分布】选项组：

- 【在整个曲面】：在整个发射器对象表面随机的发射粒子。
- 【沿可见边】：在发射器对象可见的边界上随机发射粒子。
- 【在所有的顶点上】：从发射器对象每个顶点上发射粒子。
- 【在特殊点上】：指定从发射器对象所有顶点中随机的若干个顶点上发射粒子，顶点的数目由下面的【总数】框中的值决定。
- 【在面的中心】：从每个三角面的中心发射粒子。
- 【使用选定子对象】：使用网格对象和一定范围的面片对象作为发射器时，可以通过【编辑网格】等修改器的帮助，选择自身的子对象来发射粒子。

【显示图标】选项组：

- 【图标大小】：设置系统图标在视图中显示的尺寸大小。
- 【图标隐藏】：是否将系统图标隐藏。如果使用了分布对象，最好将系统图标隐藏。

【视口显示】选项组：与暴风雪相应项目的参数完全相同。请参见暴风雪相应的部分。

2. 【粒子生成】卷展栏

【粒子生成】卷展栏如图 10-26 所示。

【散度】：每一个粒子的发射方向相对于发射器表面法线的夹角，可以在一定范围内波动。该值越大，发射的粒子束越集中，反之，则越分散。

其余参数与暴风雪相应项目的参数完全相同。请参见暴风雪相应的部分。

图 10-26 【粒子生成】卷展栏

3. 【粒子类型】

【粒子类型】选项组：提供 4 种粒子类型选择方式，在此项目下是 4 种粒子类型的各自分项目，只有当前选择类型的分项目才能变为有效控制，其余的以灰色显示。对每一个粒子阵列，只允许设置一种类型的粒子，但允许将多个粒子阵列绑定到同一个分布对象上。这样就可以产生不同类型的粒子了。

【对象碎片】：使用对象的碎片创建粒子。

【对象碎片控制】选项组：此选项组用于将分布对象的表面炸裂，产生不规则的碎片。这只是产生一个新的粒子阵列，不会影响分布对象。【对象碎片控制】选项组如图 10-27 所示。

- 【厚度】：设置碎片的厚度。
- 【所有面】：将分布对象所有三角面分离，炸成碎片。
- 【碎片数目】：对象破碎成不规则的碎片。下面的【最小值】文本框指定将出现的碎片的最小数目。计算碎片的方法可能会使产生的碎片数多于指定的碎片数。

- 【平滑角度】：根据对象表面平滑度进行面的分裂，其下的【角度】值用来设定角度值。值越低，对象表面分裂越碎。

【材质贴图和来源】选项组：设置粒子碎片的材质和贴图情况。

【材质贴图和来源】选项组如图 10-28 所示。

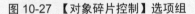

图 10-27 【对象碎片控制】选项组　　图 10-28 【材质贴图和来源】选项组

- 【时间】：指定从粒子出生开始完成粒子的一个贴图所需的帧数。
- 【距离】：指定从粒子出生开始完成粒子的一个贴图所需的距离(以单位计)。
- 【材质来源】：单击该按钮将更新粒子的材质。
- 【图标】：使用当前系统指定给粒子的图标颜色。

 提示：【四面体】类型的粒子不受影响，它始终有着自身的贴图坐标。

- 【拾取的发射器】：粒子系统使用分布对象指定的材质。
- 【实例几何体】：使用粒子的替身几何体材质。

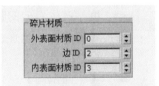

图 10-29 【碎片材质】选项组

【碎片材质】选项组：为碎片粒子指定不同的材质 ID号，以便在不同区域指定不同的材质。【碎片材质】选项组如图 10-29 所示。

- 【外表面材质 ID】：指定为碎片的外表面指定的面 ID 编号。此文本框默认设置为 0，它不是有效的 ID 编号，从而会强制粒子碎片的外表面使用当前为关联面指定的材质。因此，如果已经为分布对象的外表面指定了多种子材质，这些材质将使用 ID 保留。如果需要一个特定的子材质，可以通过更改【外表面材质 ID】编号进行指定。
- 【边 ID】：指定为碎片的边指定的子材质 ID 编号。
- 【内表面材质 ID】：指定为碎片的内表面指定的子材质 ID 编号。

4. 【旋转和碰撞】卷展栏

这个项目主要用于对粒子自身的旋转角度进行设置，包括运动模糊效果和内部粒子碰撞。

【自旋轴控制】选项组：

- 【运动方向/运动模糊】：以粒子发散的方向作为其自身的旋转轴向，这种方式会产生放射状粒子流,其下的【拉伸】项目可用。

● 　【拉伸】：沿粒子发散方向拉伸粒子的外形,此拉伸强度会依据粒子速度的不同而变化。

【对象运动继承】、【粒子繁殖】和【加载/保存预设】卷展栏中的内容与暴风雪粒子中相应项目的参数完全相同。可参见前面相关内容的介绍。

【气泡运动】卷展栏中的内容与粒子云中相应项目的参数完全相同。可参见前面相关内容的介绍。

10.2.6　超级喷射粒子系统

从一个点向外发射粒子流,与喷射粒子系统相似,但功能更为复杂。它只能由一个出发点发射,产生线形或锥形的粒子群形态。在其他的参数控制上与粒子阵列几乎相同,既可以发射标准基本体,还可以发射其他替代对象。通过参数控制可以实现喷射、拖尾、拉长、气泡晃动、自旋等多种特殊效果。常用来制作水管喷水、喷泉、瀑布等特效。

超级喷射粒子系统的【基本参数】卷展栏如图 10-30所示。

【粒子分布】选项组：

● 　【轴偏离】：设置粒子与发射器中心 Z 轴的偏离角度,产生斜向的喷射效果。

图 10-30　【基本参数】卷展栏

● 　【扩散】：设置在 Z 轴方向上粒子发射后散开的角度。

● 　【平面偏离】：设置粒子在发射器平面上的偏离角度。

● 　【扩散】：设置在发射器平面上粒子发射后散开的角度,产生空间的喷射。

【显示图标】选项组：

● 　【图标大小】：设置发射器图标的大小,它对发射效果没有影响。

● 　【发射器隐藏】：设置是否将发射器图标隐藏。发射器图标即使在屏幕上,也不会被渲染出来。

【视口显示】选项组：设置在视图中粒子以何种方式进行显示,这和最后的渲染效果无关。

【粒子生成】、【粒子类型】、【对象运动继承】、【粒子繁殖】和【旋转和碰撞】卷展栏中的内容参见前面相应的卷展栏。

【气泡运动】卷展栏中的内容参见 10.2.4 节中的【气泡运动】卷展栏。

【加载/保存预设】卷展栏中提供了以下预置参数：Bubbles(泡沫)、Fireworks(礼花)、Hose(水龙)、Shockwave(冲击波)、Trail(拖尾)、Welding Sparks(电焊火花)和Default(默认)。

10.3 上机练习

10.3.1 飘雪

本例将介绍飘雪动画的制作，制作飘雪动画之前使用了一幅雪景图像作为飘雪动画的背景图像，使用雪粒子系统制作飘雪动画，制作完成后的静态效果如图 10-31 所示。

步骤01 运行 3ds Max 2013 软件，重置场景文件。激活【透视】视图，在菜单栏中选择【渲染】|【环境】命令，如图 10-32 所示。

步骤02 选择【环境】选项后，将打开【环境和效果】对话框，如图 10-33 所示。

图 10-31　飘雪效果　　　图 10-32　选择【环境】命令　　　图 10-33　【环境和效果】对话框

步骤03 在【公用参数】卷展栏中，在【背景】选项组中单击【环境贴图】下面的【无】按钮，将弹出【材质/贴图浏览器】对话框，如图 10-34 所示。

步骤04 在弹出的【材质/贴图浏览器】对话框中，选择【位图】选项，单击【确定】按钮。再在打开的【选择位图图像文件】对话框中选择随书附带光盘中的"CDROM\Map\背景.jpg"素材文件，单击【打开】按钮，然后关闭【环境和效果】对话框，如图 10-35 所示。

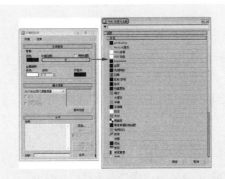

图 10-34　【材质/贴图浏览器】对话框　　　　　图 10-35　设置环境背景

步骤 05 在菜单栏中选择【视图】|【视口背景】|【配置视口背景(B)】命令，设置背景的显示，如图 10-36 所示。

步骤 06 在打开的【适口配置】对话框中，选择【背景】组中的【使用环境背景】单选按钮，单击【确定】按钮，如图 10-37 所示。

图 10-36 选择【配置视口背景(B)】命令　　　图 10-37 设置视口背景

步骤 07 设置后的效果如图 10-38 所示。

步骤 08 激活【顶】视图，选择【创建】 | 【几何体】 |【粒子系统】|【雪】工具，在【顶】视图中创建一个雪粒子系统，如图 10-39 所示。

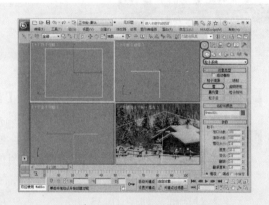

图 10-38 设置视口背景效果　　　　　图 10-39 创建雪粒子系统

步骤 09 切换到【修改】命令面板，在【参数】卷展栏中设置雪粒子的参数，在【粒子】选项组中将【视口计数】和【渲染计数】分别设置为 1000 和 800，将【雪花大小】和【速度】分别设置为 0.7 和 8，将【变化】设置为 1，在【渲染】选项组中选中【面】单选按钮，在【计时】选项组中将【开始】和【寿命】分别设置为 -100 和 100，将【发射器】选项组中的【宽度】和【长度】分别设置为 430 和 488，如图 10-40 所示。

步骤 10 在工具栏中单击【材质编辑器】按钮 ，打开【材质编辑器】对话框，为粒子系统设置材质，选择第一个材质样本球，将其命名为"雪"，如图 10-41 所示。

步骤 11 在【Blinn 基本参数】卷展栏中勾选【自发光】选项组中的【颜色】复选框，然后将该颜色的 RGB 值设置为 196、196、196，如图 10-42 所示。

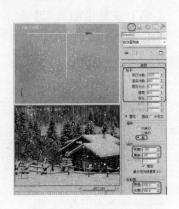

图 10-40　创建雪粒子系统

图 10-41　新建材质

步骤12　打开【贴图】卷展栏，单击【不透明度】后面的 None 按钮，在打开的【材质/贴图浏览器】对话框中选择【渐变坡度】选项，单击【确定】按钮，进入渐变坡度材质层级。在【渐变坡度参数】卷展栏中将【渐变类型】定义为【径向】，展开【输出】卷展栏，勾选【反转】复选框，如图 10-43 所示。

步骤13　单击【转到父对象】按钮，返回到父级材质层级中，单击【将材质指定给选定对象】按钮，将其指定给场景中的粒子系统，如图 10-44 所示。

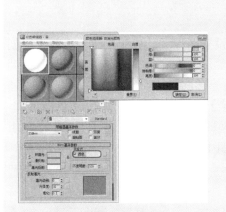

图 10-42　设置【雪】材质(一)　　图 10-43　设置【雪】材质(二)　　图 10-44　设置【雪】材质(三)

步骤14　选择【创建】|【摄影机】|【目标】摄影机工具，在【顶】视图中创建一架目标摄影机，在【参数】卷展栏中将摄影机的【镜头】大小设置为 85，然后在视图中调整它的位置，激活【透视】视图，按 C 键，将其转换为【摄影机】视图，其效果如图 10-45 所示。

步骤15　在工具栏中单击【渲染设置】按钮，打开【渲染设置：默认扫描线渲染器】对话框，在【时间输出】选项组中选中【活动时间段】单选按钮，在【输出大小】选项组中单击 320×240 按钮，再单击【渲染输出】选项组中的【文件】按钮，进行动画文件的存储。在打开的对话框中设置好文件的存储路径、名称以及格式后，单击【保存】按钮。在弹出的【AVI 文件压缩设置】对话框中使用默认设置，直接单击【确定】按钮，如图 10-46 所示。返回到【渲染设置：默认扫描线渲染器】对话框，单击【渲染】按钮，开始渲染动画。

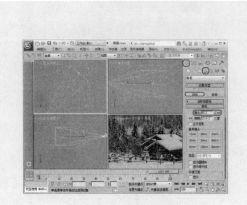

图 10-45 创建摄影机

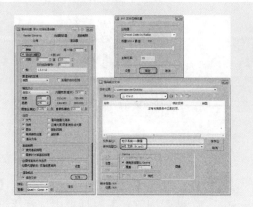

图 10-46 渲染设置

步骤16 完成动画的渲染之后，按照文件的存储路径和名称找到动画文件，即可打开它进行播放，最后将场景文件进行保存。

10.3.2 下雨

下雨效果的制作使用喷射粒子系统，并通过为它设置图像运动模糊产生雨雾效果，创建完喷射粒子后右击，在弹出的快捷菜单中选择【对象属性】命令，为粒子系统设置运动模糊来表现场景中的雨雾效果。如图 10-47 所示。

步骤01 新建一个场景文件，在菜单栏中选择【渲染】|【环境】命令，如图 10-48 所示。

步骤02 打开【环境和效果】对话框，在【公用参数】卷展栏中，在【背景】选项组中单击【环境贴图】下面的【无】按钮，如图 10-49 所示。

图 10-47 下雨效果　　　图 10-48 选择【环境】命令　　　图 10-49 单击【无】按钮

步骤 03　在打开的【材质/贴图浏览器】对话框中选择【位图】选项，单击【确定】按钮，再在打开的【选择位图图像文件】对话框中选择随书附带光盘中的"CDROM\Map\背景 02.jpg"素材文件，单击【打开】按钮，如图 10-50 所示。

步骤 04　激活【透视】视图，在菜单栏中选择【视图】|【视口背景】|【配置视口背景(B)】命令，如图 10-51 所示。

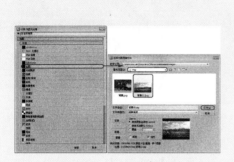 

图 10-50　指定背景贴图　　　　　　　图 10-51　选择【配置视口背景(B)】命令

步骤 05　在弹出的对话框中选中【使用环境背景】单选按钮，然后单击【确定】按钮，如图 10-52 所示。

步骤 06　其设置后的效果如图 10-53 所示。

图 10-52　设置背景贴图　　　　　　　图 10-53　显示背景贴图

步骤 07　在【透视】视图的左上角右击，在弹出的快捷菜单中选择【显示安全框】命令，或者按 Shift+f 快捷键，为该视图添加安全框，如图 10-54 所示。

步骤 08　选择【创建】 |【几何体】 |【粒子系统】|【喷射】工具，在【顶】视图中创建一个【宽度】和【长度】分别为 1500 和 1500 的喷射粒子发射器。在【参数】卷展栏中将【粒子】选项组中的【视口计数】和【渲染计数】分别设置为1000 和 10000，将【水滴大小】、【速度】和【变化】分别设置为 5、20 和0.6，在【计时】选项组中将【开始】和【寿命】分别设置为-100 和 400，如图 10-55 所示。

步骤 09　单击工具栏中的【材质编辑器】按钮 ，打开【材质编辑器】对话框，为粒子系统设置材质，激活第一个材质样本球，将其命名为"雨"，如图 10-56 所示。

图 10-54　显示安全框

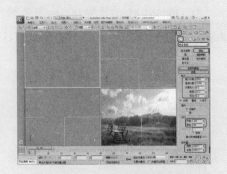

图 10-55　创建并设置粒子系统

步骤 10　在【Blinn 基本参数】卷展栏中将【环境光】和【漫反射】的 RGB 值设置为 230、230、230；将【反射高光】选项组中的【光泽度】设置为 0；勾选【自发光】选项组中的【颜色】复选框，并将【颜色】的 RGB 值设置为 240、240、240，将【不透明度】设置为 50，如图 10-57 所示。

步骤 11　打开【扩展参数】卷展栏，选中【高级透明】选项组中【衰减】下的【外】单选按钮，并将【数量】设置为 100，完成设置后将该材质指定给场景中的喷射粒子系统，如图 10-58 所示。

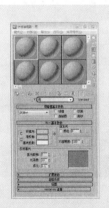

图 10-56　为材质命名

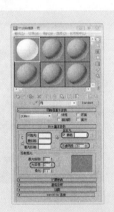

图 10-57　设置材质参数

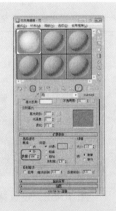

图 10-58 设置粒子系统的材质

步骤 12　选择【创建】｜【摄影机】｜【目标】摄影机工具，在【顶】视图中创建一架目标摄影机，在【参数】卷展栏中单击【备用镜头】选项组中的 28mm 按钮，将摄影机的镜头大小设置为 28mm。激活【透视】视图，按 C 键将该视图转换为【摄影机】视图，然后调整摄影机的位置，其效果如图 10-59 所示。

步骤 13　选择粒子系统，在其上右击，在弹出的快捷菜单中选择【对象属性】命令，如图 10-60 所示。

步骤 14　在打开的【对象属性】对话框中的【运动模糊】选项组中选中【图像】单选按钮，设置【倍增】为 1.8，单击【确定】按钮，为粒子添加图像运动模糊效果，如图 10-61 所示。

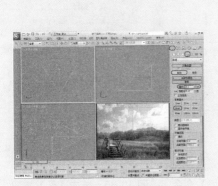

图 10-59　创建摄影机　　　图 10-60　选择【对象属性】命令　　　图 10-61　设置对象属性

步骤15　激活【透视】视图，在工具栏中单击
　　　【渲染设置】按钮，打开【渲染设置：
　　　默认扫描线渲染器】对话框，在【公用参
　　　数】卷展栏中，选中【时间输出】组中的
　　　【活动时间段】单选按钮，在【输出大
　　　小】选项组中单击 720×486 按钮，再单击
　　　【渲染输出】选项组中的【文件】按钮。
　　　在弹出的对话框中设置文件的名称、保存
　　　路径及格式，单击【保存】按钮。在弹出
　　　的【AVI 文件压缩设置】对话框中使用默
　　　认设置，直接单击【确定】按钮，如图
　　　10-62 所示。返回到【渲染场景设置：默
　　　认扫描线渲染器】对话框，单击【渲染】按钮，开始渲染动画。

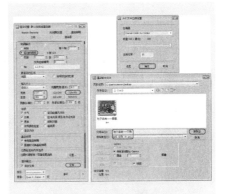

图 10-62　　设置渲染参数

步骤16　完成动画的渲染之后，按照文件的存储路径和名称找到动画文件，即可打开
　　　它进行播放，最后对场景文件进行保存。

10.3.3　太阳耀斑

太阳耀斑效果的制作通过泛光灯作为产生镜头光斑的光源，通过(视频后期处理)视频
合成器中的【镜头效果光斑特效】过滤器来产生耀斑效果，再为其添加关键帧，使耀斑产
生运动效果，如图 10-63 所示。

步骤01　启动 3ds Max 2013，在菜单栏中选择【渲染】|【环境】命令，如图 10-64 所示。
步骤02　在弹出的对话框中切换到【环境】选项卡，在该选项卡中单击【无】按钮，
　　　如图 10-65 所示。
步骤03　在弹出的对话框中选择【位图】选项，如图 10-66 所示。
步骤04　单击【确定】按钮，在弹出的对话框中选择随书附带光盘中的“CDROM\

Scenes\Cha06\201.jpg" 文件，如图 10-67 所示。

图 10-63　太阳耀斑效果　　　图 10-64　选择【环境】命令　　图 10-65　单击【无】按钮

步骤 05　单击【打开】按钮，即可为其添加环境贴图，如图 10-68 所示。

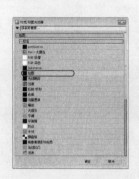  

图 10-66　选择【位图】选项　　　图 10-67　选择位图图像文件　　图 10-68　添加环境贴图

步骤 06　将该对话框关闭，激活【透视】视图，在菜单栏中选择【视图】|【视图背景】|【环境背景】命令，如图 10-69 所示。

步骤 07　执行该操作后，即可在【透视】视图中显示背景，如图 10-70 所示。

图 10-69　选择【环境背景】命令　　　　　图 10-70　显示背景

步骤08　选择【创建】|【灯光】|【标准】|【泛光】工具，在【顶】视图中单击，创建一个泛光灯，如图 10-71 所示。

步骤09　在视图中调整泛光灯的位置，调整后的效果如图 10-72 所示。

图 10-71　创建泛光灯

图 10-72　调整泛光灯的位置

步骤10　在菜单栏中选择【渲染】|【视频后期处理】命令，如图 10-73 所示。

步骤11　在弹出的对话框中单击【添加场景事件】按钮，在弹出的对话框中将视图设置为【透视】，如图 10-74 所示。

图 10-73　选择【视频后期处理】命令

图 10-74　选择视图

步骤12　单击【确定】按钮，即可添加场景事件，如图 10-75 所示。

步骤13　在该对话框中单击【添加图像过滤事件】按钮，在弹出的对话框中的图像过滤事件列表中选择【镜头效果光斑】，如图 10-76 所示。

步骤14　单击【确定】按钮，即可添加图像过滤事件，如图 10-77 所示。

步骤15　在【视频后期处理】对话框中双击该图像过滤事件，在弹出的对话框中单击【设置】按钮，如图 10-78 所示。

步骤16　在弹出的对话框中单击【VP 队列】和【预览】按钮，将【镜头光斑属性】选项组中的【大小】、【角度】和【强度】分别设置为 20、90 和 60，如图 10-79 所示。

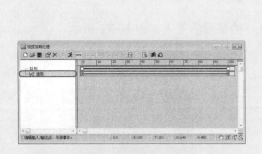

图 10-75　添加场景事件

图 10-76　添加图像过滤器

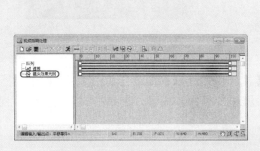

图 10-77　添加图像过滤事件

图 10-78　单击【设置】按钮

步骤 17　在该选项组中单击【节点源】按钮，在弹出的对话框中选择 Omni001，如图 10-80 所示。

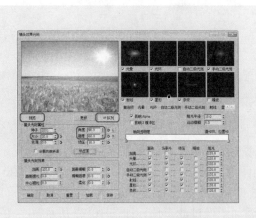

图 10-79　设置镜头光斑属性

图 10-80　选择灯光

步骤 18　单击【确定】按钮，即可添加节点源，在【首选项】选项卡中勾选如图 10-81 所示的复选框。

步骤 19　切换到【光晕】选项卡，将【大小】设置为 130，如图 10-82 所示。

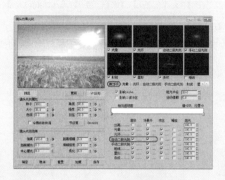

图 10-81　勾选复选框

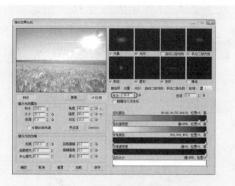

图 10-82　设置光晕大小

步骤20 切换到【自动二级光斑】选项卡，将【最小】、【最大】和【数量】分别设置为 9、30、8，选择【径向颜色】右侧的颜色滑块，将其 RGB 值设置为 255、85、85，如图 10-83 所示。

步骤21 切换到【条纹】选项卡，将【大小】、【角度】、【宽度】分别设置为 150、180、8，如图 10-84 所示。

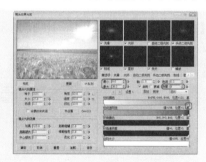

图 10-83　设置自动二级光斑

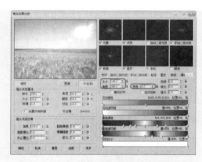

图 10-84　设置条纹参数

步骤22 设置完成后单击【确定】按钮，返回到【视频后期处理】对话框，在该对话框的空白处单击，单击【添加图像输出事件】按钮，如图 10-85 所示。

步骤23 在弹出的对话框中单击【文件】按钮，如图 10-86 所示。

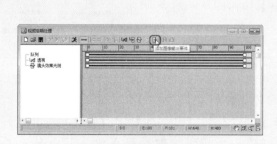

图 10-85　单击【添加图像输出事件】按钮

图 10-86　单击【文件】按钮

步骤 24 在弹出的对话框中指定保存路径，将【文件名】设置为【太阳耀斑】，将【保存类型】设置为【TIF 图像文件(*.tif)】，如图 10-87 所示。

步骤 25 单击【保存】按钮，在弹出的对话框中使用其默认设置，如图 10-88 所示。

图 10-87 设置文件名和保存类型

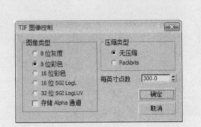

图 10-88 【TIF 图像控制】对话框

步骤 26 单击【确定】按钮，返回至【添加图像输出事件】对话框中，单击【确定】按钮，即可添加一个图像输出事件，如图 10-89 所示。

步骤 27 在【视频后期处理】对话框中单击【执行序列】按钮，如图 10-90 所示。

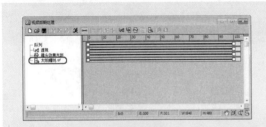

图 10-89 添加图像输出事件

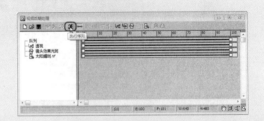

图 10-90 单击【执行序列】按钮

步骤 28 在弹出的对话框中选中【单个】单选按钮，将输出大小的类型设置为【35mm 1.316:1 全光圈(电影)】，然后再单击 1024×778 按钮，如图 10-91 所示。

步骤 29 设置完成后，单击【渲染】按钮即可，对完成后的场景进行保存即可。

10.3.4 制作烟花

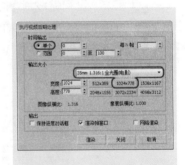

图 10-91 设置输出大小

本例来介绍一下烟花的制作，具体操作步骤如下。

步骤 01 启动 3ds Max 2013，选择【创建】 | 【几何体】 | 【粒子系统】 | 【超级喷射】工具，在【顶】视图中创建一个超级喷射粒子系统，并命名为"烟花001"，如图 10-92 所示。

步骤02　切换至【修改】命令面板，在【基本参数】卷展栏中分别将【轴偏离】和【平面偏离】选项下的【扩散】设置为 180 和 90，将【显示图标】选项组中的【图标大小】设置为 25，在【视口显示】选项组中选中【网格】单选按钮，将【粒子数百分比】设置为 100%，如图 10-93 所示。

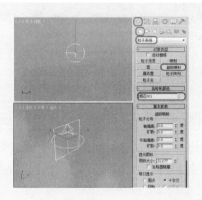

图 10-92　创建"烟花 001"

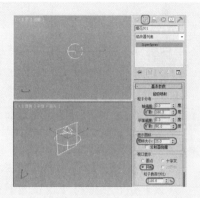

图 10-93　设置【基本参数】卷展栏中的参数

步骤03　在【粒子生成】卷展栏中选中【使用总数】单选按钮，在其下方的文本框中输入 20，在【粒子运动】选项组中将【速度】设置为 0.7，在【粒子计时】选项组中将【发射开始】、【发射停止】、【显示时限】和【寿命】分别设置为 20、20、100、30，将【粒子大小】选项组中的【大小】设置为 0.7，如图 10-94 所示。

步骤04　在【粒子类型】卷展栏中选中【标准粒子】选项组中的【立方体】单选按钮，如图 10-95 所示。

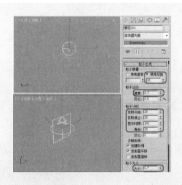

图 10-94　设置【粒子生成】卷展栏中的参数

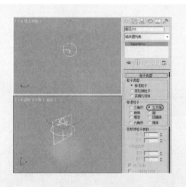

图 10-95　选中【立方体】单选按钮

步骤05　在【粒子繁殖】卷展栏中，选中【繁殖拖尾】单选按钮，将【影响】、【倍增】分别设置为 40、3，将【混乱度】设置为 3；在【速度混乱】选项组中将【因子】值设置为100%，然后勾选【继承父粒子速度】复选框，如图 10-96 所示。

步骤06　在【烟花 001】上右击，在弹出的快捷菜单中选择【对象属性】命令，如图 10-97 所示。

步骤07　在打开的【对象属性】对话框中将【对象 ID】设置为 1，在【运动模糊】选

项组中选中【图像】单选按钮，将【倍增】设置为 0.8，如图 10-98 所示。

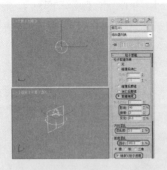

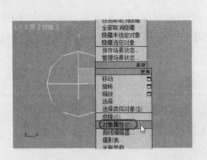

图 10-96　设置【粒子繁殖】卷展栏中的参数　　　图 10-97　选择【对象属性】命令

步骤 08　设置完成后，单击【确定】按钮，按 M 键打开【材质编辑器】对话框，在该对话框中选择一个材质样本球，并为其命名为"白色烟花"，在【Blinn 基本参数】卷展栏中将【自发光】设置为 100，如图 10-99 所示。

图 10-98　【对象属性】对话框　　　　　　图 10-99　设置自发光

步骤 09　在【贴图】卷展栏中单击【漫反射颜色】通道右侧的 None 按钮，在打开的【材质/贴图浏览器】对话框中选择【粒子年龄】贴图，如图 10-100 所示。

步骤 10　单击【确定】按钮，在【粒子年龄参数】卷展栏中将【颜色 #1】的 RGB 值设置为 255、255、255，如图 10-101 所示。

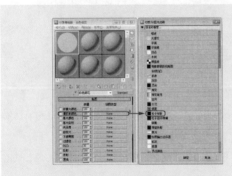

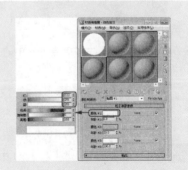

图 10-100　选择【粒子年龄】贴图　　　　图 10-101　设置【颜色 #1】颜色

步骤 11　将【颜色 #2】的 RGB 值设置为 142、0、168，如图 10-102 所示。

步骤 12　将【颜色 #3】的 RGB 值设置为 255、106、106，如图 10-103 所示。设置完成后，单击【转到父对象】按钮和【将材质指定给选定对象】按钮，将材质指定给【烟花 001】。

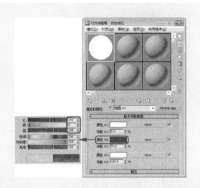

图 10-102　设置【颜色#2】颜色

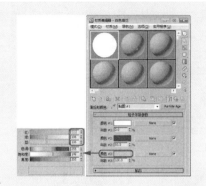

图 10-103　设置【颜色 #3】颜色

步骤 13　选择【创建】|【空间扭曲】|【重力】工具，在【顶】视图中创建一个重力系统，如图 10-104 所示。

步骤 14　切换至【修改】命令面板，在【参数】卷展栏中，将【力】选项组下的【强度】设置为 0.02，将【显示】选项组中的【图标大小】设置为 20，如图 10-105 所示。

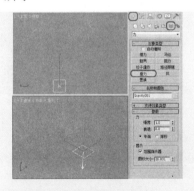

图 10-104　创建重力系统

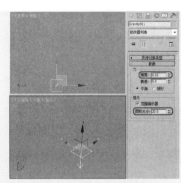

图 10-105　设置参数

步骤 15　在工具栏中单击【绑定到空间扭曲】按钮，在视图中选择"烟花 001"，将它绑定到重力空间扭曲上，如图 10-106 所示。

步骤 16　选择【创建】|【几何体】|【粒子系统】|【超级喷射】工具，在【顶】视图中创建一个超级喷射粒子系统，命名为"烟花 002"，如图 10-107 所示。

步骤 17　切换至【修改】命令面板，在【基本参数】卷展栏中分别将【轴偏离】和【平面偏离】选项下的【扩散】设置为 20 和 75，将【显示图标】选项组中的【图标大小】设置为 14，在【视口显示】选项组中选中【网格】单选按钮，将

【粒子数百分比】设置为 100%，如图 10-108 所示。

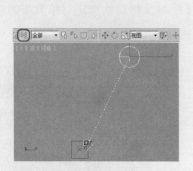

图 10-106　绑定"烟花 001"

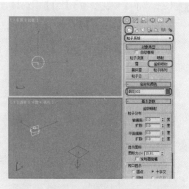

图 10-107　创建"烟花 002"

步骤 18　在【粒子生成】卷展栏中选中【使用总数】单选按钮，在它下面的文本框中输入 20，在【粒子运动】选项组中将【速度】和【变化】分别设置为 2.5、26，在【粒子计时】选项组中将【发射开始】、【发射停止】、【显示时限】和【寿命】分别设置为-60、40、100、60，将【粒子大小】选项组中的【大小】设置为0.4，如图 10-109 所示。

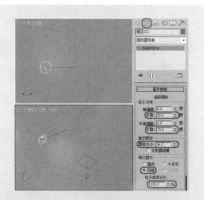

图 10-108　设置【基本参数】卷展栏中的参数

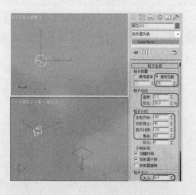

图 10-109　设置【粒子生成】卷展栏中的参数

步骤 19　在【粒子类型】卷展栏中选中【标准粒子】选项组中的【立方体】单选按钮，如图 10-110 所示。

步骤 20　在【粒子繁殖】卷展栏中，选中【消亡后繁殖】单选按钮，将【倍增】设置为 100，将【混乱度】值设置为 100，如图 10-111 所示。

步骤 21　在"烟花 002"上右击，在弹出的快捷菜单中选择【对象属性】命令，如图 10-112 所示。

步骤 22　在打开的【对象属性】对话框中将【对象 ID】设置为 2，在【运动模糊】选项组中选中【图像】单选按钮，将【倍增】值设置为 0.8，如图 10-113 所示。

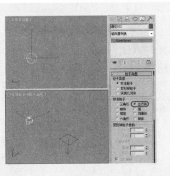

图 10-110　选中【立方体】单选按钮

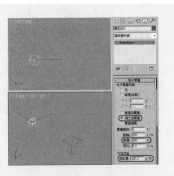

图 10-111　设置【粒子繁殖】卷展栏中的参数

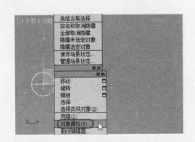

图 10-112　选择【对象属性】命令

图 10-113　【对象属性】对话框

步骤23　设置完成后，单击【确定】按钮，按 M 键打开【材质编辑器】对话框，在该对话框中选择一个新的材质样本球，将其命名为"粉色烟花"，在【Blinn 基本参数】卷展栏中将【自发光】设置为 100，将【高光级别】、【光泽度】分别设置为 25、5，如图 10-114 所示。

步骤24　在【贴图】卷展栏中单击【漫反射颜色】通道右侧的 None 按钮，在打开的【材质/贴图浏览器】对话框中选择【粒子年龄】贴图，单击【确定】按钮，如图 10-115 所示。

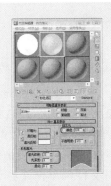

图 10-114　设置参数

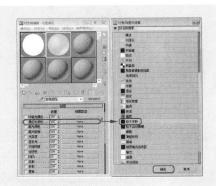

图 10-115　选择贴图

步骤25 在【粒子年龄参数】卷展栏中将【颜色 #1】的 RGB 值设置为 255、100、228，将【颜色 #2】的 RGB 值设置为 255、200、0，将【颜色 #3】的 RGB 值设置为 255、0、0，如图 10-116 所示。设置完成后，单击【转到父对象】按钮 和【将材质指定给选定对象】按钮 ，将材质指定给"烟花 002"。

步骤26 在工具栏中单击【绑定到空间扭曲】按钮 ，在视图中选择"烟花 002"，将它绑定到重力空间扭曲上，如图 10-117 所示。

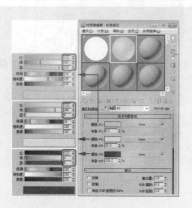

图 10-116 设置颜色

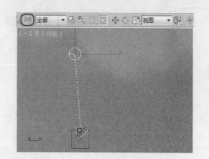

图 10-117 绑定"烟花 002"

步骤27 使用相同的方法创建其他烟花，并为其设置材质，然后创建重力，将创建的烟花绑定到重力空间扭曲上，最后在场景中调整所有烟花的位置，如图 10-118 所示。

步骤28 按 8 键，打开【环境和效果】对话框，切换到【环境】选项卡，在【背景】选项组中单击【环境贴图】下的【无】按钮，在打开的【材质/贴图浏览器】对话框中选择【位图】贴图，如图 10-119 所示。

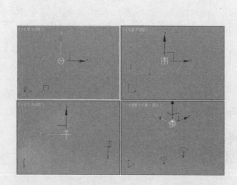

图 10-118 创建其他烟花并调整其位置

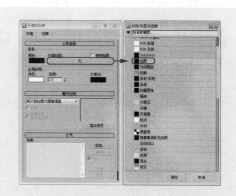

图 10-119 选择【位图】贴图

步骤29 单击【确定】按钮，弹出【选择位图图像】对话框，在该对话框中选择随书附带光盘中的"CDROM\Map\烟花背景.jpg"素材文件，单击【打开】按钮，即可在按钮上显示出【环境贴图】的名称，如图 10-120 所示。

步骤30 激活【透视】视图,在菜单栏中选择【视图】|【视口背景】|【环境背景】命令,如图 10-121 所示。

图 10-120 显示的环境贴图名称

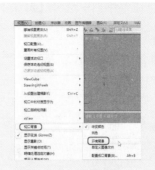
图 10-121 选择【环境背景】命令

步骤31 即可在【透视】视图中显示出背景图像,效果如图 10-122 所示。

步骤32 选择【创建】|【摄影机】|【标准】|【目标】工具,在【前】视图中创建一个摄影机,如图 10-123 所示。

图 10-122 显示的背景图像

图 10-123 创建摄影机

步骤33 激活【透视】视图,按 C 键将其转换为【摄影机】视图,并使用【选择并移动】工具在视图中调整摄影机的位置,调整后的效果如图 10-124 所示。

步骤34 切换至【修改】命令面板,在【参数】卷展栏中将【镜头】设置为 50,如图 10-125 所示。

图 10-124 调整摄影机

图 10-125 设置参数

步骤35 在动画控制区中单击【时间配置】按钮，在弹出的对话框中将【结束时间】设置为150，如图 10-126 所示。

步骤36 在菜单栏中选择【渲染】|【视频后期处理】命令，如图 10-127 所示。

图 10-126 设置结束时间　　　　图 10-127 选择【视频后期处理】命令

步骤37 弹出【视频后期处理】对话框，在该对话框中单击【添加场景事件】按钮，如图 10-128 所示。

步骤38 弹出【添加场景事件】对话框，在该对话框中使用默认设置，直接单击【确定】按钮，如图 10-129 所示。

步骤39 返回到【视频后期处理】对话框中，单击【添加图像过滤事件】按钮，在弹出的对话框中将过滤器类型设置为【镜头效果光晕】，如图 10-130 所示。

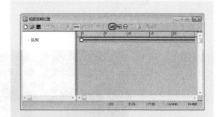

图 10-128 单击【添加场景事件】按钮

图 10-129 单击【确定】按钮　　　　图 10-130 选择过滤器类型

步骤40 单击【确定】按钮，使用同样的方法，再添加 2 个【镜头效果光晕】事件，如图 10-131 所示。

步骤41 双击第一个【镜头效果光晕】事件，在弹出的【编辑过滤事件】对话框中单击【设置】按钮，如图 10-132 所示。

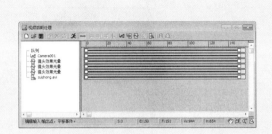 

图 10-131 添加【镜头效果光晕】事件　　图 10-132 单击【设置】按钮

步骤42 在弹出的【镜头效果光晕】对话框中单击【VP 队列】和【预览】按钮，在【首选项】选项卡中将【效果】选项组中的【大小】值设置为 0，将【强度】值设置为 30，如图 10-133 所示。

步骤43 切换到【噪波】选项卡，将【运动】和【质量】分别设置为 2、3，然后勾选【红】、【绿】、【蓝】3 个复选框，如图 10-134 所示。

步骤44 单击【确定】按钮，返回到【视频后期处理】对话框，在该对话框中双击第二个【镜头效果光晕】事件，在弹出的【编辑过滤事件】对话框中单击【设置】按钮，在弹出的【镜头效果光晕】对话框中单击【VP 队列】和【预览】按钮，在【属性】选项卡中将【对象 ID】设置为 2，如图 10-135 所示。

图 10-133 设置【首选项】选项卡　图 10-134 设置【噪波】选项卡　图 10-135 设置【属性】选项卡

步骤45 切换到【首选项】选项卡，将【效果】选项组中的【大小】值设置为 0，将【强度】值设置为 75，如图 10-136 所示。

步骤46 单击【确定】按钮，返回到【视频后期处理】对话框，在该对话框中双击第三个【镜头效果光晕】事件，在弹出的【编辑过滤事件】对话框中单击【设置】按钮，在弹出的【镜头效果光晕】对话框中单击【VP 队列】和【预览】按钮，在【属性】选项卡中将【对象 ID】设置为 2，然后勾选【过滤】选项组中的【边缘】复选框，如图 10-137 所示。

图 10-136　设置【首选项】选项卡

图 10-137　设置【属性】选项卡

步骤47　切换到【首选项】选项卡，在【效果】选项组中将【大小】设置为 2，然后勾选【颜色】选项组中的【渐变】复选框，并将【效果】选项组中的【柔化】设置为 10，如图 10-138 所示。

步骤48　切换到【渐变】选项卡，将【位置=100】处的色标的 RGB 值设置为 55、0、124，如图 10-139 所示。

图 10-138　设置【首选项】选项卡

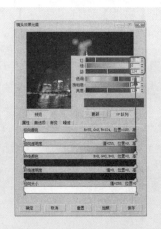

图 10-139　设置色标颜色

步骤49　在位置 13 处添加一个色标，并将该色标的 RGB 值设置为 1、0、3，如图 10-140 所示。

步骤50　单击【确定】按钮，返回到【视频后期处理】对话框，在该对话框中单击【添加图像输出事件】按钮 ，弹出【添加图像输出事件】对话框，在该对话框中单击【文件】按钮，如图 10-141 所示。

步骤51　在弹出的【为视频后期处理输出选择图像文件】对话框中设置文件输出路径

和名称，将保存类型设置为 AVI，单击【保存】按钮，如图 10-142 所示。

图 10-140 添加色标并设置颜色

图 10-141 单击【文件】按钮

步骤52 在弹出的【AVI 文件压缩设置】对话框中使用默认设置，单击【确定】按钮，如图 10-143 所示。

图 10-142 设置文件输出

图 10-143 单击【确定】按钮

步骤53 返回到【添加图像输出事件】对话框中，单击【确定】按钮，然后返回到【视频后期处理】对话框，在该对话框中单击【执行序列】按钮 ，弹出【执行视频后期处理】对话框，在该对话框中将【宽度】和【高度】设置为 944 和 654，如图 10-144 所示。

步骤54 设置完成后，单击【渲染】按钮，渲染后的效果如图 10-145 所示。

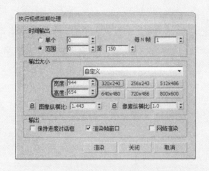

图 10-144 【执行视频后期处理】对话框

图 10-145 烟花渲染后的效果

第11章

动画制作技术

  动画以人类视觉的原理为基础。如果快速查看一系列相关的静态图像，那么大脑将这些图像作为连续的运动保留下来。每个图像称为一个帧。

  用 3ds Max 作为制作动画的助手。首先应创建记录每个变换起点和终点的关键帧。这些关键帧的值称为关键点。3ds Max 将计算每个关键点值之间的插补值，从而生成中间动画。

  本章就来介绍一下关于动画的概念和创建动画的一般过程，以及创建动画所需要的基本工具。

本章重点：

➤ 动画的概念和方法

➤ 基本动画工具

11.1　动画的概念和方法

动画是基于人的视觉原理创建运动图像，在一定时间内连续快速观看一系列相关联的静止画面时，会感觉其成连续动作，每个单幅画面被称为帧。

通过使用 3ds Max，可以为计算机游戏设置角色或汽车的动画，或为电影或广播设置特殊效果的动画。还可以创建用于严肃场合的动画，如医疗手册或法庭上的辩护陈述。无论设置动画的原因何在，3ds Max 都将提供一个功能强大的环境，以实现各种目的。

设置动画的基本方式非常简单。可以设置任何对象变换参数的动画，以随着时间改变其位置、旋转和缩放。启用自动关键点功能，然后移动时间滑块使其处于所需的状态，在此状态下，所做的更改将在视口中创建选定对象的动画。

通过 3ds Max 可以为对象的位置、旋转和缩放，以及几乎所有能够影响对象的形状与外表的参数设置动画；可以使用正向和反向运动学链接层次动画的对象，并且可以在轨迹视图中编辑动画。

11.1.1　传统制作动画的方法

通常，创建动画的主要难点在于动画设计师必须制作大量帧。一分钟的动画大概需要 720～1800 个单独图像，这取决于动画的质量。用手来绘制图像是一项艰巨的任务。因此，出现了一种称为关键帧的技术。

动画中的大多数帧都是例程，从上一帧直接向一些目标不断增加变化。传统动画工作室提高工作效率的方法是让主要艺术家只绘制重要的帧，称为关键帧，然后助手再计算出关键帧之间需要的帧。填充在关键帧中的帧称为中间帧，如图 11-1 所示。

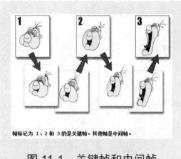

帧标记为 1、2 和 3 的是关键帧。其他帧是中间帧。

图 11-1　关键帧和中间帧

画出了所有关键帧和中间帧之后，需要链接或渲染图像以产生最终图像。即使在今天，传统动画的制作过程通常都需要数百名艺术家生成上千个图像。

11.1.2　制作动画的一般过程

在制作动画之前一般要对制作的动画进行整体构思，确定其中心思想。一部作品要向观众表达某种感情或者展示某种观点，从哪一个方面来表达自己的什么样的感情，在制作动画之前都要加以考虑。有很多人将精力放在如何建模、运用材质和渲染上，而动画的制作中心思想不明确，这样的作品是不会成功的。

在制作动画时一般首先要考虑在一定的时间内将动画作品的思想表达出来，然后对场景的布局进行勾画，确定摄影机的设置，以及在制作过程中镜头如何切换，这些都需要明确。

建模是动画制作中不可缺少的，也是用户最熟悉的步骤。建模是整个动画制作中将设计表现为实物的主要路径，模型要符合场景的设计风格，灯光、色调要协调。

建模完成后对它们的动画进行编辑组合，以及动画的输出，这样一部作品就最终形成了。

11.2 基本动画工具

在本节中将对制作动画的一些基本工具进行详细的介绍，其中包括时间控件、轨迹栏、轨迹视图和运动面板等。

11.2.1 时间控件

在如图 11-2 所示的界面中，可以控制视图中的时间显示。时间控制包括时间滑块、播放按钮以及动画关键点等。

图 11-2 时间控制选项

可以左右滑动以显示动画中的时间。默认情况下滑块在第 0 帧。

【插入关键点】按钮：单击该按钮，在轨迹栏上就会插入一个关键点。

【自动关键点】按钮：单击该按钮，将进入设置关键点的模式。当前活动视图边框变为红色，此时所做的任何改变都会记录成动画，如图 11-3 所示。

【设置关键点】按钮：单击该按钮，进入关键点设置模式，同时允许对所选对象的多个独立轨迹进行调整。设置关键点模式可以在任何时间对任何对象进行关键点的设置。

选定对象：使用【设置关键点】按钮时可以快速访问命名选择集和轨迹集，可以在不同的选择集和轨迹集之间轻松地切换。

【新建关键点的默认入/出切线】：为新的动画关键点提供快速设置默认切线类型的方法，这些新的关键点是用【设置关键点】或者【自动关键点】创建的。

【关键点过滤器】按钮：单击该按钮可以弹出【设置关键点过滤器】对话框，如图 11-4 所示。在该对话框中可以定义哪些类型的轨迹可以设置关键点，哪些类型不可以设置关键点。

- 【全部】：可以对所有轨迹设置关键点的快速方式。启用后，其他切换都无效。
- 【位置】：可以创建位置关键点。
- 【旋转】：可以创建旋转关键点。

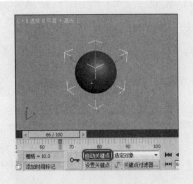

图 11-3　设置关键点模式　　　　　　图 11-4　【设置关键点过滤器】对话框

- 【缩放】：可以创建缩放关键点。
- 【IK 参数】：可以设置反向运动学参数关键帧。
- 【对象参数】：可以设置对象参数关键帧。
- 【自定义属性】：可以设置自定义属性关键帧。
- 【修改器】：可以设置修改器关键点。
- 【材质】：可以设置材质属性关键帧。
- 【其他】：可以使用【设置关键点】设置其他未归入上列类别的参数关键帧。它们包括辅助对象属性、跟踪目标摄影机以及灯光的注视控制器等。

【转至开头】按钮：单击该按钮，时间滑块将回到当前时间片段的起始帧。

【播放动画】按钮：单击该按钮，将在当前视图中播放动画；如果单击其他视图动画，将在新的视图中进行播放。播放时该按钮会变为【停止动画】按钮，单击它将停止动画播放。

【上一帧】按钮：将时间滑块向前移动一帧，如果当前帧为 0 帧，则移动到最后一帧。如果开启了【关键点模式切换】模式，则时间滑块会移动到前一个关键帧上。

【下一帧】按钮：将时间滑块向后移动一帧，如果当前帧为最后一帧，则移动到第 0 帧。

【转至结尾】按钮：单击该按钮，时间滑块将回到当前时间片段的最后一帧处。

【关键点模式切换】按钮：单击该按钮，【上一帧】按钮和【下一帧】按钮将会变为【上一关键点】按钮和【下一关键点】按钮。

：显示当前帧编号，指出时间滑块的位置，也可以在此字段中输入帧编号来转到该帧。

【时间配置】按钮：单击该按钮，可以打开【时间配置】对话框。

【时间配置】对话框提供了帧速率、时间显示、播放和动画的设置。用户可以使用此对话框来更改动画的长度或者拉伸或者缩放，还可以用于设置活动时间段、动画的开始帧和结束帧，如图 11-5 所示。其功能参数如下。

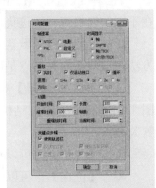

图 11-5　【时间配置】对话框

【帧速率】选项组：

- NTSC：是北美、大部分中南美国家和日本所使用的电视标准的名称。帧速率为每秒 30 帧(fps)或者每秒 60 场，每个场相当于电视屏幕上的隔行插入扫描线。

- 电影：电影胶片的计数标准，它的帧速率为每秒 24 帧。

- PAL：根据相位交替扫描线制定的电视标准，在我国和欧洲大部分国家中使用，它的帧速率为每秒 25 帧(fps)或每秒 50 场。

- 【自定义】：选择该单选按钮，可以在其下的 FPS 文本框中输入自定义的帧速率，它的单位为帧/秒。

- FPS：采用每秒帧数来设置动画的帧速率。视频使用 30 fps 的帧速率，电影使用 24 fps 的帧速率，而 Web 和媒体动画则使用更低的帧速率。

【时间显示】选项组：

- 【帧】：默认的时间显示方式，单个帧代表的时间长度取决于所选择的当前帧速率，如每帧为 1/30 秒。

- SMPTE：这是广播级编辑机使用的时间计数方式，对电视录像带的编辑都是在该计数下进行的，标准方式为 00:00:00(分:秒:帧)。

- 【帧：TICK】：使用帧和 3ds Max 内定的时间单位——十字叉(TICK)显示时间，十字叉是 3ds Max 查看时间增量的方式。因为每秒有 4800 个十字叉，所以访问时间实际上可以减少到每秒的 1/4800。

- 【分:秒:TICK】：与 SMPTE 格式相似，以分钟(min)、秒钟(s)和十字叉(TICK)显示时间，其间用冒号分隔。例如，0.2:16:2240 表示 2 分钟 16 秒和 2240 十字叉。

【播放】选项组：

- 【实时】：勾选此复选框，在视图中播放动画时，会保证真实的动画时间；当达不到此要求时，系统会跳格播放，省略一些中间帧来保证时间的正确。可以选择 5 个播放速度，即 1× 是正常速度、1/2× 是半速等。速度设置只影响在视口中的播放。

- 【仅活动视口】：可以使播放只在活动视口中进行。取消勾选该复选框后，所有视口都将显示动画。

- 【循环】：控制动画只播放一次，还是反复播放。

- 【速度】：设置播放时的速度。

- 【方向】：将动画设置为向前播放、反转播放或往复播放。

【动画】选项组：

- 【开始时间】和【结束时间】：分别设置动画的开始时间和结束时间。默认设置开始时间为 0，根据需要可以设为其他值，包括负值。有时可能习惯于将开始时间设置为第 1 帧，这比 0 更容易计数。

- 【长度】：设置动画的长度，它其实是由【开始时间】和【结束时间】设置得出的结果。

- 【帧数】：被渲染的帧数，通常是设置数量再加上一帧。
- 【重缩放时间】：对目前的动画区段进行时间缩放，以加快或减慢动画的节奏，这会同时改变所有的关键帧设置。
- 【当前时间】：显示和设置当前所在的帧号码。

【关键点步幅】选项组：

- 【使用轨迹栏】：使关键点模式能够遵循轨迹栏中的所有关键点。其中包括除变换动画之外的任何参数动画。
- 【仅选定对象】：在使用【关键点步幅】时只考虑选定对象的变换。如果取消勾选该复选框，则将考虑场景中所有(未隐藏)对象的变换。默认设置为勾选。
- 【使用当前变换】：禁用【位置】、【旋转】和【缩放】复选框，并在【关键点模式】中使用当前变换。
- 【位置】、【旋转】和【缩放】：指定【关键点模式】所使用的变换。取消勾选【使用当前变换】复选框即可使用【位置】、【旋转】和【缩放】复选框。

11.2.2 轨迹栏

轨迹栏提供了显示帧数(或相应的显示单位)的时间线，如图 11-6 所示。这为移动、复制和删除关键点，以及更改关键点属性的轨迹视图提供了一种便捷的替代方式。选择一个对象，可以在轨迹栏上查看其动画关键点。轨迹栏还可以显示多个选定对象的关键点。

图 11-6　轨迹栏

轨迹栏还具有方便快捷的右键菜单，在轨迹栏上右击，即可弹出如图 11-7 所示的快捷菜单。

【关键点属性】：显示当前所有类型的关键点，选择相应的选项就可以对其进行调整。

【控制器属性】：显示一个子菜单，列出了指定给所选对象的程序控制器，可以方便调整其属性。

【删除关键点】：在弹出的子菜单中选择一个关键点类型或选择【全部】命令即可删除一个或多个关键点。

【删除选定关键点】：可以删除选择的关键点。

【过滤器】：显示过滤子菜单，可以过滤在轨迹栏上显示的帧。

- 【所有关键点】：显示所有的关键点。
- 【所有变换关键点】：显示所有的变形关键点。
- 【当前变换】：显示所有的关键点。
- 【对象】：显示对象的修改关键点，不包括变形关键点和材质关键点。

- 【材质】：显示材质关键点。

【配置】：选择该命令后，会弹出一个子菜单，如图 11-8 所示。

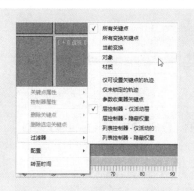

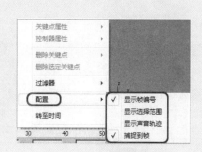

图 11-7 轨迹栏上的快捷菜单   图 11-8 【配置】子菜单

- 【显示帧编号】：在轨迹栏中显示帧编号。
- 【显示选择范围】：只要选择多个关键点，就会在轨迹栏下面显示选择范围栏。
- 【显示声音轨迹】：在【轨迹视图】中显示指定给声音对象的波形(.wav 文件)。
- 【捕捉到帧】：吸附到帧。

【转至时间】：将时间滑块移动到鼠标所在的位置。

单击轨迹栏下的【打开迷你曲线编辑器】按钮，可以打开如图 11-9 所示的轨迹栏扩展，从而显示曲线，它与轨迹视图相同。

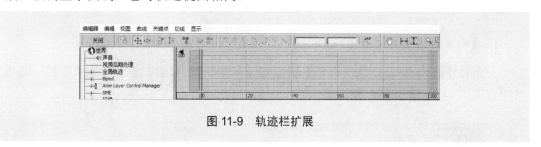

图 11-9 轨迹栏扩展

(11.2.3 轨迹视图

使用【轨迹视图】可以精确地修改动画。【轨迹视图】有两种不同的模式，即【曲线编辑器】和【摄影表】。

在菜单栏中选择【图形编辑器】|【轨迹视图-曲线编辑器】命令，如图 11-10 所示，即可打开【轨迹视图-曲线编辑器】窗口，如图 11-11 所示。

在菜单栏中选择【图形编辑器】|【轨迹视图-摄影表】命令，如图 11-12 所示。即可打开【轨迹视图-摄影表】窗口，如图 11-13 所示。

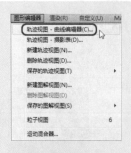

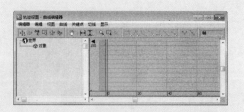

图 11-10　选择【轨迹视图-曲线编辑器】命令　　图 11-11　【轨迹视图-曲线编辑器】窗口

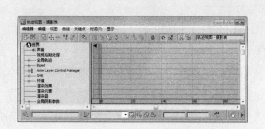

图 11-12　选择【轨迹视图-摄影表】命令　　图 11-13　【轨迹视图-摄影表】窗口

 提示： 在【轨迹视图-曲线编辑器】窗口的菜单栏中选择【编辑器】|【摄影表】命令，如图 11-14 所示，也可以打开【轨迹视图-摄影表】窗口。

1. 【轨迹视图】菜单栏

下面将【轨迹视图-曲线编辑器】窗口与【轨迹视图-摄影表】窗口的菜单栏一起进行介绍，如图 11-15 所示。

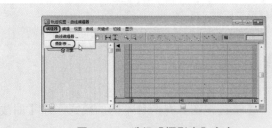

图 11-14　选择【摄影表】命令　　　　图 11-15　【轨迹视图】菜单栏

【编辑器】菜单用于当使用【轨迹视图】时在【曲线编辑器】和【摄影表】之间切换，如图 11-16 所示。

【曲线编辑器】：【曲线编辑器】是一种【轨迹视图】模式，可用于处理在图形上表示为函数曲线的运动。

【摄影表】：【摄影表】编辑器使用【轨迹视图】来在水平图形上显示随时间变化的

动画关键点。

【编辑】菜单提供用于调整动画数据和使用控制器的工具，如图 11-17 所示。

图 11-16 【编辑器】菜单　　　　　　图 11-17 【编辑】菜单

【复制】：将所选控制器轨迹的副本放到【轨迹视图】缓冲区中。

【粘贴】：将【轨迹视图】缓冲区中的
控制器轨迹复制到另外一个对象或多个对象
的选定轨迹上。可选择粘贴为副本或实例。

【变换工具】：选择该命令后，在弹出
的子菜单中提供了用于移动和缩放动画关键
点的工具，【曲线编辑器】的【变换工具】
子菜单如图 11-18 所示。

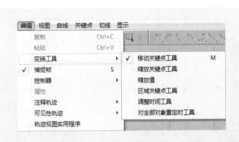

图 11-18 【曲线编辑器】的【变换工具】子菜单

- 【移动关键点工具】：在【曲线编
  辑器】中，垂直(值)或水平(时间)移动关键点。在【摄影表】中，仅在时间方向
  上移动关键帧。

- 【缩放关键点工具】：按比例增加或减小选定关键点的计时。

- 【缩放值】：按比例增加或减少选定关键点的值。

- 【区域关键点工具】：在矩形区域内移动和缩放关键点。

- 【调整时间工具】：使用该工具可以通过为在一个或多个帧范围内的任意数量的
  轨迹更改动画速率来扭曲时间；可以使用该工具轻松地提高或降低任何动画轨迹
  上的任何时间段内的动画速度。

- 【对全部对象重定时工具】：该工具是调整时间工具的全局版本。可通过在一个
  或多个帧范围内更改场景中的所有现有动画的速率来扭曲整个动画场景的时间。

【摄影表】的【变换工具】子菜单如图 11-19 所示。

- 【缩放时间】：缩放选定轨迹在特定时间段内的关键点。

【捕捉帧】：启用后，关键点总是捕捉到帧。禁用后，可以将关键点移动到子帧
位置。

【控制器】：选择该命令后，在弹出的子菜单中提供了用于使用动画控制器的工具，
如图 11-20 所示。

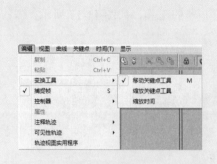

图 11-19 摄影表的【变换工具】子菜单

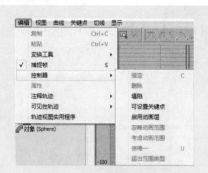

图 11-20 【控制器】子菜单

- 【指定】：用于为所有高亮显示的轨迹指定相同的控制器。
- 【删除】：用于删除无法替换的特定控制器(【可见性轨迹】、【图像运动模糊倍增】、【对象运动模糊】、【启用/禁用】)。
- 【塌陷】：将程序动画轨迹(如【噪波】)转换为 Bezier、Euler、Linear 或 TCB 关键帧控制器轨迹。还可以使用它将任何控制器转化为以上类型的控制器。使用【采样】参数可减少关键点。
- 【可设置关键点】：切换高亮显示的控制器轨迹接收动画关键点的能力。若要查看轨迹是否为可设置关键点，请启用显示可设置关键点的图标。
- 【启用动画层】：将【层】控制器指定给【控制器】窗口中每个高亮显示的轨迹。

 提示：在动画轨迹上启用层之前，请先在轨迹上设置关键点。

- 【忽略动画范围】：忽略选定控制器轨迹的动画范围。设置该选项后，轨迹的活动不受其范围的限制并且其背景颜色会变化。
- 【考虑动画范围】：考虑选定控制器轨迹的动画范围。设置该选项后，轨迹在其范围内活动。
- 【使唯一】：用于将实例控制器转化为唯一控制器。如果一个控制器已实例化，则更改它会影响已复制它的所有位置。如果该控制器唯一，则对它的更改不会影响其他任何控制器。
- 【超出范围类型】：用于将动画扩展到现有关键帧范围以外。主要用于循环和其他周期动画，而无须复制关键点。

【属性】：选择一个关键点后，然后再选择该命令，可以弹出一个关于该关键点的属性对话框，如图 11-21 所示，从中可访问关键点插值类型。

【注释轨迹】：选择该命令后，弹出的子菜单用于向场景中添加或从场景中移除注释轨迹。可以使用注释轨迹将任何类型的信息添加到轨迹视图中的轨迹。

【可见性轨迹】：选择该命令后，弹出的子菜单用于向场景中的对象添加或从场景中的对象移除可见性轨迹。

【轨迹视图实用程序】：选择该命令后，可以弹出【轨迹视图实用程序】对话框，在该对话框中可以访问许多有用工具，如图 11-22 所示。

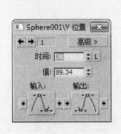

图 11-21　属性对话框　　　　　图 11-22　【轨迹视图实用程序】对话框

【视图】菜单将在【摄影表】和【曲线编辑器】模式下显示，但并不是所有命令在这两个模式下都可用。其控件用于调整和自定义【轨迹视图】中项目的显示方式，如图 11-23 所示。

【选定关键点统计信息】：在功能曲线窗口中，切换选定关键点的统计信息的显示(仅限曲线编辑器)。关键点的统计信息通常包括帧数和值。此选项非常有用，因为仅显示所使用关键点的统计信息。

【全部切线】：在【曲线编辑器】中，切换所有关键点的切线控制柄的显示。禁用后，仅显示选中关键点的控制柄。

【交互式更新】：控制在【轨迹视图】中编辑关键点是否实时更新视口。在某些情况下禁用【交换式更新】可以快速播放动画。

【帧】：选择该命令后，在弹出的子菜单中提供了用于缩放到水平或垂直范围的工具，如图 11-24 所示。

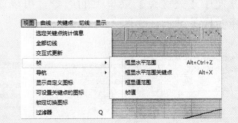

图 11-23　【视图】菜单　　　　　图 11-24　【帧】子菜单

- 【框显水平范围】：缩放到活动时间段。
- 【框显水平范围关键点】：缩放以显示所有关键点。
- 【框显值范围】：在垂直方向调整关键点窗口的视图放大值，以便可以看到所有可见曲线的完全高度。
- 【帧值】：启动一个模式，以手动调整关键点窗口的垂直放大值。向上拖动可进行放大，向下拖动可进行缩小。

【导航】：选择该命令后，在弹出的子菜单中提供了用于平移和缩放关键点窗口的工具，如图 11-25 所示。

- 【平移】：用于移动关键点窗口的内容。
- 【缩放】：用于更改关键点窗口的放大值。
- 【缩放区域】：用于缩放为矩形区域。

【显示自定义图标】：启用时，【层次】列表中的图标显示为经过明暗处理的 3D 样式，而非 2D。

【可设置关键点的图标】：切换每个轨迹的关键点图标，该图标指示并用于定义轨迹是否可设置关键点，以及是否可以记录动画数据。

【锁定切换图标】：切换每个轨迹指示并允许定义轨迹是否锁定的锁定图标。启用【锁定切换图标】后，可以单击图标切换轨迹的锁定状态。锁定轨迹可防止操纵该轨迹控制的数据(如位置动画)。

【过滤器】：提供用于过滤【轨迹视图】中显示内容的控件。提供大量用于显示、隐藏数据的选项。

【曲线】菜单用于应用或移除减缓曲线和增强曲线，如图 11-26 所示。

【孤立曲线】：仅切换含有选定关键点的曲线的显示。多条曲线显示在关键点窗口中时，使用此命令可以临时简化显示。

【简化曲线】：减小曲线的关键点密度。

【应用增强曲线】：对选定轨迹应用曲线，可以影响动画强度。

【应用减缓曲线】：对选定轨迹应用曲线，可以影响动画计时。

【启用/禁用减缓曲线/增强曲线】：启用或禁用减缓曲线和增强曲线。

【移除减缓曲线/增强曲线】：删除减缓曲线和增强曲线。

【减缓曲线超出范围类型】：将减缓曲线应用于【参数超出范围】关键点。

【增强曲线超出范围类型】：将增强曲线应用于【参数超出范围】关键点。

通过使用【关键点】菜单上的命令，可以添加动画关键点，然后将其对齐到光标并使用软选择变换关键点，如图 11-27 所示。

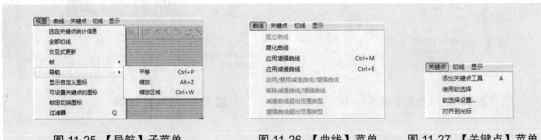

图 11-25 【导航】子菜单　　　图 11-26 【曲线】菜单　　　图 11-27 【关键点】菜单

【添加关键点工具】：在【曲线编辑器】或【摄影表】中添加关键点。激活【添加关键点工具】之后，请单击曲线(在【曲线编辑器】中)或轨迹(在【摄影表】中)，以在该位置添加关键点。在这两种模式中，可以通过在单击后进行水平拖动来更改计时。或者，在【曲线编辑器】中，单击曲线后进行垂直拖动来更改值。

【使用软选择】：处于活动状态时，变换影响与关键点选择集相邻的关键点。在【曲线】和【摄影表】编辑关键点模式上可用。

【软选择设置】：选择该命令后，会在【轨迹视图】窗口的底部打开【软选择】工具栏，可以使用控件切换软选择并调整软选择的范围和衰减，如图 11-28 所示。

【对齐到光标】：可以将选定关键点移到当前时间并保持偏移。

使用【时间】菜单上的工具可以编辑、调整或反转时间。只有在【轨迹视图】处于【摄影表】模式时才能使用【时间】菜单，如图 11-29 所示。

【选择】：选择一个时间范围。

【插入】：将时间的空白周期添加到选定范围。

【剪切】：移除时间选择。

【复制】：复制时间选择。包括所选时间内的任何关键帧。

【粘贴】：复制已复制的时间选择或剪切的时间选择。

【反转】：重新排列时间范围内关键点的顺序，将时间从后面翻转到开始。

只有在【曲线编辑器】模式下操作时，【切线】菜单才可用。此菜单上的工具便于管理动画-关键帧切线，如图 11-30 所示。

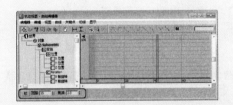

图 11-28 【软选择】工具栏　　　　图 11-29 【时间】菜单　　　　图 11-30 【切线】菜单

【断开切线】：允许将两条切线(控制柄)连接到一个关键点，使其能够独立移动，以便不同的运动能够进出关键点。

【统一切线】：如果切线是统一的，按任意方向(请勿沿其长度方向，这将导致另一控制柄以相反的方向移动)移动控制柄，从而控制柄之间保持最小角度。

【锁定切线切换】：启用后，可以同时操纵多个顶点的控制柄。

在【显示】菜单中包含有如何显示项目以及如何在【控制器】窗口中处理项目的控件，如图 11-31 所示。

【同步光标时间】：将时间滑块移动到光标位置。

【隐藏未选定曲线】：曲线将显示在控制器窗口仅高亮显示的轨迹的关键点窗口中。

【显示未选定曲线】：曲线将显示在控制器窗口中可见的所有轨迹的关键点窗口中。

【冻结未选定曲线】：使所有未高亮显示的曲线不可编辑。

【自动展开】：选择该命令后，在弹出的子菜单中所做的选择将决定【控制器】窗口显示的行为，如图 11-32 所示。

- 【仅选定对象】：启用此选项之后，控制器窗口只显示高亮显示对象的轨迹。默认设置为启用。

- 【变换】：展开【层次】列表以显示高亮显示对象的变换轨迹。默认设置为

启用。

图 11-31 【显示】菜单

图 11-32 【自动展开】子菜单

- 【XYZ 分量】：展开高亮显示对象的变换轨迹，以显示包含在每个变换控制器 (如【位置】和【缩放】)中的单个 XYZ 组件。
- 【限制】：展开高亮显示对象的限制轨迹以显示其参数(如【上限】和【较低平滑】)。与限制控制器结合使用。默认设置为启用。
- 【可设置关键点】：展开高亮显示的对象【层次】列表，以显示可设置关键点的轨迹。必须也启用【变换】或【XYZ 组件】才能看到结果。
- 【动画】：展开高亮显示的对象【层次】列表，以显示可设置动画的轨迹。
- 【基础对象】：展开高亮显示的对象基础对象轨迹，以显示其参数(如高度/宽度/长度)。
- 【修改器】：展开高亮显示的对象修改器轨迹，以显示应用于该对象的修改器。
- 【材质】：展开高亮显示的对象材质轨迹，以显示材质参数。
- 【子对象】：展开层次列表，以显示从高亮显示对象开始的所有子对象。

【自动选择】：选择该命令后，在弹出的子菜单中提供了一些切换，用于确定在打开【轨迹视图】窗口时高亮显示哪些轨迹类型或节点选择的变化。其中包括【动画】、【位置】、【旋转】和【缩放】，如图 11-33 所示。

提示：此子菜单中的某个选项处于启用状态时，在打开轨迹视图时将自动选择该类型的轨迹。

【轨迹视图-自动滚动】：选择该命令后，在弹出的子菜单中提供的选项可以控制【摄影表】和【曲线编辑器】中【控制器】窗口的自动滚动，如图 11-34 所示。

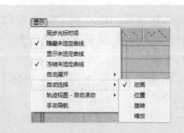

图 11-33 【自动选择】子菜单

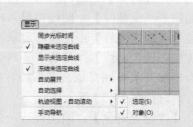

图 11-34 【轨迹视图-自动滚动】子菜单

- 【选定】：启用此选项之后，【控制器】窗口将自动滚动，将视口选择移到该窗口的顶部。
- 【对象】：启用此选项之后，控制器窗口将自动滚动，显示场景中的所有对象。

【手动导航】：启用【手动导航】功能将暂时禁用这些【自动展开】、【自动选择】和【自动滚动】设置，以便可以根据需要展开/塌陷轨迹、选择轨迹以及进行滚动。

2. 工具栏

轨迹视图菜单栏下面是工具栏，在工具栏中包含各种工具按钮。下面将分别对【轨迹视图-曲线编辑器】窗口和【轨迹视图-摄影表】窗口的工具栏进行详细介绍。

【关键点控制：轨迹视图】工具栏中包含一些工具，用于移动和缩放关键点、绘制曲线和插入关键点，如图 11-35 所示。

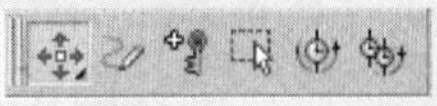

图 11-35 【关键点控制：轨迹视图】工具栏

【移动关键点】：该按钮是一个弹出按钮，其中包含【移动关键点】按钮、【水平移动关键点】按钮和【垂直移动关键点】按钮。

- 【移动关键点】：同时沿水平轴和垂直轴移动关键点以同时更改计时和值。
- 【水平移动关键点】：将移动约束在水平轴，更改计时。
- 【垂直移动关键点】：将移动约束在垂直轴，更改值。

【绘制曲线】：绘制新的曲线或修正当前曲线。

【添加关键点】：在现有曲线上创建关键点。

【区域关键点工具】：在矩形区域内移动和缩放关键点。

【调整时间工具】：基于每个轨迹的扭曲时间。

【对全部对象重定时工具】：全局修改动画计时。

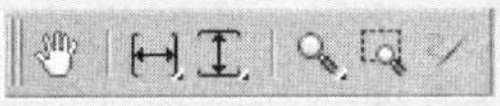

图 11-36 【导航：轨迹视图】工具栏

【导航：轨迹视图】工具栏中提供了用于导航关键点窗口或曲线窗口的控件，如图 11-36 所示。

【平移】：使用【平移】时，可以单击并拖动关键点窗口，以将其向左移、向右移、向上移或向下移。除非右击以取消或单击另一个选项，否则【平移】将一直处于活动状态。

【框显水平范围】：该按钮是一个弹出按钮，其中包含【框显水平范围】按钮和【框显水平范围关键点】按钮。

- 【框显水平范围】：水平调整放大【轨迹视图关键点】窗口以便所有活动时间段同时可见。
- 【框显水平范围关键点】：水平缩放【轨迹视图关键点】窗口以显示所有动画关键点的全部范围。根据动画的不同，该视图可以比活动时间段更大或更小。

【框显值范围】：该按钮是一个弹出按钮，其中包含【框显值范围】按钮和【框显值范围】按钮。

- 【框显值范围】：调整【轨迹视图关键点】窗口的垂直缩放因子以显示曲线的完全高度。

- 【框显值范围】▮：将【轨迹视图关键点】窗口调整到显示当前视图中关键点的高度。

【缩放】▮：该按钮是一个弹出按钮，其中包含【缩放】按钮▮、【缩放时间】按钮▮和【缩放值】按钮▮。

- 【缩放】▮：同时缩放时间和值的视图。除非右击以取消或单击另一个选项，否则【缩放】将一直处于活动状态。
- 【缩放时间】▮：水平缩放窗口的内容。
- 【缩放值】▮：在【曲线编辑器】中，垂直缩放窗口的内容。向上拖动可进行放大，向下拖动可进行缩小。

【缩放区域】▮：用于拖动【关键点】窗口中的一个区域以缩放该区域使其充满窗口。除非右击以取消或选择另一个选项，否则【缩放区域】将一直处于活动状态。

【孤立曲线】▮：默认情况下，轨迹视图显示所有选定对象的所有动画轨迹的曲线。只可以将【孤立曲线】用于临时显示，仅切换具有选定关键点的曲线显示。多条曲线显示在【关键点】窗口中时，使用此命令可以临时简化显示。

利用【关键点切线：轨迹视图】工具栏可以为关键点指定切线。切线控制着关键点附近的运动的平滑度和速度，如图 11-37 所示。该工具栏中的这些按钮也是弹出按钮：可以一律对进出运动应用切线(默认设置)，或分别对进运动或出运动应用切线。

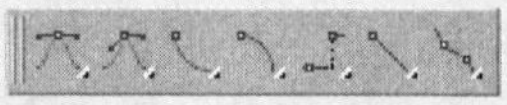

图 11-37 【关键点切线：轨迹视图】工具栏

【将切线设置为自动】▮：按关键点附近的功能曲线的形状进行计算，将高亮显示的关键点设置为自动切线。

- 【将内切线设置为自动】▮：使用该按钮仅影响传入切线。
- 【将外切线设置为自动】▮：使用该按钮仅影响传出切线。

【将切线设置为样条线】▮：将高亮显示的关键点设置为样条线切线，它具有关键点控制柄，可以通过在【曲线】窗口中拖动进行编辑。在编辑控制柄时按住 Shift 键以中断连续性。

- 【将内切线设置为样条线】▮：使用该按钮仅影响传入切线。
- 【将外切线设置为样条线】▮：使用该按钮仅影响传出切线。

【将切线设置为快速】▮：将关键点切线设置为快。

- 【将内切线设置为快速】▮：使用该按钮仅影响传入切线。
- 【将外切线设置为快速】▮：使用该按钮仅影响传出切线。

【将切线设置为慢速】▮：将关键点切线设置为慢。

- 【将内切线设置为慢速】▮：使用该按钮仅影响传入切线。
- 【将外切线设置为慢速】▮：使用该按钮仅影响传出切线。

【将切线设置为阶梯式】▮：将关键点切线设置为步长。使用阶跃来冻结从一个关键点到另一个关键点的移动。

- 【将内切线设置为阶梯式】▮：使用该按钮仅影响传入切线。
- 【将外切线设置为阶梯式】▮：使用该按钮仅影响传出切线。

【将切线设置为线性】：将关键点切线设置为线性。

● 【将内切线设置为线性】：使用该按钮仅影响传入切线。

● 【将外切线设置为线性】：使用该按钮仅影响传出切线。

【将切线设置为平滑】：将关键点切线设置为平滑。用它来处理不能继续进行的移动。

● 【将内切线设置为平滑】：使用该按钮仅影响传入切线。

● 【将外切线设置为平滑】：使用该按钮仅影响传出切线。

【切线动作：轨迹视图】工具栏如图 11-38 所示。

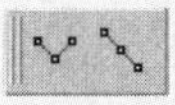

【断开切线】：允许将两条切线(控制柄)连接到一个关键点，使其能够独立移动，以便不同的运动能够进出关键点。选择一个或多个带有统一切线的关键点，然后单击【断开切线】按钮。

图 11-38 【切线动作：
轨迹视图】工具栏

【统一切线】：如果切线是统一的，按任意方向(请勿沿其长度方向，这将导致另一控制柄以相反的方向移动)移动控制柄，从而控制柄之间保持最小角度。选择一个或多个带有断开切线的关键点，然后单击【统一切线】按钮。

【关键点输入：轨迹视图】工具栏中包含用于从键盘编辑单个关键点的字段，如图 11-39 所示。

【帧】 帧 39 ：显示选定关键点的帧编号(在时间中的位置)。可以输入新的帧数或输入一个表达式，以将关键点移至其他帧。

【值】 值 84.293 ：显示高亮显示的关键点的值(即在空间中的位置)。这是一个可编辑字段。可以输入新的数值或表达式来更改关键点的值。

【关键点：摄影表】工具栏中包含过滤和其他显示控件，还包含用于变换关键点并以其他方式对其进行编辑的工具，如图 11-40 所示。

帧 39 值 84.293

图 11-39 【关键点输入：轨迹视图】工具栏    图 11-40 【关键点：摄影表】工具栏

【编辑关键点】：此模式在图形上将关键点显示为长方体。使用【编辑关键点】模式可移动、添加、剪切、复制和粘贴关键点。

【编辑范围】：在【编辑范围】模式下，编辑窗口中显示的是有效的动画时间段。以一种表示作用范围的黑色条棒来显示所有的动画轨迹，主要用于快速放缩和移动整个动画轨迹。

【过滤器】：使用【过滤器】可以确定在【轨迹视图】中显示哪些场景组件。单击可以打开【过滤器】对话框，如图 11-41 所示。而右击可以在弹出的快捷菜单中设置过滤器，如图 11-42 所示。

【移动关键点】：该按钮是一个弹出按钮，其中包含【移动关键点】按钮、【水平移动关键点】按钮和【垂直移动关键点】按钮。使用这些按钮可以在关键点窗口中水平和垂直、仅水平或仅垂直移动关键点。

图 11-41 【过滤器】对话框

图 11-42 快捷菜单

【滑动关键点】：可在【摄影表】中使用【滑动关键点】来移动一组关键点，同时在移动时移开相邻的关键点。

【添加关键点】：在此工具处于活动状态时，可以创建关键点。

【缩放关键点】：可使用【缩放关键点】减少或增加两个关键帧之间的时间量。

利用【时间：摄影表】工具栏上的控件，可以选择时间范围、对时间进行移除、缩放、插入或反转时间流，如图 11-43 所示。

【选择时间】：用来选择时间范围。时间选择包含时间范围内的任意关键点。

【删除时间】：将当前选择的时间段删除，这会连同其中所包含的关键点一同删除。

【反转时间】：在选择的时间段内反转选择轨迹上的关键点。

【缩放时间】：在选择的时间段内缩放选择轨迹上的关键点。

【插入时间】：以时间插入的方式插入一个帧。滑动已存在的关键点来为插入时间创造空间。一旦选择了具有【插入时间】的时间，此后可以使用所有其他的时间工具。

【剪切时间】：将选择时间从选择轨迹中删除。

【复制时间】：复制选择的时间，以后可以用它来粘贴。

【粘贴时间】：将剪切或复制的时间添加到选择轨迹中。

【显示：摄影表】工具栏中包含用于管理关键点选择和编辑功能的控件，其中包括编辑层次中的轨迹，如图 11-44 所示。

图 11-43 【时间：摄影表】工具栏

图 11-44 【显示：摄影表】工具栏

【锁定当前选择】：锁定关键点选择。一旦创建了一个选择，启用该按钮就可以避免不小心选择其他对象。

【捕捉帧】：限制关键点到帧的移动。启用该按钮时，关键点移动总是捕捉到帧中。禁用该按钮时，可以移动一个关键点到两个帧之间并成为一个子帧关键点。

【显示可设置关键点的图标】 ：显示可将轨迹定义为可设置关键点或不可设置关键点的图标。仅当轨迹在想要的关键帧之上时，使用它来设置关键点。

【修改子树】 ：单击该按钮后，在父对象轨迹上操作关键点来将轨迹放到层次底部。

【修改子对象关键点】 ：允许对整个层级的关键点进行编辑影响，可以对整个链接在一起的结构、组或者角色进行时间编辑，只用于【摄影表】模式。

【轨迹选择：轨迹视图】工具栏中具有用于特定对象或轨迹选择的控件，如图 11-45 所示。

图 11-45 【轨迹选择：轨迹视图】工具栏

【缩放选定对象】 ：使用该按钮将当前选定对象放置在控制器窗口中【层次】列表的顶部。

【按名称选择】 ：通过在可编辑字段中输入轨迹名称(包括可选通配符)，可以高亮显示【控制器】窗口中的轨迹。

【编辑轨迹集】 ：单击该按钮，可以弹出【轨迹集编辑器】对话框，如图 11-46 所示。该对话框是一种无模式对话框，可以用来创建和编辑名为轨迹集的动画轨迹组。

【轨迹集列表】 ：如果已创建命名轨迹集，则可以通过从此列表中选中它们将其激活。

【过滤器-选定轨迹切换】 ：启用该按钮后，【控制器】窗口仅显示选定轨迹。

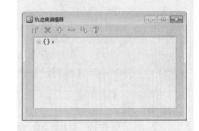

图 11-46 【轨迹集编辑器】对话框

【过滤器-选定对象切换】 ：启用该按钮后，【控制器】窗口仅显示选定对象的轨迹。

【过滤器-动画轨迹切换】 ：启用该按钮后，【控制器】窗口仅显示带有动画的轨迹。

【过滤器-解除锁定属性切换】 ：启用该按钮后，【控制器】窗口仅显示未锁定其属性的轨迹。

【关键点统计：轨迹视图】工具栏用于显示单个高亮显示的关键点的时间和值。它还提供了用于在【曲线编辑器】的【关键点】窗口中查看关键点统计信息的选项，如图 11-47 所示。

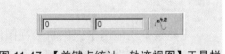

图 11-47 【关键点统计：轨迹视图】工具栏

【关键点时间显示】 ：在可编辑字段中显示了选定关键点的帧数(在时间中的位置)。可以输入新的帧数或输入一个表达式以将关键点移至帧。

【值显示】 ：在可编辑字段中显示了一个高亮显示关键点的值或在空间的位置。可以输入新数或表达式来更改选定关键点的值。

【显示选定关键点统计信息】 ：单击该按钮后，将显示【关键点】窗口中当前选定关键点表示的统计信息。

3. 【控制器】窗口

【控制器】窗口是一个树形列表，用于显示场景物体和对象的名称，甚至包括材质以及控制器的轨迹名称，控制当前编辑的是哪一条曲线，如图 11-48 所示。层级列表中的每一项都可以展开，也可以重新整理。使用手动浏览模式可以塌陷或展开轨迹项；在按住 Alt 键的同时，右击，在弹出的快捷菜单中也可以选择塌陷或展开的命令。

4. 【关键点】窗口

【关键点】窗口可以将关键点显示为曲线或轨迹。轨迹又可以显示为关键点框图或范围栏。图 11-49 所示为将关键点显示为曲线。在该窗口中可以方便地创建、添加和删除关键点，可以用几乎所有的操作来实现目的。

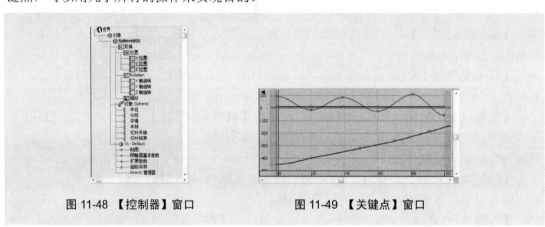

图 11-48 【控制器】窗口   图 11-49 【关键点】窗口

11.2.4 【运动】面板

【运动】面板提供了对选择对象的运动控制能力，可以控制它的运动轨迹，以及为它指定各种动画控制器，并且对各个关键点的信息进行编辑操作。它主要配合【轨迹视图】来一同完成动作的控制。【运动】面板中包括【参数】工具和【轨迹】工具，如图 11-50 所示。

1. 参数

【参数】功能用于提供轨迹视图的替代选择，用于调整变换控制器和关键点信息。

【指定控制器】卷展栏可以为选择的物体指定各种动画控制器，以完成不同类型的运动控制，如图 11-51 所示。

在它的列表框中可以观察当前可以指定的动画控制器项目，一般由一个【变换】携带 3 个分支项目，即【位置】、Rotation 和【缩放】项目。每个项目可以提供多种不同的动画控制器，使用时要选择一个项目，这时左上角的【指定控制器】按钮变为可使用状态，单击它弹出一个【指定位置控制器】对话框，如图 11-52 所示。在该对话框中选择一个动画控制器，单击【确定】按钮，此时当前项目右侧会显示出新指定的动画控制器名称。

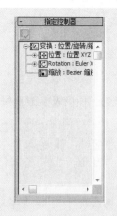

图 11-50 【运动】面板　　图 11-51 【指定控制器】卷展栏　　图 11-52 　【指定位置控制器】对话框

【PRS 参数】卷展栏主要是用于创建和删除关键点，如图 11-53 所示。

【创建关键点】和【删除关键点】：在当前帧创建或删除一个移动、旋转或缩放关键点。这些按钮是否处于活动状态取决于当前帧存在的关键点类型。

【位置】、【旋转】和【缩放】：分别控制打开其对应的控制面板，由于动画控制器的不同，各自打开的控制面板也不同。

【关键点信息(基本)】卷展栏用来改变动画值、时间和所选关键点的中间插值方式，如图 11-54 所示。

　　　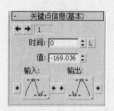

图 11-53 【PRS 参数】卷展栏　　　图 11-54 【关键点信息(基本)】卷展栏

：到前一个或下一个关键点上。

：显示当前关键点数。

【时间】：显示关键点所处的帧号，右侧的锁定按钮可以防止在轨迹视图编辑模式下关键点发生水平方向的移动。

【值】：调整选定对象在当前关键点处的位置。

关键点进出切线：设置关键点的【内】切线和【外】切线的插值属性。【输入】确定入点切线形态；【输出】确定出点切线形态。

：表示将当前插补形式复制到关键点左侧。

：表示将当前插补形式复制到关键点右侧。

【关键点信息(高级)】卷展栏包含除【关键点信息(基本)】卷展栏上的关键点设置以外的其他关键点设置，如图 11-55 所示。

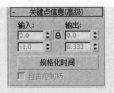

图 11-55 【关键点信息(高级)】卷展栏

【输入】和【输出】：当参数接近关键点时，【输入】字段指定更改速率。当参数离开关键点时，【输出】字段指定更改速率。

 提示：只有关键点使用【样条线】切线类型时这些字段才被激活。

🔒：可以通过将一条【样条线】切线更改相等但相反的量，来更改另一条【样条线】切线。

【规格化时间】：平均时间中的关键点位置，并将它们应用于选定关键点的任何连续块。在需要反复为对象加速和减速，并希望平滑运动时使用。

【自由控制柄】：用于自动更新切线控制柄的长度。禁用时，切线长度是其相邻关键点相距固定百分比。在移动关键点时，控制柄会进行调整，以保持与相邻关键点的距离为相同百分比。启用时，控制柄的长度基于时间长度。

2. 轨迹

【轨迹】功能用于显示对象随时间运动的路径。这对于在不需要实际播放动画的情况下查看对象在动画期间相对于场景中的其他对象如何移动非常有用。【轨迹】也可用于直接调整路径并将其转换为其他格式，以及从其他格式转换。

【轨迹】卷展栏如图 11-56 所示。

【删除关键点】：将当前选择的关键点删除。

【添加关键点】：单击该按钮，可以在视图轨迹上添加关键点，也可以在不同的位置增加多个关键点，再次单击该按钮可以将它关闭。

图 11-56 【轨迹】卷展栏

【开始时间】和【结束时间】：为转换指定间隔。如果正从位置关键帧转化为样条线对象，这就是对轨迹采样的时间间隔。如果正从样条线对象转化为位置关键帧，这就是新关键点放置之间的间隔。

【采样数】：设置转换采样的数目。当向任何方向转换时，按照指定时间间隔对源采样，并且在目标对象上创建关键点或者控制点。

【转化为】：单击该按钮，将依据上面的区段和间隔进行设置，把当前选择的轨迹转换为样条曲线。

【转化自】：单击该按钮，将依据上面的区段和间隔进行设置，允许在视图中选择一条样条曲线，从而将它转换为当前选择物体的运动轨迹。

【塌陷】：将当前选择物体的变换操作进行塌陷处理。

【位置】、【旋转】和【缩放】：决定塌陷所要处理的变换项目，必须至少选中一个复选框才能激活【塌陷】按钮。

11.3 上机练习

11.3.1 制作光影文字

下面我们将介绍怎样使用关键帧创建文字效果，其最终效果如图 11-57 所示。

步骤01 启动 3d Max 2013 软件，新建一个空白场景，在工具箱中选择【捕捉开关】按钮，选择【创建】|【图形】|【样条线】选项，在【对象类型】卷展栏中选择【文字】工具，在【参数】卷展栏中的字体列表中选择【汉仪综艺简体】字体，在文本下方的文本框中输入"乐动心声"文字信息，然后激活【前】视图，在视图 2 坐标位置处单击创建【乐动心声】文本，创建完成后，在【名称和颜色】卷展栏中将其重命名为"乐动心声"，如图 11-58 所示。

图 11-57 效果图

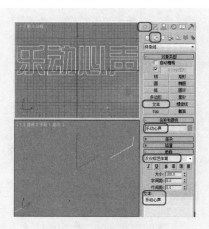

图 11-58 创建文字

步骤02 创建完成后，将其【捕捉开关】关闭，在场景中选择创建的文字信息，右击，在弹出的快捷菜单中选择【转换为】|【转换为可编辑样条线】命令，如图 11-59 所示。

步骤03 切换至【修改】命令面板，将当前选择集定义为【顶点】选择集，选择需要调整的顶点，使用【选择并移动】按钮，调整顶点位置，改变其字的原本模样，如图 11-60 所示。

步骤04 调整完成后，在【修改器列表】中选择【倒角】修改器，在【倒角值】卷展栏中将【起始轮廓】设置为 1，将【级别 1】选项区域下【高度】设置为 12，勾选【级别 2】复选框，将【高度】设置为 1、【轮廓】设置为-1.4，如图 11-61 所示。

步骤05 选择【创建】|【摄影机】|【标准】选项，在【对象类型】卷展栏中选择【目标】工具，在【顶】视图中创建一个摄影机，如图 11-62 所示。

图 11-59　选择【转换为可编辑样条线】命令

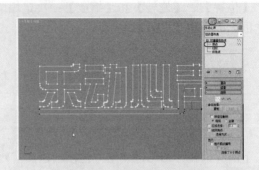

图 11-60　调整文字顶点位置

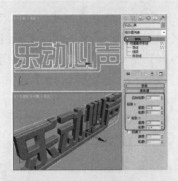

图 11-61　添加【倒角】修改器

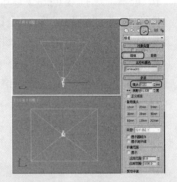

图 11-62　创建摄影机

步骤06　使用【选择并移动】按钮 ⊕ 在除去【透视】视图外的三个视图中调整摄影机的位置,然后激活【透视】视图,按 C 键将其转换为【摄影机】视图,如图 11-63 所示。

步骤07　在场景中选择"乐动心声"文字信息,按 M 键打开【材质编辑器】对话框,选择一个空白材质球,将其重命名为"乐动心声",在【明暗器基本参数】卷展栏中将类型设置为【金属】,在【金属基本参数】卷展栏中,单击 按钮,解除【环境光】与【漫反射】的颜色锁定,将【环境光】的 RGB 值设置为 0、0、0,单击【确定】按钮,将【漫反射】的 RGB 值设置为 255、255、255,单击【确定】按钮,将【反射高光】选项组中的【高光级别】、【光泽度】均设置为 100,按 Enter 键确认操作,如图 11-64 所示。

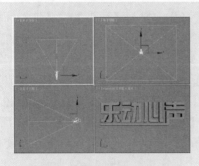

图 11-63　调整完成后的效果

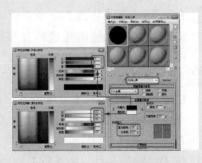

图 11-64　设置参数

步骤08 打开【贴图】卷展栏，单击【反射】通道右侧的 None 按钮，在打开的【材质/贴图浏览器】对话框中选择【位图】选项，单击【确定】按钮，然后在弹出的对话框中选择随书附带光盘中的"CDROM\Map\Gold04.jpg"文件，单击【打开】按钮，打开位图文件，如图 11-65 所示。

步骤09 展开【输入】卷展栏，在该卷展栏中将【输出量】设置为 1.2，按 Enter 键确认该操作，在场景中选择文字对象，单击【将此安置指定给选定对象】按钮，将材质指定给【乐动心声】文字，如图 11-66 所示。

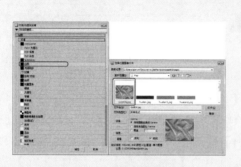

图 11-65 选择位图图像文件

图 11-66 设置输出量

步骤10 将时间滑块拖曳至 100 帧位置处，然后单击【自动关键点】按钮，开始记录动画，如图 11-67 所示。

步骤11 在【坐标】卷展栏中将【偏移】下的 U、V 分别设置为 0.2、0.1，按 Enter 键确认该操作，如图 11-68 所示。

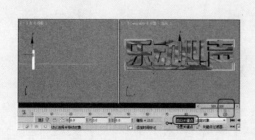

图 11-67 设置关键点

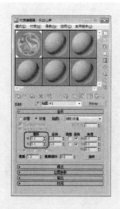

图 11-68 设置坐标参数

步骤12 勾选【位图参数】卷展栏中的【应用】复选框，并单击【查看图像】按钮，在打开的对话框中将 W、H 均设置为 0.474，如图 11-69 所示，设置完成后将其对话框关闭即可，在场景中单击【自动关键点】按钮。

步骤 13 在【前】视图中选择"乐动心声"文字，按 Ctrl+V 组合键对其进行复制，打开【克隆选项】对话框，在【对象】选项组中选中【复制】单选按钮，并将其重命名为"乐动心声光影"，如图 11-70 所示。

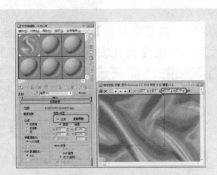

图 11-69　设置位图区域

图 11-70　【克隆选项】对话框

步骤 14 单击【确定】按钮，切换至【修改】命令面板，在堆栈中选择【倒角】修改器，单击堆栈下的【从堆栈中移除修改器】按钮，将【倒角】修改器删除，然后在【修改器列表】中选择【挤出】修改器，在【参数】卷展栏中将【数量】设置为 400，取消勾选【封口】选项组中的【封口始端】与【封口末端】复选框，如图 11-71 所示。

步骤 15 确认【乐动心声光影】对象处于被选择的状态下。按 M 键，打开【材质编辑器】对话框，选择一个空白材质球，将其重命名为"光影材质"，在【明暗器基本参数】卷展栏中勾选【双面】复选框，在【Blinn 基本参数】卷展栏中，将【环境光】和【漫反射】的 RGB 值设置为 255、255、255，将【自发光】选项组中的【颜色】设置为 100，按 Enter 键确认，将【反射高光】选项组中的【光泽度】参数设置为 0，按 Enter 键确认，如图 11-72 所示。

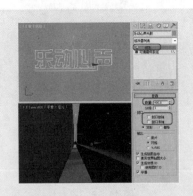

图 11-71　添加修改器

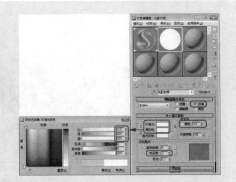

图 11-72　设置材质

步骤 16 展开【贴图】卷展栏，单击【不透明度】通道右侧的 None 按钮，打开【材质/贴图浏览器】对话框，在该对话框中选择【遮罩】选项，如图 11-73 所示。

步骤 17 单击【确定】按钮，进入到【遮罩】二级材质设置面板中，首先单击【贴

图】右侧的 None 按钮，在打开的【材质/贴图浏览器】对话框中选择【棋盘格】
选项，单击【确定】按钮，如图 11-74 所示。

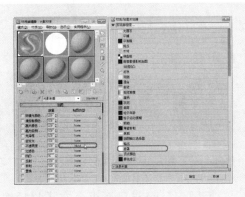

图 11-73 【材质/贴图浏览器】对话框

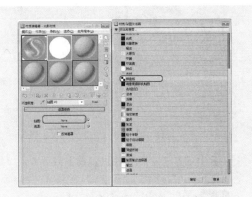

图 11-74 选择【棋盘格】选项

步骤18 单击【确定】按钮，在打开的【棋盘格】层级材质面板中，将【坐标】卷展
栏中【瓷砖】下的 U 和 V 分别设置为 250、0.001，打开【噪波】卷展栏，勾选
【启用】复选框，将【数量】设置为 5，按 Enter 键确认操作，如图 11-75 所示。

步骤19 打开【棋盘格】卷展栏，将【柔化】值设置为 0.01，按 Enter 键确认操作，
将【颜色#2】的 RGB 值设置为 156、156、156，如图 11-76 所示。

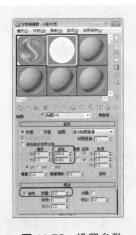

图 11-75 设置参数

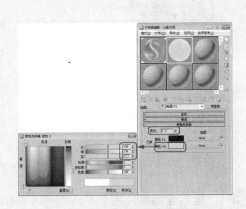

图 11-76 设置【棋盘格】参数

步骤20 设置完成后，单击【转到父对象】按钮，返回到【遮罩】层级，单击
【遮罩】右侧的 None 按钮，在弹出的【材质/贴图浏览器】对话框中选择【渐变】
贴图，如图 11-77 所示。

步骤21 单击【确定】按钮，在打开的【渐变】层级材质面板中，打开【渐变参数】
卷展栏，将【颜色#2】的 RGB 值都设置为 0，按 Enter 键确认操作，将【噪波】
选项组中的【数量】设置为 0.1，选中【分形】单选按钮，将【大小】设置为 5，
按 Enter 键确认操作，如图 11-78 所示。

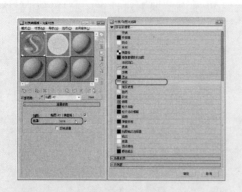

图 11-77　【材质/贴图浏览器】对话框

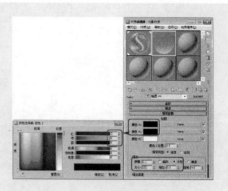

图 11-78　设置渐变参数

步骤22　单击两次【转到父对象】按钮，返回到父级材质面板。在【材质编辑器】中单击【将材质指定给选定的对象】按钮，将当前材质赋予视图中的【乐动心声光影】对象，如图 11-79 所示。

步骤23　设置完成后，将时间滑块拖曳至 60 帧位置处，渲染该帧图像，效果如图 11-80 所示。

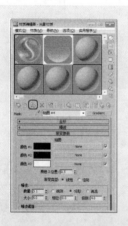

图 11-79　赋予材质

图 11-80　渲染效果

步骤24　返回【光影材质】层级，在【贴图】卷展栏中将【反射】的【数量】设置为 5，并单击其右侧的 None 按钮，在打开的【材质/贴图浏览器】对话框中选择【位图】贴图，如图 11-81 所示。

步骤25　打开【选择位图图像文件】对话框，在该对话框中选择随书附带光盘中的"CDROM\Map\Gold04.jpg"文件，如图 11-82 所示。

步骤26　单击【打开】按钮，进入【位图】层级面板，在【输出】卷展栏中将【输出量】设置为 1.35，如图 11-83 所示。

步骤27　在场景中选择"乐动心声光影"对象，切换至【修改】命令面板，在【修改器列表】中选择【锥化】修改器，打开【参数】卷展栏，将【数量】设置为 1.0，按 Enter 键确认操作，如图 11-84 所示。

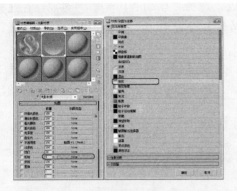

图 11-81 【材质/贴图浏览器】对话框

图 11-82 【选择位图图像文件】对话框

图 11-83 设置材质输出量

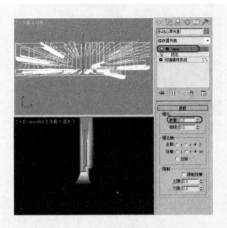

图 11-84 添加【锥化】修改器

步骤 28 在场景中选择"乐动心声"和"乐动心声光影"对象，在工具箱中选择【选择并移动】工具 ⊕，然后在【顶】视图中沿 Y 轴将选择的对象移动至摄影机下方，如图 11-85 所示。

步骤 29 将视口低端的时间滑块拖曳至 60 帧位置处，单击【自动关键点】按钮，然后将选择的对象重新移动至移动前的位置，如图 11-86 所示。

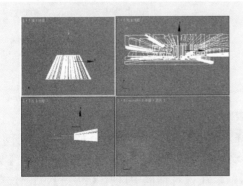

图 11-85 调整对象位置

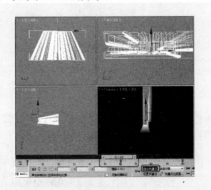

图 11-86 添加关键点

步骤 **30** 将时间滑块拖曳至 60 帧位置处，选择"乐动心声光影"对象，在【修改】命令面板中将【锥化】修改器的【数量】设置为 0，按 Enter 键确认该操作，如图 11-87 所示。

步骤 **31** 确认当前帧处于 80 帧位置处，激活【顶】视图，在工具箱中选择【选择并非均匀缩放】工具，并右击，在弹出的对话框中将【偏移：屏幕】选项组中的 Y 值设置为 1，如图 11-88 所示。

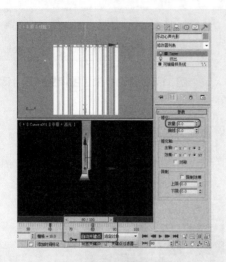

图 11-87 设置关键点

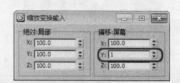

图 11-88 【缩放变换输入】对话框

步骤 **32** 将该对话框关闭，关闭【自动关键点】按钮，确认"乐动心声光影"对象处于被选择的状态下，在工具箱中单击【曲线编辑器】按钮，打开【轨迹视图】对话框，执行【编辑器】|【摄影表】菜单命令，如图 11-89 所示。

步骤 **33** 在打开的【乐动心声光影】序列下选择【变换】选项，在【变换】选项下选择【缩放】子选项，如图 11-90 所示。

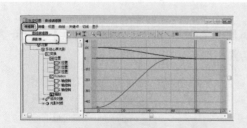

图 11-89 【轨迹视图】对话框

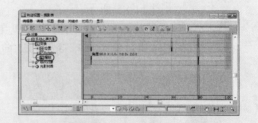

图 11-90 选择【缩放】子选项

步骤 **34** 将该选项处的第 0 帧位置的关键点移动至第 60 帧位置处，如图 11-91 所示。

步骤 **35** 将该对话框关闭，在菜单栏中选择【渲染】|【环境】命令，如图 11-92 所示。

步骤 **36** 打开【环境和效果】对话框，在该对话框中单击【背景】选项组中的【无】按钮，打开【材质/贴图浏览器】对话框，在该对话框中选择【渐变】贴图，单击【确定】按钮即可，如图 11-93 所示。

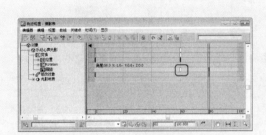

图 11-91 调整关键帧位置

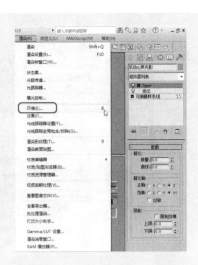

图 11-92 选择【环境】命令

步骤37 按 M 键打开【材质编辑器】对话框，在【环境和效果】对话框中拖动【环境贴图】按钮到【材质编辑器】中的一个空白材质球上，在弹出的对话框中选中【实例】单选按钮，如图 11-94 所示。

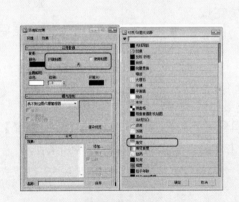

图 11-93 【材质/贴图浏览器】对话框

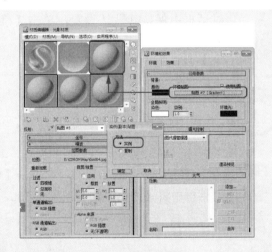

图 11-94 替换材质球

步骤38 单击【确定】按钮，即可改变【材质编辑器】中的贴图参数，在【材质编辑器】窗口中，将【渐变参数】卷展栏中【颜色 1】的 RGB 值分别设置为 10、0、144，如图 11-95 所示。

步骤39 设置完成后将其对话框关闭，激活【摄影机】视图，在工具栏中单击【渲染设置】按钮，打开【渲染设置】对话框，在【公用参数】卷展栏中选中【活动时间段】选项，在【输出】大小选项组中设置【宽度】和【高度】值分别为 555、300，如图 11-96 所示。

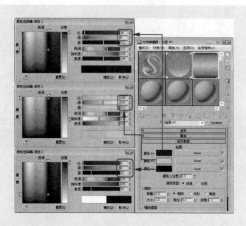

图 11-95 设置参数　　　　图 11-96 【渲染设置】对话框

步骤 40 在【渲染输出】选项组中单击【文件】按钮，在弹出的对话框中为其制定一个正确的存储路径，将其格式设置为【AVI 文件(*.avi)】，并为其重命名，如图 11-97 所示。

步骤 41 设置完成后单击【保存】按钮，在弹出的对话框中保持其默认设置，单击【确定】按钮即可。回到【渲染设置】对话框，单击【渲染】按钮即可，至此，光影文字就只做完成了，渲染完成后保存场景文件。

图 11-97 【渲染输出文件】对话框

11.3.2 动荡的水面

本例来介绍一下动荡的水面动画的制作，其效果如图 11-98 所示。

步骤 01 重置一个新的场景文件，单击【时间配置】按钮，在弹出的【时间配置】对话框中将【结束时间】设置为 300，单击【确定】按钮，如图 11-99 所示。

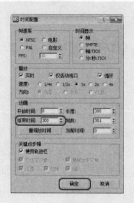

图 11-98 水面动荡效果　　　　图 11-99 【时间配置】对话框

步骤 02 选择【创建】 ![icon] |【几何体】 ![icon] |【圆柱体】工具，在【顶】视图中创建一个【半径】、【高度】、【端面分段】和【边数】分别为 1500、4、30 和 40 的圆柱体，并将其命名为"海面"，如图 11-100 所示。

步骤 03 在工具栏中单击【材质编辑器】按钮 ![icon]，打开【材质编辑器】对话框，选择一个新的材质样本球，将其命名为"海面"。在【明暗器基本参数】卷展栏中将明暗器类型设置为 Blinn。在【Blinn 基本参数】卷展栏中将【环境光】和【漫反射】的 RGB 值设置为 50、50、50，将【反射高光】区域下的【高光级别】和【光泽度】分别设置为 30、40，如图 11-101 所示。

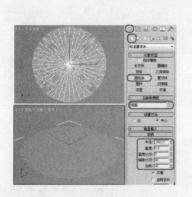

图 11-100　创建并设置圆柱体

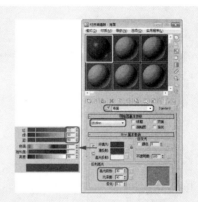

图 11-101　【Blinn 基本参数】卷展栏

步骤 04 在【贴图】卷展栏中单击【凹凸】右侧的 None 按钮，在打开的【材质/贴图浏览器】对话框中选择【噪波】贴图，单击【确定】按钮。然后在【噪波参数】卷展栏中选中【湍流】单选按钮，并将【大小】设置为 45，如图 11-102 所示。

步骤 05 单击【自动关键点】按钮，将时间滑块拖曳至第 300 帧位置处，在【坐标】卷展栏中将【偏移】下的 X、Y、Z 分别设置为 50、50、150，如图 11-103 所示。

图 11-102　【噪波参数】卷展栏

图 11-103　设置参数

步骤 06 再次单击【自动关键点】按钮，将其关闭。然后在【材质编辑器】对话框中单击【转到父对象】按钮，返回到父级材质，在【贴图】卷展栏中将【反射】通道后的【数量】设置为 55，然后单击右侧的 None 按钮，在打开的对话框中选择【位图】贴图，单击【确定】按钮，如图 11-104 所示。

步骤07 再在打开的对话框中选择随书附带光盘中的"CDROM\Map\天空海洋.jpg"文件，单击【打开】按钮。然后在【位图参数】卷展栏中勾选【应用】复选框，并将 U、V、W、H 值分别设为 0.201、0.503、0.137、和 0.089，如图 11-105 所示。设置完成后，单击【转到父对象】按钮和【将材质指定给选定对象】按钮，将材质指定给【海面】对象。

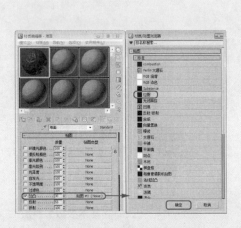

图 11-104 选择【位图】贴图

图 11-105 设置【位图参数】卷展栏

步骤08 选择【创建】 | 【空间扭曲】 | 【几何/可变形】 | 【涟漪】工具，在【顶】视图中创建一个涟漪空间扭曲系统，如图 11-106 所示。

步骤09 切换至【修改】命令面板，在【参数】卷展栏中将【涟漪】区域下的【振幅1】、【振幅 2】、【波长】和【衰退】分别设置为 15、15、125 和 0.001，将【显示】区域下的【圈数】、【分段】和【尺寸】分别设置为 20、20 和 15，如图 11-107 所示。

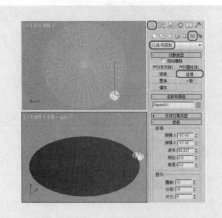

图 11-106 创建涟漪

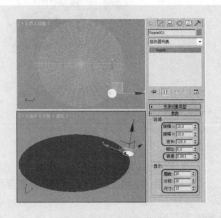

图 11-107 设置参数

步骤10 在工具栏中单击【绑定到空间扭曲】按钮，在视图中选择【海面】，将它绑定到涟漪空间扭曲上，如图 11-108 所示。

步骤11 选择涟漪对象，单击【自动关键点】按钮，将时间滑块拖曳至第 300 帧位置处，在【参数】卷展栏中将【涟漪】区域下的【相位】设置为 5，如图 11-109 所示。再次单击【自动关键点】按钮，将其关闭。

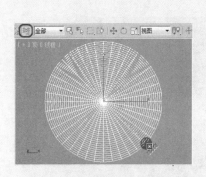

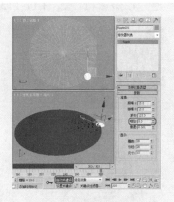

图 11-108 将【海面】绑定到涟漪空间扭曲上　　　图 11-109 设置【相位】

步骤12 选择【创建】|【几何体】|【长方体】工具，在【前】视图中创建一个【长度】、【宽度】和【高度】分别为 2000、3000 和 1 的长方体，并将其命名为"背景"，如图 11-110 所示。

步骤13 按 M 键打开【材质编辑器】对话框，选择一个新的材质样本球，将其命名为"背景"。在【明暗器基本参数】卷展栏中将明暗器类型设置为 Blinn。在【Blinn 基本参数】卷展栏中将将【自发光】区域下的【颜色】设置为 100，如图 11-111 所示。

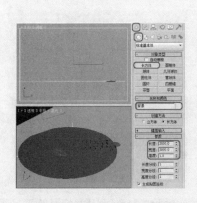

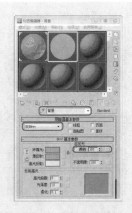

图 11-110 创建【背景】　　　　　图 11-111 【Blinn 基本参数】卷展栏

步骤14 在【贴图】卷展栏中单击【漫反射颜色】右侧的 None 按钮，在打开的【材质/贴图浏览器】对话框中选择【位图】贴图，单击【确定】按钮。再在打开的对话框中选择随书附带光盘中的"CDROM\Map\天空背景.jpg"文件，单击【打

开】按钮，在【坐标】卷展栏中将【偏移】下的 U、V 值设为 0.07、−0.08，将
【瓷砖】下的 U、V 值设为 1.2、2.8，如图 11-112 所示。设置完成后，单击【转
到父对象】按钮 和【将材质指定给选定对象】按钮 ，将材质指定给【背景】
对象。

步骤15 选择【创建】 |【摄影机】 |【标准】|【目标】工具，在【顶】视图中创
建一台摄影机，如图 11-113 所示。

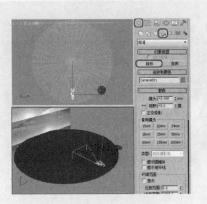

图 11-112 设置参数 　　　　　　　　　　图 11-113 创建摄影机

步骤16 激活【透视】视图，按 C 键将其转换为【摄影机】视图，切换至【修改】
命令面板，在【参数】卷展栏中将【镜头】设为 45，然后勾选【环境范围】区域
下的【显示】复选框，将【近距范围】和【远距范围】设为 700 和 2388，并使用
【选择并移动】工具 在视图中调整摄影机的位置，效果如图 11-114 所示。

步骤17 选择【创建】 |【灯光】 |【标准】|【目标聚光灯】工具，在【顶】视图
中创建一盏目标聚光灯，如图 11-115 所示。

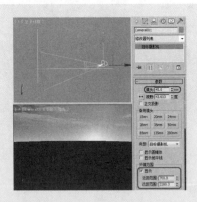

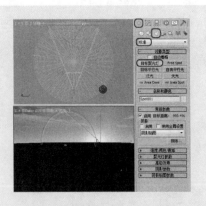

图 11-114 设置并调整摄影机 　　　　　图 11-115 创建目标聚光灯

步骤18 切换至【修改】命令面板，在【常规参数】卷展栏中勾选【阴影】区域下的
【启用】复选框，将阴影模式定义为【光线跟踪阴影】。在【强度/颜色/衰减】
卷展栏中将【倍增】参数设置为 5.5，将其 RGB 值设置为 180、180、180。然后

在场景中调整目标聚光灯的位置，效果如图 11-116 所示。

步骤 19 选择【创建】 | 【灯光】 | 【泛光】工具，在【顶】视图中创建一盏泛光灯，在【强度/颜色/衰减】卷展栏中将【倍增】参数设置为 5.49，将其 RGB 值设置为 180、180、180，并在场景中调整其位置，如图 11-117 所示。

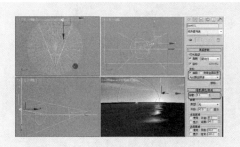

图 11-116　设置目标聚光灯参数

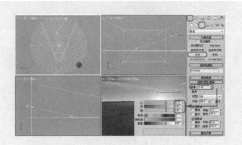

图 11-117　创建并设置泛光灯(一)

步骤 20 选择【创建】 | 【灯光】 | 【泛光】工具，在【顶】视图中创建一盏泛光灯，在【强度/颜色/衰减】卷展栏中将【倍增】参数设置为 1.2，将其 RGB 值设置为 255、255、255，并在场景中调整其位置，如图 11-118 所示。

步骤 21 选择【创建】 | 【灯光】 | 【泛光】工具，在【顶】视图中创建一盏泛光灯，在【常规参数】卷展栏中勾选【阴影】区域下的【启用】复选框，将阴影模式定义为【阴影贴图】。在【强度/颜色/衰减】卷展栏中将【倍增】参数设置为 1.3，将其 RGB 值设置为 180、180、180，并在场景中调整其位置，如图 11-119 所示。

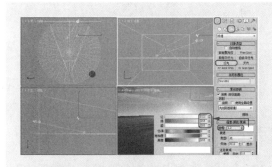

图 11-118　创建并设置泛光灯(二)

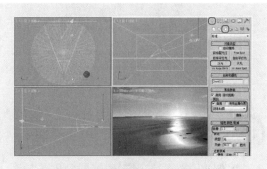

图 11-119　创建并设置泛光灯(三)

步骤 22 激活【摄影机】视图，在工具栏中单击【渲染设置】按钮 ，弹出【渲染设置：默认扫描线渲染器】对话框，在【公用参数】卷展栏中，选中【时间输出】选项组中的【活动时间段】单选按钮，在【输出大小】选项组中将【宽度】和【高度】设为 800 和 600，如图 11-120 所示。

步骤 23 在【渲染输出】选项组中单击【文件】按钮，如图 11-121 所示。

步骤 24 弹出【渲染输出文件】对话框，在该对话框中选择动画的输出路径，输出文件名为"动荡的水面"，将保存类型设置为 AVI，单击【保存】按钮，如图 11-122 所示。

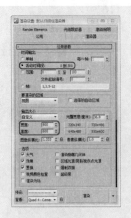

图 11-120　设置参数

图 11-121　单击【文件】按钮

步骤25　弹出【AVI 文件压缩设置】对话框，在该对话框中使用默认设置，单击【确定】按钮，如图 11-123 所示。返回到【渲染设置：默认扫描线渲染器】对话框中，在该对话框中单击【渲染】按钮，开始渲染动画。

图 11-122　输出文件

图 11-123　【AVI 文件压缩设置】对话框

11.3.3　展开的画

本例来介绍一下展开的画的制作，如图 11-124 所示。本例是先制作一幅画，然后为制作的画指定【弯曲】修改器，通过记录修改器 Gizmo 的移动动作来产生最终的动画效果。

步骤01　重置一个新的场景文件。选择【创建】 ✳ |【图形】 ◌ |【圆】工具，在【左】视图中创建一个半径为 4.9 的圆形，将其命名为"圆 001"，如图 11-125 所示。

步骤02　在【左】视图中使用【选择并移动】工具 ✛，在按住 Shift 键的同时向下拖动"圆 001"，拖动至适当位置处释放鼠标左键，会弹出【克隆选项】对话框，在该对话框中选中【复制】单选按钮，将【副本数】设置为 1，并输入【名称】为"圆 002"，如图 11-126 所示。

图 11-124 展开的画效果

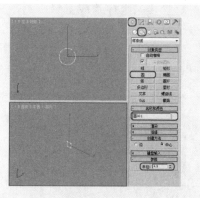

图 11-125 创建"圆 001"

步骤03 单击【确定】按钮，即可复制圆，效果如图 11-127 所示。

图 11-126 【克隆选项】对话框

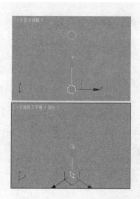

图 11-127 复制圆

步骤04 选择【创建】 |【图形】 |【矩形】工具，在【左】视图中创建一个【长度】和【宽度】分别为 180 和 1 的矩形，将其命名为"画"，如图 11-128 所示。

步骤05 在视图中调整"圆 001"和"圆 002"对象的位置，效果如图 11-129 所示。

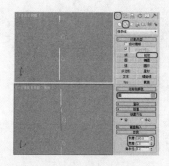

图 11-128 创建"画"

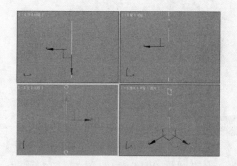

图 11-129 调整圆形位置

步骤06 在场景中选择【画】对象，切换到【修改】命令面板，在【修改器列表】中选择【编辑样条线】修改器，将当前选择集定义为【分段】，按 Ctrl+A 组合键选择所有的分段，然后在【几何体】卷展栏中将【拆分】设置为 50，并单击【拆分】按钮，如图 11-130 所示。

步骤07 在【几何体】卷展栏中单击【附加】按钮，在场景中选择"圆 001"对象，将它们附加在一起，如图 11-131 所示

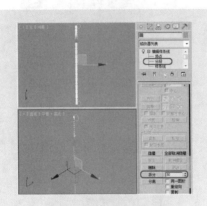
图 11-130 设置分段数

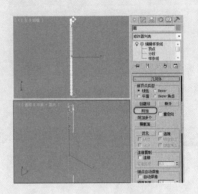
图 11-131 附加"圆 001"对象

步骤08 关闭当前选择集，在【修改器列表】中选择【挤出】修改器，在【参数】卷展栏中将【数量】和【分段】分别设置为 120 和 10，如图 11-132 所示。

步骤09 在场景中选择"圆 002"，切换至【修改】命令面板，在【修改器列表】中选择【挤出】修改器，在【参数】卷展栏中将【数量】和【分段】分别设置为 120 和 10，如图 11-133 所示。

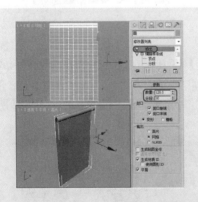
图 11-132 施加【挤出】修改器

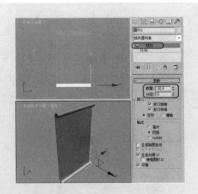
图 11-133 为"圆 002"施加【挤出】修改器

步骤10 选择【创建】 |【几何体】 |【圆柱体】工具，在【左】视图中创建一个【半径】、【高度】和【高度分段】分别为 4.6、140 和 13 的圆柱体，将其命名为"圆柱 001"，如图 11-134 所示。

步骤11 在【左】视图中使用【选择并移动】工具 ，在按住 Shift 键的同时向下拖动"圆柱 001"，拖动至适当位置处释放鼠标左键，会弹出【克隆选项】对话

框，在该对话框中选中【复制】单选按钮，将【副本数】设置为 1，并输入【名称】为"圆柱002"，如图 11-135 所示。

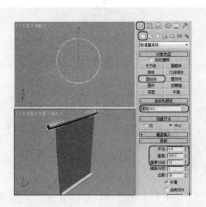

图 11-134　创建圆柱　　　　　　　　图 11-135　【克隆选项】对话框

步骤12　单击【确定】按钮，即可复制圆柱体，然后在视图中调整"圆柱 001"和"圆柱 002"对象的位置，效果如图 11-136 所示。

步骤13　在场景中选择【画】对象，切换至【修改】命令面板，在【修改器列表】中选择【编辑网格】修改器，在【编辑几何体】卷展栏中单击【附加】按钮，然后选择"圆柱 001"，将它们附加在一起，如图 11-137 所示。

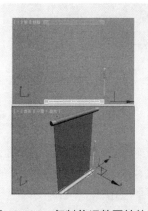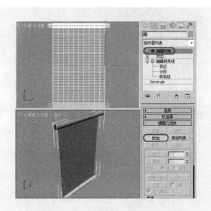

图 11-136　复制并调整圆柱体　　　　图 11-137　附加"圆柱 001"

步骤14　将当前选择集定义为【多边形】，在【选择】卷展栏中勾选【忽略背面】复选框，在视图中选择如图 11-138 所示的多边形。

步骤15　在【曲面属性】卷展栏中将【材质】区域下的【设置 ID】设置为 1，如图 11-139 所示。

步骤16　在菜单栏中选择【编辑】|【反选】命令，进行反选，在【曲面属性】卷展栏中将【材质】区域下的【设置 ID】设置为 2，如图 11-140 所示。

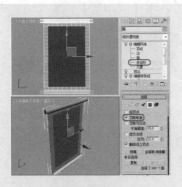

图 11-138　选择多边形

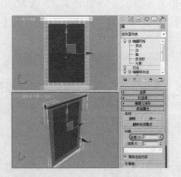

图 11-139　设置 ID1

步骤 17　在【选择】卷展栏中取消勾选【忽略背面】复选框，然后在视图中选择如图 11-141 所示的多边形。

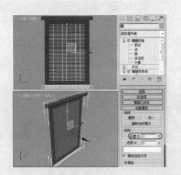

图 11-140　设置 ID2

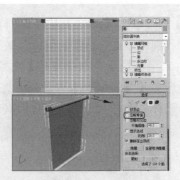

图 11-141　选择多边形

步骤 18　在【曲面属性】卷展栏中将【材质】区域下的【设置 ID】设置为 3，如图 11-142 所示。

步骤 19　关闭当前选择集，按 M 键打开【材质编辑器】对话框，在该对话框中选择一个新的材质样本球，然后单击名称栏右侧的 Standard 按钮，在打开的【材质/贴图浏览器】对话框中选择【多维/子对象】材质，如图 11-143 所示。

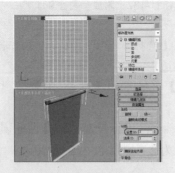

图 11-142　设置 ID3

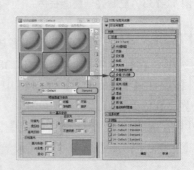

图 11-143　选择【多维/子对象】材质

步骤 20 单击【确定】按钮，在弹出的【替换材质】对话框中使用默认设置，直接单击【确定】按钮，如图 11-144 所示。

步骤 21 在【多维/子对象基本参数】卷展栏中单击【设置数量】按钮，在打开的【设置材质数量】对话框中将【材质数量】设置为 3，单击【确定】按钮，如图 11-145 所示。

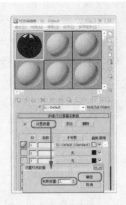

图 11-144 【替换材质】对话框

图 11-145 设置材质数量

步骤 22 单击 ID1 后的子材质按钮，进入 ID1 层级面板，在【明暗器基本参数】卷展栏中将明暗器类型定义为 Blinn。打开【贴图】卷展栏，单击【漫反射颜色】后的 None 按钮，在打开的【材质/贴图浏览器】对话框中选择【位图】贴图，单击【确定】按钮，如图 11-146 所示。

步骤 23 再在打开的对话框中选择随书附带光盘中的"CDROM\Map\牡丹图.jpg"文件，单击【打开】按钮。然后在【坐标】卷展栏中将【偏移】下的 V 值设为-0.03，如图 11-147 所示。

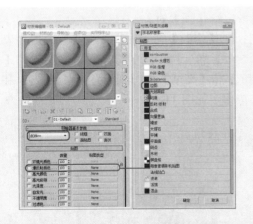

图 11-146 选择【位图】贴图

图 11-147 设置参数

步骤 24 单击两次【转到父对象】按钮，返回至【多维/子对象】层级面板，单击 ID2 后面的【无】按钮，在打开的对话框中双击【标准】材质，进入 ID2 层级面

板，在【Blinn 基本参数】卷展栏中将【环境光】和【漫反射】的 RGB 值设为
225、225、225，如图 11-148 所示。

步骤25 打开【贴图】卷展栏，单击【漫反射颜色】后的 None 按钮，在打开的对话
框中双击【位图】贴图，再在打开的对话框中选择随书附带光盘中的
"CDROM\Map\画轴背景.jpg" 文件，单击【打开】按钮。在【坐标】卷展栏中使
用默认设置，如图 11-149 所示。

步骤26 单击两次【转到父对象】按钮，返回至【多维/子对象】层级面板，单击
ID3 后面的【无】按钮，在打开的对话框中双击【标准】材质，进入 ID3 层级面
板，在【Blinn 基本参数】卷展栏中将【反射高光】选项组中的【高光级别】和
【光泽度】设为 55 和 40，如图 11-150 所示。

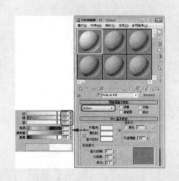
图 11-148 设置颜色

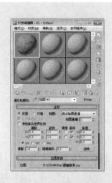
图 11-149 【坐标】卷展栏

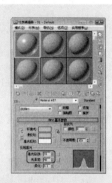
图 11-150 设置参数

步骤27 打开【贴图】卷展栏，单击【漫反射颜色】后的 None 按钮，在打开的对话
框中双击【位图】贴图，再在打开的对话框中选择随书附带光盘中的
"CDROM\Map\木材-028.jpg" 文件，单击【打开】按钮。在【坐标】卷展栏中
使用默认设置，如图 11-151 所示。然后单击【转到父对象】按钮和【将材质
指定给选定对象】按钮，将材质指定给【画】对象。

步骤28 在场景中选择【画】对象，切换至【修改】命令面板，在【修改器列表】中
选择【UVW 贴图】修改器，在【参数】卷展栏中选中【贴图】区域下的【长方
体】单选按钮，将【长度】、【宽度】和【高度】值分别设置为 158、98 和 2，
并选中【对齐】区域下的 X 轴单选按钮，如图 11-152 所示。

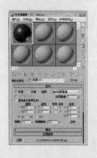
图 11-151 【坐标】卷展栏

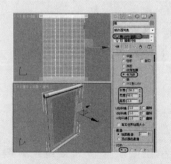
图 11-152 选择【UVW 贴图】修改器

步骤29 在场景中选择"圆 002"对象，切换至【修改】命令面板，在【修改器列表】中选择【编辑网格】修改器，在【编辑几何体】卷展栏中单击【附加】按钮，然后在场景中选择"圆柱 002"对象，将它们附加在一起，如图 11-153 所示。

步骤30 将当前选择集定义为【多边形】，在场景中选择如图 11-154 所示的多边形。

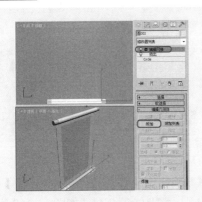

图 11-153 附加对象

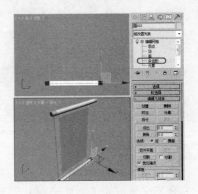

图 11-154 选择多边形

步骤31 在【曲面属性】卷展栏中将【材质】区域下的【设置 ID】设置为 1，如图 11-155 所示。

步骤32 在菜单栏中选择【编辑】|【反选】命令，进行反选，在【曲面属性】卷展栏中将【材质】区域下的【设置 ID】设置为 2，如图 11-156 所示。

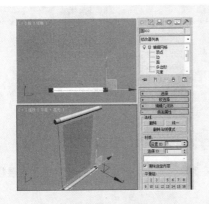

图 11-155 设置 ID1

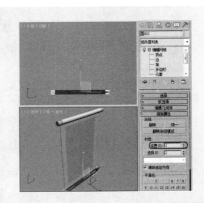

图 11-156 设置 ID2

步骤33 关闭当前选择集，按 M 键打开【材质编辑器】对话框，在该对话框中选择一个新的材质样本球，然后单击名称栏右侧的 Standard 按钮，在打开的【材质/贴图浏览器】对话框中选择【多维/子对象】材质，如图 11-157 所示。

步骤34 单击【确定】按钮，在弹出的【替换材质】对话框中使用默认设置，直接单击【确定】按钮，如图 11-158 所示。

步骤35 然后在【多维/子对象基本参数】卷展栏中单击【设置数量】按钮，在打开的【设置材质数量】对话框中将【材质数量】设置为 2，单击【确定】按钮，如图 11-159 所示。

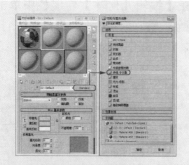

图 11-157　选择【多维/子对象】材质　　　　图 11-158　【替换材质】对话框

步骤 36　单击 ID1 后的子材质按钮，进入 ID1 层级面板，在【明暗器基本参数】卷
展栏中将明暗器类型定义为 Blinn。在【Blinn 基本参数】卷展栏中将【反射高
光】区域下的【高光级别】和【光泽度】分别设置为 55 和 44，如图 11-160 所示。

步骤 37　打开【贴图】卷展栏，单击【漫反射颜色】右侧的 None 按钮，在打开的对
话框中双击【位图】贴图，再在打开的对话框中选择随书附带光盘中的
"CDROM\Map\木材-028.jpg" 文件，单击【打开】按钮。在【坐标】卷展栏中
使用默认设置，如图 11-161 所示。

图 11-159　设置材质数量　　　　图 11-160　设置参数　　　　图 11-161　【坐标】卷展栏

步骤 38　单击两次【转到父对象】按钮，返回至【多维/子对象】层级面板，单击
ID2 后的【无】按钮，在打开的对话框中双击【标准】材质，进入 ID2 层级面
板，在【贴图】卷展栏中单击【漫反射颜色】后的 None 按钮，在打开的对话框
中双击【位图】贴图，再在打开的对话框中选择随书附带光盘中的
"CDROM\Map\画轴背景.jpg" 文件，单击【打开】按钮。在【坐标】卷展栏中
使用默认设置，如图 11-162 所示。然后单击【转到父对象】按钮和【将材质
指定给选定对象】按钮，将材质指定给 "圆 002" 对象。

步骤 39　在场景中选择 "圆 002" 对象，切换至【修改】命令面板，在【修改器列
表】中选择【UVW 贴图】修改器，在【参数】卷展栏中选中【贴图】区域下的

【柱形】单选按钮，将【长度】、【宽度】和【高度】值分别设置为 3、9.81
和 140.14，如图 11-163 所示。

图 11-162 【坐标】卷展栏

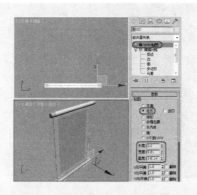

图 11-163 选择【UVW 贴图】修改器

步骤40 单击【时间配置】按钮，在弹出的【时间配置】对话框中将【结束时间】
设置为 200，单击【确定】按钮，如图 11-164 所示。

步骤41 在场景中选择"画"对象，在【修改器列表】中选择【弯曲】修改器，将当
前选择集定义为 Gizmo，使用【选择并移动】工具，在【前】视图中沿 Y 轴将
【弯曲】修改器的中心移动至如图 11-165 所示的位置。

图 11-164 设置结束时间

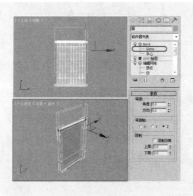

图 11-165 选择【弯曲】修改器

步骤42 在【参数】卷展栏中将【弯曲】区域下的【角度】设置为 1080，选中【弯
曲轴】下的 Y 单选按钮，在【限制】区域下勾选【限制效果】复选框，并将【下
限】设置为-150，如图 11-166 所示。

步骤43 单击【自动关键点】按钮，将时间滑块拖曳至第 150 帧位置处，使用【选择
并移动】工具，在【前】视图中沿 Y 轴向下移动【弯曲】修改器的中心，将画
展开，效果如图 11-167 所示。再次单击【自动关键点】按钮，将其关闭。

步骤44 关闭当前选择集，在场景中选择"圆 002"对象，将时间滑块拖曳至第 0 帧
位置处，然后使用【选择并移动】工具，在【左】视图中将其调整至如图 11-168

所示的位置。

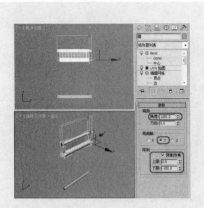

图 11-166　设置参数

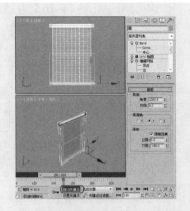

图 11-167　调整【弯曲】修改器的中心

步骤 45　单击【自动关键点】按钮，将时间滑块拖曳至第 150 帧位置处，使用【选择并移动】工具，在【左】视图中沿 Y 轴向下移动"圆 002"对象，效果如图 11-169 所示。再次单击【自动关键点】按钮，将其关闭。

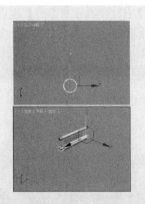

图 11-168　调整"圆 002"的位置

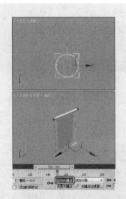

图 11-169　移动"圆 002"

步骤 46　当拖动时间滑块观看动画时，会发现动画不真实，所以要多设立一些关键点并相应地调整画轴的位置。打开【自动关键点】按钮，将时间滑块拖曳至第 99 帧位置处，使用【选择并移动】工具在视图中调整"圆 002"对象的位置，效果如图 11-170 所示。

步骤 47　将时间滑块拖曳至第 120 帧位置处，使用【选择并移动】工具，在视图中调整"圆 002"对象的位置，效果如图 11-171 所示。再次单击【自动关键点】按钮，将其关闭。

步骤 48　选择【创建】|【几何体】|【长方体】工具，在【前】视图中创建一个【长度】、【宽度】和【高度】分别为 657、600 和 1 的长方体，将其命名为"背景"，如图 11-172 所示。

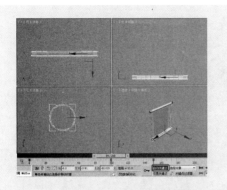

图 11-170　调整"圆 002"对象的位置(一)

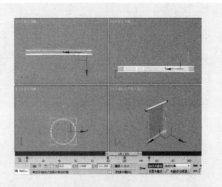

图 11-171　调整"圆 002"对象的位置(二)

步骤49　按 M 键打开【材质编辑器】对话框，在【明暗器基本参数】卷展栏中将明暗器类型定义为 Blinn。打开【贴图】卷展栏，单击【漫反射颜色】后的 None 按钮，在打开的【材质/贴图浏览器】对话框中选择【位图】贴图，单击【确定】按钮，如图 11-173 所示。

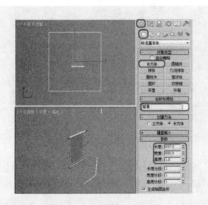

图 11-172　创建背景

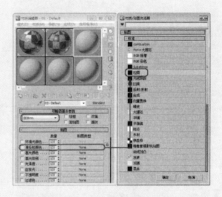

图 11-173　选择【位图】贴图

步骤50　在打开的对话框中选择随书附带光盘中的"CDROM\Map\展开的画背景.jpg"文件，单击【打开】按钮。然后在【坐标】卷展栏中将【偏移】下的 U 值设为-0.15，如图 11-174 所示。然后单击【转到父对象】按钮 和【将材质指定给选定对象】按钮 ，将材质指定给"背景"对象。

步骤51　将时间滑块拖曳至第 0 帧位置处，选择【创建】 |【摄影机】 |【目标】工具，在【顶】视图中创建一架摄影机，在【参数】卷展栏中将【镜头】参数设置为 110，如图 11-175 所示。

步骤52　激活【透视】视图，按 C 键将其转换为【摄影机】视图，然后在其他视图中调整摄影机的位置，效果如图 11-176 所示。

步骤53　单击【自动关键点】按钮，将时间滑块拖曳至第 150 帧位置处，然后在场景中调整摄影机，效果如图 11-177 所示。再次单击【自动关键点】按钮，将其关闭。

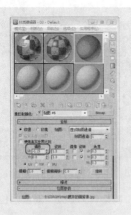

图 11-174　设置参数

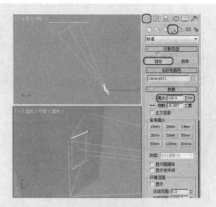

图 11-175　创建摄影机并设置参数

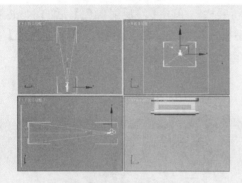

图 11-176　调整摄影机

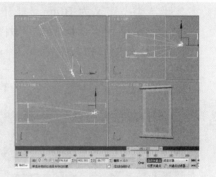

图 11-177　创建关键点

步骤 54　选择【创建】　|【灯光】　|【目标聚光灯】工具，在【顶】视图中创建一盏目标聚光灯，并在其他视图中调整其位置，如图 11-178 所示。

步骤 55　切换至【修改】命令面板，在【常规参数】卷展栏中勾选【阴影】区域中的【启用】复选框，将阴影模式定义为【光线跟踪阴影】，在【强度/颜色/衰减】卷展栏中将【倍增】设置为 0.5，如图 11-179 所示。

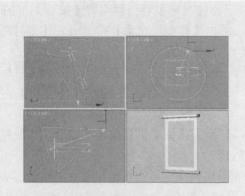

图 11-178　创建并调整目标聚光灯

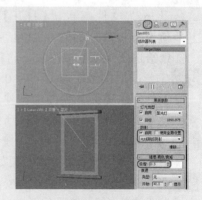

图 11-179　设置参数

步骤56 在【阴影参数】卷展栏中将【密度】设为 0.6，在【聚光灯参数】卷展栏中将【聚光区/光束】和【衰减区/区域】设为 7.2 和 60，如图 11-180 所示。

步骤57 选择【创建】 |【灯光】 |【目标聚光灯】工具，在【顶】视图中创建一盏目标聚光灯，并在其他视图中调整其位置，如图 11-181 所示。

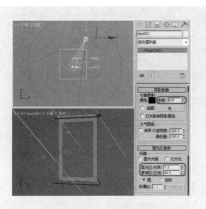

图 11-180 设置参数

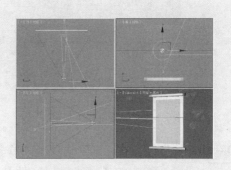

图 11-181 创建目标聚光灯

步骤58 切换至【修改】命令面板，在【常规参数】卷展栏中单击【排除】按钮，弹出【排除/包含】对话框，在左侧的列表框中选择"圆 002"对象，然后单击 >> 按钮，如图 11-182 所示。最后单击【确定】按钮。

步骤59 选择【创建】 |【灯光】 |【泛光】工具，在【顶】视图中创建泛光灯，并在其他视图中调整其位置，如图 11-183 所示。

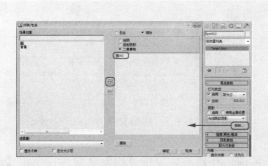

图 11-182 排除对象

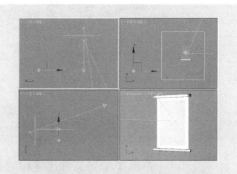

图 11-183 创建并调整泛光灯

步骤60 切换至【修改】命令面板，在【强度/颜色/衰减】卷展栏中将灯光颜色的 RGB 值设置为 180、180、180，如图 11-184 所示。

步骤61 激活【摄影机】视图，在工具栏中单击【渲染设置】按钮 ，弹出【渲染设置：默认扫描线渲染器】对话框，在【公用参数】卷展栏中，选中【时间输出】选项组中的【活动时间段】单选按钮，在【输出大小】选项组中将【宽度】和【高度】设为 800 和 600，如图 11-185 所示。

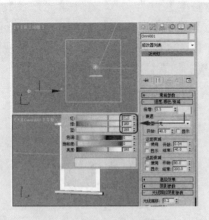

图 11-184 设置灯光颜色

图 11-185 设置参数

步骤62 在【渲染输出】选项组中单击【文件】按钮，如图 11-186 所示。

步骤63 在弹出的【渲染输出文件】对话框中选择动画的输出路径，输出文件名为"展开的画"，将保存类型设置为 AVI，单击【保存】按钮，如图 11-187 所示。

图 11-186 单击【文件】按钮

图 11-187 输出文件

步骤64 弹出【AVI 文件压缩设置】对话框，在该对话框中使用默认设置，单击【确定】按钮，如图 11-188 所示。返回到【渲染设置：默认扫描线渲染器】对话框，在该对话框中单击【渲染】按钮，开始渲染动画。

图 11-188 【AVI 文件压缩设置】对话框

第12章

层次链接和空间扭曲

本章将对层次链接及空间扭曲中的工具进行介绍，希望通过对本章的学习，用户可以对层次链接及空间扭曲有一个简单的认识，并能掌握它们的基本应用。

本章重点：

➥ 层次链接概念

➥ 层次链接与运动学

➥ 空间扭曲工具

12.1 层次链接概念

【层次】命令面板如图 12-1 所示。主要用于调节相互链接物体之间的层次关系。通过链接方式，可以在物体之间建立父子关系，如果对父物体进行变换操作，也会影响其子物体。父子关系是单纯的，许多子物体可以分别链接到相同的或者不同的父物体上，建立各种复杂的复合父子链接，如图 12-2 所示。

图 12-1 【层次】命令面板

图 12-2 层次模型

层次相互链接在一起的对象之间的关系如下。

【父对象】：控制一个或多个子对象的对象。一个父对象通常也被另一个更高级父对象控制。

【子对象】：父对象控制的对象。子对象也可以是其他子对象的父对象。默认情况下，没有任何父对象的子对象是世界的子对象(世界是一个虚拟对象)。

【祖先对象】：一个子对象的父对象以及该父对象的所有父对象。

【派生对象】：一个父对象的子对象以及子对象的所有子对象。

【层次】：在一个单独结构中相互链接在一起的所有父对象和子对象。

【根对象】：层次中唯一比所有其他对象的层次都高的父对象，所有其他对象都是根对象的派生对象。

【子树】：所选父对象的所有派生对象。

【分支】：在层次中从一个父对象到一个单独派生对象之间的路径。

【叶对象】：没有子对象的子对象，分支中最低层次的对象。

【链接】：父对象同它的子对象之间不可见的链接。链接是父对象到子对象之间变换位置、旋转和缩放信息的管道。

【轴点】：为每一个对象定义局部中心和坐标系统。可以将链接视为子对象轴点同父对象轴点之间的链接。

12.2 层次链接与运动学

在【层次】命令面板中，包括 3 个命令项目，即轴、运动学和链接信息。

12.2.1 轴

所有对象都含有一个轴点，可以将轴点看作对象局部中心和局部坐标系统。对象的轴用于以下方面。

选择【轴】变换中心时，它作为旋转和缩放的中心。

设置修改器中心的默认位置。

定义对象的链接子对象的变换关系。

定义反向运动学(IK)的关节位置。

在【轴】面板中有两个卷展栏，即【调整轴】卷展栏和【调整变换】卷展栏。

可以随时使用【调整轴】卷展栏中的按钮来调整对象的轴位置和方向，如图 12-3 所示。调整对象的轴点不会影响链接到该对象的任何子对象。下面对该卷展栏进行介绍，如图 12-4 所示。

图 12-3 设置表针的轴位置

图 12-4 【调整轴】卷展栏

【移动/旋转/缩放】选项组：

- 【仅影响轴】：仅影响选定对象的轴点。
- 【仅影响对象】：仅影响选定的对象(而不影响轴点)。
- 【仅影响层次】：仅影响【旋转】和【缩放】工具。通过旋转或缩放轴点的位置，而不是旋转或缩放轴点本身，它可以将旋转或缩放应用于层次。

> 提示：【对齐】、【法线对齐】和【对齐到视图】功能都受到【仅影响轴】、【仅影响对象】和【仅影响层次】的影响。使用捕捉模式可以捕捉到自己的对象轴，也可以捕捉到场景中任何其他对象的轴。

【对齐】选项组：

- 【居中到对象】：将轴移至其对象的中心。
- 【对齐到对象】：旋转轴使其与对象的变换坐标轴方向对齐。
- 【对齐到世界】：旋转轴使其与世界坐标系的坐标轴方向对齐。
- 【轴】选项组
- 【重置轴】：将轴点重置为最初创建对象时轴点的位置和方向，它不受【仅影响轴】和【仅影响对象】按钮的影响。
- 【调整变换】卷展栏可以变换对象及其轴，而不会影响其子对象。调整对象的变

换不会影响链接到该对象的任何子对象，如图 12-5
所示。

【移动/旋转/缩放】选项组：

- 【不影响子对象】：将变换限制于选定对象及其
  轴，而不是其子对象。

【重置】选项组：

- 【变换】：重置对象局部轴坐标的方向，使其与世
  界坐标系对齐，而不考虑对象的当前方向。

图 12-5 【调整变换】卷展栏

- 【缩放】：重置对象的缩放值，以反映对象的新比例。

12.2.2 运动学

下面将分别对反向运动学(IK)和正向运动学(FK)进行介绍。

1. 反向运动学(IK)

IK 面板包含用于继承 IK 和 HD IK 解算器的控件，如图 12-6 所示。

【反向运动学】卷展栏提供用于交互式和应用式 IK 的控件，以及用于 HD 解算器(与历史有关)的控件，如图 12-7 所示。

图 12-6　IK 面板

图 12-7 【反向运动学】卷展栏

【交互式 IK】：允许对层次进行 IK 操纵，而无须应用
IK 解算器。

【应用 IK】：为动画的每一帧计算 IK 解决方案，并为
IK 链中的每个对象创建变换关键点。

【仅应用于关键点】：仅把 IK 影响指定给当前 IK 链末
端，且跟随对象已存在的关键点。

【更新视口】：在视口中按帧查看应用 IK 帧的进度。

【清除关键点】：在应用 IK 之前，从选定 IK 链中删除
所有移动和旋转关键点。

【开始】和【结束】：设置 IK 计算的范围。默认设置为
当前活动区段每一帧。

【对象参数】卷展栏如图 12-8 所示。用于 IK 的深层控
制，可以将导引对象与 IK 链的末端对象互相绑定，从而使导
引对象发挥其引导作用。

【终结点】：勾选该复选框，当前对象即作为运动链中

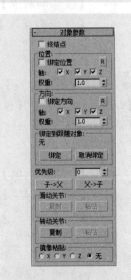

图 12-8 【对象参数】卷展栏

的一个终结点，它将 IK 结果阻隔在终结点的子对象上，不再向上传递 IK 结果，它自身也不会被 IK 解算影响；通过终结点可以精确地控制运动。

【位置】选项组：

- 【绑定位置】：将选择的物体绑定到世界坐标(它会尽量保持自身位置)或一个导引物体上，如果一个导引物体已经被指定了，那么它将转化导引物体的影响到 IK 计算中。

提示：该复选框对【HD IK 解算器位置】末端效应器没有影响，此末端效应器总是绑定到它们指定的关节。

- R按钮：控制动画引导对象与末端效应器之间的相对位置偏移或旋转偏移。
- 【轴】：分别控制位置作用的坐标轴，如果关闭一个坐标轴，则在其轴上的位置影响将不会作用于 IK 系统。
- 【权重】：设置导引对象或末端效应器对它控制对象的影响，值为 0 时，等同于关闭绑定。这个值的设定主要是针对有多重导引对象或末端效应器控制的层次，它可以决定影响的优先级。

【方向】选项组：

- 【绑定方向】：将层次中的选定对象绑定到世界坐标，或者绑定到跟随对象。
- R按钮：在跟随对象和末端效应器之间建立相对位置偏移或旋转偏移。
- 【轴】：如果其中一个轴处于禁用状态，则该指定轴就不再受跟随对象或【HD IK 解算器位置】效应器的影响。
- 【权重】：在跟随对象(或末端效应器)的指定对象或链接到其他部分上，设置跟随对象(或末端效应器)的影响。

【绑定到跟随对象】选项组：

- 【绑定】：用于将指定的对象绑定到跟随对象上。
- 【取消绑定】：将具有绑定关系的对象与其跟随对象解除绑定关系。
- 【优先级】：默认的关节优先级为 0。此优先级适用于许多 IK 解决方案。
- 【子→父】：值的计算方式是，假设整个层次的根对象具有优先级值 0，而每个子对象的优先级值等于其距离根对象的深度的 10 倍。在从根对象开始含 4 个对象的层次中，值分别为 0、10、20 和 30。
- 【父→子】：值的计算方式是，假设整个层次的根对象具有优先级值 0，而每个子对象的优先级值等于其距离根对象的深度的 10 倍。在从根对象开始含 4 个对象的层次中，值分别为 0、-10、-20 和-30。

【滑动关节】选项组：在 IK 控制器之间进行滑动链接设置的复制和粘贴。

【转动关节】选项组：在 IK 控制器之间进行旋转链接设置的复制和粘贴。

【镜像粘贴】选项组：在粘贴的同时进行链接设置的镜像翻转，依据的轴向可以随意指定。

【自动终结】卷展栏如图 12-9 所示。用于暂时指定终结

图 12-9　【自动终结】卷展栏

点的一个特殊链接号码，使用沿该反向运动学链向上的指定数量物体作为终结器。

【交互式 IK 自动终结】：自动终结控制的开关项目。

【上行链接数】：指定终结设置向上传递的数目。

【转动关节】卷展栏用于设定子物体与父物体之间相对转动的距离和摩擦力，分别通过 X、Y、Z 三个轴向进行控制，如图 12-10 所示。

【活动】：激活某个轴(X/Y/Z)。允许选定的对象在激活的轴上滑动或沿着它旋转。

【受限】：限制活动轴上所允许的运动或旋转范围。

【减缓】：勾选该复选框时，关节运动在指定的范围中间部分可以自由进行，但在接近【从】和【到】限定范围时滑动或旋转的速度被减缓。

【从…到…】：确定位置和旋转限制。

【弹回】：设置滑动到端头时进行反弹，右侧数值框用于确定弹回的范围。

【弹簧张力】：设置"弹簧"的强度。当关节远离平衡位置时，这个值越大，弹簧的拉力就越大。

【阻尼】：在关节运动或旋转的整个范围中应用阻力。

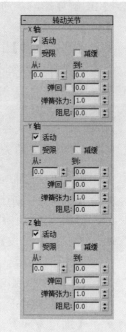

图 12-10 【转动关节】卷展栏

2. 正向运动学(FK)

通过上面对反向运动学(IK)的介绍，下面将对正向运动学(FK)进行介绍。

处理层次的默认方法为使用称为"正向动力学"的技术，这种技术采用的基本原理如下。

按照父层次到子层次的链接顺序进行层次链接。

轴点位置定义了链接对象的连接关节。

按照从父层次到子层次的顺序继承位置、旋转和缩放变换。

在正向动力学中，当父对象移动时，它的子对象也必须跟随其移动。如果子对象要脱离父对象单独运动，那么父对象将保持不动。例如，有一个人体的层次链接，当躯干(父对象)弯腰时，头部(子对象)跟随它一起运动，但是可以单独转动头部而不影响躯干的动作。

1) 【链接】和【轴】的工作原理

两个对象链接到一起后，子对象相对于父对象保持自己的位置、旋转和缩放变换。这些变换从父对象的轴到子对象的轴进行测量。如图 12-11 所示，将正长方体链接到大正方体上，当对大正方体进行旋转时，小正方体为了维持与大正方体之间的相对位置，同步地绕着大正方体做旋转运动。

2) 设置父、子对象动画

从父对象传递到子对象仅有变换。使用移动、旋转或缩放设置父对象动画的同时，也设置了附加到父对象上的子对象，如图 12-12 所示。

父对象修改器或创建参数的动画不会影响其派生对象。

使用正向运动学时，子对象到父对象的链接不约束子对象，可以独立于父对象单独移动、旋转和缩放子对象，如图 12-13 所示。

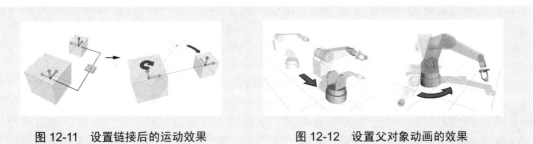

图 12-11　设置链接后的运动效果　　　图 12-12　设置父对象动画的效果

3) 操纵层次

子对象继承父对象的变换，父对象沿着层次向上继承其祖先对象的变换，直到根节点。由于正向运动学使用这样一种继承方式，因此必须以从上到下的方式设置层次的位置和动画，如图 12-14 所示。

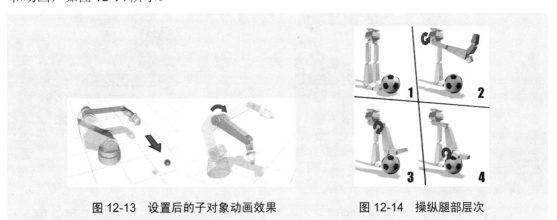

图 12-13　设置后的子对象动画效果　　　图 12-14　操纵腿部层次

首先将臀部的关节进行旋转，将大腿骨架放在恰当的位置，然后依次对膝关节和踝关节进行旋转。

使用正向运动学可以很好地控制层次中每个对象的确切位置。然而，使用庞大而复杂的层次时，该过程可能会变得很麻烦。在这种情况下，可以使用反向运动学。

12.2.3　链接信息

【链接信息】面板用于控制对象的移动、旋转和缩放，如图 12-15 所示。

【锁定】卷展栏：用于控制对象可以活动的轴向，当物体分别进行移动、旋转或缩放时，它可以在各个轴向上变换，如果在这里打开了轴向的锁定开关，它将不能再在此轴向上旋转。

图 12-15　【链接信息】面板

【继承】卷展栏：设置当前选择对象对其父对象各项变换的继承情况。默认时为都开启，即父对象的任何变换都会影响其子对象，如果关闭了某一个选项，则相应的变换不会向下传递给其子物体。

12.3　空间扭曲工具

空间扭曲对象是一类在场景中影响其他物体的不可渲染对象，它们能够创建力场使其他对象发生变形，可以创建涟漪、波浪、强风等效果，如图 12-16 所示。不过空间扭曲改变的是场景空间，而修改器改变的是物体空间。【空间扭曲】面板如图 12-17 所示。

图 12-16　空间扭曲的表面

图 12-17　【空间扭曲】面板

12.3.1　力工具

【力】面板中的空间扭曲功能用来影响粒子系统和动力学系统。它们全部可以和粒子一起使用，而且其中一些可以和动力学一起使用。

【力】面板提供了 9 种不同类型的作用力。下面分别对它们进行介绍。

1. 路径跟随

指定粒子沿着一条曲线路径流动，如图 12-18 所示。需要一条样条线作为路径。它可以用来控制粒子运动的方向，例如，表现山间的小溪，可以让水流顺着曲折的山麓流下。

图 12-19 所示为【路径跟随】的【基本参数】卷展栏，下面将对其进行介绍。

图 12-18　粒子路径跟随效果图

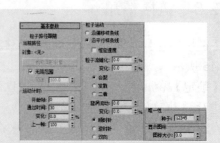

图 12-19　【路径跟随】的【基本参数】卷展栏

【当前路径】选项组：

- 【拾取图形对象】：单击该按钮，然后单击场景中的图形即可将其选为路径。可以使用任意图形对象作为路径；如果选择的是一个多样条线图形，则只会使用编号最小的样条线。
- 【无限范围】：取消勾选该复选框时，会将空间扭曲的影响范围限制为【距离】设置的值。勾选该复选框时，空间扭曲会影响场景中所有绑定的粒子，而不论它们距离路径对象有多远。
- 【范围】：指定取消勾选【无限范围】复选框时的影响范围。这是路径对象和粒子系统之间的距离。【路径跟随】空间扭曲的图标位置会被忽略。

【运动计时】选项组：

- 【开始帧】：设置路径开始影响粒子的起始帧。
- 【通过时间】：设置每个粒子在路径上运动的时间。
- 【变化】：设置粒子在传播时间的变化百分比值。
- 【上一帧】：路径跟随释放粒子并且不再影响它们时所在的帧。

【粒子运动】选项组：

- 【沿偏移样条线】：设置粒子系统与曲线路径之间的偏移距离对粒子的运动产生影响。如果粒子喷射点与路径起始点重合，粒子将顺着路径流动；如果改变粒子系统与路径的距离，粒子流也会发生变化。
- 【沿平行样条线】：设置粒子系统与曲线路径之间的平移距离对粒子的运动不产生影响。即使粒子喷射口不在路径起始点，它也会保持路径的形态发生流动，但路径的方向会改变粒子的运动。
- 【恒定速度】：勾选该复选框，粒子将保持匀速流动。
- 【粒子流锥化】：设置粒子在流动时偏向于路径的程度，根据其下的 3 个选项将产生不同的效果。
- 【变化】：设置锥形流动的变化百分比值。
- 【会聚】：当【粒子流锥化】值大于 0 时，粒子在沿路径运动的同时会朝路径移动。
- 【发散】：粒子以分散方式偏向于路径。
- 【二者】：一部分粒子以会聚方式偏向于路径；另一部分粒子以分散方式偏向于路径。
- 【旋涡流动】：设置粒子在路径上螺旋运动的圈数。
- 【变化】：设置旋涡流动的变化百分比值。
- 【顺时针】和【逆时针】：设置粒子旋转的方向为顺时针还是逆时针方向。
- 【双向】：设置粒子打旋方向为双方向。

【唯一性】选项组：

- 【种子】：设置在相同设置下表现出不同的效果。

【显示图标】选项组：

- 【图标大小】：设置视图中图标的显示大小。

2. 置换

【置换】空间扭曲以力场的形式推动和重塑对象的几何外形。位移对几何体(可变形对象)和粒子系统都会产生影响。使用【置换】空间扭曲有两种方法：应用位图的灰度生成位移量，2D 图像的黑色区域不会发生位移；较白的区域会往外推进，从而使几何体发生 3D位移。

【置换】空间扭曲的工作方式和【置换】修改器类似，只不过前者像所有空间扭曲那样，影响的是世界空间而不是对象空间。需要为少量对象创建详细的位移时，可以使用【置换】修改器，如图 12-20 所示。使用【置换】空间扭曲可以立刻使粒子系统、大量几何对象或者单独的对象相对其在世界空间中的位置发生位移。

3. 重力

【重力】空间扭曲可以在粒子系统所产生的粒子上对自然重力的效果进行模拟。重力具有方向性，沿重力箭头方向运动的粒子呈加速状，逆着箭头方向运动的粒子呈减速状。重力也可以作为动力学模拟中的一种效果，如图 12-21 所示。

下面将对【重力】的【参数】卷展栏进行介绍，如图 12-22 所示。

 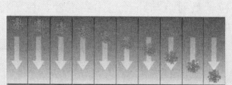 

图 12-20　【置换】效果　　　　图 12-21　重力效果　　　　图 12-22　【参数】卷展栏

【力】选项组：

- 【强度】：设置重力的大小。值为 0 时，无重力影响；值为正时，粒子会沿着箭头方向偏移；值为负时，粒子会指向箭头方向。
- 【衰退】：设置"衰退"为 0.0 时，【重力】空间扭曲用相同的强度贯穿于整个世界空间。增加"衰退"值会导致重力强度从重力扭曲对象的所在位置开始随距离的增加而减弱。默认设置是 0.0。
- 【平面】：重力效果垂直于贯穿场景的重力扭曲对象所在的平面。
- 【球形】：设置空间扭曲对象为球体方式，粒子将被球心吸引。

【显示】选项组：

- 【范围指示器】：勾选该复选框时，如果衰减参数大于 0，视图中的图标会显示出重力最大值的范围。
- 【图标大小】：设置视图中图标的大小。

4. 风

沿着指定的方向吹动粒子或对象，如图 12-23 所示。它产生动态的风力和气流影响，常用于表现和风细雨、纷飞的雪花或树叶在风中飞舞等特殊效果。

下面对其【参数】卷展栏进行介绍，如图 12-24 所示。

图 12-23　风效果

图 12-24　【参数】卷展栏

【力】选项组：
- 【强度】：设置风力的强度大小。
- 【衰退】：设置粒子随距离的变远，受风力的影响也降低。
- 【平面】：设置空间扭曲对象为平面方式，箭头面为风吹的方向。
- 【球形】：设置空间扭曲对象为球形方式，球体中心为风源。

【风】选项组：
- 【湍流】：随机改变粒子在风中的行进路线。
- 【频率】：在时间上对湍流的频率进行变化，通常产生的影响很细微，除非对大量的粒子使用风力。
- 【比例】：放大或缩小湍流的影响。当值较小时，湍流平滑而有规则；当值较大时，湍流杂乱而无规则。

【显示】选项组：
- 【范围指示器】：勾选该复选框，如果衰减参数大于 0，则视图中的图标会显示出风力最大值的范围。
- 【图标大小】：设置视图中图标的大小尺寸。

12.3.2　几何/可变形

选择【创建】 ※|【空间扭曲】 ≫|【几何/可变形】工具，即可打开【几何/可变形】面板，如图 12-25 所示。

1. 波浪

线性【波浪】空间扭曲对几何体的影响要比【波浪】修改器明显，它们最大的区别在于对象与【波浪】空间扭曲间的相对方向和位置会影响最终的扭曲效果。通常用它来影响大面积的对象，产生波浪或蠕动等特殊效果，其【参数】卷展栏如图 12-26 所示。

【波浪】选项组：
- 【振幅 1】：设置沿波浪扭曲对象的局部 X 轴的波浪振幅。
- 【振幅 2】：设置沿波浪扭曲对象的局部 Y 轴的波浪振幅。

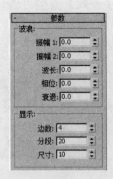

图 12-25 【几何/可变形】面板　　　　图 12-26 【参数】卷展栏

- 【波长】：以活动单位数设置每个波浪沿其局部 Y 轴的长度。
- 【相位】：在波浪对象中央的原点开始偏移波浪的相位。整数值无效，只有小数值才有效。设置该参数的动画会使波浪看起来像是在空间中传播。
- 【衰退】：当其设置为 0 时，波浪在整个世界空间中有相同的一个或多个振幅。增加【衰退】值会导致振幅从波浪扭曲对象的所在位置开始随距离的增加而减弱，默认设置为 0。

【显示】选项组：
- 【边数】：设置波浪自身 X 轴的振动幅度。
- 【分段】：设置波浪自身 Y 轴上的片段划分数。
- 【尺寸】：在不改变波浪效果的情况下，调整波浪图标的大小。

2. 涟漪

建立中心放射的【涟漪】空间扭曲，它对几何体的影响要比【涟漪】修改器明显，通常用它来影响大面积的对象，产生水波荡漾的效果，如图 12-27 所示。

下面对其【参数】卷展栏进行介绍，如图 12-28 所示。

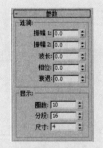

图 12-27 涟漪效果　　　　图 12-28 【参数】卷展栏

【涟漪】选项组：
- 【振幅1】：设置沿着涟漪对象自身 X 轴向上的振动幅度。
- 【振幅2】：设置沿着涟漪对象自身 Y 轴向上的振动幅度。

- 【波长】：设置每一个涟漪波的长度。
- 【相位】：设置波从涟漪中心点发出时的振幅偏移。此值的变化可以记录为动画，产生从中心向外连续波动的涟漪效果。
- 【衰退】：设置从涟漪中心向外衰减振动的影响，靠近中心的地区振动最强，随着距离的拉远，振动也逐渐变弱，这一点符合自然界中的涟漪现象，当水滴落入水中后，水波向四周扩散，振动衰减直至消失。

【显示】选项组：

- 【圈数】：设置涟漪对象圆环的圈数。
- 【分段】：设置涟漪对象圆周上的片段划分数。
- 【尺寸】：设置涟漪对象显示的尺寸大小。

3. 置换

【置换】是一个具有奇特功能的工具，它可以将一个图像映射到三维对象表面，根据图像的灰度值，可以对三维对象表面产生凹凸效果，白色的部分将凸起，黑色的部分会凹陷，该功能与力工具中的【置换】一样，这里就不再重复了。

12.4 上 机 练 习

12.4.1 制作激光文字

本例将介绍激光文字的制作，本例的制作比较简单，先创建文本，然后为文本施加挤出效果，最后为文本设置灯光。完成后的效果如图 12-29 所示。

步骤01 选择【创建】|【图形】|【文本】工具，在【参数】卷展栏的【字体】下拉列表中选择【华文新魏】，在【文本】文本框中输入"流光飞舞"，然后在【前】视图中单击创建文本，如图 12-30 所示。

图 12-29　激光文字效果

图 12-30　创建文本

步骤02 选择【创建】|【图形】|【矩形】工具，在【前】视图中创建一个矩形，在【参数】卷展栏中将【长度】和【宽度】分别设置为 400 和 600，如图 12-31

所示。

步骤03 确定新创建的矩形处于选择状态，右击，在弹出的菜单栏中选择【转换为】|【转换为可编辑样条线】命令，如图 12-32 所示。

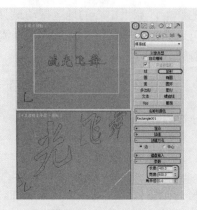

图 12-31 创建矩形

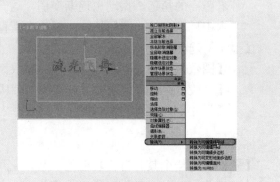

图 12-32 将矩形转换为可编辑样条线

步骤04 在【修改】命令面板中，将当前选择集定义为【线段】，在【几何体】卷展栏中单击【附加】按钮，在【前】视图中单击文本，如图 12-33 所示。

步骤05 在【修改器列表】中选择【挤出】修改器，在【参数】卷展栏中将【数量】设置为 10，如图 12-34 所示。

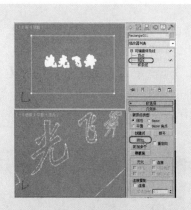

图 12-33 附加文本

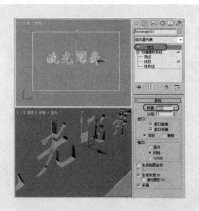

图 12-34 选择【挤出】修改器

步骤06 选择【创建】|【灯光】|【标准】|【目标聚光灯】命令，在【前】视图中创建一盏目标聚光灯，在【常规参数】卷展栏中勾选【阴影】下的【启用】复选框。在【强度/颜色/衰减】卷展栏中将灯光颜色的 RGB 设置为 253、131、0。勾选【远距衰减】区域下的【使用】复选框，将【开始】设置为 435.404，将【结束】设置为 645.043。在【聚光灯参数】卷展栏中将【聚光区/光束】和【衰减区/区域】设置为 21.4 和 37.1，如图 12-35 所示。

步骤07 切换到【修改】命令面板，在【大气和效果】卷展栏中单击【添加】按钮，在弹出的对话框中选择【体积光】，单击【确定】按钮，在如图 12-36 所示。

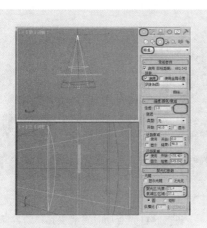

图 12-35　创建目标聚光灯

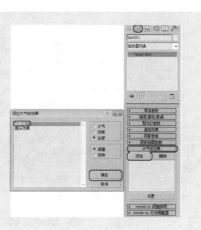

图 12-36　添加体积光

步骤08 在【大气和效果】卷展栏中选择【体积光】，单击【设置】按钮，在弹出的对话框中使用默认的参数即可，如图 12-37 所示。

步骤09 选择【创建】 |【摄影机】 |【标准】|【目标】摄影机工具，在【顶】视图中创建一架摄影机，选择【摄影机】视图，单击面板右下角的【推拉摄影机】按钮 ，调整【摄影机】视图，如图 12-38 所示。

图 12-37　设置体积光参数

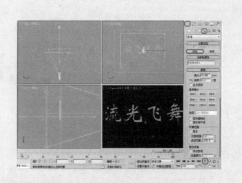

图 12-38　创建并调整摄影机

步骤10 单击右下角的【时间配置】按钮 ，在打开的【时间配置】对话框中，将【动画】区域下的【开始时间】设置为 0，【结束时间】设置为 50，单击【确定】按钮。如图 12-39 所示。

步骤11 单击【自动关键点】按钮，当滑块在第 0 帧时将目标聚光灯沿 X 轴移至文本的左侧，如图 12-40 所示。

步骤12 将滑块滑到第 50 帧处，将目标聚光灯沿 X 轴移至文本的右侧，如图 12-41 所示。

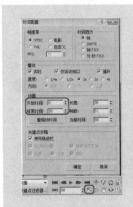

图 12-39 时间配置

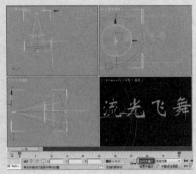

图 12-40 移动目标聚光灯

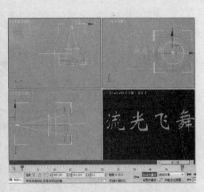

图 12-41 滑动时间滑块并移动目标聚光灯

步骤13 在工具栏中单击【渲染设置】按钮，打开【渲染设置：默认扫描线渲染器】对话框，在【公用参数】卷展栏中勾选【活动时间段】复选框，在【输出大小】卷展栏中单击 640×480 按钮，单击【渲染输出】区域中的【文件】按钮，在打开的对话框中选择输出保存路径、文件名及保存类型，单击【保存】按钮，在弹出的【AVI 文件压缩设置】对话框中使用默认参数，单击【确定】按钮，如图 12-42 所示。

步骤14 返回到【渲染设置：默认扫描线渲染器】对话框中，选中【原有 3ds max 图像文件列表】单选按钮，在【查看】下拉列表中选择 Camera001 视图，单击【渲染】按钮，如图 12-43 所示。

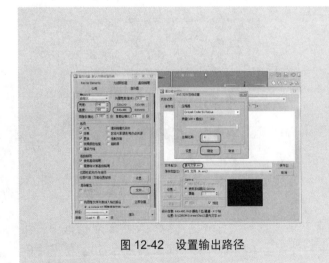

图 12-42 设置输出路径　　　　　　　图 12-43 渲染设置

步骤15 渲染完成后将场景文件保存。

12.4.2 制作流水

本例介绍一个水流的液体效果，如图 12-44 所示。使用超级喷射粒子系统和空间扭曲制作粒子流，通过在反射通道和折射通道指定位图和光线跟踪贴图来表现出液体的感觉。

步骤 01　单击 ⑥ 按钮，在其下拉列表中选择【重置】选项，在弹出的对话框中单击【是】按钮，重新设置 Max 场景，如图 12-45 所示

图 12-44　液体流动效果

图 12-45　重置 Max 场景

步骤 02　选择【创建】 ※ |【几何体】 ○ |【粒子系统】|【超级喷射】工具，在【顶】视图中创建一个超级喷射粒子系统，将其命名为"流水"，如图 12-46 所示。

步骤 03　设置【粒子系统】的参数。在【基本参数】卷展栏中，将【粒子分布】选项组中【轴偏离】下的【扩散】设置为 2.0，将【平面偏离】下的【扩散】设置为 180.0，将【显示图标】选项组中【图标大小】设置为 35.0，将【视口显示】选项组下的粒子渲染类型设置为【网格】，如图 12-47 所示。

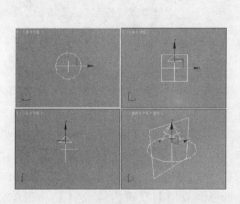

图 12-46　创建粒子系统

图 12-47　设置【粒子系统】参数

步骤 04　展开【粒子生成】卷展栏，在【粒子大小】选项组中，将【大小】设置为 4.0，【变化】设置为 20.0，【增长耗时】设置为 6，【衰减耗时】设置为 30，然后展开【粒子类型】卷展栏，在【粒子类型】选项组中设置粒子类型为【变形球粒子】，如图 12-48 所示。

步骤 05　完成参数的设置后拖动时间滑块，可以看到喷射的粒子流效果。

步骤 06　激活【顶】视图，选择【创建】 ※ |【空间扭曲】 ≋ |【几何/可变形】工具，单击【重力】按钮，在【顶】视图中所创建的超级喷射粒子系统的左侧创建一个重力系统，在【参数】卷展栏【力】选项组中，将【强度】设置为 0.1，如

图 12-49 所示。

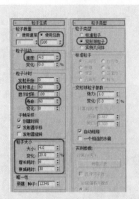

图 12-48 设置粒子系统参数

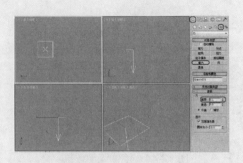

图 12-49 创建重力系统

步骤 07 在工具栏中单击【绑定到空间扭曲】按钮，在【顶】视图中，选择粒子系统，将其绑定到重力系统上，如图 12-50 所示。

步骤 08 在工具栏中单击【选择并旋转】按钮，再单击【角度捕捉切换】按钮，打开角度捕捉，然后在【前】视图中沿 Z 轴使粒子系统旋转 20°，旋转后效果如图 12-51 所示。

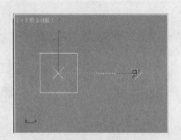

图 12-50 绑定粒子系统到重力系统上

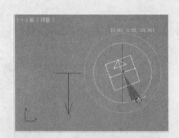

图 12-51 旋转粒子系统角度

步骤 09 为创建的粒子流设置材质。在工具栏中单击【材质编辑器】按钮，打开【材质编辑器】对话框。单击第一个材质样本球，将其命名为"流水"。在【明暗器基本参数】卷展栏中将【明暗器类型】设置为【金属】。在【金属基本参数】卷展栏中将【反射高光】选项组中的【高光级别】和【光泽度】分别设置为 34 和 76，如图 12-52 所示。

步骤 10 打开【贴图】卷展栏，将【反射】通道的【数量】设置为 60，然后单击它后面的 None 按钮。在弹出的【材质/贴图浏览器】中选择【位图】贴图，然后单击【确定】按钮。再在打开的【选择位图图像文件】对话框中选择随书附带光盘中的"CDROM\Map\水材质.jpg"素材图形，单击【打开】按钮，如图 12-53 所示。

步骤 11 进入【反射】通道的位图层，在【坐标】卷展栏中将【模糊偏移】设置为 0.01，然后在【位图参数】卷展栏中勾选【裁剪/放置】选项组中的【应用】复选框，将 U、V、W、H 分别设置为 0.225、0.209、0.427、0.791，如图 12-54 所示。

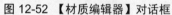

图 12-52 【材质编辑器】对话框

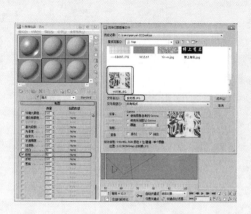

图 12-53 选择素材图形

步骤12 单击【转到父对象】按钮，回到父级材质面板，单击【折射】右侧的 None 按钮，在打开的【材质/贴图浏览器】中选择【光线跟踪】贴图，然后单击【确定】按钮，使用默认参数即可。然后单击【转到父对象】按钮回到父级材质面板，然后再单击【将材质指定给选定对象】按钮，将材质指定给场景中的"流水"对象，效果如图 12-55 所示。

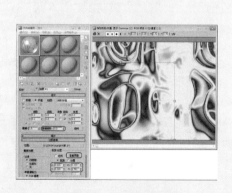

图 12-54 设置材质参数

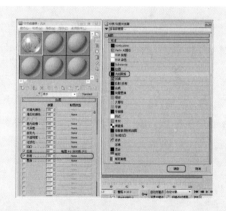

图 12-55 指定材质

步骤13 在工具栏中单击【渲染设置】按钮，弹出【渲染设置：默认扫描线渲染器】对话框，在【公用】选项卡中，选中【公用参数】卷展栏【时间输出】选项组中的【活动时间段】单选按钮，在【输出大小】选项组中单击 640×480 按钮，将渲染尺寸设置为 640×480，然后再在【渲染输出】选项组中单击【文件】按钮，进行动画的存储。在打开的对话框中设置好文件的存储路径、名称以及格式后，单击【保存】按钮。在弹出的【AVI 文件压缩设置】对话框中使用默认参数，单击【确定】按钮。返回到【渲染设置】对话框，单击【渲染】按钮开始渲

染动画，如图 12-56 所示。

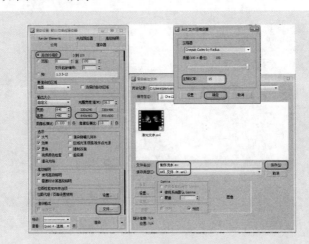

图 12-56　设置输出参数

步骤14　在完成动画的渲染后，按照文件的存储路径和名称找到动画文件，即可打开对它进行播放。

步骤15　至此，流水效果就制作完成了。单击 按钮，在它的下拉列表中选择【保存】选项对文件进行存储。

第**13**章

渲染与特效

在渲染特效中，可以使用一些特殊的效果对场景进行加工和添色，来模拟现实中的视觉效果。用户可以快速地以交互形式添加各种特效，在渲染的最后阶段实现这些效果。

本章重点：

➜ 渲染

➜ 渲染特效

➜ 高级照明

13.1 渲　　染

渲染在整个三维创作中是经常要做的一项工作。在前面所制作的材质与贴图、灯光的作用、环境反射等效果，都要在经过渲染之后才能更好地表达出来。渲染是基于模型的材质和灯光位置，通过摄影机的角度，利用计算机计算每一个像素着色位置的全过程。图 13-1 所示为视图中的显示效果和经过渲染后显示的效果。

图 13-1　视图和渲染后显示的效果

13.1.1　渲染输出

可以将图形文件或动画文件渲染并输出，根据需要存储为不同的格式。既可以作为后期处理的素材，也可以成为最终的作品。

在渲染输出之前，要先确定好将要输出的视图。渲染出的结果是建立在所选视图的基础之上的。选取方法是单击相应的视图，被选中的视图将以亮边显示。

提示：选择视图通常选择【透视】视图或【摄影机】视图来进行渲染。可先选择视图再渲染，也可以在【渲染设置】对话框中设置视图。

选择【渲染】|【渲染设置】菜单命令，或者按快捷键 F10，也可单击工具栏上的图标 。将弹出如图 13-2 所示的【渲染设置】对话框，在【公用参数】卷展栏有以下常用参数。

【时间输出】选项组用于确定所要渲染的帧的范围。

选中【单帧】单选按钮表示只渲染当前帧，并将结果以静态图像的形式输出。

选中【活动时间段】单选按钮表示可以渲染已经提前设置好时间长度的动画。系统默认的动画长度为 0～100 帧，在此时选中该单选按钮来进行渲染，就会渲染 100 帧的动画。这个时间的长度可以自行更改。

选中【范围】单选按钮表示可以渲染指定起始帧和结束帧之间的帧，在前面的微调框

图 13-2　【渲染设置】对话框

中输入起始帧帧数，在后面的微调框中输入结束帧帧数。如输入 [0] 至 [100]，这样可以选择从第 0 帧到第 100 帧之间的动画进行渲染。

选中【帧】单选按钮表示可以从所有帧中选出一个或多个帧来渲染。在后面的文本框中输入所选帧的序号，单个帧之间以逗号隔开，多个连续的帧以短线隔开。如 [1,3,5-12] 表示渲染第 1、3 帧和 5～12 帧。

> **提示**：在选中【活动时间段】单选按钮或【范围】单选按钮时，【每 N 帧】微调框的值可以调整。选择的数字是多少就表示在所选的范围内，每隔几帧进行一次渲染。

【输出大小】选项组用于确定渲染输出的图像的大小及分辨率。在【宽度】微调框中可以设置图像的宽度值，在【高度】微调框中可以设置图像的高度值。右侧的 4 个按钮是系统根据【自定义】下拉列表框中的选项对应给出的常用图像尺寸值，可直接单击选择。调整【图像纵横比】微调框里的数值可以更改图像尺寸的长、宽比。

【选项】选项组用于确定进行渲染时的各个渲染选项，如视频颜色、位移、效果等，可同时选择一项或多项。

【渲染输出】选项组用于设置渲染输出时的文件格式。单击【文件】按钮，系统将弹出如图 13-3 所示的【渲染输出文件】对话框，选择输出路径，在【文件名】文本框中输入给文件所起的名字，在【保存类型】下拉列表中选择想要保存的文件格式，然后单击【保存】按钮。

在【渲染设置】对话框底部的【查看】下拉列表框中可以指定渲染的视图，然后单击【渲染】按钮，进行渲染输出。

图 13-3　【渲染输出文件】对话框

13.1.2　渲染到材质

贴图烘焙技术简单地说就是一种把光照信息渲染成贴图的方式，而后把这个烘焙后的贴图再贴回到场景中去的技术。这样的话，光照信息变成了贴图，不需要计算机再去费时地计算了，只要算普通的贴图就可以了，所以速度极快。由于在烘焙前需要对场景进行渲染，所以贴图烘焙技术对于静帧来讲意义不大，这种技术主要应用于游戏和建筑漫游动画里面，这种技术实现了把费时的光能传递计算应用到动画中去的实用性，而且也能省去讨厌的光能传递时动画抖动的麻烦。

下面通过一个简单的场景来学习材质烘焙的操作方法。本节在材质烘焙的场景中使用了天光照明，具体的设置这里就不介绍了，如图 13-4 所示。

步骤 01　在视图中选择需要烘焙材质的物体，如图 13-5 所示。

步骤 02　选择【渲染】|【渲染到纹理】命令，此时系统将弹出如图 13-6 所示的【渲染到纹理】对话框，下面将结合本例对该对话框的主要选项进行介绍。

在【常规设置】卷展栏中，可以利用【输出】选项组为渲染后的材质文件指定存储位置。【渲染设置】选项组用于设置渲染参数。

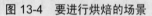
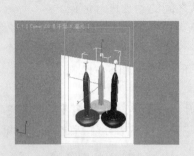

图 13-4　要进行烘焙的场景　　　图 13-5　选择要烘焙的目标　　　图 13-6　【渲染到纹理】对话框

【自动贴图】卷展栏中的【自动展开贴图】选项组用于设置平展贴图的参数，这一设置将会使物体的 UV 坐标被自动平展开；【自动贴图大小】选项组用于设置贴　图尺寸如何根据物体需要被映射的所有表面自动计算。

如果在物体已经编辑过或者想得到一个干净的场景，单击【烘焙材质】卷展栏中的【清除外壳材质】按钮将会清除所有的自动平展 UV 修改器。

步骤03　单击【常规设置】卷展栏中的【设置】按钮，系统将弹出【渲染设置】对话框，可以进行渲染参数调整。

步骤04　【渲染到纹理】对话框中的【烘焙对象】卷展栏用于设置要进行材质烘焙的物体。表中列出了被激活的物体，可以烘焙被选中的物体，也可以烘焙以前准备好的所有物体，如图 13-7 所示。

如果想烘焙个别的物体，则应选中【单个】单选按钮，如果想烘焙列表中的全部物体，则要选中【所有选定的】单选按钮。

注意： 所要进行烘焙的物体必须至少被制定了一个贴图元素。

步骤05　【输出】卷展栏用于设置烘焙材质时所要保存的各种贴图组件，如图 13-8 所示。单击【添加】按钮，系统会弹出【添加纹理元素】对话框，在列表中选择一个或多个想要添加的贴图，凡是添加过的贴图下次将不会在这里显示，而在【输出】卷展栏中会列出来。

图 13-7　【烘焙对象】卷展栏　　　　　图 13-8　【输出】卷展栏

步骤 06 本例中只选择了 lightingMap 贴图，如图 13-9 所示。单击【文件名和类型】文本框右边的 按钮，系统会弹出保存文件的对话框，在这里可以更改所生成的贴图的文件名和文件类型。

如果【使用自动贴图大小】复选框没有被勾选，则还可以通过下面的【宽度】和【高度】微调框来调整各种贴图的尺寸。这样可以使场景中重要的物体生成更大和更细致的贴图，以及减小背景和边角物体贴图的尺寸。在【选定元素唯一设置】选项组中可以确定是否选择【阴影】、【启用直接光】、【启用间接光】选项的选择。

步骤 07 单击如图 13-6 所示的【渲染到纹理】对话框下面的【渲染】按钮，在弹出的渲染窗口会看到被渲染出来的贴图。这时，这个贴图已经被保存在前面设置好的路径内。

提示：当【渲染到纹理】过程开始以后，会在物体的修改器堆栈中添加一个自动平铺 UV 坐标的修改器【自动展平 UVs】。指定方式的贴图就会作为与原物体分离的文件被渲染出来，如图 13-10 所示。

图 13-9 【添加纹理元素】对话框

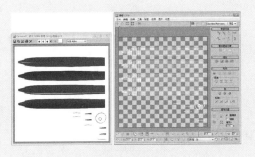

图 13-10 平铺的与原物体分离的贴图

步骤 08 选择【渲染】|【材质编辑器】菜单命令，或者按快捷键 M，系统会弹出【材质编辑器】对话框，任意选择一个新的样本球，然后单击 按钮，弹出【材质/贴图浏览器】对话框。在对话框的【浏览自】选项组中选择【选定对象】选项，将当前选择物体的材质在列表中显示出来，然后双击该材质。

步骤 09 回到【材质编辑器】对话框，看到该材质是个【壳】类型的材质。它由一个原来指定给球体的原始材质和一个通过前面渲染贴图烘焙出来的材质组成，如图 13-11 所示。

图 13-11 【壳】材质面板

步骤 10 【材质编辑器】对话框的【壳材质参数】卷展栏中，可以设置在视图中和在渲染时看到的是哪一种材质赋予给物体。默认时烘焙材质在视图中可见，原始材质被用于渲染。

提示：可以从场景中使用吸管直接将【壳】材质选择加入材质编辑器中，并与其他材质一样进行编辑。

13.2 渲 染 效 果

在渲染过程中，用户可以根据需要添加一些特殊的渲染效果，从而来模仿现实生活中的视觉效果。

添加渲染效果的方法非常简单，下面将简单介绍。

步骤01 启动 3ds Max 2013，按 8 键，打开【环境和效果】对话框，在该对话框中切换到【效果】选项卡，如图 13-12 所示。

步骤02 单击【添加】按钮，在弹出的【添加效果】对话框中选择要添加的效果即可，如图 13-13 所示。

图 13-12 选择【效果】选项卡

图 13-13 【添加效果】对话框

在【渲染效果】对话框中共有 9 种效果：【Hair 和 Fur】、【镜头效果】、【模糊】、【亮度和对比度】、【色彩平衡】、【景深】、【文件输出】、【胶片颗粒】、【运动模糊】等，本节将介绍几个常用的渲染效果。

13.2.1 【胶片颗粒】效果

【胶片颗粒】效果用于在渲染场景中重新创建胶片颗粒的效果。【胶片颗粒参数】卷展栏如图 13-14 所示。

在【胶片颗粒参数】卷展栏中包括两个参数设置，用户可以通过【颗粒】文本框来设置添加到图像中的颗粒数，当在【胶片颗粒参数】卷展栏中勾选【忽略背景】复选框后，将会屏蔽背景，使颗粒仅应用于场景中的几何体和效果。下面介绍如何应用【胶片颗粒】效果，其具体操作步骤如下。

步骤01 按 Ctrl+O 组合键，在弹出的对话框中选择随书附带光盘中的"CDROM\Scenes\Cha06\素材.max"文件，如图 13-15 所示。

步骤02 单击【打开】按钮，打开的素材文件如图 13-16 所示。

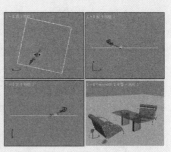

图 13-14 【胶片颗粒】参数卷展栏　　图 13-15 选择素材文件　　图 13-16 打开的素材文件

步骤 03　按 8 键，在弹出的对话框中切换到【效果】选项卡，单击【添加】按钮，在弹出的对话框中选择【胶片颗粒】选项，如图 13-17 所示。

步骤 04　单击【确定】按钮，在【胶片颗粒参数】卷展栏中将【颗粒】设置为 0.5，如图 13-18 所示。

步骤 05　将该对话框关闭，按 F9 键对【摄影机】视图进行渲染，效果如图 13-19 所示。

图 13-17 选择【胶片颗粒】选项　图 13-18 设置【颗粒】　　　图 13-19 胶片颗粒效果

13.2.2 【景深】效果

【景深】效果模拟在通过摄影机镜头观看时，前景和背景的场景元素的自然模糊。景深的工作原理是：将场景沿 Z 轴次序分为前景、背景和焦点图像。然后，根据在【景深】效果参数中设置的值使前景和背景图像模糊，最终的图像由经过处理的原始图像合成。

下面将介绍如何应用【景深】效果，其具体操作步骤如下。

步骤 01　打开"素材.max"素材文件，按 8 键，在弹出的对话框中切换到【效果】选项卡，在【效果】卷展栏中单击【添加】按钮，如图 13-20 所示。

步骤 02 执行该操作后，即可弹出【添加效果】对话框，在该对话框中选择【景深】
选项，如图 13-21 所示。

图 13-20　单击【添加】按钮　　　　　图 13-21　【添加效果】对话框

步骤 03 选择完成后，单击【确定】按钮，在【景深参数】卷展栏中单击【拾取摄影
机】按钮，在场景中拾取一个摄影机，如图 13-22 所示。

步骤 04 拾取完成后，在【焦点】选项组中选中【使用摄影机】单选按钮，如图 13-23
所示。

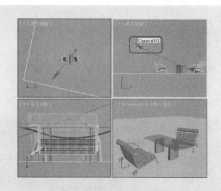

图 13-22　拾取摄影机　　　　　　　图 13-23　【景深参数】卷展栏

步骤 05 设置完成后，将该对话框进行关闭，对【摄影
机】视图进行渲染，添加【景深】效果的前后的效
果如图 13-24 所示。

【影响 Alpha】：勾选该复选框后，将会影响最终渲染
的 Alpha 通道。

【摄影机】选项组：用户可以通过改组设置摄影机的
相关参数。

图 13-24　添加景深后的效果

● 【拾取摄影机】：使用户可以从视口中交互选择要
应用【景深】效果的摄影机。

- 【移除】：删除下拉列表中当前所选的摄影机。
- 【摄影机选择列表】：列出所有要在效果中使用的摄影机。可以使用此列表高亮显示特定的摄影机，然后使用【移除】按钮从列表中将其移除。

【焦点】选项组：用户可以通过改组设置焦点。

- 【焦点节点】：【焦点节点】可以使用户选择要作为焦点节点使用的对象。选中该单选按钮后，可以直接从视口中选择要作为焦点节点使用的对象。
- 【使用摄影机】：【使用摄影机】指定在摄影机选择列表中所选的摄影机的焦距用于确定焦点。
- 【拾取节点】：单击以选择要作为焦点节点使用的对象。也可以按 H 键显示【拾取对象】对话框，通过该对话框可以从场景的对象列表中选择焦点节点。
- 【移除】：移除选作焦点节点的对象。
- 【下拉列表】：可以选择作为焦点节点或焦点摄影机选择的对象。

【焦点参数】选项组：用户可以通过改组设置焦点参数。

- 【自定义】：选中该单选按钮后，用户可以根据需要设置其下方的各个参数。
- 【使用摄影机】：选中【焦点】选项组中的下拉列表中高亮显示的摄影机值确定焦点范围、限制和模糊效果。
- 【水平焦点损失】：选中【自定义】单选按钮后，沿水平轴确定模糊量。
- 【垂直焦点损失】：选中【自定义】单选按钮后，沿垂直轴控制模糊量。
- 【焦点范围】：选中【自定义】单选按钮后，设置到焦点任意一侧的 Z 向距离(以单位表示)，在该距离内图像将仍然保持聚焦。
- 【焦点限制】：选中【自定义】单选按钮后，设置到焦点任意一侧的 Z 向距离(以单位表示)，在该距离内模糊效果将达到其由焦点损失微调器指定的最大值。

13.2.3 【镜头】效果

【镜头】效果可以用于在指定对象的周围添加光环。例如，对于爆炸粒子系统，给粒子添加镜头使它们看起更加美观，【光晕元素】卷展栏如图 13-25 所示。

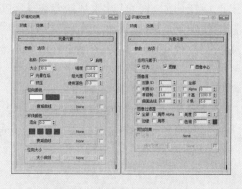

图 13-25 【光晕元素】卷展栏

1. 【参数】选项卡

【参数】选项卡中各个选项的功能如下。

【名称】：显示效果的名称。使用镜头效果，一个镜头效果实例下可以包含许多不同的效果。为了使这些效果组织有序，通常需要为效果命名，确保在更改参数时，可以将参数更改为正确的效果。

【启用】：勾选该复选框后可以将效果应用于渲染图像。

【大小】：该参数选项用于设置效果的大小。

【强度】：该参数选项用于控制单个效果的总体亮度和不透明度。值越大，效果越亮越不透明；值越小，效果越暗越透明。

【光晕在后】：勾选该复选框后可以在场景中的对象后面显示的效果。

【阻光度】：该参数选项用于设置镜头效果场景阻光度参数对特定效果的影响程度。

【挤压】：该复选框用于设置是否应用挤压效果。

【使用源色】：将应用效果的灯光或对象的源色与【径向颜色】或【环绕颜色】参数中设置的颜色或贴图混合。如果值为 0，只使用【径向颜色】或【环绕颜色】参数中设置的值，而如果值为 100，只使用灯光或对象的源色。0～100 之间的任意值将渲染源色和效果的颜色参数之间的混合。

【径向颜色】选项组：用户可以在【径向颜色】组中设置影响效果的内部颜色和外部颜色。可以通过设置色样，设置镜头效果的内部颜色和外部颜色。也可以使用渐变位图或细胞位图等确定径向颜色。

- 颜色块：用户可以通过该颜色块调整径向颜色。
- 【衰减曲线】：单击该按钮后将会显示【径向衰减】对话框，通过调整衰减曲线可以使效果更多地使用颜色或贴图。也可以使用贴图确定在使用灯光作为镜头效果光源时的衰减。

【环绕颜色】选项组：该选项组用于设置环绕颜色。

- 【混合】：用于设置混合在【径向颜色】和【环绕颜色】中设置的颜色。如果将微调器设置为 0，将只使用【径向颜色】中设置的值，如果将微调器设置为 100，将只使用【环绕颜色】中设置的值。0～100 之间的任何值将在两个值之间混合。
- 【衰减曲线】：单击该按钮后将会打开【环绕衰减】对话框，在该对话框中可以设置【环绕颜色】中使用的颜色的权重。在该对话框中调整衰减曲线可以使效果更多地使用颜色或贴图。也可以使用贴图确定在使用灯光作为镜头效果光源时的衰减。

【径向大小】选项组：用于设置镜头效果的径向大小，单击【大小曲线】按钮将显示【径向大小】对话框。使用【径向大小】对话框可以在线上创建点，然后将这些点沿着图形移动，确定效果应放在灯光或对象周围的哪个位置。也可以使用贴图确定效果应放在哪个位置。

2. 【选项】选项卡

【选项】选项卡中各个选项的功能如下。

【应用元素于】选项组：

- 【灯光】：将效果应用于在【灯光】分组框的【参数】选项卡下的【镜头效果全

局】中拾取的灯光。

- 【图像】：将效果应用于使用【图像源】中设置的参数渲染的图像。
- 【图像中心】：应用于对象中心或对象中由图像过滤器确定的部分。

【图像源】选项组：

- 【对象 ID】：将【镜头效果】应用到场景中具有相应的 G 缓冲区(或对象)ID 的特殊对象。G 缓冲区是几何体缓冲区，可通过右击任意对象，然后从菜单中选择【属性】来定义 G 缓冲区。然后，在【G 缓冲区 ID】控件下设置【对象通道 ID】。

- 【材质 ID】：将【镜头效果】应用于对象或对象中指定了特定材质 ID 通道的部分。

- 【非钳制】：勾选该复选框可以设置镜头效果的最低像素值。纯白色的像素值为 1。如果此微调器设置为 1，任何值大于 255 的像素将带有光晕。单击其右侧的 I 按钮可以反转此值。

- 【曲面法线】：勾选该复选框后，系统将根据摄像机曲面法线的角度将镜头效果应用于对象的一部分。如果值为 0，则共面，即与屏幕平行。如果值为 90，则为法向，即与屏幕垂直。如果将【曲面法线】设置为 45，则只有法线角度大于 45 度的曲面会产生光晕。单击微调按钮右侧的 I 按钮可以反转此值。

- 【全部】：将镜头效果应用于整个场景，而不仅仅应用于几何体的特定部分。实际上，这使场景中的每个像素都可以成为镜头效果源。场景中应用了镜头效果的区域由【图像过滤器】分组框中的设置确定。

- Alpha：将镜头效果应用于图像的 Alpha 通道。Alpha 通道的透明度的定义与【遮罩】通道透明度相反。范围从 0～255。

- 【Z 高/Z 低】：可以根据对象到摄影机的距离(【Z 缓冲区】距离)，高亮显示对象。高值为最大距离，低值为最小距离。这两个 Z 缓冲区距离之间的任何对象均将高亮显示。

【图像过滤器】选项组：

- 【全部】：选择场景中的所有源像素并应用镜头效果。
- 【边】：选择边界上的所有源像素并应用镜头效果。沿着对象边界应用镜头效果将在对象的内边和外边上生成柔化光晕。

- 【周界 Alpha】：根据对象的 Alpha 通道，将镜头效果仅应用于对象的周界。如果选择此选项，则仅在对象的外围应用效果，而不会在内部生成任何斑点。

- 【周界】：根据【边】条件，将镜头效果仅应用于对象的周界。虽然不像【周界 Alpha】那样精确，但在 Alpha 通道不可用时，可能需要使用【周界】选项。

- 【亮度】：根据源对象的亮度值过滤源对象。效果仅应用于亮度高于微调按钮设置的对象。单击微调按钮旁边的 I 按钮可以反转此选项。

- 【色调】：按色调过滤源对象。单击其右侧的颜色块可以选择色调。可以选择的色调值范围为从 0～255。【色调】色样右侧的文本框可以用于输入变化级别，从而使光晕能够在与选定颜色相同的范围内找到几种不同的色调。

【附加效果】选项组：

● 【应用】：勾选该复选框后，将会应用所选的贴图。

● 【径向密度】：单击【径向密度】按钮将显示【径向密度】对话框。使用【径向密度】对话框可以在线上创建点，然后将这些点沿着图形移动，确定其他效果应放在灯光周围的哪个位置。也可以使用贴图确定其他效果应放在哪个位置。

下面将介绍如何应用镜头效果，其具体操作步骤如下。

步骤01 启动 3ds Max 2013，选择【创建】|【灯光】|【标准】|【泛光】工具，在【透视】视图中创建一个泛光灯，并在视图中调整其位置，调整后的效果如图 13-26 所示。

步骤02 在菜单栏中选择【渲染】|【环境】命令，如图 13-27 所示。

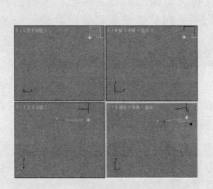

图 13-26　创建灯光并调整其位置

图 13-27　选择【环境】命令

步骤03 在弹出的对话框中切换到【环境】选项卡，在【公用参数】卷展栏中单击【环境贴图】下方的【无】按钮，在弹出的对话框中选择【位图】选项，如图 13-28 所示。

步骤04 单击【确定】按钮，在弹出的对话框中选择随书附带光盘中的"CDROM\Map\028.jpg"文件，如图 13-29 所示。

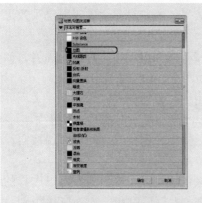

图 13-28　选择【位图】选项

图 13-29　选择贴图文件

步骤 05　选择完成后，单击【打开】按钮，再在该对话框中切换到【效果】选项卡，在【效果】卷展栏中单击【添加】按钮，在弹出的对话框中选择【镜头效果】选项，如图 13-30 所示。

步骤 06　单击【确定】按钮，在【镜头效果参数】左侧的列表框中选择 Glow，单击 ＞ 按钮，将其添加到右侧的列表框中，如图 13-31 所示。

图 13-30　选择【镜头效果】选项

图 13-31　添加 Glow

步骤 07　在【镜头效果全局】卷展栏中单击【拾取灯光】按钮，在视图中拾取泛光灯，在【镜头元素】卷展栏中将【大小】设置为 30，将【强度】设置为 40，在【径向颜色】选项组中将左侧色块的 RGB 值设置为 255、240、204，如图 13-32 所示。

步骤 08　在【镜头效果参数】左侧的列表框中选择 Auto Secondary，单击 ＞ 按钮，将其添加到右侧的列表框中，如图 13-33 所示。

图 13-32　【镜头元素】卷展栏

图 13-33　添加 Auto Secondary

步骤 09　在【自动二级光斑元素】卷展栏中将【最小】、【数量】、【最大】、【强度】分别设置为 0.1、5、20、90，如图 13-34 所示。

步骤 10　在【镜头效果参数】左侧的列表框中选择 Ray，单击 ＞ 按钮，将其添加到右侧的列表框中，如图 13-35 所示。

图 13-34 设置光斑参数

图 13-35 添加 Ray

步骤11 在【射线元素】卷展栏中将【大小】设置为 100，如图 13-36 所示。

步骤12 按 F10 键，在【公用】选项卡中将【宽度】和【高度】分别设置为 1680、1050，如图 13-37 所示。

步骤13 按 F9 对【透视】视图进行渲染，渲染后的效果如图 13-38 所示。

图 13-36 设置大小

图 13-37 设置渲染大小

图 13-38 渲染后的效果

13.2.4 【色彩平衡】效果

使用【色彩平衡】效果可以在渲染对象时通过 RGB 通道添加/减去颜色，下面将介绍如何应用【色彩平衡】效果，其具体操作步骤如下。

步骤01 启动 3ds Max 2013，在菜单栏中选择【渲染】|【环境】命令，如图 13-39 所示。

步骤02 在弹出的对话框中切换到【环境】选项卡，在【公用参数】卷展栏中单击【环境贴图】下方的【无】按钮，在弹出的对话框中选择【位图】选项，如图 13-40 所示。

步骤03 单击【确定】按钮，在弹出的对话框中选择随书附带光盘中的"CDROM\Map\089.jpg"文件，如图 13-41 所示。

图 13-39　选择【环境】命令

图 13-40　选择【位图】选项

步骤04　选择完成后，单击【打开】按钮，再在该对话框中切换到【效果】选项卡，选项【效果】卷展栏中单击【添加】按钮，在弹出的对话框中选择【色彩平衡】选项，如图 13-42 所示。

图 13-41　选择贴图文件

图 13-42　选择【色彩平衡】选项

步骤05　单击【确定】按钮，在【色彩平衡参数】卷展栏中将参数设置为如图 13-43 所示。

步骤06　按 F10 键，在【公用】选项卡中将【宽度】和【高度】分别设置为 1680、1050，如图 13-44 所示。

图 13-43　调整参数

图 13-44　设置渲染大小

步骤07 按 F9 键对【透视】视图进行渲染，渲染后的效果如图 13-45 所示。

图 13-45　渲染后的效果

13.3　高 级 照 明

　　默认的卷展栏比较简单，仅包含了供用户选择的下拉列表，高级照明中主要包括光跟踪器和光能传递两项内容，分别用于室外和室内的光照模拟，拥有不同的光照算法。

　　光跟踪器方式应用范围广泛，使用较为简单，即便场景设置得不太精确，也可以渲染出非常逼真的效果，并且兼容各种灯光类型和模型。

　　光能传递方式相对来说较为复杂，对建模与场景设置有特殊要求时，灯光方面必须采用光度学灯光(标准灯光将被转换为光度学灯光进行计算)，材质设计上也必须仔细。

　　两者有一个重要的不同点：光跟踪器的渲染结果取决于观察角度的情况，而光能传递则不是。光跟踪器方式在每帧都会重新计算场景的照明情况，而在【光能传递】方式下，只要场景中的对象不移动，灯光将不发生变化，则只需计算一次光能传递，并且可以在不同视角直接渲染。

13.3.1　光跟踪器

　　下面将对光跟踪器进行详细的介绍。

1. 光跟踪器概述

　　光跟踪器是一种使用光线跟踪技术的全局照明系统，它通过在场景中进行点采样并计算光线的反弹，从而创建较为逼真的照明效果。尽管照明追踪方式并没有精确遵循自然界的光线照明法则，但产生的效果却已经很接近真实了，操作时也只需进行细微的设置就可以获得满意的效果。

　　光跟踪器主要是基于采样点进行工作的，它首先按照规则的间距对图像进行采样，并且通过适配进一步的采样功能在物体的边缘和对比强烈的位置进行次级采样。

2. 光跟踪器参数

在菜单栏中选择【渲染】|【渲染设置】命令，打开【渲染设置：默认扫描线渲染器】对话框，激活【高级照明】选项卡，在【选择高级照明】参数卷展栏中单击下三角按钮，并在打开的下拉列表中选择【光跟踪器】选项，即可出现【参数】卷展栏，如图 13-46 所示。在该卷展栏中可以设置以下参数。

图 13-46　选择【光跟踪器】选项

【常规设置】选项组：

● 【全局倍增】：用于控制整体的照明级别。默认值为 1。

● 【对象倍增】：用于单独控制场景中物体反射的光线级别。默认值为 1。

 提示：只有在【反弹】值大于等于 2 的情况下，此项设置才有明显的效果。

● 【天光】：左侧的复选框用于设置照明追踪是否对天光进行重聚集处理(场景可以包含多个天光)，默认为开启状态。右侧的数值用于设置缩放天光的强度。默认值为 1。

● 【颜色溢出】：用于控制颜色溢出的强度。光线在场景物体间反射时通常会产生颜色溢出的结果。只有在光线反弹值大于等于 2 的情况下，此项设置才有明显的效果。当颜色溢出过强时，可以降低此值，值为 0 时不产生颜色溢出。

● 【光线/采样数】：设置【采样点】或像素所投射的光线数量。增加该值能够提高图像的平滑度，但也会增加渲染时间；降低该值图像会出现颗粒(噪波)，但渲染时间也相应减少。默认值为 250。

● 【颜色过滤器】：过滤所有照射在物体上的光线，设置为白色以外的颜色时，可以对全部效果进行染色。默认为白色。

● 【过滤器大小】：以像素为单位的过滤尺寸设置主要用于降低噪波的影响。可以将它理解为对噪波进行的涂抹处理，从而使图像看起来更加平滑。

● 【附加环境光】：当设置为除黑色外的其他颜色时，可以在对象上添加该颜色作为附加环境光。默认颜色为黑色。

● 【光线偏移】：光线偏移类似于光线跟踪阴影中的光线跟踪偏移，能够调节光反射效果的位置，从而纠正渲染时产生的错误。

● 【反弹】：用于设置追踪光线反弹的次数。增加该值能够增加颜色溢出的程度，降低该值能够加快渲染速度，但图像的精确程度会降低，亮度会很暗。

● 【锥体角度】：控制用于重聚集的角度。减小该值会使对比度稍微升高，尤其在有许多小几何体向较大结构上投射阴影的区域中更加明显。范围为 33～90。默认值为 88。

● 【体积】：照明追踪方式能够将大气效果作为发光源。通过左侧的复选框设置是否对体积照明效果(如体积光、体积雾)进行重聚集处理。右侧的数值用于对体积照明效果进行倍增，增加该值提高效果，降低该值削弱效果。默认值为 1。

【自适应欠采样】选项组：

- 【初始采样间距】：图像初始采样的栅格间距，以像素为单位进行衡量。默认设置为 16×16。
- 【细分对比度】：设置对比度阈值，用于决定何时对区域进行进一步的细分。增加该值能够减少细分的产生，减少该值能够对更为细微的对比度差异区域进行采样细分，对于降低天光的软阴影或反射照明效果中的噪波很有帮助，但过低的取值可能会造成不必要的细分。默认值为 5。
- 【向下细分至】：用于设置细分的最小间距。增加该值能够缩短渲染时间，但也会影响图像的精确程度。默认设置为 1×1。
- 【显示采样】：勾选该复选框，采样点的位置会渲染为红点，从而了解到采样点的分布情况，有助于对进一步采样的优化设置。默认设置为关闭。

3．光跟踪器的优化与技巧

对【光跟踪器】进行快速预览的方法之一是使用低的【光线/采样数】和【过滤器大小】值，取得的结果会充满噪波颗粒。另一种快速预览的方法是确保勾选【自适应欠采样】复选框，设置【初始采样间距】与【向下细分至】的值相同，并在【参数】卷展栏中设置较低的【光线/采样数】值，【反弹】设置为 0。这样得到的效果也会充满噪波颗粒，但渲染速度很快，并且可以通过增加【光线/采样数】和【过滤器大小】的值来提高图像质量。通常【光线/采样数】取值较高，并且勾选了【自适应欠采样】复选框，即使【过滤器大小】的值很低，也能快速地获得很好的图像效果。

要改善【光跟踪器】的渲染时间，主要的手段是进行优化。优化的方法很多，主要包括以下几种。

排除对象。将那些对最终效果影响不大的对象排除在【光跟踪器】或光能传递计算之外。大多数情况下，光线反弹之后不会再碰到其他对象，从而结束该光线的追踪，也节省了渲染时间。

优化光线数量。每个对象都有一个用于增加或减少采样点投射光线数量的倍增设置，这个设置选项同样位于对象的属性对话框中的【高级照明】卷展栏中。通过它可以使细小的对象只使用 0.5 的倍增值就能获得同样好的渲染结果。

降低采样值。采样有初始值和最小值两个设置。一般大而平坦的表面区域，细分程度不会低于初始值的设置；高对比度及边缘区域细分一次之后，如果细节程度仍然很高，会继续细分下去。

需要注意的是，某些边缘上的采样进行了强制处理，即使增大最小值设置也不会对其造成影响。通过勾选【显示采样】复选框，可以对图像的采样情况进行检查，如果出现因采样值低而产生噪波的现象，可以通过增加【过滤器大小】进行缓和。

使用【光跟踪器】时还有一些技巧需要注意，分别如下。

带有透明或不透明贴图对象会明显降低光线跟踪处理的速度。这是因为落在透明表面上的光线分为了两条，一条进行反射；另一条则穿透对象，直接造成光线数量成倍增加。

此时应当使用一种或多种优化技术来确保处理时间，如果想要加快渲染速度，可以把这些对象排除在高级照明处理之外。

使用标准灯光进行【光跟踪器】渲染时，没有必要再使用【对数曝光控制】。标准灯光比光度学灯光更适用于【光跟踪器】渲染方式。

【天光】只有在使用【高级照明】系统时，才能产生投影。如果场景中不打算使用【高级照明】系统，但又需要【天光】的投影，可以使用【光跟踪器】方式，并且将【反弹】设置为 0，这样它就不会影响到场景中的其他照明情况。

如果场景中的【天光】指定了一张很细致的【天空颜色】贴图，一定要将这张贴图进行模糊处理，避免噪波颗粒的产生。【光跟踪器】随机投射的光线会丢掉很多细节。

粒子系统要排除在高级照明处理之外，因为它所产生的几何体数量太多。

增加【颜色溢出】值应当同时增加【反弹】和【颜色溢出】值，颜色溢出的效果通常很敏感。

如果场景的主光源是【天光】，而场景又需要产生高光时，可以使用第二光源，如一盏与【天光】类似的【平行光】。

实现【光跟踪器】设置的动画时，不需要考虑设置【关键点过滤器】，如果需要使用【设置关键点】方式来创建【光跟踪器】参数的关键点动画，可以通过 Shift+右击参数的调节按钮来创建这些关键点。

13.3.2 光能传递

光能传递是一种能够真实模拟光线在环境中相互作用的全局照明渲染技术，它能够重建自然光在场景对象表面上的反射，从而实现更为真实和精确的照明结果。与其他渲染技术相比，光能传递具有以下特点。

- 可以自定义对象的光能传递解算质量。
- 不需要使用附加灯光来模拟环境光。
- 自发光对象能够作为光源。
- 配合光度学灯光，光能传递可以为照明分析提供精确的结果。
- 光能传递解算的效果可以直接显示在视图中。
- 一旦完成光能传递解算，就可以从任意视角观察场景。解算结果保存在.max 文件中。

虽然光线跟踪和光能传递算法不同，但它们在许多方面是互补的。

1. 光能传递参数

在菜单栏中选择【渲染】|【渲染设置】命令，打开【渲染设置：默认扫描线渲染器】对话框，切换到【高级照明】选项卡，在【选择高级照明】卷展栏中单击下三角按钮，在弹出的下拉列表中选择【光能传递】选项，如图 13-47 所示。在该面板中可以设置以下参数。

在【光能传递处理参数】卷展栏中包含处理光能传递解决方案的主要控件，如图 13-48 所示。

【全部重置】：单击【开始】按钮后，将 3ds Max 场景的副本加载到光能传递引擎中。单击【全部重置】按钮，从引擎中清除所有的几何体。

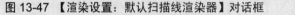

图 13-47 【渲染设置：默认扫描线渲染器】对话框　　　图 13-48 【光能传递处理参数】卷展栏

【重置】：从光能传递引擎中清除灯光级别，但不清除几何体。

【开始】：单击该按钮后，进行光能传递求解。

【停止】：单击该按钮后，停止光能传递求解，也可以按 Esc 键。

【处理】选项组：

- 【初始质量】：设置停止初始质量过程时的品质百分比，最高为 100%。例如，如果设置为 80%，会得到能量分配 80%精确的光能传递结果，通常 80%～85%的设置就可以得到足够好的效果了。

- 【优化迭代次数(所有对象)】：设置整个场景执行优化迭代的程度，该选项可以提高场景中所有对象的光能传递品质。它通过从每个表面聚集能量来减少表面间的差异，使用的是与初始质量不同的处理方式。这个过程不能增加场景的亮度，但可以提高光能传递解算的品质并且显著降低表面之间的差异。如果所设置的优化迭代没有达到需要的标准，可以直接提高该数值然后继续进行处理。

- 【优化迭代次数(选定对象)】：为选定的对象设置执行【优细化】迭代的次数，所使用的方法和【优化迭代次数(所有对象)】相同。

- 【处理对象中存储的优化迭代次数】：每个对象都有一个叫作【优化迭代次数】的光能传递属性。每当细分选定对象时，与这些对象一起存储的步骤数就会增加。

- 【如果需要，在开始时更新数据】：勾选该复选框后，如果解决方案无效，则必须重置光能传递引擎，然后再重新计算。

【交互工具】选项组：

- 【间接灯光过滤】：用周围的元素平均化间接照明级别以减少曲面元素之间的噪波数量。通常值设置为 3 或 4。如果使用太高的值，则可能会在场景中丢失详细信息。因为【间接灯光过滤】是交互式的，所以可以根据自己的需要对结果进行评估，然后再对其进行调整。

- 【直接灯光过滤】：用周围的元素平均化直接照明级别以减少曲面元素之间的噪波数量。通常值设置为 3 或 4。如果使用太高的值，则可能会在场景中丢失详细信息。因为【直接灯光过滤】是交互式的，所以可以根据自己的需要对结果进行评估，然后再对其进行调整。

- 【设置】：单击此按钮，显示【环境和效果】对话框，在此对话框中可以访问【曝光控制】卷展栏；在此处可以选择曝光控制并设置其参数。
- 【在视口中显示光能传递】：在光能传递和标准 3ds Max 着色之间切换视口中的显示。可以禁用光能传递着色以增加显示性能。

图 13-49　【光能传递网格参数】卷展栏

【光能传递网格参数】卷展栏用于控制光能传递网格的创建及其大小(以世界单位表示)，如图 13-49 所示。

【全局细分设置】选项组：

- 【启用】：用于启用整个场景的光能传递网格。
- 【使用自适应细分】：启用和禁用自适应细分。默认设置为启用。

【网格设置】选项组：

- 【最大网格大小】：自适应细分之后最大面的大小。对于英制单位，默认值为 36 英寸。对于公制单位，默认值为 100 厘米。
- 【最小网格大小】：不能将面细分使其小于最小网格大小。对于英制单位，默认值为 3 英寸。对于公制单位，默认值为 10 厘米。
- 【对比度阈值】：细分具有顶点照明的面，顶点照明因多个对比度阈值设置而异。默认设置为 75。
- 【初始网格大小】：改进面图形之后，不对小于初始网格大小的面进行细分。用于设置面是否是不佳图形的阈值。对于美国标准单位，默认值为 12 英寸(1 英尺)。对于公制单位，默认值为 30.5 厘米。

【灯光设置】选项组：

- 【投射直接光】：启用自适应细分或投射直射光之后，可以根据【灯光设置】选项组中其他选项来解析计算场景中所有对象上的直射光。照明是解析计算的，不用修改对象的网格，这样可以产生噪波较少且视觉效果更舒适的照明。既然有要求，就使用自适应细分时隐性启用该开关。默认设置为启用。
- 【在细分中包括点灯光】：控制投射直射光时是否使用点灯光。如果取消勾选该复选框，则在直接计算的顶点照明中不包括点灯光。默认设置为启用。
- 【在细分中包括线性灯光】：控制投射直射光时是否使用线性灯光。如果取消勾选该复选框，则在直接计算的顶点照明中不使用线性灯光。默认设置为启用。
- 【在细分中包括区域灯光】：控制投射直射光时是否使用区域灯光。如果取消勾选该复选框，则在直接计算的顶点照明中不使用区域灯光。默认设置为启用。
- 【包括天光】：勾选该复选框后，投射直射光时使用天光。如果取消勾选该复选框，则在直接计算的顶点照明中不使用天光。默认设置为禁用状态。

- 【在细分中包括自发射面】：控制投射直射光时如何使用自发射面。如果取消勾选该复选框，则在直接计算的顶点照明中不使用自发射面。默认设置为禁用状态。

- 【最小自发射大小】：这是计算其照明时用来细分自发射面的最小大小。使用最小大小而不是采样数目，可以使较大面的采样数多于较小面。默认值为 6。

使用【灯光绘制】卷展栏中的灯光绘制工具可以手动触摸阴影和照明区域，如图 13-50 所示。

【强度】：以勒克斯或坎迪拉为单位指定照明的强度，具体情况取决于在【单位设置】中选择的单位。

【压力】：指定用于添加或移除照明处理的采样能量的百分比。

【增加照明到曲面】按钮 ：增加照明开始于选择对象的顶点，根据【压力】的设置决定添加的照明强度，而压力值取决于采样能量的百分比。

【从曲面减少照明】按钮 ：用于减少光照效果。与【增加照明到曲面】按钮 一样，也根据【压力】的设置决定移除的照明强度。压力的取值方式与【增加照明到曲面】按钮 相同。

【从曲面拾取照明】按钮 ：用于拾取当前选择的曲面的照明数。

【清除】按钮 ：清除全部手动附加的光照效果。

【渲染参数】卷展栏提供用于控制如何渲染光能传递处理的场景的参数，如图 13-51 所示。

图 13-50 【灯光绘制】卷展栏   图 13-51 【渲染参数】卷展栏

【重用光能传递解决方案中的直接照明】：这是一种快速的渲染方式，直接根据光能传递网格计算阴影，因此产生的结果可能会有一些细碎粗糙。

【渲染直接照明】：用标准渲染器计算阴影，能够产生更为高质量的图像，但渲染时间会更长些。

【重聚集间接照明】：计算阴影时参考所有的光源情况，能够有效地纠正图像错误与阴影泄漏等问题，但却是花费渲染时间最长的方式。

【每采样光线数】：用于设置每次采样光线的数量。数值越高，间接照明投射光线的数量也越多，产生的光效就越精确；数值越低，投射的光线数量越少，产生的光效变化越大。这个数值直接影响最终的渲染品质，值越大效果越细腻，但渲染时间也会成倍增长。

【过滤器半径(像素)】：将每个采样与它相邻的采样进行平均，以减少噪波效果。默认设置为 2.5 像素。

【钳位值(cd/m^2)】：该控件表示为亮度值。亮度(每平方米国际烛光)表示感知到的材质亮度。【钳位值】设置亮度的上限，它会在【重聚集】阶段被考虑。勾选该复选框可以避免亮点的出现。

【自适应采样】：勾选该复选框后，光能传递解决方案将使用自适应采样。取消勾选该复选框后，就不用自适应采样。禁用自适应采样可以增加最终渲染的细节，但渲染时间会更长。默认设置为禁用状态。

【初始采样间距】：图像初始采样的网格间距。以像素为单位进行衡量。默认设置为16×16。

【细分对比度】：确定区域是否应进一步细分的对比度阈值。增加该值将减少细分；减小该值可能导致不必要的细分。默认值为 5。

【向下细分至】：细分的最小间距。增加该值可以缩短渲染时间，但是渲染效果不够好。默认设置为2×2。

【显示采样】：勾选该复选框后，可以在渲染时显示出红色的采样点，可以看到哪里的采集比较密集，哪里的采集比较疏散，可以帮助用户选择自适应采样的最佳设置。

图 13-52 【统计数据】卷展栏

【统计数据】卷展栏中可列出有关光能传递处理的信息，如图 13-52 所示。

【光能传递处理】选项组：

- 【解决方案质量】：光能传递进程中的当前质量级别。
- 【优化迭代次数】：光能传递进程中的优化迭代次数。
- 【经过的时间】：自上一次重置之后处理解决方案所花费的时间。

【场景信息】选项组：

- 【几何对象】：列出处理的对象数量。
- 【灯光对象】：列出处理的灯光对象数量。
- 【网格大小】：以世界单位列出光能传递网格元素的大小。
- 【网格元素】：列出所处理的网格中的元素数量。

2. 光能传递步骤

光能传递求解计算主要分为以下 3 个步骤。

1) 定义处理参数

设置整个场景的光能传递处理参数，虽然只是几秒钟的操作，却决定着整个求解过程的速度和品质。

2) 进行光能传递求解

这一步是由计算机完成的，自动计算场景中光线的分布，包括直接照明和间接的漫反射照明。计算过程可能相当漫长，往往远超过对图像的渲染时间，但其实也是有技巧可循的，比如光在传递过程中是以能量衰减形式进行的，真实世界中的光会百分之百地衰减，但在计算机中可以根据需要改变设置。

3）优化光能传递处理

在光能传递的求解过程中，可以随时中断计算，重新对不满意的材质或光源进行调节（但不能对几何模型的形状和位置进行大的改动），然后继续进行光能传递求解。

对于有动画的场景，如果只是摄影机运动，对象之间的相对关系没有改变，光能传递只需要在第一帧进行求解就可以了；对于对象、灯光或材质会发生很大变动的场景，由于整个场景的光线分布也随之产生了变化，所以需要逐帧重新进行光能传递计算，会增加渲染时间。

除了能够精确模拟场景中的光线情况之外。光能传递还提供了更为重要的作用。

提高图像质量：3ds Max 的光能传递技术可以为场景模拟更精确的光度学照明，产生间接照明、软阴影和表面之间的颜色溢出等效果，制作出标准扫描线渲染方式所达不到的逼真现实效果，为描述场景在特定照明条件下的情形提供了更优质和可预见的方式。

更直观的照明设置：伴随着光能传递技术，3ds Max 还提供了模拟现实的灯光参数，彻底告别了盲目地设置参数。灯光强度不但可以采用光度学照明单位（例如流明、烛光等）进行指定，而且还可以通过工业标准的光域网文件（例如 IES、CIBSE 以及 LTLI）指定模拟现实的灯光设备特征，大大节省了调试灯光所花费的精力。

3. 光能传递的方式

其方式是仿真现实的工作流程。

通过基于物理模拟现实的方式创建光能传递求解，要确保以下几点。

场景单位：确保场景中使用正确的单位，最好和现实环境一致（300cm 高的房间和300m 高的房间差别很大）。

灯光：使用专用的光度学灯光，同时还要确保灯光亮度处于正常范围。

自然光照：要模拟自然光照，只能使用【IES 阳光】和【IES 天光】，它们能够基于所指定的地域、日期和时间，提供正确的阳光和天光光度学表现。

材质反射系数：指定场景材质的反射系数时，要确保取值范围在所表达的实际对象的物理反射系数范围之内。

曝光控制：曝光控制选项相当于相机光圈的作用。在确保进行正常曝光控制的情况下，为最终效果设置适当的值。

模拟现实方式的工作流程如下。

步骤01　确保场景中的材质反射系数设置正确。

步骤02　在场景中设置光度学灯光。这种方式的好处是无须考虑灯光的分布，只要根据现实情况进行布光即可。

步骤03　在菜单栏中选择【渲染】|【环境】命令，弹出【环境和效果】对话框，选择曝光控制类型。

步骤04　在工具栏中单击【渲染产品】按钮，预览灯光效果。这时还没有进行光能传递，但可以快速调节直接照明，确定灯光位置。

步骤05　在工具栏中单击【渲染设置】按钮，弹出【渲染设置：默认扫描线渲染器】对话框，在对话框中选择【高级照明】选项卡，然后在【选择高级照明】卷展栏中选择【光能传递】选项，并在【光能传递处理参数】卷展栏中，单击【开始】按钮进行光能传递计算。光能传递计算结束后，可以直接从视图中看到计算结果。灯光级别信息存储在几何体中，用户可以自由变换视角而不用重新计算场景信息。

步骤06　再次单击【渲染产品】按钮，进行直接照明和阴影的渲染。光能传递求解结果(间接照明)用于整合调节环境光。

可以通过【伪彩色曝光控制】在场景中互动显示灯光级别。这项功能在视图显示时很有用，也可以将虚拟颜色显示渲染到图像或动画中。很多高级用户可能需要制作照明情况报告，这时可以使用【二维照明数据输出】工具将亮度和照明数据输出到 TIFF 文件中。

人工模拟的工作流程如下。

这种制作方式不用像上一种方式那样注重灯光和材质的现实性设置，可以使用标准类型的灯光，但制作时也需要考虑下面几个问题。

灯光：由于光能传递的能量是基于现实的，所以场景中设置的 Standard 标准类型的灯光能量都转变为光度学灯光能量。例如，倍增值为 1 的标准聚光灯会转换为亮度为 1500 烛光(默认值)的光度学聚光灯。

自然光：用【平行光】表示阳光；【天光】表示天光。

曝光控制：由于标准灯光基于非现实情况，所以曝光控制只作用于光能传递求解。曝光控制类型一律使用【对数曝光控制】，并确保勾选【仅影响间接照明】复选框。其他亮度和对比度控制也只作用于光能传递求解，灯光不受影响而且依常规进行渲染。

步骤01　确保场景中的几何体为正确的现实比例。

步骤02　选择【创建】 |【灯光】工具，然后根据需要在场景中创建和定位标准灯光。

步骤03　单击【渲染产品】按钮，预览灯光效果。这时还没有进行光能传递，但可以快速调节直接照明，确定灯光位置。

步骤04　在工具栏中单击【渲染设置】按钮，弹出【渲染设置：默认扫描线渲染器】对话框，在对话框中选择【高级照明】选项卡，然后在【选择高级照明】卷展栏中选择【光能传递】选项，并在【光能传递处理参数】卷展栏中，单击【交互工具】选项组下的【设置】按钮，显示【环境和效果】对话框，进行曝光控制设置。

步骤05　在非现实模拟制作方式下，一律使用【对数曝光控制】，勾选【仅影响间接照明】复选框。这样曝光控制只能影响光能传递求解结果，直接照明则保持无光能传递下的效果。使用曝光控制下的亮度和对比度控制，调节光能传递求解的强度，将照明效果匹配到适当级别。

默认设置下，只在当前帧计算光能传递求解。如果有动画设置，并且希望每帧都计算光能传递，则在【渲染设置：默认扫描线渲染器】对话框中勾选【需要时计算高级照明】复选框，这样就能对必要的帧重新计算光能传递。例如，场景中的对象移动、灯光强度发生变化等情况都需要重新计算光能传递。如果两帧之间场景没有发生什么变化，光能传递

不会重新进行求解计算。

　　进行长时间的动画渲染之前，最好先进行一次单帧的光能传递计算，确认结果可取。如果只有摄影机动画，光能传递只计算第 1 帧的求解，因为它可以在以后的渲染帧中重复使用。

　　提示： 由于光能传递能量采用随机采样方式，所以帧与帧之间可能会产生闪烁。

第 14 章

综合练习

　　本章主要分为三个部分：常用三维文字的制作、景观区售货厅的制作，以及客厅效果的制作。通过制作本章中的案例，可以很好地掌握和巩固前面学习的内容。

本章重点：

➡ 常用三维文字的制作

➡ 景观区售货厅

➡ 制作客厅效果

14.1 常用三维文字的制作

本节将对常用三维文字的制作进行介绍，其中包括金属文字、玻璃文字、浮雕文字和沙砾金文字的制作。

14.1.1 金属文字

本例将介绍金属文字的制作方法，其效果如图 14-1 所示。通过对本例的学习，用户可以掌握金属文字的制作、修改及编辑操作，同时掌握反射贴图通道的应用。

步骤 01 启动 3ds Max 2013 软件，选择【创建】 |【图形】 |【文本】工具，在【参数】卷展栏中的【字体】下拉列表中选择一种字体，在【文本】文本框中输入 "UNDIROS"，然后在【前】视图中单击创建字母，如图 14-2 所示。

图 14-1 金属字效果　　　　　　　　　　图 14-2 创建字母

步骤 02 单击【修改】按钮 进入【修改】命令面板，在【修改器列表】下拉列表中选择【倒角】修改器，在【倒角值】卷展栏中将【级别 1】下的【高度】设置为 30，勾选【级别 2】复选框，将它下面的【高度】和【轮廓】值设置为 2、–1，如图 14-3 所示。

步骤 03 在工具栏中单击【材质编辑器】按钮 ，打开【材质编辑器】对话框，单击一个材质样本球，将其命名为"金属字"。在【明暗器基本参数】卷展栏中将明暗器类型定义为【金属】。在【金属基本参数】卷展栏中将【环境光】的 RGB 值设置为 0、0、0，将【漫反射】的 RGB 值设置为 255、222、0，将【高光级别】和【光泽度】都设置为 100，如图 14-4 所示。

步骤 04 展开【贴图】卷展栏，单击【反射】右侧的 None 按钮，在打开的【材质/贴图浏览器】对话框中双击【位图】贴图，会弹出【选择位图图像文件】对话框，在该对话框中选择随书附带光盘中的 "CDROM\Map\金属材质.jpg" 文件，单击【打开】按钮。进入【反射】通道的位图层，在【输出】卷展栏中将【输出量】的值设置为 1.3，如图 14-5 所示。

步骤 05 完成设计后单击【将材质指定给选定对象】按钮 ，将材质指定给场景中的字母对象，如图 14-6 所示。

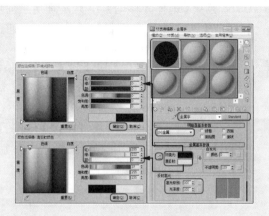

图 14-3 为字母设置倒角   图 14-4 设置参数

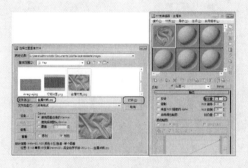

图 14-5 设置输出量   图 14-6 指定材质后的效果

步骤06 激活【顶】视图。选择【创建】 |【摄影机】 |【目标】摄影机工具，在【顶】视图中创建摄影机对象，如图 14-7 所示。

步骤07 在打开的【参数】卷展栏中选择【备用镜头】区域下的 24mm 选项，将当前摄像机镜头大小设置为 24mm，如图 14-8 所示。

步骤08 右击，将【透视】视图激活，然后按 C 键将当前激活视图转换为【摄影机】视图显示，如图 14-9 所示。

图 14-7 创建摄影机对象   图 14-8 设置镜头参数   图 14-9 转换为【摄影机】视图

步骤 09　使用【选择并移动】工具，确定当前作用轴为 X、Y 轴，然后在【左】视图和【前】视图中调整摄像机的位置，并通过【摄像机】视图观察调整效果，调整后的效果如图 14-10 所示。

步骤 10　在工具栏中单击【渲染设置】按钮，会弹出【渲染设置：默认扫描线渲染器】对话框，将【输出大小】区域下【宽度】设置为 1200，将【高度】设置为 500，如图 14-11 所示。

步骤 11　按 8 键，此时会弹出【环境和效果】对话框，在【背景】卷展栏中将【颜色】设置为白色，如图 14-12 所示。然后保存场景文件，按 F9 键渲染【摄影机】视图。

图 14-10　调整后的效果

图 14-11　设置渲染参数

图 14-12　设置背景色

14.1.2　玻璃文字

玻璃文字主要通过为文字设置材质来表现其透明效果，可通过本例掌握玻璃材质的调节方法。制作玻璃文字要先创建文字，创建文字的具体操作步骤如下。

步骤 01　选择【创建】　|【图形】　|【样条线】|【文本】工具，在【参数】卷展栏中单击【字体】右侧的下三角按钮，在弹出的下拉列表中选择【华文新魏】，在【文本】文本框中输入"完美时空"，在【前】视图中单击创建文字，如图 14-13 所示。

步骤 02　进入【修改】命令面板，在【修改器列表】中选择【倒角】修改器，在【倒角值】卷展栏中在【级别 1】下的【高度】与【轮廓】文本框中分别输入 2、2，勾选【级别 2】复选框，并在下方的【高度】文本框中输入"20"，再勾选【级别 3】复选框，在下方的【高度】与【轮廓】文本框中分别输入"2"、"-2"，按 Enter 键确认，如图 14-14 所示。

步骤 03　在工具栏中单击【材质编辑器】按钮，在弹出的【材质编辑器】对话框中选择第一个材质样本球，在【明暗器基本参数】卷展栏中将阴影模式设置为 Blinn，勾选【双面】复选框，如图 14-15 所示。

步骤 04　在【Blinn 基本参数】卷展栏中单击按钮，取消【环境光】和【漫反射】颜色的锁定，如图 14-16 所示。

图 14-13 创建文字

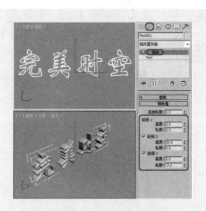

图 14-14 对文字倒角

图 14-15 设置材质

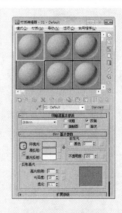

图 14-16 取消锁定

步骤05 使用同样的方法对【漫反射】与【高光反射】颜色进行锁定，在弹出的对话框中单击【是】按钮，如图 14-17 所示。

步骤06 将【环境光】的 RGB 值设置为 200、200、200，如图 14-18 所示。

图 14-17 确认锁定

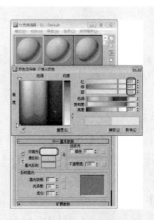

图 14-18 设置 RGB 值

步骤07 将【漫反射】的 RGB 值设置为 255、255、255，然后设置【不透明度】值为 10，按 Enter 键确认，如图 14-19 所示。

步骤08 在【反射高光】选项组中的【高光级别】和【光泽度】文本框中分别输入 "100"、"69"，在【柔化】文本框中输入 "0.53"，按 Enter 键确认，如图 14-20 所示。

图 14-19　设置【漫反射】

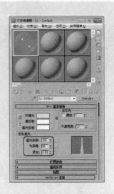
图 14-20　设置【反射高光】选项组

步骤09 在【扩展参数】卷展栏中将【过滤】的 RGB 值设置为 255、255、255，在【数量】文本框中输入 "100"，按 Enter 键确认，如图 14-21 所示。

步骤10 在【贴图】卷展栏中单击【折射】右侧的 None 按钮，如图 14-22 所示。

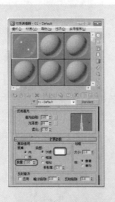
图 14-21　设置【扩展参数】卷展栏

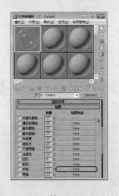
图 14-22　单击 None 按钮

步骤11 弹出【材质/贴图浏览器】对话框，在弹出的对话框中双击【光线追踪】选项，如图 14-23 所示。

步骤12 返回到【光线跟踪器参数】卷展栏，在卷展栏中取消勾选【光线跟踪大气】与【反射/折射材质 ID】复选框，如图 14-24 所示。

步骤13 单击【转到父对象】按钮，然后在【贴图】卷展栏中将【折射】的【数量】设置为 90，按 Enter 键确认，设置完成后，单击【将材质指定给选定对象】按钮，如图 14-25 所示。

步骤14 在【材质编辑器】对话框中选择第二个材质样本球，单击【获取材质】按钮，如图 14-26 所示。

图 14-23　双击【光线追踪】选项

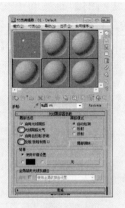

图 14-24　取消勾选相应复选框

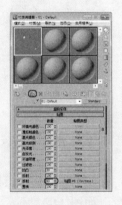

图 14-25　指定材质

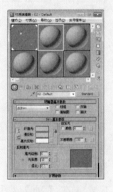

图 14-26　获取材质

步骤15　在弹出的【材质/贴图浏览器】对话框中双击【位图】选项，如图 14-27 所示。

步骤16　弹出【选择位图图像文件】对话框，在弹出的对话框中打开随书附带光盘中的 "CDROM\Map\Cloud001.TIF" 文件，如图 14-28 所示。

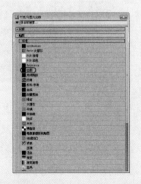

图 14-27　双击【位图】选项

图 14-28　选择图像文件

步骤 17　返回【材质编辑器】对话框，在【坐标】卷展栏中选中【环境】单选按钮，在【贴图】右侧的下拉列表中选择【收缩包裹环境】选项，设置 U |【瓷砖】为 0.9，设置 V |【瓷砖】为 0.9，如图 14-29 所示。

步骤 18　选择菜单栏中的【渲染】|【环境】命令，在弹出的【环境和效果】对话框中切换到【环境】选项卡，如图 14-30 所示。

图 14-29　设置【坐标】卷展栏

图 14-30　【环境和效果】对话框

步骤 19　将第二个材质样本球上的背景材质拖动到【环境和效果】对话框中的环境贴图中，如图 14-31 所示。

步骤 20　在弹出的【实例(副本)贴图】对话框中选中【实例】单选按钮，单击【确定】按钮，如图 14-32 所示。

步骤 21　将【环境和效果】等对话框进行关闭。选择【创建】|【摄影机】|【目标】工具，在【顶】视图中创建一个摄影机对象，如图 14-33 所示。

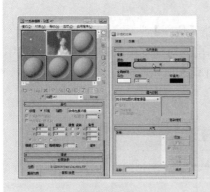

图 14-31　拖动背景材质

图 14-32　选中【实例】单选按钮

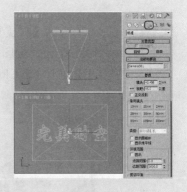

图 14-33　创建摄影机对象

步骤 22　激活【透视】视图，然后按 C 键将当前激活的视图转为【摄影机】视图，并在其他视图中调整摄影机的位置，调整后的效果如图 14-34 所示。

步骤 23　按 F9 键对【摄影机】视图进行渲染，效果如图 14-35 所示，然后将制作完成的场景进行保存。

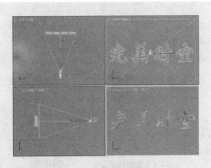

图 14-34　调整摄影机位置

图 14-35　玻璃文字效果

14.1.3　浮雕文字

本例将介绍一种简单实用的浮雕文字制作方法，其效果如图 14-36 所示。首先使用
【长方体】工具创建一个拥有足够细节的长方体，并为它指定【置换】修改器，然后选择
文字图像作为影响物体的图像，产生浮雕效果。通过对本例的学习，用户可以学会浮雕字
的制作并掌握【置换】修改器的使用方法。

步骤01　选择【文件】|【重置】菜单命令，重新设置一个场景。选择【创建】 ※|
【几何体】 ○|【标准基本体】|【长方体】工具，在【前】视图中创建一个【长
度】、【宽度】、【高度】分别为 125、380、5，【长度分段】和【宽度分段】分别
为 100、200 的长方体用来制作浮雕字，将其命名为"背板"，如图 14-37 所示。

图 14-36　浮雕文字效果

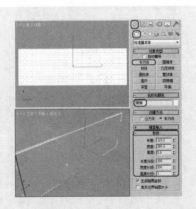

图 14-37　创建长方体

步骤02　单击【修改】按钮 进入【修改】命令面板，在【修改器列表】中选择
【置换】修改器，在【参数】卷展栏中将【强度】的值设置为 8，勾选【亮度中
心】复选框，将【中心】值设置为 0.5，如图 14-38 所示。

步骤03　在【图像】区域下单击【位图】下的【无】按钮，然后在打开的对话框中选择随书附带光盘"CDROM\Map\榜上有名.jpg"文件，单击【打开】按钮，如图 14-39 所示。

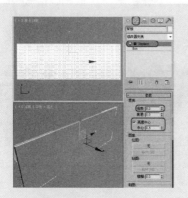

图 14-38　设置参数

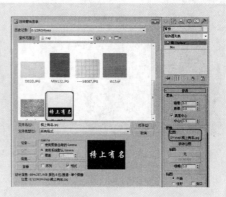

图 14-39　打开素材文件

步骤04　选择【创建】 |【图形】 |【矩形】工具，在【前】视图中沿长方体的边缘创建一个【长度】、【宽度】为 125、380 的矩形，并将其命名为"边框"，如图 14-40 所示。

步骤05　单击【修改】按钮 ，进入【修改】命令面板，在【修改器列表】下拉列表中选择【编辑样条线】修改器，定义当前选择集为【样条线】，在视图中选择样条曲线，在【几何体】卷展栏中将【轮廓】值设置为 8，如图 14-41 所示。

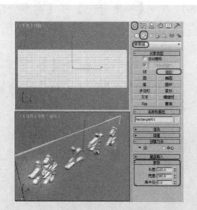

图 14-40　创建边框

图 14-41　为边框设置轮廓

步骤06　关闭当前选择集，在【修改器列表】中选择【倒角】修改器，在【倒角值】卷展栏中将【级别 1】的【高度】和【轮廓】值都设置为 2，勾选【级别 2】复选框，将【高度】值设置为 5，勾选【级别 3】复选框，将它的【高度】和【轮廓】设置为 2、-2，如图 14-42 所示。

步骤07　在工具栏中单击【材质编辑器】按钮 ，打开【材质编辑器】对话框，为凹凸字和边框设置材质，在【明暗器基本参数】卷展栏中选择明暗器为【金属】，在【金属基本参数】卷展栏中设置【环境光】的 RGB 值为 255、174、0，设置【漫反射】的 RGB 值为 255、174、0，在【反射高光】选项组中设置【高光级别】和【光泽度】分别为 100 和 80，如图 14-43 所示。

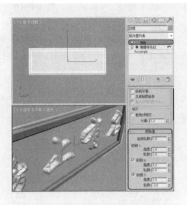

图 14-42　为边框设置倒角

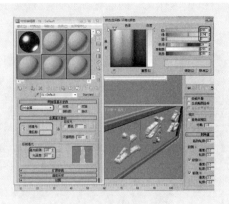

图 14-43　设置材质

步骤08　打开【贴图】卷展栏，勾选【反射】前面的复选框并单击【反射】通道后面的 None 按钮，在打开的【材质/贴图浏览器】对话框中选择【位图】贴图，单击【确定】按钮。再在打开的对话框中选择随书附带光盘"CDROM\Map\Gold07.jpg"文件，单击【打开】按钮，如图 14-44 所示。

步骤09　进入【反射】通道的位图层，在【坐标】卷展栏中，将【模糊偏移】值设置为 0.09，完成设置后单击【将材质指定给选定对象】按钮，将材质指定给场景中的浮雕字和边框，如图 14-45 所示。

步骤10　激活【顶】视图，选择【创建】 |【摄影机】 |【目标】工具，在【顶】视图底端单击，创建摄影机对象，然后移动鼠标至文字对象处再次单击，创建目标点；接着在打开的【参数】卷展栏中选择【备用镜头】区域下的 24mm 选项，将当前摄影机镜头大小设置为 24mm，如图 14-46 所示。

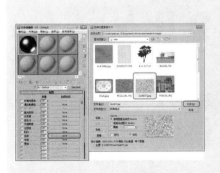

图 14-44　设置材质

图 14-45　设置材质

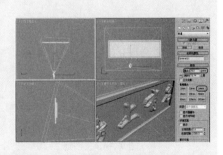

图 14-46　创建摄影机

步骤11　激活【透视】视图，然后按 C 键，将当前激活的视图转换为【摄影机】视图显示。选择【选择并移动】工具，确定当前作用轴为 X/Y 轴，然后在【左】视图中调整摄影机位置，通过【摄影机】视图观察调整的效果，调整后的效果如图 14-47

所示。

步骤12 选择【文件】|【另存为】菜单命令，将场景文件进行保存，在打开的对话框中选择文字的保存路径并设置文字名称，单击【保存】按钮，如图 14-48 所示。

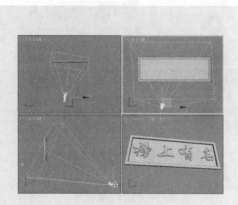

图 14-47　调整摄影机

图 14-48　保存场景文件

14.1.4　沙砾金文字

本例介绍沙砾金文字的表现方法，其效果如图 14-49 所示。本例使用前面所讲述的方法制作三维文字，其效果主要由质感和灯光来体现。

通过对本例的学习，用户可以学会沙砾金文字的制作。通过本例，用户可以掌握沙砾金材质的调节方法，同时理解【凹凸】通道的概念。

步骤01 选择【创建】 |【图形】 |【文本】工具，在【参数】卷展栏中的【字体】列表中选择【隶书】，将【字间距】设置为 0.5，在文本输入框中输入"高峰论坛"，然后在【前】视图中单击创建文字，如图 14-50 所示。

图 14-49　沙砾金文字效果

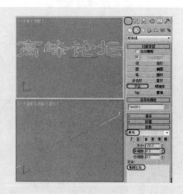

图 14-50　创建文字

步骤02 进入【修改】命令面板，在【修改器列表】中选择【倒角】修改器，在【倒角值】卷展栏中将【起始轮廓】值设置为 2，将【级别 1】下的【高度】值设置为 10，勾选【级别 2】复选框，将它下面的【高度】和【轮廓】设置为 2、-2，如图 14-51 所示。

步骤03 选择【创建】 ◈ |【几何体】 ◉ |【长方体】工具，在【前】视图中创建一个
【长度】、【宽度】和【高度】分别为 120、420、-1 的长方体，将其命名为
"背板"，如图 14-52 所示。

图 14-51 为文字设置倒角

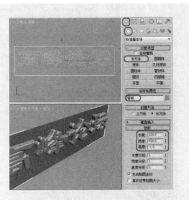

图 14-52 制作"背板"

步骤04 选择【创建】 ◈ |【图形】 ◌ |【矩形】工具，在【前】视图中沿背板的边缘
创建一个【长度】、【宽度】为 120、420 的矩形，将其命名为"边框"，如
图 14-53 所示。

步骤05 进入【修改】命令面板，在【修改器列表】中选择【编辑样条线】修改器，
定义当前选择集为【样条线】，在视图中选择样条曲线，在【几何体】卷展栏中
将【轮廓】值设置为-12，如图 14-54 所示。

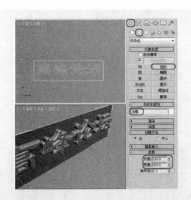

图 14-53 制作"边框"

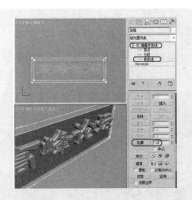

图 14-54 为边框设置轮廓

步骤06 关闭当前选择集，在【修改器列表】中选择【倒角】修改器，在【倒角值】
卷展栏中将【起始轮廓】值设置为 1.6，将【级别 1】下的【高度】和【轮廓】设
置为 10、-0.8，勾选【级别 2】复选框，将它下面的【高度】和【轮廓】分别
设置为 0.5、-3.8，如图 14-55 所示。

步骤07 在工具栏中单击【材质编辑器】按钮 ◱ ，打开【材质编辑器】对话框，为
凹凸字和边框设置材质，激活第一个材质样本球，并将其命名为【边框】，在

【明暗器基本参数】卷展栏中将阴影模式定义为【金属】，在【金属基本参数】卷展栏中将【环境光】的 RGB 值设置为 0、0、0；将【漫反射】的 RGB 值设置为 255、240、5，将【反射高光】区域下的【高光级别】和【光泽度】分别设置为 100、80，如图 14-56 所示。

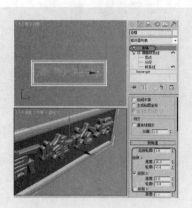

图 14-55　为边框设置倒角

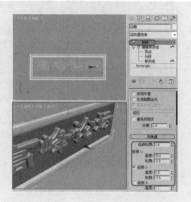

图 14-56　设置边框材质(一)

步骤08　打开【贴图】卷展栏，单击【反射】通道后的 None 按钮，在打开的【材质/贴图浏览器】对话框中选择【位图】贴图，单击【确定】按钮。再在打开的对话框中选择随书附带光盘 "CDROM\Map\Gold04.jpg" 文件，单击【打开】按钮，如图 14-57 所示。

步骤09　进入【反射】通道的位图层。设置完成后，单击【将材质指定给选定对象】按钮，将材质指定给场景中的边框和文字，如图 14-58 所示。

步骤10　激活第二个材质样本球，并将其命名为 "背板"，在【明暗器基本参数】卷展栏中将阴影模式定义为【金属】，在【金属基本参数】卷展栏中将【环境光】的 RGB 值设置为 0、0、0，将【漫反射】的 RGB 值设置为 255、240、5；将【反射高光】区域下的【高光级别】和【光泽度】设置为 100、0，如图 14-59 所示。

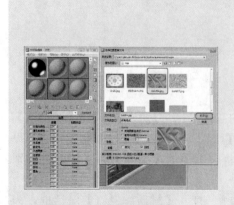

图 14-57　设置边框材质(二)

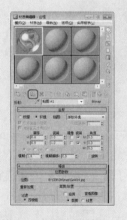

图 14-58　【材质编辑器】对话框

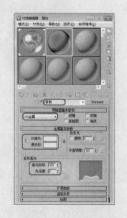

图 14-59　设置材质

步骤 11　打开【贴图】卷展栏，单击【反射】通道后的 None 按钮，在打开的【材质/贴图浏览器】中选择【位图】贴图，单击【确定】按钮。再在打开的对话框中选择随书附带光盘 "CDROM\Map\Gold04.jpg" 文件，单击【打开】按钮，如图 14-60 所示。

步骤 12　进入【反射】通道的位图层，单击【转到父对象】按钮 🐾，向上移动一个材质层，将【凹凸】通道后的【数量】值设置为 120，单击其后面的 None 按钮，在打开的【材质贴图浏览器】对话框中选择【位图】贴图，单击【确定】按钮。再在打开的对话框中选择随书附带光盘 "CDROM\Map\SAND.JPG" 文件，单击【打开】按钮。在【坐标】卷展栏中将【瓷砖】下的 U、V 值都设置为 1.2，如图 14-61 所示。设置完成后，单击 🔳 按钮将材质指定给场景中的背板对象即可。

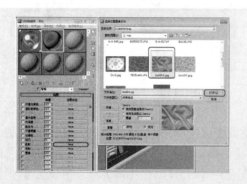

图 14-60　设置材质

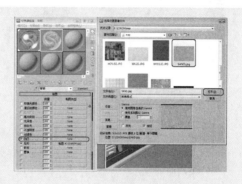

图 14-61　设置背板材质

步骤 13　激活【顶】视图。选择【创建】 ✳ |【摄影机】 📷 |【目标】工具，然后在【顶】视图底端单击，创建摄影机对象，然后移动鼠标至文字对象处再次单击，创建目标点；将当前摄影机镜头大小设置为 28mm，如图 14-62 所示。

步骤 14　激活【透视】视图，然后按 C 键将当前激活视图转换为【摄影机】视图显示。选择 ✥ 工具，确定当前作用轴为 X/Y 轴，然后在【左】视图中调整摄影机的位置，并通过【摄影机】视图观察调整的效果，调整后的效果如图 14-63 所示。

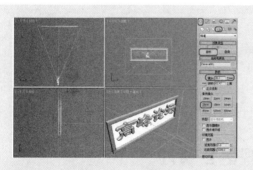

图 14-62　创建摄影机

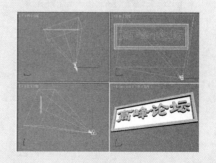

图 14-63　调整摄影机

步骤 15　选择【创建】 ✳ |【灯光】 💡 |【泛光】工具，按照图 14-64 所示的位置在【顶】视图中创建一盏泛光灯，并将【强度/颜色/衰减】区域下的【倍增】值设

置为 0.5，将其后面颜色块的 RGB 值设置为 252、252、240。 然后在使用 ✛ 工具，在【前】视图和【左】视图中调整其位置。

步骤 16 选择【创建】 ❂ |【灯光】 🔦 |【泛光】工具，按照图 14-64 所示的位置在【顶】视图中创建一盏泛光灯，并将【强度/颜色/衰减】区域下的【倍增】值设置为 0.8，将其后面的颜色块的 RGB 值设置为 252、252、238。然后在使用 ✛ 工具，在【前】视图和【左】视图中调整其位置。调整后的效果如图 14-65 所示。

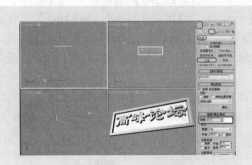

图 14-64 创建泛光灯(一)

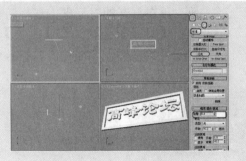

图 14-65 创建泛光灯(二)

步骤 17 选择【创建】 ❂ |【灯光】 🔦 |【泛光】工具，在【顶】视图中创建一盏泛光灯，并将【强度/颜色/衰减】区域下的【倍增】值设置为 0.8，将其后面的颜色的 RGB 值设置为 223、223、223。然后在使用 ✛ 工具，在【前】视图和【左】视图中调整其位置。调整后的效果如图 14-66 所示。

步骤 18 激活【摄影机】视图，按 F9 键对其进行渲染，确认无误后，选择【文件】|【保存】菜单命令，保存场景文件，在打开的对话框中选择文字的保存路径并设置文字名称，单击【保存】按钮，如图 14-67 所示。

图 14-66 创建泛光灯(三)

图 14-67 保存场景文件

14.2 景观区售货厅

景观区售货厅主要出现在一些公园或者风景区等公共场所中。本例就来介绍一下景观区售货厅的制作方法，效果如图 14-68 所示。

图 14-68　景观区售货厅

14.2.1　制作地板与基墙

步骤01　重置一个新的场景文件，在菜单栏中选择【自定义】|【单位设置】命令，如图 14-69 所示。

步骤02　弹出【单位设置】对话框，选中【公制】单选按钮，并在其下方的下拉列表中选择【毫米】，单击【确定】按钮，如图 14-70 所示。

步骤03　选择【创建】|【图形】|【线】工具，在【顶】视图中创建闭合的样条曲线，并将其命名为"地板"，如图 14-71 所示。

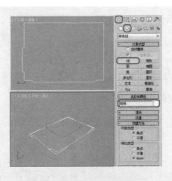

图 14-69　选择【单位设置】命令　　图 14-70　【单位设置】对话框　　图 14-71　创建地板

步骤04　切换到【修改】命令面板，在【修改器列表】中选择【挤出】修改器，在【参数】卷展栏中将【数量】设为 50mm，如图 14-72 所示。

步骤05　按 M 键打开【材质编辑器】对话框，选择一个新的材质样本球，将其命名为"地板"。在【明暗器基本参数】卷展栏中将明暗器类型定义为 Phong，在【Phong 基本参数】卷展栏中将【环境光】和【漫反射】的 RGB 值设为 255、238、203，如图 14-73 所示。

步骤06　打开【贴图】卷展栏，单击【漫反射颜色】右侧的 None 按钮，在打开的【材质/贴图浏览器】对话框中选择【位图】贴图，单击【确定】按钮。再在打开的对话框中选择随书附带光盘中的"CDROM\Map\B0000570.JPG"文件，单击【打开】按钮，如图 14-74 所示。

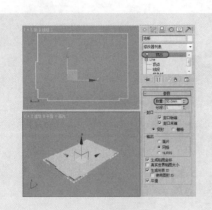

图 14-72　设置挤出

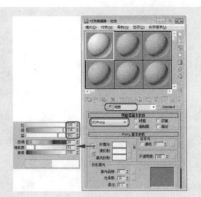

图 14-73　设置材质 1

步骤07　在【坐标】卷展栏中使用默认设置，单击【转到父对象】按钮 📷，在【贴图】卷展栏中将【反射】右侧的【数量】设为 20，然后单击后面的 None 按钮，在弹出的【材质/贴图浏览器】对话框中双击【平面镜】贴图，如图 14-75 所示。

步骤08　在【平面镜参数】卷展栏中勾选【应用于带 ID 的面】复选框，如图 14-76 所示。设置完成后，单击【转到父对象】按钮 📷 和【将材质指定给选定对象】按钮 📷，将材质指定给【地板】对象。

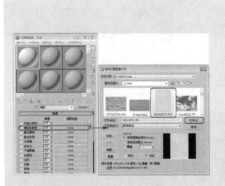

图 14-74　选择贴图

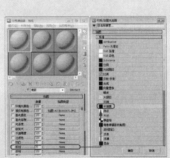

图 14-75　双击【平面镜】贴图

图 14-76　勾选相应复选框

步骤09　选择【创建】 ➕|【几何体】 ⚪|【长方体】工具，在【顶】视图中创建一个【长度】、【宽度】、【高度】、【长度分段】和【宽度分段】分别为 2931mm、4247mm、0.1mm、5 和 7 的长方体，将其命名为"地板线"，如图 14-77 所示。

步骤10　按 M 键打开【材质编辑器】对话框，选择一个新的材质样本球，将其命名为"地板线"。在【明暗器基本参数】卷展栏中勾选【线框】复选框，在【Blinn 基本参数】卷展栏中将【环境光】和【漫反射】的 RGB 值设为 0、0、0，在【扩展参数】卷展栏中将【线框】选项组中将【大小】设为 0.3，如图 14-78 所示。设置完成后，单击【转到父对象】按钮 📷 和【将材质指定给选定对象】按钮 📷，将材质指定给"地板线"对象。

步骤11 选择【创建】　　|【图形】　　|【矩形】工具，在【顶】视图中创建一个【长度】和【宽度】为 2935mm 和 4125mm 的矩形，将其命名为"墙基"，如图 14-79 所示。

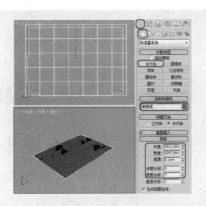

图 14-77 创建"地板线"

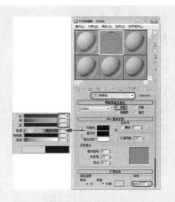

图 14-78 设置地板线材质

步骤12 切换到【修改】命令面板，在【修改器列表】中选择【编辑样条线】修改器，将当前选择集定义为【样条线】，按 Ctrl+A 快捷键选择所有的样条线，然后在【几何体】卷展栏中将【轮廓】设为 100mm，如图 14-80 所示。

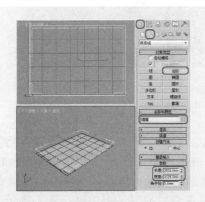

图 14-79 创建"墙基"

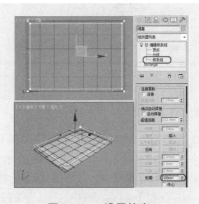

图 14-80 设置轮廓

步骤13 将当前选择集定义为【顶点】，在【几何体】卷展栏中单击【优化】按钮，然后在样条线上单击添加多个顶点，如图 14-81 所示。

步骤14 再次单击【优化】按钮，将其关闭，然后将当前选择集定义为【分段】，在场景中将不需要的线段删除，效果如图 14-82 所示。

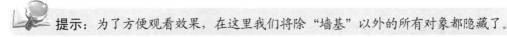

提示：为了方便观看效果，在这里我们将除"墙基"以外的所有对象都隐藏了。

步骤15 再次将当前选择集定义为【顶点】，在【几何体】卷展栏中单击【连接】按钮，在场景中将断开的顶点连接在一起，如图 14-83 所示。

步骤16 关闭当前选择集，在【修改器列表】中选择【挤出】修改器，在【参数】卷展栏中将【数量】设为 450mm，如图 14-84 所示。

步骤 17　在【修改器列表】中选择【UVW 贴图】修改器，在【参数】卷展栏中选中
　　　　【贴图】选项组中的【长方体】单选按钮，然后在【对齐】选项组中单击【适
　　　　配】按钮，如图 14-85 所示。

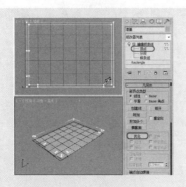

图 14-81　添加顶点

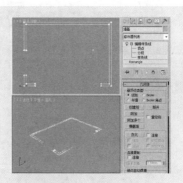

图 14-82　删除线段

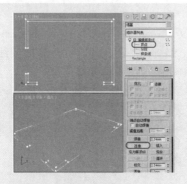

图 14-83　连接顶点

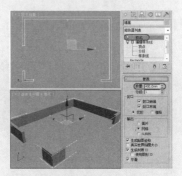

图 14-84　选择【挤出】修改器

步骤 18　按 M 键打开【材质编辑器】对话框，选择一个新的材质样本球，将其命名
　　　　为【地板】。在【明暗器基本参数】卷展栏中将明暗器类型定义为 Phong，在
　　　　【贴图】卷展栏中单击【漫反射颜色】右侧的 None 按钮，在弹出的【材质/贴图
　　　　浏览器】对话框中双击【位图】贴图，再在弹出的对话框中选择随书附带光盘中
　　　　的"CDROM\Map\0704STON.jpg"文件，单击【打开】按钮，如图 14-86 所示。

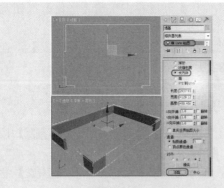

图 14-85　选择【UVW 贴图】修改器

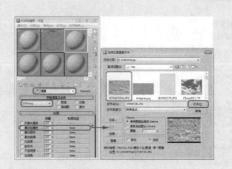

图 14-86　设置材质

步骤 19 在【坐标】卷展栏中将【瓷砖】下的 U 值设为 1.7，在【位图参数】卷展栏中勾选【裁剪/放置】区域中的【应用】复选框，并将 U、V、W、H 值分别设为 0、0.157、1 和 0.339，如图 14-87 所示。

步骤 20 单击【转到父对象】按钮 🔄，在【贴图】卷展栏中，拖动【漫反射颜色】右侧的贴图按钮到【凹凸】右侧的 None 按钮上，在弹出的【复制(实例)贴图】对话框中选中【实例】单选按钮，然后单击【确定】按钮，即可复制贴图，如图 14-88 所示。设置完成后，单击【将材质指定给选定对象】按钮 🔳，将材质指定给"墙基"对象。

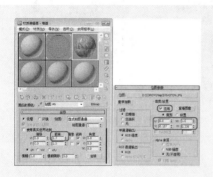
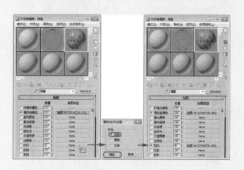

图 14-87　设置参数　　　　　　　　　图 14-88　复制贴图

步骤 21 将场景中的所有对象全部取消隐藏，然后在场景中适当调整一下"墙基"的位置，效果如图 14-89 所示。

步骤 22 按 Ctrl+A 快捷键选择所有的对象，单击【显示】按钮 🔳，进入【显示】命令面板，在【冻结】卷展栏中单击【冻结选定对象】按钮，如图 14-90 所示。

步骤 23 将选择的对象冻结的效果如图 14-91 所示。

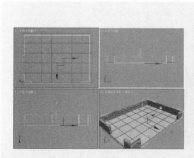
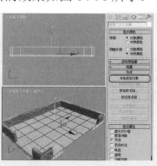

图 14-89　调整墙基位置　　图 14-90　单击【冻结选定对象】按钮　　图 14-91　冻结对象

14.2.2　制作主体结构骨架

步骤 01 选择【创建】 ⚙ |【几何体】 ◯ |【长方体】工具，在【顶】视图中创建一个【长度】、【宽度】、【高度】、【长度分段】和【宽度分段】分别为 100mm、100mm、3800mm、1 和 1 的长方体，将其命名为"主体骨架-前左"，如图 14-92

所示。

步骤 02 复制三个"主体骨架-前左"对象，为它们命名并将其放置到其他三个角
上，如图 14-93 所示。

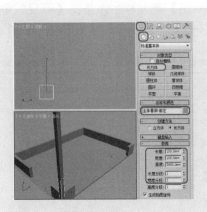

图 14-92 创建"主体骨架-前左"对象

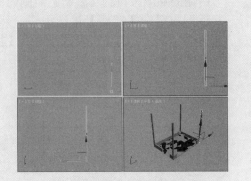

图 14-93 复制对象并调整位置

步骤 03 选择【创建】|【几何体】|【长方体】工具，在【顶】视图中创建一个
【长度】、【宽度】和【高度】为 2800mm、100mm 和 100mm 的长方体，将其
命名为"主体骨架-横撑右"，如图 14-94 所示。

步骤 04 选择【创建】|【几何体】|【长方体】工具，在【顶】视图中创建一个
【长度】、【宽度】和【高度】为 1250mm、100mm 和 100mm 的长方体，将其
命名为"主体骨架-横撑左"，如图 14-95 所示。

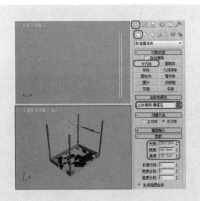

图 14-94 创建"主体骨架-横撑右"

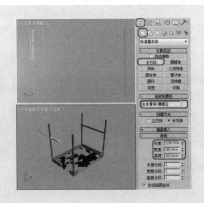

图 14-95 创建"主体骨架-横撑左"

步骤 05 选择【创建】|【几何体】|【长方体】工具，在【顶】视图中创建一个
【长度】、【宽度】和【高度】为 180mm、100mm 和 3800mm 的长方体，将其
命名为"主体骨架-门框前 001"，如图 14-96 所示。

步骤 06 复制一个"主体骨架-门框前 001"对象，将复制后的对象重新命名为"主
体骨架-门框前 002"，然后在视图中调整其位置，如图 14-97 所示。

步骤 07 再次复制一个"主体骨架-门框前 001"对象，将复制后的对象重新命名为
"主体骨架-门框左 001"，将"主体骨架-门框左 001"对象在【顶】视图中沿 Z

轴旋转-90°，调整其位置，效果如图 14-98 所示。

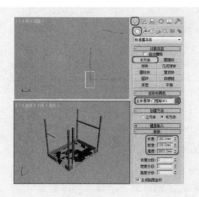

图 14-96　创建"主体骨架-门框前 001"

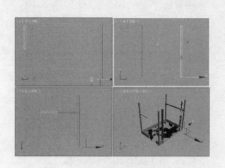

图 14-97　复制对象并调整位置

步骤08　使用前面介绍的方法，复制一个"主体骨架-门框左 001"对象，将复制后的对象重新命名为"主体骨架-门框左 002"，然后在视图中调整其位置，如图 14-99 所示。

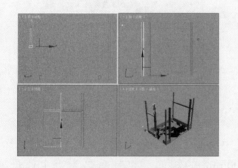

图 14-98　复制并调整对象(一)

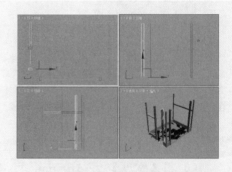

图 14-99　复制并调整对象(二)

步骤09　单击【显示】按钮，进入【显示】命令面板，在【冻结】卷展栏中单击【按名称解冻】按钮，在弹出的【解冻对象】对话框中选择【墙基】选项，单击【解冻】按钮，如图 14-100 所示。

步骤10　即可解冻【墙基】对象，复制一个【墙基】对象，将新复制的对象重新命名为"主体骨架-墙基上"，将【墙基】对象重新冻结。选择"主体骨架-墙基上"对象，在【修改】命令面板中右击【UVW 贴图】修改器，在弹出的快捷菜单中选择【删除】命令，如图 14-101 所示。

步骤11　将【UVW 贴图】修改器删除，选择【编辑样条线】修改器，将【当前】选择集定义为【顶点】，并在场景中对"主体骨架-墙基上"对象进行调整，如图 14-102 所示。

步骤12　关闭当前选择集，选择【挤出】修改器，在【参数】卷展栏中将【数量】更改为 100mm，并在视图中调整"主体骨架-墙基上"对象的位置，效果如图 14-103 所示。

图 14-100　解冻对象

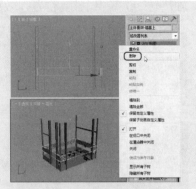

图 14-101　选择【删除】命令

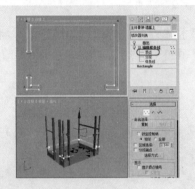

图 14-102　调整"主体骨架-墙基上"对象

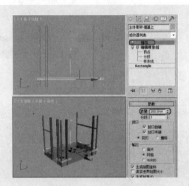

图 14-103　设置挤出

步骤13　选择【创建】　|【图形】　|【矩形】工具，在【顶】视图中创建一个【长度】和【宽度】为 3105mm 和 4300mm 的矩形，将其命名为"主体骨架-顶001"，如图 14-104 所示。

步骤14　切换到【修改】命令面板，在【修改器列表】中选择【编辑样条线】修改器，将当前选择集定义为【样条线】，按 Ctrl+A 快捷键选择所有的样条线，然后在【几何体】卷展栏中将【轮廓】设为 230mm，如图 14-105 所示。

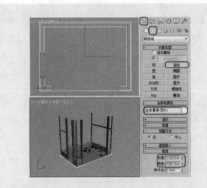

图 14-104　创建"主体骨架-顶 001"

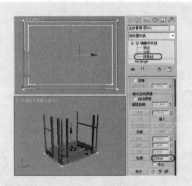

图 14-105　设置轮廓

步骤 15　关闭当前选择集，在【修改器列表】中选择【挤出】修改器，在【参数】卷展栏中将【数量】设为 100mm，并在视图中调整 "主体骨架-顶 001" 对象的位置，效果如图 14-106 所示。

步骤 16　复制一个 "主体骨架-顶 001" 对象，将复制后的对象重新命名为 "主体骨架-顶 002"，然后将其放置在 "主体骨架-顶 001" 对象的下方，如图 14-107 所示。

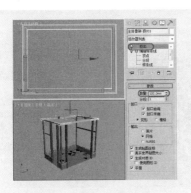

图 14-106　设置挤出

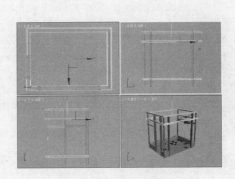

图 14-107　复制并调整对象

步骤 17　在场景中选择所有的主体骨架对象，然后在菜单栏中选择【组】|【成组】命令，弹出【组】对话框，在该对话框中输入【组名】为 "主体骨架"，单击【确定】按钮，如图 14-108 所示。

步骤 18　即可将选择的对象成组。按 M 键打开【材质编辑器】对话框，选择一个新的材质样本球，将其命名为 "主体骨架"，在【Blinn 基本参数】卷展栏中将【环境光】和【漫反射】的 RGB 值设为 255、255、255，如图 14-109 所示。设置完成后，单击【转到父对象】按钮 和【将材质指定给选定对象】按钮 ，将材质指定给 "主体骨架" 对象。

步骤 19　确定 "主体骨架" 对象处于选中状态，切换至【显示】命令面板，在【冻结】卷展栏中单击【冻结选定对象】按钮，如图 14-110 所示，即可冻结 "主体骨架" 对象。

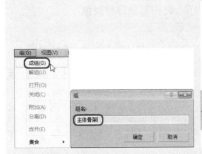

图 14-108　成组

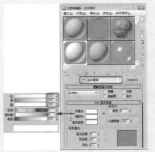

图 14-109　设置材质

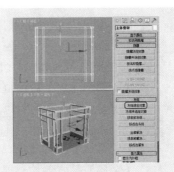

图 14-110　单击【冻结选定对象】按钮

14.2.3　制作栅格与玻璃

步骤 01　选择【创建】 |【几何体】 |【长方体】工具，在【顶】视图中创建一个

【长度】、【宽度】和【高度】为 20mm、3870mm 和 20mm 的长方体，然后在其他视图中调整其位置，如图 14-111 所示。

步骤02 复制多个新创建的长方体，效果如图 14-112 所示。

步骤03 选择【创建】 | 【几何体】 | 【长方体】工具，在【左】视图中创建一个【长度】、【宽度】和【高度】为 20mm、2706mm 和 20mm 的长方体，然后在其他视图中调整其位置，如图 14-113 所示。

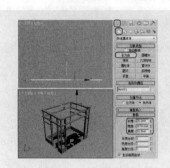
图 14-111 创建长方体

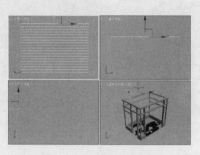
图 14-112 复制长方体

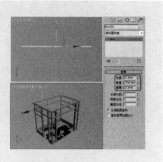
图 14-113 创建长方体

步骤04 复制多个新创建的长方体，效果如图 14-114 所示。

步骤05 根据前面介绍的方法，制作其他栅格对象，效果如图 14-115 所示。

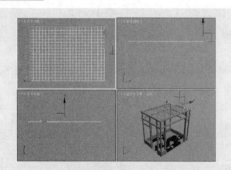
图 14-114 复制长方体

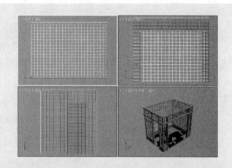
图 14-115 制作其他栅格对象

步骤06 然后按 Ctrl+A 快捷键选择所有的对象，在菜单栏中选择【组】|【成组】命令，弹出【组】对话框，在该对话框中输入【组名】为"栅格"，单击【确定】按钮，即可将选择的对象成组，如图 14-116 所示。

步骤07 按 M 键打开【材质编辑器】对话框，选择一个新的材质样本球，将其命名为【金属】，在【明暗器基本参数】卷展栏中将明暗器类型定义为【金属】，在【金属】基本参数卷展栏中将【环境光】的 RGB 值设为 0、0、0，将【漫反射】的 RGB 值设为 190、190、190，将【反射高光】区域中的【高光级别】和【光泽度】设为 100 和 80，如图 14-117 所示。

步骤08 打开【贴图】卷展栏，单击【反射】右侧的 None 按钮，在弹出的【材质/贴图浏览器】对话框中双击【位图】贴图，再在弹出的对话框中选择随书附带光盘中的"CDROM\Map\HOUSE2.jpg"文件，单击【打开】按钮，在【坐标】卷展栏中将【模糊偏移】设为 0.1，如图 14-118 所示。设置完成后，单击【转到父对象】按钮 和【将材质指定给选定对象】按钮 ，将材质指定给"栅格"对象。

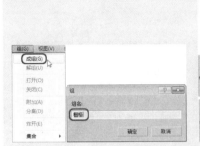 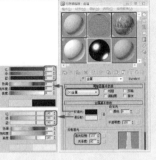 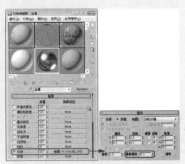

图 14-116　成组　　　　　图 14-117　设置材质　　　　图 14-118　设置参数

步骤 09　选择【创建】|【几何体】|【长方体】工具，在【左】视图中创建一个【长度】、【宽度】和【高度】为 3250mm、2850mm 和 5mm 的长方体，将其命名为"玻璃右"，然后在其他视图中调整其位置，如图 14-119 所示。

步骤 10　按 M 键打开【材质编辑器】对话框，选择一个新的材质样本球，将其命名为"玻璃"，在【Blinn 基本参数】卷展栏中将【环境光】和【漫反射】的 RGB 值设为 63、80、69，将【高光反射】的 RGB 值设为 255、255、255，将【不透明度】设为 40，将【反射高光】区域中的【高光级别】和【光泽度】设为 116 和 42，如图 14-120 所示。

步骤 11　打开【贴图】卷展栏，将【不透明度】右侧的【数量】设为 25，然后单击 None 按钮，在弹出的【材质/贴图浏览器】对话框中选择【光线跟踪】贴图，单击【确定】按钮，如图 14-121 所示。

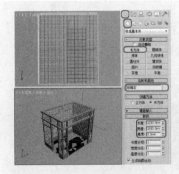 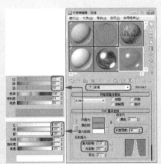 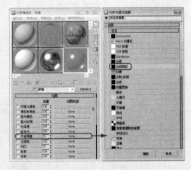

图 14-119　创建"玻璃右"　　　图 14-120　设置材质　　　图 14-121　选择【光线跟踪】贴图

步骤 12　在【光线跟踪器参数】卷展栏中选中【跟踪模式】选项组中的【反射】单选按钮，如图 14-122 所示。

步骤 13　单击【转到父对象】按钮 ，在【贴图】卷展栏中，将【反射】右侧的【数量】设为 25，然后拖动【不透明度】右侧的贴图按钮到【反射】右侧的

None 按钮上，在弹出的【复制(实例)贴图】对话框中选中【实例】单选按钮，然后单击【确定】按钮，即可复制贴图，如图 14-123 所示。设置完成后，单击【将材质指定给选定对象】按钮 🗝 。

步骤14 使用同样的方法，在场景中创建其他玻璃对象，并将【玻璃】材质赋予创建的玻璃对象，如图 14-124 所示。

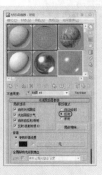 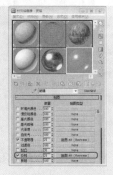 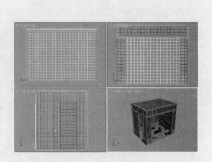

图 14-122 选中【反射】单选按钮 　图 14-123 复制贴图 　图 14-124 创建其他玻璃对象

步骤15 选择场景中所有的玻璃对象和栅格，切换至【显示】命令面板，在【冻结】卷展栏中单击【冻结选定对象】按钮，如图 14-125 所示，即可冻结选择的对象。

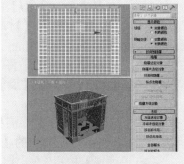

14.2.4 制作卷帘门

步骤01 选择【创建】 ✳ |【图形】 ◎ |【线】工具，在【左】视图中创建曲线，并将其命名为"卷帘门"，如图 14-126 所示。

图 14-125 单击【冻结选定对象】按钮

步骤02 切换至【修改】命令面板，将当前选择集定义为【样条线】，按 Ctrl+A 快捷键选择所有的样条线，然后在【几何体】卷展栏中将【轮廓】设为 2mm，如图 14-127 所示。

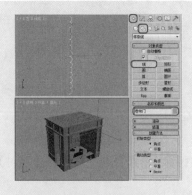 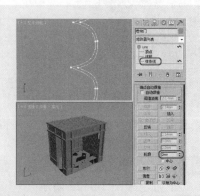

图 14-126 创建"卷帘门" 　　图 14-127 设置轮廓

步骤03 关闭当前选择集，在【修改器列表】中选择【挤出】修改器，在【参数】卷展栏中将【数量】设为 3000mm，如图 14-128 所示。

步骤04 复制一个"卷帘门"对象，将复制后的对象重新命名为"卷帘门左"，并将"卷帘门左"对象在【顶】视图中沿 Z 轴旋转-90°，如图 14-129 所示。

步骤05 确定"卷帘门左"对象处于选中状态，切换至【修改】命令面板，选择【挤出】修改器，在【参数】卷展栏中将【数量】更改为 1100mm，并在其他视图中调整其位置，如图 14-130 所示，然后将【金属】材质赋予创建的卷帘门对象。

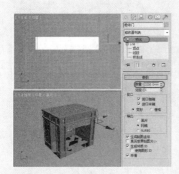

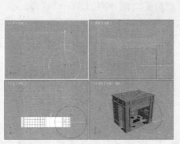
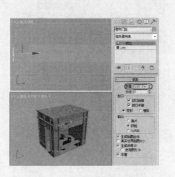

图 14-128 选择【挤出】修改器　　　图 14-129 复制并旋转对象　　　图 14-130 设置挤出数量

14.2.5 制作遮阳罩

步骤01 选择【创建】※|【图形】 |【线】工具，在【左】视图中绘制闭合图形，如图 14-131 所示。

步骤02 使用同样的方法，绘制其他的闭合图形，效果如图 14-132 所示。

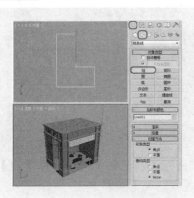
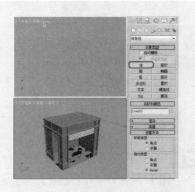

　　　图 14-131 绘制闭合图形　　　　　　　　图 14-132 绘制其他闭合图形

步骤03 同时选择新绘制的三个闭合图形，切换至【修改】命令面板，在【修改器列表】中选择【挤出】修改器，在【参数】卷展栏中将【数量】设为 18477.5mm，如图 14-133 所示。

步骤04 选择【创建】| 【图形】| 【弧】工具，在【左】视图中绘制圆弧，如图 14-134 所示。

步骤05 切换到【修改】命令面板，在【修改器列表】中选择【挤出】修改器，在【参数】卷展栏中将【数量】设为 20mm，如图 14-135 所示。

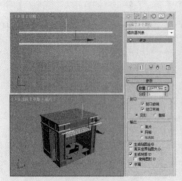

图 14-133 设置挤出数量

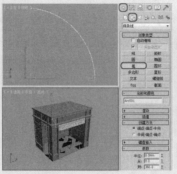

图 14-134 绘制圆弧

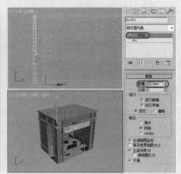

图 14-135 设置挤出数量

步骤06 选择【创建】| 【几何体】| 【长方体】工具，在【左】视图中创建一个【长度】、【宽度】和【高度】为 496.427mm、2mm 和 20mm 的长方体，如图 14-136 所示。

步骤07 使用同样的方法，在场景中创建其他的长方体和圆弧对象，如图 14-137 所示。

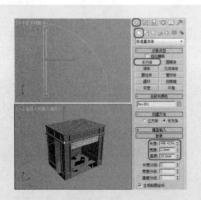

图 14-136 创建长方体

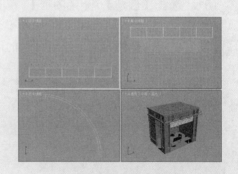

图 14-137 创建其他对象

步骤08 选择所有新创建的闭合图形、圆弧和长方体，在菜单栏中选择【组】| 【成组】命令，弹出【组】对话框，在该对话框中输入【组名】为"遮阳骨架"，单击【确定】按钮，如图 14-138 所示。即可将选择的对象成组，然后将【金属】材质赋予创建的遮阳骨架对象。

步骤09 选择【创建】| 【图形】| 【弧】工具，在【左】视图中绘制圆弧，将其命名为"遮阳玻璃罩"，如图 14-139 所示。

步骤10 切换至【修改】命令面板，在【修改器列表】中选择【编辑样条线】修改器，将当前选择集定义为【样条线】，按 Ctrl+A 快捷键选择所有的样条线，然后在【几何体】卷展栏中将【轮廓】设为 9mm，如图 14-140 所示。

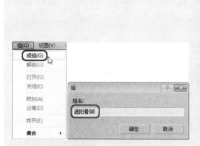

图 14-138　成组

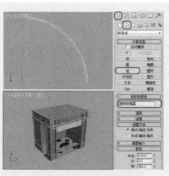

图 14-139　绘制圆弧

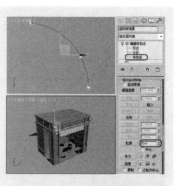

图 14-140　设置轮廓

步骤 11　关闭当前选择集，在【修改器列表】中选择【挤出】修改器，在【参数】卷展栏中将【数量】设为-4162.0mm，如图 14-141 所示。

步骤 12　按 M 键打开【材质编辑器】对话框，选择一个新的材质样本球，将其命名为"遮阳玻璃罩"，在【Blinn 基本参数】卷展栏中将【不透明度】设为 85，将【反射高光】区域中的【高光级别】和【光泽度】设为 5 和 25，如图 14-142 所示。

步骤 13　打开【贴图】卷展栏，单击【漫反射颜色】右侧的 None 按钮，在弹出的【材质/贴图浏览器】对话框中双击【位图】贴图，再在弹出的对话框中选择随书附带光盘中的"CDROM\Map\玻璃.jpg"文件，单击【打开】按钮。然后在【坐标】卷展栏中将【角度】下的 W 值设为 90，如图 14-143 所示。设置完成后，单击【转到父对象】按钮和【将材质指定给选定对象】按钮。

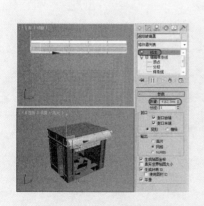

图 14-141　设置挤出数量

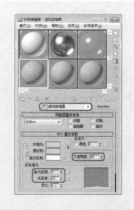

图 14-142　设置材质参数

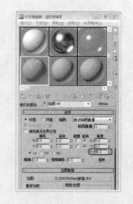

图 14-143　设置参数

14.2.6　创建地面与摄影机

步骤 01　选择【创建】　|【几何体】　|【长方体】工具，在【顶】视图中创建一个

【长度】、【宽度】和【高度】为 23898mm、25146mm 和 1mm 的长方体，将其命名为"地面"，如图 14-144 所示。

步骤02　确定新创建的地面处于选中状态，单击其名称右侧的颜色色块，在弹出的【对象颜色】对话框中选择白色色块，如图 14-145 所示。

步骤03　单击【确定】按钮，即可将地面更改为白色，然后在视图中调整地面的位置，效果如图 14-146 所示。

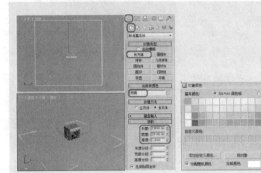

图 14-144　创建地面

图 14-145　选择颜色

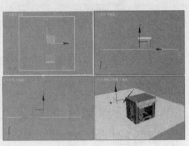

图 14-146　更改地面颜色与位置

步骤04　选择【创建】|【摄影机】|【目标】工具，在【顶】视图中创建一架摄影机，在【参数】卷展栏中将【镜头】参数设置为 35，如图 14-147 所示。

步骤05　激活【透视】视图，按 C 键将其转换为【摄影机】视图，然后在其他视图中调整摄影机的位置，效果如图 14-148 所示。

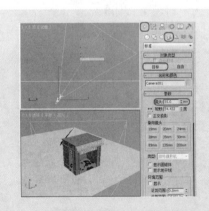

图 14-147　创建摄影机并设置参数

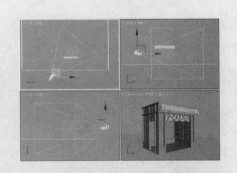

图 14-148　调整摄影机

14.2.7　创建灯光

步骤01　选择【创建】|【灯光】|【目标聚光灯】工具，在【顶】视图中创建一盏目标聚光灯，在其他视图中调整其位置，如图 14-149 所示。

步骤02　切换至【修改】命令面板，在【常规参数】卷展栏中勾选【阴影】区域中的

【启用】复选框，将阴影模式定义为【阴影贴图】。在【强度/颜色/衰减】卷展栏中将灯光颜色的 RGB 值设为 201、201、201，如图 14-150 所示。

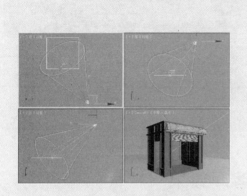

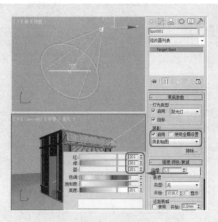

图 14-149 创建并调整目标聚光灯　　　　图 14-150 设置参数

步骤 03　选择【创建】　|【灯光】　|【泛光】工具，在【顶】视图中创建泛光灯，在【强度/颜色/衰减】卷展栏中将【倍增】设为 0.5，将灯光颜色的 RGB 值设为 183、183、183，并在其他视图中调整其位置，如图 14-151 所示。

步骤 04　选择【创建】　|【灯光】　|【泛光】工具，在【顶】视图中创建泛光灯，在【强度/颜色/衰减】卷展栏中将【倍增】设为 0.3，将灯光颜色的 RGB 值设为 255、255、255，在其他视图中调整其位置，如图 14-152 所示。

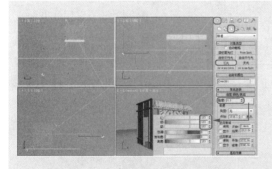

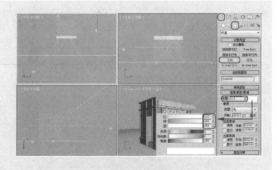

图 14-151 创建并调整泛光灯(一)　　　　图 14-152 创建并调整泛光灯(二)

步骤 05　选择【创建】　|【灯光】　|【泛光】工具，在【顶】视图中创建泛光灯，切换到【修改】命令面板，在【常规参数】卷展栏中单击【排除】按钮，在弹出的【排除/包含】对话框中选中【包含】单选按钮，在左侧的列表框中选择"地面"对象，然后单击 >> 按钮，如图 14-153 所示。

步骤 06　单击【确定】按钮，在【强度/颜色/衰减】卷展栏中将【倍增】设为 0.6，在其他视图中调整其位置，如图 14-154 所示。

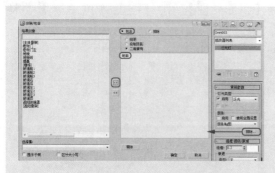

图 14-153 选择包含对象

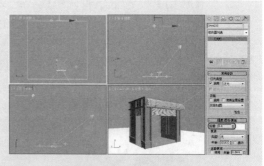

图 14-154 设置参数

14.3 制作客厅效果

本例将介绍如何制作客厅效果，其效果如图 14-155 所示。

图 14-155 客厅效果

14.3.1 制作客厅框架

在制作客厅效果之前，首先要确定客厅的布局，下面将介绍如何制作客厅的框架结构，其具体操作步骤如下。

步骤 01 启动 3ds Max 2013 软件，选择【创建】 |【几何体】 |【长方体】工具，在【顶】视图中创建一个长方体，在【参数】卷展栏中将【长度】、【宽度】、【高度】分别设置为 4000、4000、2900，并将其命名为"框架"，如图 14-156 所示。

步骤 02 确定新创建的框架对象处于选择状态，右击，在弹出的快捷菜单中选择【转换为】|【转换为可编辑多边形】命令，如图 14-157 所示。

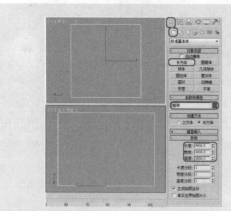

图 14-156 创建长方体

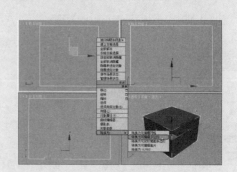

图 14-157 选择【转换为可编辑多边形】命令

步骤 03　切换至【修改】命令面板，将当前选择集定义为【边】，在【左】视图中框选左侧的边，如图 14-158 所示。

步骤 04　确定选择的边处于选择状态，在【编辑边】卷展栏中单击【连接】按钮右侧的【挤出】后面的【设置】按钮，将【分段】设置为 2，设置完成后单击【确定】按钮，如图 14-159 所示。

步骤 05　在【前】视图中选择如图 14-6 所示的边，在工具栏中单击【选择并移动】按钮，在状态栏中将 Z 设置为 500，调整边的位置，如图 14-160 所示。

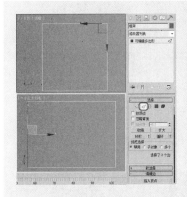

图 14-158　选择边

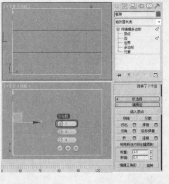

图 14-159　创建分段

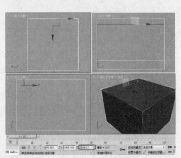

图 14-160　调整边的位置

步骤 06　在【前】视图中选择连接后的另一条边，在工具栏中单击【选择并移动】按钮，在控制栏中设置 Z 位置为 2565，如图 14-161 所示。

步骤 07　将【前】视图更改为【后】视图，将当前选择集定义为【多边形】，在【后】视图中选择如图 14-162 所示的多边形。

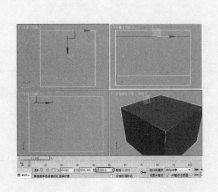

图 14-161　调整另外一条边的位置

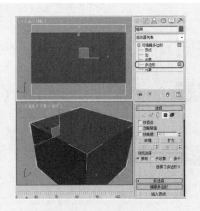

图 14-162　选择多边形

步骤 08　确认选定的多边形处于被选择状态，在【编辑多边形】卷展栏中单击【挤出】右侧的【设置】按钮，将挤出【高度】设置为 280，单击【确定】按钮，如图 14-163 所示。

步骤 09 挤出多边形的高度后，删除多边形，如图 14-164 所示。

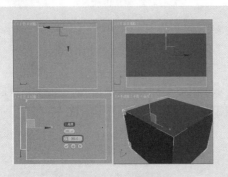

图 14-163 设置挤出高度

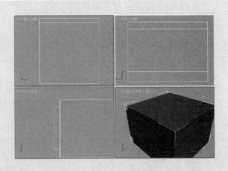

图 14-164 删除多边形

步骤 10 将【后】视图切换为【前】视图，然后在【前】视图中选择如图 14-165 所示的多边形，按 Delete 键将其删除。

步骤 11 确定框架处于选择状态，在场景中选择如图 14-166 所示的多边形。

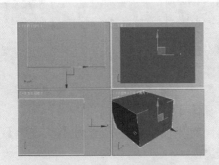

图 14-165 选择并删除多边形

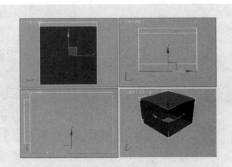

图 14-166 选择多边形

步骤 12 在【编辑几何体】卷展栏中单击【分离】按钮，在弹出的对话框中将【分离为】设置为【地板】，如图 14-167 所示。

步骤 13 设置完成后，单击【确定】按钮，关闭当前选择集，继续选中框架，按 M 键打开【材质编辑器】对话框，在该对话框中选择一个材质样本球，将其命名为"墙体"，如图 14-168 所示。

步骤 14 在【明暗器基本参数】卷展栏中将明暗器类型设置为 Phong，勾选【双面】复选框，在【Phong 基本参数】卷展栏中设置【环境光】和【漫反射】的 RGB 为 252、243、228，将【自发光】下的颜色设置为 25，在【反射高光】区域下将【光泽度】设置为 0，如图 14-169 所示。

步骤 15 单击【将材质指定给选定的对象】按钮 和【在视口中显示标准贴图】按钮 ，为选择的对象指定【墙体】材质，如图 14-170 所示。

步骤 16 按 H 键，在弹出的对话框中选择【地板】选项，如图 14-171 所示。

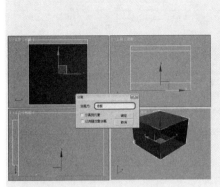

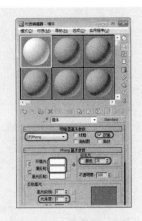

图 14-167 【分离】对话框　　图 14-168 为材质样本球命名　　图 14-169 设置 Phong 基本参数

步骤 17 选择完成后，单击【确定】按钮，再在【材质编辑器】对话框中选择一个材质样本球，将其命名为"地板"，如图 14-172 所示。

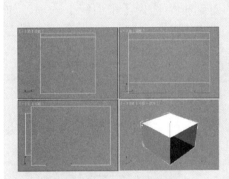

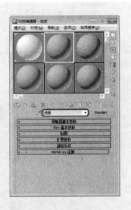

图 14-170 指定【墙体】材质　　　图 14-171 选择对象　　　图 14-172 为材质样本球命名

步骤 18 在【明暗器基本参数】卷展栏中将明暗器类型设置为 Phong，勾选【双面】复选框，在【Phong 基本参数】卷展栏中单击【环境光】和【漫反射】左侧的 🔲 按钮，取消【环境光】和【漫反射】的锁定，在【Phong 基本参数】卷展栏中设置【环境光】的 RGB 为 0、0、0，将【漫反射】的 RGB 为 255、230、186，在【反射高光】区域下将【高光级别】和【光泽度】分别设置为 80、57，如图 14-173 所示。

步骤 19 在【贴图】卷展栏中单击【漫反射颜色】右侧的 None 按钮，在弹出的对话框中选择【位图】选项，如图 14-174 所示。

步骤 20 单击【确定】按钮，在弹出的对话框中选择随书附带光盘中的"CDROM\Map\木地板.jpg"文件，如图 14-175 所示。

图 14-173 设置 Phong 基本参数　　图 14-174 选择位图　　图 14-175 选择位图图像文件

步骤21 单击【打开】按钮，在【坐标】卷展栏中将【瓷砖】下的 U、V 分别设置为 3、5，如图 14-176 所示。

步骤22 单击【转到父对象】按钮 ，在【贴图】卷展栏中将【反射】右侧的【数量】设置为 60，如图 14-177 所示。

步骤23 单击其右侧的 None 按钮，在弹出的对话框中选择【平面镜】选项，如图 14-178 所示。

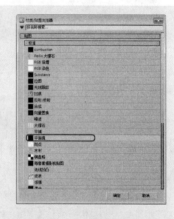

图 14-176 设置 U、V 值　　　图 14-177 设置反射数量　　　图 14-178 选择【平面镜】选项

步骤24 单击【确定】按钮，在【平面镜参数】卷展栏中勾选【应用于带 ID 的面】复选框，如图 14-179 所示。

步骤25 单击【将材质指定给选定对象】按钮和【在视口中显示标准贴图】按钮，将材质指定给选定对象，效果如图 14-180 所示，关闭该对话框。

步骤26 选中地板，切换至【修改】命令面板，将当前选择集定义为【顶点】，在【顶】视图中调整其顶点，调整后的效果如图 14-181 所示。

步骤27 调整完成后，关闭当前选择集，选择【创建】|【图形】|【矩形】工具，在【前】视图中绘制一个矩形，将其命名为"窗户墙体"，在【参数】卷展栏中将【长度】、【宽度】分别设置为 2900、4000，如图 14-182 所示。

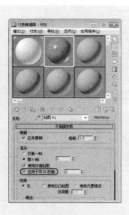

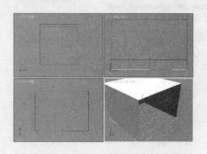

图 14-179 勾选【应用于带 ID 的面】复选框　　　图 14-180 指定材质后的效果

步骤 28 选择【创建】|【图形】|【矩形】工具，在【前】视图中绘制一个矩形，在【参数】卷展栏中将【长度】、【宽度】分别设置为 2065、3295，如图 14-183 所示。

步骤 29 调整该图形的位置，按 H 键，在弹出的对话框中选择【窗户墙体】选项，如图 14-184 所示。

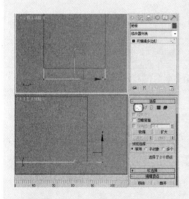

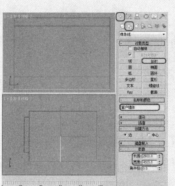

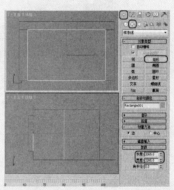

图 14-181 调整顶点的位置　　　图 14-182 绘制图形　　　图 14-183 绘制矩形

步骤 30 单击【确定】按钮，切换至【修改】命令面板中，在【修改器列表】中选择【编辑样条线】修改器，在【几何体】卷展栏中单击【附加】按钮，按 H 键，在弹出的对话框中选择 Rectangle001 选项，如图 14-185 所示。

步骤 31 单击【拾取】按钮，在【几何体】卷展栏中单击【附加】按钮，将其关闭，再在【修改器列表】中选择【挤出】修改器，在【参数】卷展栏中将【数量】设置为 200，如图 14-186 所示。

步骤 32 在视图中调整"窗户墙体"的位置，调整后的效果如图 14-187 所示。

步骤 33 按 M 键，在弹出的对话框中选择【墙体】材质，单击【将材质指定给选定对象】按钮，将该对话框关闭，选择【创建】|【几何体】|【长方体】工具，在【顶】视图中创建一个长方体，将其命名为"窗框-顶上"，在【参数】卷展栏中将【长度】、【宽度】、【高度】分别设置为 400、4000、60，如图 14-188 所示。

图 14-184 选择对象(一)

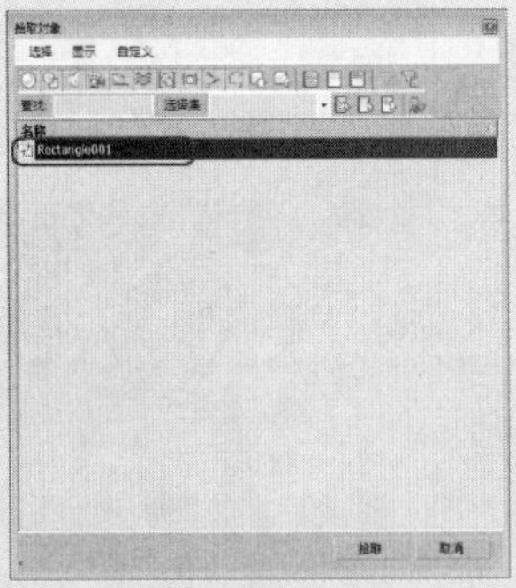

图 14-185 选择对象(二)

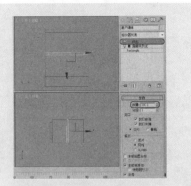

图 14-186 添加挤出修改器

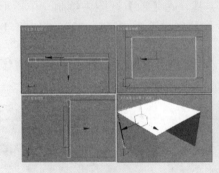

图 14-187 调整墙体的位置

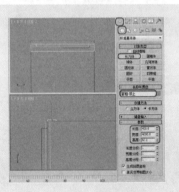

图 14-188 创建长方体

步骤34 创建完成后，在视图中调整该对象的位置，调整后的效果如图 14-189 所示。

步骤35 选择【创建】|【几何体】|【长方体】工具，在【顶】视图中创建一个长方
体，将其命名为"窗框-顶上 001"，在【参数】卷展栏中将【长度】、【宽
度】、【高度】分别设置为 3604、362、60，如图 14-190 所示。

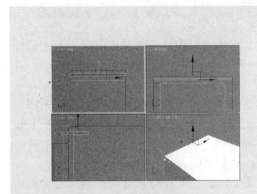

图 14-189 调整对象的位置

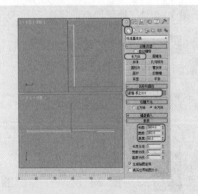

图 14-190 创建长方体

步骤36 继续选中该对象，在【顶】视图中按住 Shift 键沿 X 轴向右进行拖动，在弹

出的对话框中选中【复制】单选按钮，如图 14-191 所示。

步骤37　单击【确定】按钮，调整上面创建的长方体的位置，并选中所创建的三个长方体，为其指定【墙体】材质即可，选择【创建】|【几何体】|【长方体】工具，在【左】视图中创建一个长方体，将其命名为"侧墙-顶上"，在【参数】卷展栏中将【长度】、【宽度】、【高度】分别设置为 333、4000、40，如图 14-192 所示。

步骤38　在视图中调整其位置并为其指定【墙体】材质，效果如图 14-193 所示。

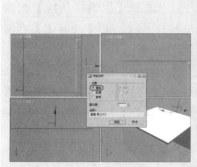
图 14-191　选中【复制】单选按钮

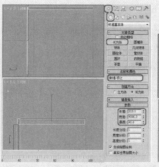
图 14-192　创建长方体

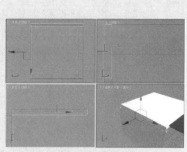
图 14-193　调整后的效果

14.3.2　创建摄影机

为了更好地观察创建对象后的效果，下面将介绍如何创建摄影机，其具体操作步骤如下。

步骤01　选择【创建】|【摄影机】|【目标】工具，在【顶】视图中创建一架摄影机，如图 14-194 所示。

步骤02　切换至【修改】命令面板，在【参数】卷展栏中将【镜头】设置为 22.5mm，在【剪切平面】选项组中勾选【手动剪切】复选框，将【近距剪切】和【远距剪切】分别设置为 720、9000，如图 14-195 所示。

步骤03　激活【透视】视图，按 C 键将其转换为【摄影机】视图，并使用【选择并移动】工具调整其位置，调整后的效果如图 14-196 所示。

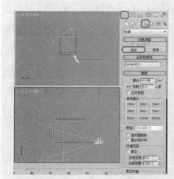
图 14-194　创建摄影机

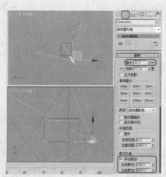
图 14-195　调整摄影机参数

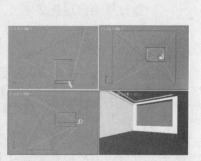
图 14-196　调整摄影机的位置

14.3.3 创建窗户

下面将介绍如何创建窗户，其具体操作步骤如下。

步骤 01 按 Shift+C 快捷键将摄影机隐藏，选择【创建】 ⁂ |【图形】 ◘ |【矩形】工具，在【前】视图中【墙体前梁】下面创建矩形并命名为"窗框"，在【参数】卷展栏中将【长度】和【宽度】分别设置为 2065、3295，如图 14-197 所示。

步骤 02 切换至【修改】命令面板，在【修改器列表】中选择【编辑样条线】修改器，将当前选择集定义为【样条线】，在视图中选择样条线，在【几何体】卷展栏中设置【轮廓】为 70，按 Enter 键确认，如图 14-198 所示。

步骤 03 关闭选择集，在【修改器列表】中选择【倒角】修改器，在【倒角值】卷展栏中勾选【级别 2】复选框，设置【高度】为 100；勾选【级别 3】复选框，设置【高度】为 10、【轮廓】为-10，并在场景中调整"窗框"的位置，如图 14-199 所示。

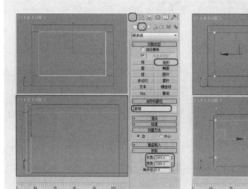 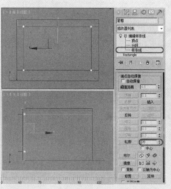 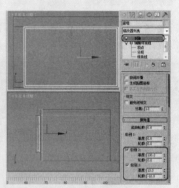

图 14-197　绘制矩形　　　　图 14-198　创建轮廓　　　　图 14-199　添加【倒角】修改器

步骤 04 选择【创建】 ⁂ |【图形】 ◘ |【矩形】工具，在【前】视图中【窗框】对象中创建一个矩形，并命名为"窗框 01"，在【参数】卷展栏中将【长度】和【宽度】分别设置为 1554、814，如图 14-200 所示。

步骤 05 切换至【修改】命令面板，在【修改器列表】中选择【编辑样条线】修改器，将当前选择集定义为【样条线】。在视图中选择样条线，在【几何体】卷展栏中设置【轮廓】为 80，按 Enter 键确认，如图 14-201 所示。

步骤 06 关闭选择集，在【修改器列表】中选择【倒角】修改器，在【倒角值】卷展栏中勾选【级别 2】复选框，设置【高度】为 30；勾选【级别 3】复选框，设置【高度】为 10、【轮廓】为-10，并在场景中调整"窗框 01"的位置，如图 14-202 所示。

步骤 07 确认该对象处于选中状态，在【前】视图中按住 Shift 键沿 X 轴向右拖动，在弹出的对话框中选中【实例】单选按钮，如图 14-203 所示。

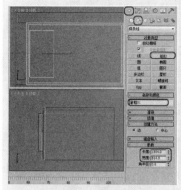
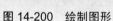

图 14-200　绘制图形

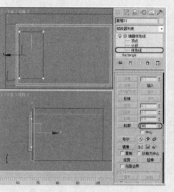

图 14-201　设置轮廓值

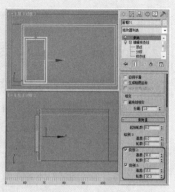

图 14-202　添加【倒角】修改器

步骤 08　设置完成后，单击【确定】按钮，选择【创建】 ※ |【图形】 ♀ |【矩形】工具，在【前】视图中绘制一个矩形，将其命名为"窗框 003"，在【参数】卷展栏中将【长度】和【宽度】分别设置为 1550、1519，如图 14-204 所示。

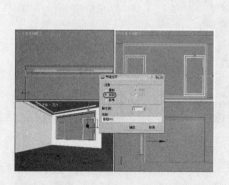

图 14-203　选中【实例】单选按钮

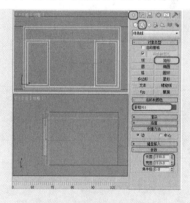

图 14-204　绘制矩形

步骤 09　切换至【修改】命令面板，在【修改器列表】中选择【编辑样条线】修改器，将当前选择集定义为【样条线】。在场景中选择样条线，在【几何体】卷展栏中设置【轮廓】为 80，按 Enter 键确认，如图 14-205 所示。

步骤 10　关闭选择集，在【修改器列表】中选择【倒角】修改器，在【倒角值】卷展栏中勾选【级别 2】复选框，设置【高度】为 30；勾选【级别 3】复选框，设置【高度】为 10、【轮廓】为-10，并在场景中调整"窗框 01"的位置，如图 14-206 所示。

步骤 11　在视图中调整该对象的位置，按 H 键，在弹出的对话框中选择如图 14-207 所示的对象。

步骤 12　按 M 键打开【材质编辑器】对话框，在该对话框中选择一个材质样本球，将其命名为"窗户框"，如图 14-208 所示。

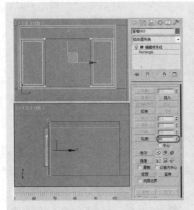 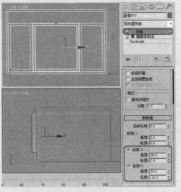 

图 14-205　添加【倒角】修改器　　图 14-206　设置样条线轮廓　　图 14-207　选择对象

步骤13　在【Blinn 基本参数】卷展栏中将【环境光】和【漫反射】的 RGB 值设置为 223、223、223，将【自发光】设置为 30，将【高光级别】和【光泽度】分别设置为 60、45，如图 14-209 所示。

步骤14　单击【将材质指定给选定对象】按钮 和【在视口中显示标准贴图】按钮 ，指定材质后的效果如图 14-210 所示。

  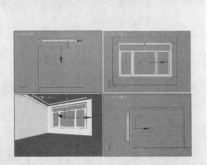

图 14-208　为材质样本球命名　　图 14-209　设置 Blinn 基本参数　　图 14-210　指定材质后的效果

步骤15　将该对话框关闭，选择【创建】|【几何体】|【长方体】工具，在【前】视图中绘制一个长方体，将其命名为"玻璃"，在【参数】卷展栏中将【长度】、【宽度】和【高度】分别设置为 1974、3200、1，如图 14-211 所示。

步骤16　使用【选择并移动】工具在视图中调整其位置，调整后的效果如图 14-212 所示。

步骤17　按 M 键打开【材质编辑器】对话框，在该对话框中选择一个材质样本球，将其命名为"玻璃"，如图 14-213 所示。

步骤18　在【明暗器基本参数】卷展栏中勾选【双面】复选框，在【Blinn 基本参数】卷展栏中将【环境光】和【漫反射】的 RGB 值设置为 180、224、225，将

【不透明度】设置为 10，将【高光级别】和【光泽度】和【柔化】分别设置为 100、73、0.6，如图 14-214 所示。

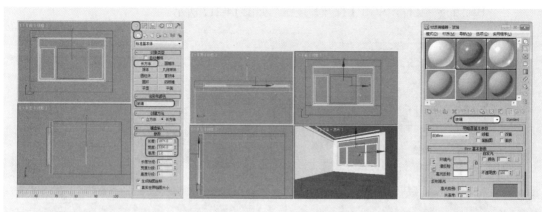

图 14-211　绘制长方体　　　　图 14-212　调整对象的位置　　图 14-213　为材质样本球命名

步骤19　单击【将材质指定给选定对象】按钮和【在视口中显示标准贴图】按钮，指定材质后的效果如图 14-215 所示。

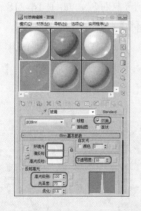

图 14-214　设置 Blinn 基本参数

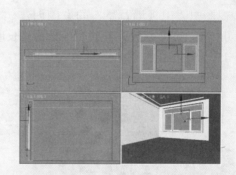

图 14-215　指定材质后的效果

14.3.4　创建电视墙

下面将介绍如何制作电视墙，其具体操作步骤如下。

步骤01　选择【创建】|【几何体】|【标准基本体】|【长方体】工具，在【左】视图中创建长方体并命名为"电视墙背景"，在【参数】卷展栏中设置【长度】为 1858、【宽度】为 2043、【高度】为 2，如图 14-216 所示。

步骤02　在视图中调整该对象的位置，按 M 键打开【材质编辑器】对话框，在该对话框中选择一个材质样本球，将其命名为"电视墙背景"，在【Blinn 基本参数】卷展栏中将【环境光】的 RGB 值设置为 255、255、255，将【自发光】设置为 30，在【贴图】卷展栏中单击【漫反射颜色】右侧的 None 按钮，在弹出的对话框中双击【位图】，再在弹出的对话框中选择随书附带光盘中的"CDROM\Map\Back.jpg"文件，单击【打开】按钮，如图 14-217 所示。

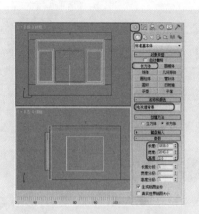

图 14-216　绘制电视背景墙

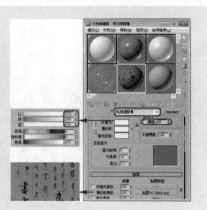

图 14-217　设置电视墙背景的材质

步骤 03　设置完成后，单击【将材质指定给选定对象】按钮 和【在视口中显示标准贴图】按钮 ，将【电视墙背景】的材质指定给选中对象，如图 14-218 所示。

步骤 04　选择【创建】 |【几何体】 |【标准基本体】|【长方体】工具，在【左】视图中"电视墙背景"的右侧创建一个长方体，并将其命名为"电视墙装饰板001"，在【参数】卷展栏中设置【长度】为 248、【宽度】为 382、【高度】为45，如图 14-219 所示。

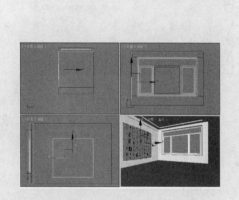

图 14-218　指定材质后的效果

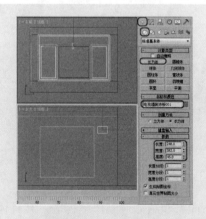

图 14-219　创建长方体

步骤 05　使用【选择并移动】工具 ，在视图中调整该对象的位置，调整后的效果如图 14-220 所示。

步骤 06　在【左】视图中按住 Shift 键沿 Y 轴向下拖动，在弹出的对话框中选中【复制】单选按钮，如图 14-221 所示。

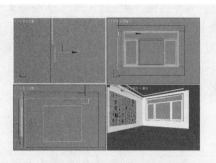

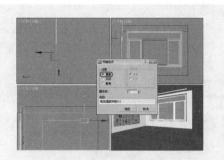

图 14-220　调整后的效果　　　　　　　图 14-221　【克隆选项】对话框

步骤07　单击【确定】按钮，确认该对象处于选中状态，切换至【修改】命令面板，在【参数】卷展栏中将【长度】和【宽度】都设置为 382，并在视图中调整其位置，如图 14-222 所示。

步骤08　确认该对象处于选中状态，在【左】视图中按住 Shift 键沿 Y 轴向下拖动，在弹出的对话框中选中【复制】单选按钮，将【副本数】设置为 5，如图 14-223 所示。

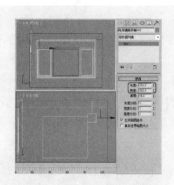

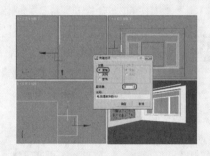

图 14-222　调整长方体的参数　　　　　图 14-223　【克隆选项】对话框

步骤09　单击【确定】按钮，复制后的效果如图 14-224 所示。

步骤10　选中右侧所有的电视墙装饰板，在【左】视图中按住 Shift 键沿 X 轴向左进行拖动，在弹出的对话框中选中【复制】单选按钮，如图 14-225 所示。

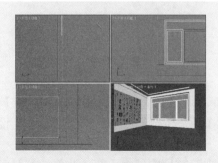

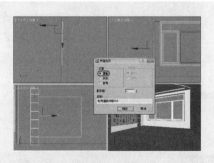

图 14-224　复制后的效果　　　　　　　图 14-225　选中【复制】单选按钮

步骤 11 单击【确定】按钮，选择【创建】 ■ |【几何体】 ○ |【标准基本体】|【长方体】工具，在【左】视图中创建一个长方体，并将其命名为"电视墙装饰板015"，在【参数】卷展栏中设置【长度】为 382、【宽度】为 396、【高度】为 45，如图 14-226 所示。

步骤 12 在视图中调整该对象的位置，调整后的效果如图 14-227 所示。

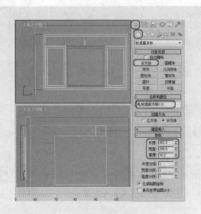
图 14-226 创建电视墙装饰板

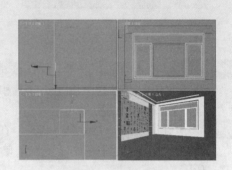
图 14-227 调整该对象的位置

步骤 13 使用上面所介绍的方法复制该对象，并使用相同的方法创建其他的电视墙装饰板，如图 14-228 所示。

步骤 14 选择【创建】|【图形】|【矩形】工具，在【左】视图中绘制一个矩形，将其命名为"电视柜"，在【参数】卷展栏中将【长度】、【宽度】分别设置为268、2002，如图 14-229 所示。

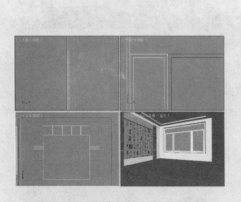
图 14-228 创建其他电视墙装饰板

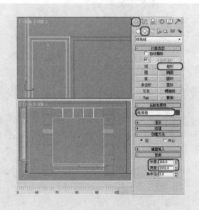
图 14-229 绘制矩形

步骤 15 切换至【修改】命令面板，在【修改器列表】中选择【编辑样条线】修改器，将当前选择集定义为【样条线】，在【几何体】卷展栏中将【轮廓】设置为40，如图 14-230 所示。

步骤 16 将当前选择集定义为【顶点】，选中该对象的顶点，在【几何体】卷展栏中将【圆角】设置为 8，如图 14-231 所示。

步骤 17　将当前选择集关闭，在【修改器列表】中选择【挤出】修改器，在【参数】卷展栏中将【数量】设置为 500，如图 14-232 所示。

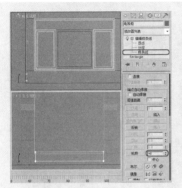
图 14-230　设置轮廓

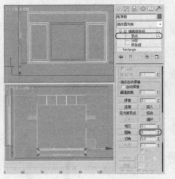
图 14-231　设置圆角

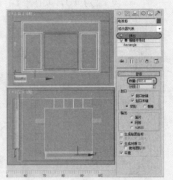
图 14-232　添加【挤出】修改器

步骤 18　按 H 键，在弹出的对话框中选择【电视柜】和所有的电视墙装饰板，如图 14-233 所示。

步骤 19　单击【确定】按钮，在菜单栏中选择【组】|【成组】命令，在弹出的对话框中将其命名为"电视墙"，单击【确定】按钮，按 M 键打开【材质编辑器】对话框，在该对话框中选择一个材质样本球，将其命名为"电视墙装饰板"，如图 14-234 所示。

步骤 20　在【Blinn 基本参数】卷展栏中将【环境光】和【漫反射】的 RGB 值设置为 233、233、233，将【高光级别】和【光泽度】分别设置为 23、7，如图 14-235 所示。

图 14-233　选择对象

图 14-234　设置材质样本球的名称

图 14-235　设置 Blinn 基本参数

步骤 21　在【贴图】卷展栏中单击【漫反射颜色】右侧的 None 按钮，在弹出的对话框中选择【位图】选项，如图 14-236 所示。

步骤22 单击【确定】按钮，在弹出的对话框中选择随书附带光盘中的"CDROM\
Map\009.jpg"文件，如图 14-237 所示。

步骤23 单击【转到父对象】按钮，在【贴图】卷展栏中将【反射】右侧的【数量】
设置为 10，如图 14-238 所示。

图 14-236 选择【位图】选项

图 14-237 选择位图图像文件

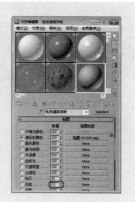

图 14-238 设置反射数量

步骤24 将【漫反射颜色】右侧的贴图拖曳至【反射】右侧的 None 按钮上，在弹出
的对话框中选中【复制】单选按钮，然后单击【确定】按钮，效果如图 14-239
所示。

步骤25 单击【将材质指定给选定对象】按钮和【在视口中显示标准贴图】按钮
，指定材质后的效果如图 14-240 所示。

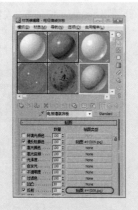

图 14-239 添加贴图

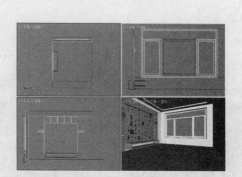

图 14-240 指定材质后的效果

14.3.5 创建背景

下面将介绍如何制作背景，其具体操作步骤如下。

步骤01 选择【创建】 |【几何体】 |【长方体】工具，在【前】视图中创建长方
体，并在其他视图中调整模型的位置。切换至【修改】命令面板，将其命名为

"背景"，在【参数】卷展栏中设置【长度】为 4500、【宽度】为 6780、【高度】为 0，如图 14-241 所示。

步骤02　按 M 键打开【材质编辑器】对话框，在该对话框中选择一个材质样本球，将其命名为"背景"，在【贴图】卷展栏中单击【漫反射颜色】右侧的 None 按钮，在弹出的对话框中双击【位图】，在弹出的对话框中选择随书附带光盘中的"CDROM\Map\G17b.jpg"文件，如图 14-242 所示。

步骤03　单击【打开】按钮，将设置完成后的材质指定给选定对象，效果如图 14-243 所示。

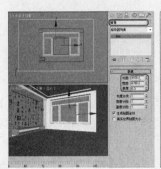

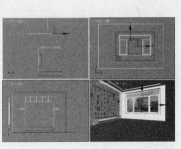

图 14-241　创建长方体　　图 14-242　选择位图图像文件　　图 14-243　指定材质后的效果

14.3.6　合并家具

下面将介绍如何合并家具，其具体操作步骤如下。

步骤01　单击 按钮，在弹出的下拉菜单中选择【导入】|【合并】命令，如图 14-244 所示。

步骤02　在弹出的对话框中选择随书附带光盘中的"CDROM\Scenes\Cha14\家具.max"文件，如图 14-245 所示。

步骤03　单击【打开】按钮，在弹出的对话框中选择所有的对象，如图 14-246 所示。

图 14-244　选择【合并】命令　　图 14-245　选择要合并的场景文件　　图 14-246　选择要导入的对象

步骤 04 选择完成后，单击【确定】按钮，即
可将选定的对象导入到场景中，如图 14-247
所示。

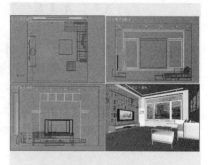

图 14-247　导入家具素材

14.3.7　创建灯光

至此，客厅模型基本制作完成了，下面再来为场
景创建灯光，其具体操作步骤如下。

步骤 01 选择【创建】 |【灯光】 |【天光】
工具，在【顶】视图中创建一盏天光，在
【天光参数】卷展栏中设置【倍增】值为 1.5，如图 14-248 所示。

步骤 02 选择【创建】 |【灯光】 |【标准】|【目标平行光】工具，在【顶】视图
中创建一盏平行光，切换至【修改】命令面板，在【强度/颜色/衰减】卷展栏中
将【倍增】值设置为 0.4，在【平行光参数】卷展栏中设置【聚光区/光束】和
【衰减区/区域】为 0.5 和 4000，然后在场景中调整灯光的位置，如图 14-249
所示。

步骤 03 在【常规参数】卷展栏中勾选【阴影】选项组中的【启用】复选框，单击
【排除】按钮，在弹出的对话框中选择左侧列表框中的【背景】，单击 >> 按钮，
将其添加至右侧的列表框中，如图 14-250 所示。

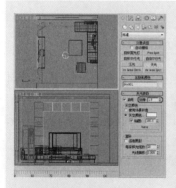
图 14-248　创建天光

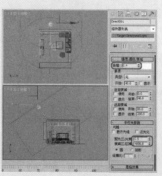
图 14-249　调整平行光的参数

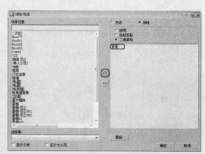
图 14-250　排除照明对象

步骤 04 设置完成后，单击【确定】按钮，选择【创建】 |【灯光】 |【泛光】工
具，在【顶】视图中创建一盏泛光灯，在【强度/颜色/衰减】卷展栏中将【倍
增】值设置为 0.45，如图 14-251 所示。

步骤 05 单击【排除】按钮，在弹出的对话框中将如图 14-252 所示的三个对象
排除。

步骤 06 单击【确定】按钮，并在视图中调整其位置，选择【创建】 |【灯光】 |
【泛光】工具，在【顶】视图中创建一盏泛光灯，在【强度/颜色/衰减】卷展栏
中将【倍增】值设置为 0.45，如图 14-253 所示。

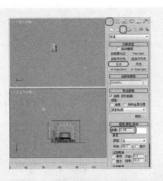

图 14-251 创建泛光灯并调整其参数

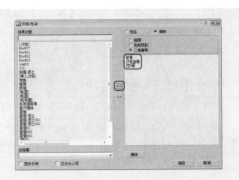

图 14-252 排除对象

步骤07 单击【排除】按钮，在弹出的对话框中将如图 14-254 所示的对象排除。

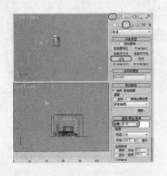

图 14-253 创建灯光并调整其参数

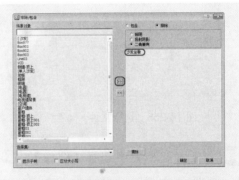

图 14-254 排除对象

步骤08 单击【确定】按钮，调整其位置，使用同样的方法创建其他灯光，创建后的效果如图 14-255 所示。

步骤09 按 F10 键，在弹出的对话框中切换到【公用】选项卡，将【输出大小】设置为【35mm 1.316:1 全光圈(电影)】，单击 1536×1167 按钮，如图 14-256 所示。

步骤10 再在该对话框中切换到【高级照明】选项卡，将照明类型设置为【光跟踪器】，在【参数】卷展栏中将【光线/采样数】设置为 250，如图 14-257 所示。

图 14-255 创建效果

图 14-256 设置输出大小

图 14-257 设置高级照明

步骤 11 设置完成后,单击【渲染】按钮进行渲染即可。

14.3.8 后期处理

下面将介绍如何为制作完成后的客厅进行后期处理,其具体操作步骤如下。

步骤 01 启动 3ds Max 2013,按 Ctrl+O 快捷键,在弹出的对话框中选择随书附带光盘中的"CDROM\效果\Cha14\客厅效果.tif"文件,如图 14-258 所示。

步骤 02 单击【打开】按钮,打开的素材文件如图 14-259 所示。

图 14-258 选择文件

图 14-259 打开的素材文件

步骤 03 在菜单栏中选择【图像】|【调整】|【亮度/对比度】命令,如图 14-260 所示。

步骤 04 在弹出的对话框中勾选【使用旧版】复选框,将【亮度】设置为 5,如图 14-261 所示。

步骤 05 设置完成后,单击【确定】按钮,调整后的效果如图 14-262 所示。

图 14-260 选择【亮度/对比度】命令 　图 14-261 设置亮度/对比度 　图 14-262 调整后的效果

步骤 06 按 Ctrl+O 快捷键,在弹出的对话框中选择随书附带光盘中的"CDROM\Scenes\Cha14\001.PSD"文件,如图 14-263 所示。

步骤 07　单击【打开】按钮，将其打开，按 V 键选择【移动工具】，按住鼠标左键将其拖曳至【客厅效果.tif】场景中，如图 14-264 所示。

步骤 08　选中该对象，按 Ctrl+T 快捷键，右击，在弹出的快捷菜单中选择【水平翻转】命令，如图 14-265 所示。翻转后，按 Enter 键确认。

图 14-263　选择素材文件

图 14-264　添加素材文件

图 14-265　选择【水平翻转】命令

步骤 09　在菜单栏中选择【图像】|【调整】|【亮度/对比度】命令，在弹出的对话框中勾选【使用旧版】复选框，将【亮度】设置为 12，将【对比度】设置为 23，如图 14-266 所示。

步骤 10　设置完成后，单击【确定】按钮，调整其位置及大小，调整后的效果如图 14-267 所示。

步骤 11　按 F7 键打开【图层】面板，将 Layer 0 命名为"植物边饰"，如图 14-268 所示。

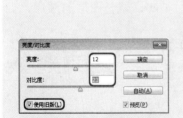

图 14-266　设置亮度/对比度

图 14-267　调整后效果

图 14-268　为图层命名

步骤 12　按住鼠标左键将其拖曳至【创建新图层】按钮，对其进行复制，对复制后的图层命名，如图 14-269 所示。

步骤 13　在【图层】面板中调整该图层的顺序，将该图层的【不透明度】设置为 20%，如图 14-270 所示。

图 14-269　为复制后的图层重命名

图 14-270　设置图层的不透明度

步骤 14　按 Ctrl+T 快捷键，右击，在弹出的快捷菜单中选择【扭曲】命令，如图 14-271 所示。

步骤 15　在视图中调整该对象的形状，按 Enter 键确认，调整后的效果如图 14-272 所示。

图 14-271　选择【扭曲】命令

图 14-272　调整后的效果

步骤 16　在【图层】面板中对【植物边饰 倒影】图层进行复制，将复制后的图层命名为【植物边饰 阴影】，将其【不透明度】设置为 20，调整图层的顺序，如图 14-273 所示。

步骤 17　在视图调整阴影的位置，调整后的效果如图 14-274 所示。

步骤 18　使用同样方法添加其他配景，并根据上面所介绍的方法进行调整，效果如图 14-275 所示。

图 14-273　设置图层

图 14-274　调整后的效果

图 14-275　添加其他配景后的效果